U0163200

全国计算机等级考试一级实用教程

(计算机基础及 MS Office 应用)

(第二版)

主　编　王从局　胡建平

副主编　张俊杰　吴　旭　章　虹

　　　　戚晓燕

编　者　陈　明　魏　红　朱　鹏

　　　　王　晖　周英芳　陆晨星

　　　　忻禾登　王林海

苏州大学出版社

图书在版编目(CIP)数据

全国计算机等级考试一级实用教程.计算机基础及 MS Office 应用/王从局,胡建平主编. —2 版. —苏州:苏州大学出版社,2020.7 (2021.6 重印)
ISBN 978-7-5672-3241-9

Ⅰ.①全… Ⅱ.①王…②胡… Ⅲ.①电子计算机—水平考试—教材②办公自动化—应用软件—水平考试—教材③MS Office Ⅳ.①TP3

中国版本图书馆 CIP 数据核字(2020)第 110442 号

内 容 简 介

本书包括“理论学习”“操作实训”“应试指导”三部分内容。“理论学习”部分包括计算机基础知识、计算机系统、计算机网络与因特网等内容,每章后配有典型例题分析及强化练习;“操作实训”部分采用任务驱动模式编写,系统介绍了 Windows 10 的基本操作以及 Office 2016 的使用方法和操作技巧,每单元后配有实战演练;“应试指导”部分包括考试大纲及样题、考点总结与注意事项。另附 10 套模拟练习卷。

本书紧扣考试大纲,由长期从事计算机应用研究、计算机基础教学的一线教师,根据多年的教学和培训经验精心组织编写。该教材遵循简明、易学、实用的原则,通俗易懂、图文并茂、重点突出、系统全面。

本书适合各类大专院校及参加全国计算机等级考试一级计算机基础及 MS Office 应用的学生,可作为计算机基础教学用书和考试培训教材,也可作为计算机初学者的入门教材。

全国计算机等级考试一级实用教程
(计算机基础及 MS Office 应用)
(第二版)
王从局　胡建平　主编
责任编辑　管兆宁

苏州大学出版社出版发行
(地址:苏州市十梓街 1 号　邮编:215006)
如皋市永盛印刷有限公司印装
(地址:如皋市纪庄村5组　邮编:226500)

开本 787mm×1092mm　1/16　印张 21.25　字数 518 千
2020 年 7 月第 2 版　2021 年 6 月第 3 次印刷
ISBN 978-7-5672-3241-9　定价:45.00 元

若有印装错误,本社负责调换
苏州大学出版社营销部　电话:0512-67481020
苏州大学出版社网址　http://www.sudapress.com
苏州大学出版社邮箱　sdcbs@suda.edu.cn

前 言

随着计算机和网络技术在人们工作和生活中的广泛应用，掌握和应用计算机信息技术的知识和技能已经成为现代人适应工作和生活的必备条件之一。

本教材严格按照全国计算机等级考试一级（计算机基础及 MS Office 应用）的考试大纲进行编写，操作系统以 Windows 10 为基础，MS Office 应用则以 2016 版为主进行介绍。教材以模块划分，采用“任务驱动”的教学模式，在讲解考试知识点的同时，通过每个任务的具体执行，完整地介绍了办公系统常用软件的使用。

教材编写以“必须、够用”为原则，精讲、少讲理论，以介绍常用办公软件的操作为主，重点讲解信息技术中最广泛应用的知识、方法和技能，培养和提高学习者的信息素养和实践能力。在结构编排上，力求降低理论难度，加大技能操作强度；在内容安排上，力求突出重点、全面细致；在任务选取上，强调实用性和针对性，注重培养学生的实践能力。

希望通过本书的学习，广大考生能熟练地掌握计算机基础知识和操作技能，顺利通过全国计算机等级考试一级的考试。

在此，我们要向所有对本书的编写和出版做出贡献的同志表示感谢，特别要感谢马继军院长，他在本书的编写过程中，提出了许多宝贵的意见，使得本书的结构和内容更趋完善。

由于时间仓促，加之编者水平有限，书中难免存在疏漏、不足之处，恳请读者批评指正，以便再版时予以修订。

本书中的相关教学素材、试卷答案等可至苏州大学出版社网站教学资源下载中心下载。

编 者

目 录

第一部分 理论学习

第一章 计算机基础知识

第一节 计算机的发展 …… (1)
一、知识点概述 …… (1)
(一) 电子计算机简介 …… (1)
(二) 计算机的原理、特点及分类 …… (2)
(三) 计算机的用途及新技术 …… (3)
(四) 计算机的发展趋势 …… (5)
(五) 信息与信息技术 …… (6)
二、典型例题分析 …… (7)
三、强化练习 …… (8)
第二节 数据在计算机中的表示 …… (10)
一、知识点概述 …… (10)
(一) 计算机中数据的基本单位 …… (10)
(二) 数制的基本概念 …… (11)
(三) 不同数制之间的转换 …… (12)
(四) 西文字符的编码 …… (13)
(五) 汉字字符的编码 …… (14)
(六) 汉字的处理过程 …… (15)
二、典型例题分析 …… (16)
三、强化练习 …… (17)
第三节 多媒体简介 …… (20)
一、知识点概述 …… (20)
(一) 多媒体相关的基本概念 …… (20)
(二) 数字化音频 …… (20)

（三）数字化图形图像 …… (22)
（四）数字化视频 …… (24)
（五）动画的数字化 …… (26)
（六）多媒体数据压缩 …… (27)
二、典型例题分析 …… (28)
三、强化练习 …… (29)
第四节 计算机病毒 …… (32)
一、知识点概述 …… (32)
（一）计算机病毒定义 …… (32)
（二）计算机病毒的主要特点 …… (32)
（三）计算机病毒的分类 …… (33)
（四）计算机病毒的常见症状 …… (33)
（五）计算机病毒的防治 …… (34)
二、典型例题分析 …… (35)
三、强化练习 …… (36)

第二章 计算机系统

第一节 计算机硬件系统 …… (38)
一、知识点概述 …… (38)
（一）运算器(ALU) …… (39)
（二）控制器(CU) …… (39)
（三）存储器(Memory) …… (40)
（四）输入设备(Input Devices) …… (45)
（五）输出设备(Output Devices) …… (46)
（六）总线、主板及I/O接口 …… (48)
二、典型例题分析 …… (51)
三、强化练习 …… (53)
第二节 计算机软件系统 …… (59)
一、知识点概述 …… (59)
（一）软件的定义 …… (59)
（二）软件的发展 …… (59)
（三）软件的分类 …… (59)
（四）程序设计语言 …… (60)
二、典型例题分析 …… (62)

三、强化练习 …… (64)
第三节 操作系统 …… (67)
一、知识点概述 …… (67)
(一) 操作系统(Operating System,OS)定义 …… (67)
(二) 进程(Process)与线程(Threads) …… (68)
(三) 操作系统类型 …… (68)
(四) 操作系统功能 …… (69)
(五) 操作系统简介 …… (70)
二、典型例题分析 …… (72)
三、强化练习 …… (73)

第三章 计算机网络与因特网

第一节 计算机网络技术 …… (77)
一、知识点概述 …… (77)
(一) 计算机网络的定义 …… (77)
(二) 通信基础 …… (77)
(三) 计算机网络的发展 …… (79)
(四) 计算机网络的分类 …… (79)
(五) 计算机网络硬件 …… (81)
(六) 网络软件 …… (82)
(七) 无线局域网 …… (83)
二、典型例题分析 …… (83)
三、强化练习 …… (85)
第二节 国际互联网 …… (89)
一、知识点概述 …… (89)
(一) 因特网基础知识 …… (89)
(二) 因特网的体系结构 …… (90)
(三) TCP/IP 模型 …… (90)
(四) IP 地址 …… (91)
(五) 域名系统(Domain Name System,DNS) …… (91)
(六) 因特网接入 …… (92)
(七) 因特网防火墙(Internet Firewall) …… (93)
(八) 因特网主要应用 …… (93)
(九) 网络传播与社会责任 …… (95)

二、典型例题分析 …………………………………………………………… (95)
三、强化练习 ………………………………………………………………… (97)

第二部分　操作实训

单元一　Windows 10 操作系统的使用 …………………………………… (100)
任务 1　Windows 10 入门 ………………………………………………… (100)
任务 2　个性化环境设置 …………………………………………………… (104)
任务 3　中文输入法及汉字录入 …………………………………………… (109)
任务 4　文件资源管理器的使用 …………………………………………… (113)
任务 5　常用小工具介绍 …………………………………………………… (121)
任务 6　实战演练 …………………………………………………………… (124)
单元二　Word 2016 的使用 ………………………………………………… (126)
任务 1　Word 入门 ………………………………………………………… (126)
任务 2　Word 的基本操作 ………………………………………………… (129)
任务 3　Word 文档的格式设置 …………………………………………… (137)
任务 4　Word 文档的编排 ………………………………………………… (147)
任务 5　Word 的表格操作 ………………………………………………… (153)
任务 6　Word 的图文混排 ………………………………………………… (160)
任务 7　实战演练 …………………………………………………………… (168)
单元三　Excel 2016 的使用 ………………………………………………… (174)
任务 1　Excel 入门 ………………………………………………………… (174)
任务 2　Excel 的基本操作 ………………………………………………… (176)
任务 3　工作表的格式化 …………………………………………………… (183)
任务 4　公式与函数 ………………………………………………………… (191)
任务 5　工作表中的数据库操作 …………………………………………… (201)
任务 6　图表制作及工作表打印 …………………………………………… (210)
任务 7　保护数据 …………………………………………………………… (214)
任务 8　实战演练 …………………………………………………………… (216)
单元四　PowerPoint 2016 的使用 …………………………………………… (219)
任务 1　PowerPoint 入门 ………………………………………………… (219)
任务 2　演示文稿的基本制作 ……………………………………………… (222)
任务 3　演示文稿的修饰 …………………………………………………… (238)

任务4 演示文稿的动态展示 …………………………………………………………… (243)
任务5 演示文稿的放映、打印和打包 ………………………………………………… (249)
任务6 实战演练 ……………………………………………………………………………… (254)
单元五 因特网的简单应用…………………………………………………………………… (256)
任务1 浏览器基本操作 ……………………………………………………………………… (256)
任务2 信息检索及文件下载 ………………………………………………………………… (262)
任务3 Webmail 电子邮箱基本操作 ………………………………………………………… (265)
任务4 Outlook 2016 基本操作 ……………………………………………………………… (272)
任务5 实战演练 ……………………………………………………………………………… (284)

第三部分 应试指导

单元一 全国计算机等级考试一级 MS Office 考试大纲(2018) ……………………… (286)
单元二 全国计算机等级考试一级 MS Office 考试样题 ……………………………… (289)
单元三 考点总结与注意事项………………………………………………………………… (292)

参考文献………………………………………………………………………………………… (295)
(附10套模拟练习卷)

第一部分　理论学习

第一章
计算机基础知识

第一节　计算机的发展

一、知识点概述

我们通常所说的计算机是指数字电子计算机，又称为电脑，它是一种能够接收信息，并按照存储在其内部的程序（程序表达了某种规则）对输入信息进行处理，并产生输出结果的、高速的、自动化的数字电子设备。

（一）电子计算机简介

1946 年，世界上第一台电子数字积分计算机（ENIAC）在美国宾夕法尼亚大学诞生，它采用电子管为基本元件，用了 18000 多个电子管，占地 170 平方米，重达 30 多吨，主要应用在导弹、原子弹等国防技术尖端项目中的科学计算，是名副其实的“计算用的机器”。

在短短 70 多年中，计算机的发展速度之快大大超出人们的预料。在此期间，被称为“现代计算机之父”的匈牙利数学家冯·诺依曼对计算机的发展发挥了重要的作用。人们根据他的“存储程序控制”思想和原理，提出了计算机必须有输入、存储、运算、控制和输出五个组成部分，并将符合这种设计的计算机叫作冯·诺依曼机。Intel 公司创始人之一摩尔（Gordon E. Moore）于 1965 年在《电子学》杂志上曾发表论文预测：单块 CPU 集成电路的集成度平均每 18～24 个月翻一番，速度将提高一倍，而其价格将降低一半，这就是著名的 Moore 定律，如今这一翻番的周期已缩短为 12 个月甚至更短。

人们一般根据计算机所采用的物理元器件，将计算机发展分为四个阶段，如表 1-1 所示。

表1-1　第1～4代计算机对比表

部件	年代			
	第1代（1946—1958年）	第2代（1958—1964年）	第3代（1964—1971年）	第4代（1971年起）
主要元器件	电子管	晶体管	中、小规模集成电路（SSI、MSI）	大规模（LSI）、超大规模（VLSI）集成电路
元器件例图				
典型代表	UNIVAC-I（通用自动计算机）	IBM-7000系列	IBM-360系列	IBM-4300、9000系列
内存	汞延迟线	磁芯存储器	半导体存储器	半导体存储器
外存	纸带或打孔卡片	磁带	磁带、磁盘	磁盘或光盘等
处理速度	几千条	几万至几十万条	几十万至几百万条	上千万至万亿条

1956年，我国制订了计算机科研、生产和教育发展计划，由此开始了计算机研制的历程。

（1）1958年8月1日，我国第一台通用数字电子计算机103机研制成功。

（2）1959年9月，我国第一台大型电子管计算机104机研制成功。

（3）1983年12月，我国第一台亿次巨型计算机“银河－I”在国防科技大学研制成功，运算速度每秒1亿次。银河机的研制成功，标志着我国计算机科研水平达到了一个新高度。

（4）1985年6月，第一台具有字符发生器的汉字显示能力、具备完整中文信息处理能力的国产微机“长城0520CH”开发成功。

（5）1987年，第一台国产的286微机——“长城286”正式推出。

（6）2008年，超百万亿次超级计算机“曙光5000”诞生，超级计算机技术世界领先。

（7）2010年，国防科大研制出“天河一号”超级计算机，运算速度排名世界第五。

（8）2014年，全球超算TOP 500榜单上，中国的“天河二号”超级计算机第三次夺得冠军。

（9）“天河三号”超级计算机的运算速度预计可达“天河二号”的10倍以上，有望在2020年研制成功。

（二）计算机的原理、特点及分类

1. 计算机的工作原理

迄今为止，我们所使用的计算机大多是按照匈牙利数学家冯·诺依曼提出的“存储程序控制”的原理进行工作的。其原理主要归纳为以下三点：

（1）采用二进制。

（2）存储程序控制。

（3）计算机由运算器、控制器、存储器、输入设备和输出设备五个基本功能部件组成。

2. 计算机的特点

(1) 速度快、运算精确度高。

(2) 具有准确的逻辑判断能力。

(3) 存储功能强大。

(4) 具有自动运算功能。

(5) 具有网络互联互通互操作及通信功能。

3. 计算机的分类

(1) 按使用范围分类:通用计算机、专用计算机。通用计算机适应性很强,应用面很广。专用计算机针对某类问题能显示出最有效、最快速和最经济的特性,但它的适应性较差,不适于其他方面的应用。

(2) 按性能分类:巨型计算机、大型计算机、微型计算机、工作站、服务器。这些类型之间的基本区别通常在于其体积大小、结构复杂程度、功率消耗、性能指标、数据存储容量、指令系统和设备及软件配置等的不同。

(3) 按处理信息的形式分类:模拟计算机、数字计算机、混合计算机。模拟计算机主要用于处理模拟信息,如工业控制中的温度、压力等,它的运算部件是一些电子电路,其运算速度极快,但精度不高,使用也不够方便。数字计算机采用二进制运算,其特点是精度高,便于存储信息,是通用性很强的计算工具,既能胜任科学计算和数字处理,也能进行过程控制和CAD/CAM 等工作。混合计算机是取数字、模拟计算机之长,既能高速运算,又便于存储信息,但这类计算机造价昂贵。现在人们所使用的计算机大多属于数字计算机。

(三) 计算机的用途及新技术

1. 计算机的用途

(1) 科学计算:主要是使用计算机进行数学方法的实现和应用,是计算机应用最早的领域,如基因分析、测算卫星轨道、天气预报等。

(2) 数据/信息处理:也称为非数值计算,是计算机应用最多的一个领域,如文字处理、数据库技术、决策系统、信息管理等。

(3) 过程控制:利用计算机对生产过程、制造过程或运行过程进行检测与控制,如工业生产控制等。

(4) 计算机辅助:是计算机应用非常广泛的领域,主要包括计算机辅助设计(CAD)、计算机辅助制造(CAM)、计算机辅助教育(CAI)、计算机辅助技术(CAT)、计算机模拟和计算机仿真等。

(5) 网络与通信:主要指网络利用,特别是互联网方面的应用,如 IP 电话、电子邮件、电子商务、在线学习、在线支付、视频会议、电子竞技、手机导航等。

(6) 嵌入式系统:把处理器嵌入设备中,完成特定的处理任务,如单片机的应用、手机、数码相机、智能电动玩具、航天仪器、计费器等。

(7) 人工智能:指计算机模拟人类的某些智力活动,如机器人、机器翻译、机器治疗等。

(8) 多媒体应用:包括文本、图形、图像、音频、视频、动画等多种信息类型的综合,多媒体技术与人工智能技术的有机结合还促进了虚拟现实、虚拟制造技术的发展。

2. 计算机的新技术

(1) 嵌入式技术:是指执行专用功能并被内部计算机控制的设备或者系统。嵌入式系统不仅能使用通用型计算机，而且运行的是固化的软件，用术语表示就是固件(Firmware)，终端用户很难或者不可能改变固件。

嵌入式系统主要由嵌入式CPU、外部硬件设备、嵌入式操作系统和特定的应用程序组成。嵌入控制器因其体积小、可靠性高、功能强、灵活方便等优点，已深入应用到工业、农业、教育、国防、科研以及日常生活等各个领域，对各行各业的技术改造、产品更新换代、加速自动化进程、提高生产率等方面都起到了极其重要的推动作用。

(2) 网格计算：分布式计算的一种，所谓分布式计算就是指两个或多个软件互相共享信息，这些软件既可以在同一台计算机上运行，也可以在通过网络连接起来的多台计算机上运行。

分布式计算比起其他算法具有稀有资源可以共享、可在多台计算机上平衡计算负载、可把程序放在最适合的计算机上运行三个优点。其中，共享稀有资源和平衡负载是计算机分布式计算的核心思想之一。

网格计算是专门针对复杂科学计算的新型计算模式，任务管理、任务调度、资源管理是网格计算的三要素。网格计算通过任何一台计算机都可以提供无限的计算能力，可以接入浩如烟海的信息。这种环境将能够使各企业解决以前难以处理的问题，最有效地使用他们的系统，满足客户要求并降低他们计算机资源的拥有和管理总成本。

(3) 中间件(Middleware)：是处于操作系统和应用程序之间的系统软件，也有人认为它应该属于操作系统中的一部分。在中间件诞生之前，主要采用传统的客户机/服务器(C/S)的模式，这种模式的缺点是系统拓展性差。随着因特网的发展，一种Web数据库的中间件技术得到了广泛应用。

中间件屏蔽了底层操作系统的复杂性，使程序开发人员面对一个简单而统一的开发环境，减少程序设计的复杂性，将注意力集中在自己的业务上，不必再为程序在不同系统软件上的移植而重复工作，从而大大减少了技术上的负担。中间件带给应用系统的不只是开发的简便、开发周期的缩短，也减少了系统的维护、运行和管理的工作量，还减少了计算机总体费用的投入。

(4) 云计算(Cloud Computing)：是一种基于互联网的计算方式，通过这种方式，共享的软硬件资源和信息可以按需求提供给计算机和其他设备。

云计算将传统的以桌面为核心的任务处理转变为以网络为核心的任务处理，云计算的构成包括硬件、软件和服务。云计算的核心思想是对大量用网络连接的计算资源进行统一管理和调度，构成一个计算资源池向用户提供按需服务，提供资源的网络被称为“云”。

云计算是继1980年以后大型计算机到客户端—服务器的大转变之后的又一种巨变。用户不再需要了解“云”中基础设施的细节，不必具有相应的专业知识，也无须直接进行控制。云的基本概念是，通过网络将庞大的计算处理程序自动分拆成无数个较小的子程序，再由多部服务器所组成的庞大系统搜索、计算、分析之后将处理结果回传给用户。通过这项技术，远程的服务供应商可以在数秒之内，达成处理数以千万计甚至亿计的信息，达到和“超级电脑”同样强大性能的网络服务。

(5) 大数据(Big Data或Mega Data)：是指以多元形式、多种来源搜集而来的庞大数据组，往往具有实时性。简言之，从各种类型的数据中快速获得有价值信息的能力，就是大数据技术。在企业对企业销售的情况下，这些数据可能来自社交网络、电子商务网站、顾客来访记录,还有许多其他来源。大数据无法用单台的计算机进行处理,必须采用分布式计算架构。它的特色在于对海量数据的挖掘,但它必须依托云计算的分布式处理、分布式数据库、云存储和/或虚拟化技术。

(6) 人工智能(Artificial Intelligence):是研究使用计算机来模拟人的某些思维过程和智能行为(如学习、推理、思考、规划等)的学科,主要包括计算机实现智能的原理、制造类似于人脑智能的计算机,使计算机能实现更高层次的应用。1950 年,从阿兰·图灵提出的测试机器,如人机对话能力的图灵测试开始,人工智能就成为计算机科学家们的梦想。在接下来的网络发展中,人工智能使得机器更加智能化,它同原子能技术、空间技术一起被称为 20 世纪三大尖端科技。人工智能学科研究的主要内容包括:知识表示、自动推理和搜索方法、机器学习和知识获取、知识处理系统、自然语言理解、计算机视觉、智能机器人、自动程序设计等方面。

(7) 虚拟现实(Virtual Reality):是一种可以创建和体验虚拟世界的计算机仿真系统,它利用计算机生成一种模拟环境,使用户沉浸到该环境中。虚拟现实技术就是利用现实生活中的数据,通过计算机技术产生的电子信号,将其与各种输出设备结合,使其转化为能够让人们感受到的现象,这些现象可以是现实中真切的物体,也可以是我们肉眼所看不到的物质,是通过三维模型表现出来的。因为这些现象不是我们直接所能看到的,而是通过计算机技术模拟出来的现实中的世界,故称为虚拟现实。VR 技术包括三维图形生成技术、多传感器交互技术和高分辨率显示技术。21 世纪以来,VR 技术高速发展,软件开发系统不断完善,有代表性的如 MultiGen Vega、Open Scene Graph、Virtools 等。

(8) 物联网(Internet of Things):"万物相连的互联网",是在互联网基础上的延伸和扩展的网络,将各种信息传感设备与互联网结合起来而形成的一个巨大网络,实现在任何时间、任何地点,人、机、物的互联互通。物联网的应用领域主要有智能家居、智慧交通、智能电网、智能物流、智能工业、智能农业、智慧城市、商业智能等。

(9) 人脸识别技术(Face Recognition Technology):一种基于人的脸部特征,对输入的人脸图像或者视频流进行分析判别的技术。首先判断其是否存在人脸 ,如果存在人脸,则进一步给出每个脸的位置、大小和各个主要面部器官的位置信息;然后依据这些信息,进一步提取每个人脸中所蕴含的身份特征,并将其与已知的人脸进行对比,从而识别每个人脸的身份。人脸识别系统主要包括四个部分:人脸图像采集及检测、人脸图像预处理、人脸图像特征提取以及匹配与识别。主要应用领域有门禁考勤、自助服务、信息安全、电子身份认证等。

(10) 区块链(Blockchain):是一种按照时间顺序将数据区块以顺序相连的方式组合成的链式数据结构, 并以密码方式保证其不可篡改和不可伪造的分布式账本。分布式账本指的是交易记账由分布在不同地方的多个节点共同完成,而且每一个节点记录的是完整的账目,因此它们都可以参与监督交易合法性,同时也可以共同为其作证。

(四) 计算机的发展趋势

1. 巨型化

主要指高速度、大存储量和功能强大的计算机。巨型化是衡量一个国家经济实力与科技水平的重要标志。

2. 微型化

主要指进一步提高集成度,利用高性能的超大规模集成电路研制质量更加可靠、性能更加优良、价格更加低廉、整机更加小巧的微型计算机。

3. 网络化

主要指利用通信技术将分散的计算机联网，彼此间可以互相通信、共享资源和信息服务。

4. 智能化

主要指让计算机具有模拟人的感觉和思维能力，具有逻辑推理、学习与证明的能力。新一代的计算机还包括模糊计算机、光子计算机、生物计算机、超导计算机、量子计算机等。

（五）信息与信息技术

科技的进步导致了人类生产和生活方式的根本性变化。蒸汽机的发明引发了从英国开始的第一次工业革命，发电机和电动机的发明引发了第二次工业革命，从20世纪80年代开始，信息技术引发了第三次工业革命。从生产力和产业结构的演进角度看，人类社会正从工业化社会向信息化社会转型。

1. 数据与信息的关系

数据是区别客观事物的符号，数值、文字、语言、图形、图像等都是不同形式的数据。信息是以适合于通信、存储或处理的形式来表示的知识或消息。

数据是信息的载体，数据是用来描述信息的一种形式；信息是数据的内涵，不是所有的数据都是信息，只有经过加工处理并对人类客观行为产生影响的、有用的数据才能成为信息；而信息必须通过数据才能传播，才能对人类有影响。

2. 信息技术与信息处理系统

信息技术（Information Technology，简称IT）指的是用来扩展人们信息器官功能、协助人们更有效地进行信息处理的一门技术。虽然有时人们也把信息技术叫作“现代信息技术”，但是它们定义的范围还是不同的。信息技术不仅包括现代信息技术，还包括与现代文明之前的时代相对应的信息技术；而现代信息技术是指信息的获取、传输和处理与计算机技术、微电子技术、通信技术相结合而成的信息技术。

用于辅助人们进行信息获取、传递、存储、检索、加工处理、变换、控制及显示的综合使用各种信息技术的系统，可以统称为信息处理系统。

3. 现代信息技术的发展趋势

（1）高速、大容量——速度和容量是紧密联系的，随着要传递和处理的信息量越来越大，高速、大容量是必然趋势。

（2）数字化——计算机要处理的信息是多种多样的，但计算机工作于二进制编码方式，只能处理二进制数据，所以我们要把日常的信息转换成二进制数据。

（3）多媒体化——利用计算机把文字、图形、图像、动画、声音及视频等媒体信息都数字化，并将其整合在一定的交互式界面上，使计算机具有交互展示不同媒体形态的能力。它极大地改变了人们获取信息的传统方法，符合人们信息时代的阅读方式。

（4）网络化——通信本身就是网络，其广度和深度在不断发展，计算机也越来越网络化。目前各国都在致力于将计算机网、通信网、有线电视网“三网合一”的建设，将来通过网络能更好地传送各种多媒体信息，用户可随时随地地在全世界范围拨打可视电话或收看任意国家的电视和电影。

(5) 智能化——指现代信息技术将能为人们提供各种舒适、安全、快捷、智能的服务。

4. 信息安全

信息安全是指信息系统(包括硬件、软件、数据、人、物理环境及其基础设施)受到保护,不受偶然的或者恶意的原因而遭到破坏、更改、泄露,系统可以连续可靠地正常运行,信息服务不中断,最终实现业务连续性。

信息安全主要包括五个方面的内容,即需保证信息的保密性、真实性、完整性、未授权拷贝和所寄生系统的安全性。信息安全本身包括的范围很大,其中包括如何防范商业企业机密泄露、防范青少年对不良信息的浏览、个人信息的泄露等。

二、典型例题分析

(1) 第3代电子计算机使用的电子元件是(　　)。

A. 晶体管　　B. 电子管

C. 中、小规模集成电路　　D. 大规模和超大规模集成电路

【解析】 第1代计算机主要元件是电子管,第2代计算机主要元件是晶体管,第3代计算机主要元件是采用小规模集成电路和中规模集成电路,第4代计算机主要元件是采用大规模集成电路和超大规模集成电路。

【答案】 C

(2) 计算机具有处理速度快、计算精度高、存储容量大、可靠性高、全自动运行以及(　　)等特点。

A. 造价便宜　　B. 网络与通信功能　　C. 便于大规模生产　　D. 携带方便

【解析】 计算机的主要特点有处理速度快、计算精度高、存储容量大、可靠性高、全自动运行、适用范围广、通用性强及网络与通信功能。

【答案】 B

(3) 计算机按照所处理数据的形态可以分为(　　)。

A. 专用计算机、通用计算机

B. 单片机、单板机、多芯片机、多板机

C. 巨型机、大型机、小型机、微型机和工作站

D. 数字计算机、模拟计算机、混合计算机

【解析】 计算机按照使用范围可以分为通用计算机和专用计算机,按照综合性能可以分为巨型机、大型机、小型机、微型机和工作站,按照处理数据的形态可以分为数字计算机、模拟计算机和混合计算机。

【答案】 D

(4) 下列关于信息的叙述错误的是(　　)。

A. 信息是对人们有用的数据,这些数据将可能影响到人们的行为与决策

B. 信息是数据的符号化表示

C. 信息是指认识主体所感知或所表达的事物运动及其变化方式的形式、内容和效用

D. 信息是指事务运动的状态及状态变化的方式

【解析】 选项A是客观存在的事实,选项C、D是信息的定义。信息与数据是密切相关

的，信息是数据的内涵，不是数据的符号化表示；数据是信息的载体，它表示了信息。选项 B 是错误的。

【答案】 B

(5) 在计算机信息处理领域，下列关于数据含义的叙述正确的是(　　)。

A. 数据是对客观事实、概念等的一种表示　B. 数据就是日常所说的数值

C. 数据就是信息　D. 信息与数据是密切相关的，是同一个概念

【解析】 “数据是对事实、概念或指令的一种特殊表达形式，这种特殊的表达形式可以用人工的方式或自动化的装置进行传输、翻译(转换)或加工处理”，在这个定义中，强调的是数据表达了一定的内容，即“事实、概念或指令”。

【答案】 A

(6) 信息处理过程可分若干个阶段，其第一阶段的活动是(　　)。

A. 信息的传递　B. 信息的加工　C. 信息的存储　D. 信息的收集

【解析】 信息处理过程可分若干个阶段，信息的收集、传递、加工、存储、显示与控制。其中，第一阶段的活动是信息的收集。

【答案】 D

三、强化练习

(1) 世界上第一台电子计算机诞生于(　　)，它的主要逻辑元器件是(　　)。

A. 1941 年　继电器　B. 1946 年　电子管

C. 1949 年　晶体管　D. 1950 年　光电管

(2) 在 ENIAC 的研制过程中，首次提出存储程序计算机体系结构的是(　　)。

A. 冯·诺依曼　B. 阿兰·图灵　C. 古德·摩尔　D. 以上都不是

(3) 计算机有很多分类方法，按其用途可分为(　　)。

A. 服务器、工作站　B. 16 位、32 位、64 位计算机

C. 小型机、大型机、巨型机　D. 专用机、通用机

(4) 目前个人计算机中使用的元器件主要是(　　)。

A. 电子管　B. 中小规模集成电路

C. 大规模或超大规模集成电路　D. 光电路

(5) 电子计算机的发展已经历了四代，第 1 代到第 4 代计算机使用的主要元器件分别是(　　)。

A. 电子管，晶体管，中、小规模集成电路，光电路

B. 电子管，晶体管，中、小规模集成电路，大规模和超大规模集成电路

C. 晶体管，电子管，中、小规模集成电路，大规模和超大规模集成电路

D. 晶体管，电子管，大规模和超大规模集成电路，中、小规模集成电路

(6) 目前运算速度达到每秒万亿次以上的计算机通常被称为(　　)计算机。

A. 巨型　B. 大型　C. 小型　D. 微机

(7) 第四代计算机的 CPU 采用的超大规模集成电路，其英文名是(　　)。

A. SSI　B. VLSI　C. LSI　D. MSI

(8) 电子数字计算机最早的应用领域是(　　)。

A. 辅助设计　B. 办公自动化　C. 信息处理　D. 科学计算

(9) 办公自动化(OA)按计算机应用的分类,它属于(　　)。

A. 数值计算　B. 辅助设计　C. 自动化控制　D. 信息处理

(10) 目前正在使用的安装了高性能酷睿处理器的个人计算机属于(　　)计算机。

A. 第 5 代　B. 第 4 代　C. 第 3 代　D. 第 2 代

(11) 下列不属于个人计算机范围的是(　　)。

A. 台式机　B. 便携机　C. 工作站　D. 服务器

(12) 计算机辅助制造的英文缩写是(　　)。

A. CAT　B. CAM　C. CAI　D. CAD

(13) 计算机辅助教育的英文缩写是(　　)。

A. CAD　B. CAI　C. CAM　D. CAT

(14) 1946 年诞生的世界上第一台电子计算机名叫(　　)。

A. EDVAC　B. ENIAC　C. EDSAC　D. EANIC

(15) 1983 年,我国第一台亿次巨型电子计算机的名称是(　　)。

A. 东方红　B. 曙光　C. 神州　D. 银河

(16) 现代计算机中采用二进制数字系统,采用二进制的最主要原因是(　　)。

A. 计算方式简单　B. 容易阅读,不易出错

C. 避免与十进制相混淆　D. 与逻辑电路硬件相适应

(17) 计算机的发展趋势是巨型化、微型化、网络化和(　　)。

A. 大型化　B. 小型化　C. 精巧化　D. 智能化

(18) 下列不属于计算机特点的是(　　)。

A. 存储程序与自动控制　B. 具有逻辑推理和判断能力

C. 处理速度快、存储量大　D. 不可靠、故障率高

(19) 专门为某种用途而设计的计算机,称为(　　)计算机。

A. 数字　B. 通用　C. 专用　D. 模拟

(20) 微型计算机中使用的数据库属于(　　)方面的应用。

A. 科学计算　B. 人工智能　C. 数据处理　D. 辅助设计

(21) 电子计算机的发展按其所采用的逻辑元器件可分为(　　)个阶段。

A. 两　B. 三　C. 四　D. 五

(22) 核爆炸和飞机试飞之类的仿真模拟是计算机在(　　)领域的应用。

A. 数据处理　B. 计算机辅助　C. 过程控制　D. 实时控制

(23) 广泛使用的成绩管理、网络办公等软件,按计算机应用分类应属于(　　)。

A. 实时控制　B. 科学计算　C. 计算机辅助　D. 数据处理

(24) 国际上一般按(　　)对计算机进行分类。

A. 计算机的档次　B. 计算机的速度　C. 计算机的性能　D. 计算机的品牌

(25) 以下是冯·诺依曼体系结构计算机的基本思想之一的是(　　)。

A. 计算精度高　B. 存储程序控制

C. 处理速度快　D. 采用 ASCII 编码系统

(26) 下列的英文缩写和中文名字的对照错误的是(　　)。

A. CAD——计算机辅助设计　　B. CAM——计算机辅助制造

C. CIMS——计算机辅助技术　　D. CAI——计算机辅助教育

(27) 下列有关计算机的新技术的说法错误的是(　　)。

A. 嵌入式技术是将计算机作为信息处理部件嵌入到应用系统中的一种技术

B. 网格计算是利用互联网把分散的计算机组织成一个"虚拟的超级计算机"

C. 网格计算技术能够提供资源共享,实现应用程序的互联互通,网格计算与计算机网络是一回事

D. 中间件是介于应用软件和操作系统之间的系统软件

【参考答案】

(1) B	(2) A	(3) D	(4) C	(5) B	(6) A	(7) B	(8) D
(9) D	(10) B	(11) D	(12) B	(13) B	(14) B	(15) D	(16) D
(17) D	(18) D	(19) C	(20) C	(21) C	(22) B	(23) D	(24) C
(25) B	(26) C	(27) C					

第二节　数据在计算机中的表示

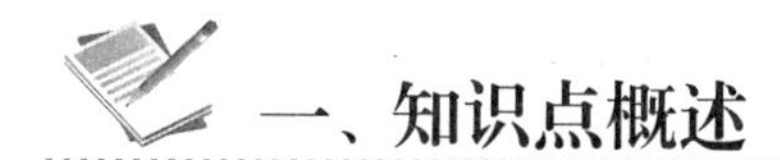

一、知识点概述

在计算机内部,计算机所使用的逻辑器件决定了数据的存储和处理都是采用二进制数的,因为二进制数的运算规则简单,能使计算机的硬件结构大大简化,并且二进制数字符号"1"和"0"正好与逻辑命题的两个值"真"和"假"相对应,为计算机实现逻辑运算提供了便利条件。但二进制书写冗长,所以为了书写方便,程序员还使用八进制和十六进制数作为二进制数的简化表示。

(一) 计算机中数据的基本单位

计算机中数据的最小单位是位(bit),存储容量的基本单位是字节(Byte),8 个二进制位称为 1 个字节,此外还有 KB、MB、GB、TB 等。为了便于衡量存储器的大小,统一用字节为单位。计算机一次能够并行处理的二进制位称为该机器的字长,也叫"字"。计算机的字长通常是字节的整数倍,如 8 位、16 位、32 位、64 位等。目前,微型机一般是 32 位或 64 位,而大型机达到了 128 位。字长是计算机的一个重要技术指标,直接反映一台计算机的计算能力和计算机精度。字长越长,计算机的处理速度越快。各单位换算如下:

$1KB = 1024B = 2^{10}B$,

$1MB = 1024KB = 2^{20}B$,

$1GB = 1024MB = 2^{30}B$,

$1TB = 1024GB = 2^{40}B$。

（二）数制的基本概念

对于任何一种数制表示的数，我们都可以写成按位权展开的多项式之和，其一般形式为：

$$N = d_{n-1}b^{n-1} + d_{n-2}b^{n-2} + \cdots + d_1b^1 + d_0b^0 + d_{-1}b^{-1} + \cdots + d_{-m}b^{-m},$$

式中：

n——表示整数的总位数；

m——表示小数的总位数；

d（含下标）——表示该位的数码；

b——表示进位制的基数；

b（含上标）——表示该位的位权。

为了区分各种计数制的数据，经常采用以下两种方法进行书写表达：

（1）在数字后面加写相应的英文字母作为标识。例如，B（Binary）表示二进制数；O（Octonary）表示八进制数；D（Decimal）表示十进制数，通常其后缀可以省略；H（Hexadecimal）表示十六进制数。

（2）在括号外面加数字下标，此种方法比较直观。

表 1-2 给出了各种数制之间的关系，表 1-3 给出了不同计数制的基数、数码、进位关系和表示方法。

表 1-2　各种数制之间的关系

十进制	二进制	八进制	十六进制
0	0	0	0
1	1	1	1
2	10	2	2
3	11	3	3
4	100	4	4
5	101	5	5
6	110	6	6
7	111	7	7
8	1000	10	8
9	1001	11	9
10	1010	12	A
11	1011	13	B
12	1100	14	C
13	1101	15	D
14	1110	16	E
15	1111	17	F

表 1-3　不同计数制的基数、数码、进位关系和表示方法

计数制	基数	数　码	进位关系	表示方法示例
二进制	2	0、1	逢二进一	1110B 或$(1110)_2$
八进制	8	0、1、2、3、4、5、6、7	逢八进一	221O 或$(221)_8$
十进制	10	0、1、2、3、4、5、6、7、8、9	逢十进一	566D 或$(566)_{10}$
十六进制	16	0、1、2、3、4、5、6、7、8、9、A、B、C、D、E、F	逢十六进一	6B2FH 或$(6B2F)_{16}$

（三）不同数制之间的转换

熟练掌握不同进制数相互之间的转换，在编写程序和设计数字逻辑电路时很有用，只要学会二进制数与十进制数之间的转换，二进制与八进制、十六进制数的转换就相对比较简单。

1. 各种计数制之间的转换规律(表 1-4)

表 1-4　各种计数制之间的转换规律

计数制转换要求	相应转换的规律
十进制整数转换为二进制整数	用基数 2 连续去除该十进制数，直到商等于“0”为止，然后逆序排列余数
十进制小数转换为二进制小数	连续用基数 2 去乘以该十进制小数，直至乘积的小数部分等于“0”，然后顺序排列每次乘积的整数部分
二进制整数转换为十进制数	二进制数的每一位乘以其相应的权值，然后累加即可得到它的十进制数值
二进制数转换为八进制数	从小数点开始分别向左或向右，将每 3 位二进制数分成一组，不足 3 位数的补 0，然后将每组用 1 位八进制数表示
八进制数转换为二进制数	将每位八进制数用 3 位二进制数表示
二进制数转换为十六进制数	从小数点开始分别向左或向右，将每 4 位二进制数分成一组，不足 4 位的补 0，然后将每组用 1 位十六进制数表示
十六进制数转换为二进制数	将每位十六进制数用 4 位二进制数表示

2. 数制转换举例

（1）十进制→二进制。

例：29.6875 → 11101.1011B(图 1-1)。

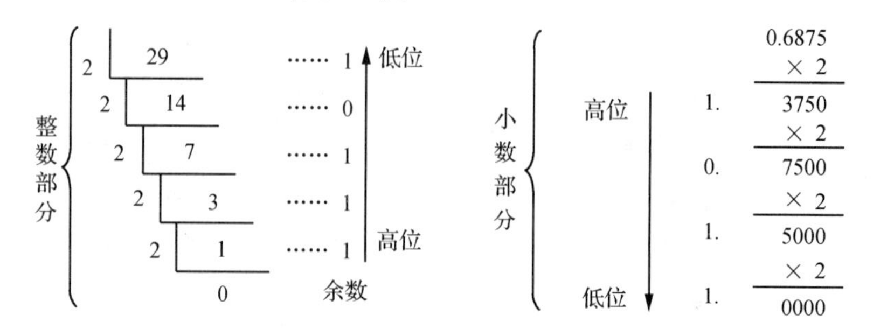

图 1-1　十进制到二进制的转换示例

（2）二进制→十进制。

例：11101.1011B→29.6875D（图1-2）。

$$
\begin{aligned}
&11101.1011B\\
&\underline{1\times2^4+1\times2^3+1\times2^2+0\times2^1+1\times2^0\quad 整数部分}\\
&\underline{1\times2^{-1}+0\times2^{-2}+1\times2^{-3}+1\times2^{-4}\quad 小数部分}\\
&=29.6875D
\end{aligned}
$$

图1-2 二进制到十进制的转换示例

（3）二进制与八进制之间互换。

1位八进制与3位二进制的对应关系（图1-3）：

八进制数		二进制数	八进制数		二进制数
0	←→	000	4	←→	100
1	←→	001	5	←→	101
2	←→	010	6	←→	110
3	←→	011	7	←→	111

图1-3 1位八进制与3位二进制的对应关系

① 二进制→八进制：整数部分从低位向高位每3位用一个等值的八进制数来替换，不足3位时在高位补0凑满3位；小数部分从高位向低位每3位用一个等值八进制数来替换，不足3位时在低位补0凑满3位。

例：1101001110.11001B→001101001110.110010B→1516.62O

② 八进制→二进制：把每个八进制数改写成等值的3位二进制数，且保持高低位的次序不变。

例：2467.32O→010100110111.011010B。

（4）二进制与十六进制之间互换。

转换方法与二进制与八进制之间互换相似，对应取位个数由二进制与八进制互换时取的3位变成4位。

（四）西文字符的编码

西文字符包括字母、数字、各种符号，西文字符的编码最常用的是ASCII码（美国信息交换标准码），被指定为国际标准。ASCII码有7位和8位，国际上通用的是7位ASCII码，用7位二进制数表示一个字符的编码，共有128个不同的编码值。在计算机中用一个字节存储一个西文字符，最高位是“0”。ASCII码如图1-4所示。

低4位代码		高3位代码							
		0	1	2	3	4	5	6	7
		000	001	010	011	100	101	110	111
0	0000	NUL	DLE	SP	0	@	P	`	p
1	0001	SOH	DC1	!	1	A	Q	a	q
2	0010	STX	DC2	"	2	B	R	b	r
3	0011	ETX	DC3	#	3	C	S	c	s
4	0100	EOT	DC4	$	4	D	T	d	t
5	0101	EDQ	NAK	%	5	E	U	e	u
6	0110	ACK	SYN	&	6	F	V	f	v
7	0111	BEL	ETB	'	7	G	W	g	w
8	1000	BS	CAN	(	8	H	X	h	x
9	1001	HT	EM	)	9	I	Y	i	y
A	1010	LF	SUB	*	:	J	Z	j	z
B	1011	VT	ESC	+	;	K	[	k	{
C	1100	FF	FS	,	<	L	\	l	|
D	1101	CR	GS	-	=	M	]	m	}
E	1110	SO	RS	.	>	N	↑	n	~
F	1111	SI	US	/	?	O	←	o	DEL

图 1-4　ASCII 码图

从上图可以看出:大小写字母一共有 26 + 26 = 52 个,数字一共有 10 个,其他字符有 66 个,ASCII 码一共有 128 个(不含扩展 ASCII)字符。在这些字符中,空格 < 数字 < 大写字母 < 小写字母,其中 0 ~ 9、A ~ Z、a ~ z 都是按顺序排列的。小写字母比大写字母的码位大 32,如 "a"对应的十进制编码是 97,"A"对应的编码值是 65,"b"对应的编码值是 98,"0"对应的十进制是 48,"1"对应的编码值是 49。

(五)汉字字符的编码

ASCII 码只对西文字符进行了编码,为了使计算机对汉字也能进行处理、显示、打印操作,同样也要对汉字进行编码。汉字的编码遵循我国已指定的汉字交换码的国家标准"信息交换用汉字编码字符集——基本集",代号 GB2312—80,又称"国标码",国标码用两个字节表示一个汉字,每个字节最高位是 0。国标码字集共收录汉字和图形符号 7445 个。最常用的 6763 个汉字分成两级:一级常用汉字 3755 个,按汉语拼音排列;二级非常用汉字 3008 个,按偏旁部首排列;图形符号 682 个。为了避开 ASCII 表中的控制码,将 GB2312—80 中的 6763 个汉字分为 94 行、94 列,代码表分 94 个区(行)和 94 个位(列),构成区位码,区位码最多可以表示 8836 个汉字。区位码和国标码之间的转换方法是将一个汉字的十进制区号和位号分别转换成十六进制数,然后再分别加上 20H,就成为此汉字的国标码。汉字国标码 = 区号(十六进制数) + 20H 位号(十六进制数) + 20H。

例如,汉字"中"字区位码与国标码转换如下:

区位码　　　5448 D　⟹　3630 H

区、位号各 + 20H

国标码　　　　　　　　　5650H

其他常用字符编码有:

BIG5 码是通行于中国台湾、香港地区的一个繁体字编码方案。

Unicode 编码是另外一个国际编码标准,用双字节编码可以统一地表示几乎世界上所有书写语言的字符编码标准。

GBK 编码(扩展汉字编码)是在 GB2312—80 标准基础上的内码扩展规范,使用了双字节编码方案,共收录了 21003 个汉字,完全兼容 GB2312—80 标准,支持国际标准 ISO/IEC10646—1 和国家标准 GB13000—1 中的全部中、日、韩汉字,并包含了 BIG5 编码中的所有汉字。

(六) 汉字的处理过程

通常汉字信息处理的过程分为三个阶段:汉字信息的输入、汉字信息的处理和汉字信息的输出。三个阶段的具体处理过程可由图 1-5 描述。其中汉字信息的输入是通过各种输入设备完成,汉字输入设备及其设备驱动程序负责把汉字的外部码转换为处理系统识别的内部码。目前除了字形输入、键盘编码输入和语音输入外,还有通过通信设备和文件交换设备把汉字信息从一处传输到另一处。汉字的信息在机器中(指处理系统)通过特定的程序(软件系统)进行加工,如编辑、排版、排序等,最后按照用户的要求进行输出。汉字的输出是把汉字内码转换成汉字外部字形和字音信息的过程。输出设备驱动程序通过汉字字形信息库(简称"字库")、语音库等加工完成后的汉字信息输出到显示输出设备、打印输出设备、语音输出设备上,同时,也可通过通信设备(如 FAX、MODEM 等)、文件交换设备把处理、加工完后的汉字信息输出到其他地方。

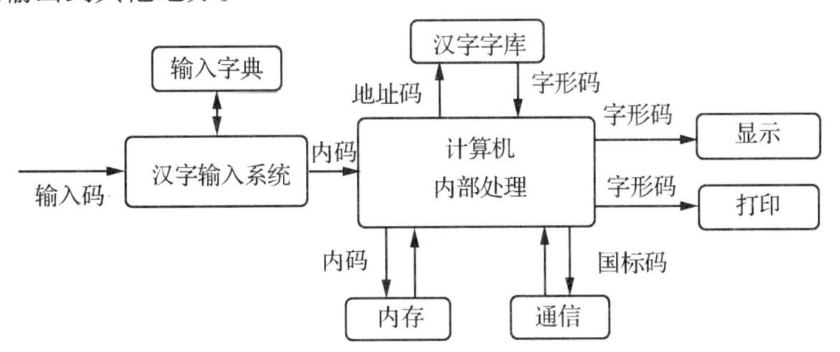

图 1-5　汉字的处理过程

(1) 汉字输入码——为汉字输入计算机而编制的代码,又叫外码(可以理解成汉字输入法)。目前常用的输入法类别有音码、形码、语音输入或扫描输入等。不同的输入法有不同的输入码,流行的编码方案有全拼输入法、智能拼音输入法、自然码输入法和五笔输入法等。

(2) 汉字内码——在计算机内部对汉字进行存储处理的汉字代码。一个汉字输入计算机后,只有转换为内码后才能在机器内传输、处理。一个汉字的内码用 2 个字节存储,为与西文字符区别,每个字节的最高位设置为"1"。汉字的内码 = 汉字的国标码 + $(8080)_{16}$。

如汉字"中"的国标码是$(5650)_{16}$,则内码是$(5650)_{16}+(8080)_{16}=(D6D0)_{16}$。

(3) 汉字字形码——用于汉字在显示器或打印机上输出,又叫汉字字模或汉字输出码。汉字字形码有点阵和矢量两种表示方式,点阵规模越大,字形越清晰,所占存储空间也越大,矢量表示方式能解决点阵字形放大后出现的锯齿现象。在计算机中,8 个二进制位组成一个字节,它是度量空间的基本单位,可见一个 16×16 点阵的字形码需要(16×16/8 = 32)个字节存储空间。

(4) 汉字地址码——即汉字的字库中存储汉字字形信息的逻辑地址码。输出设备必须通过地址码输出汉字。

二、典型例题分析

(1) 二进制数1000010对应的十进制数是(　　)。

A. 65　　B. 66　　C. 67　　D. 68

【解析】 二进制转换成十进制可以将它展开成2次幂的形式来完成:$1000010 = 1 \times 2^6 + 1 \times 2^1 = 66$。

【答案】 B

(2) 十进制数88用二进制数表示是(　　)。

A. 1011000　　B. 1101001　　C. 1011001　　D. 1001001

【解析】 十进制向二进制的转换采用"除二取余"法,即将十进制数除以2得一个商数和余数;再将所得的商除以2,又得到一个新的商数和余数;这样不断地用2去除所得的商数,直到商为0为止。每次相除所得的余数就是对应的二进制整数。第一次得到的余数为最低有效位,最后一次得到的余数为最高有效位。

【答案】 A

(3) 二进制数100110000110转换成十六进制数是(　　)。

A. 988　　B. 986　　C. 7F　　D. 26F

【解析】 二进制整数转换成十六进制整数的方法是:从个位数开始向左按每4位二进制数一组划分,不足4位的前面补0,然后各组代之以一位十六进制数字即可;十六进制转为二进制过程相反。二进制与八进制之间的互换方法相同,只不过在分组时取3位为一组。

【答案】 B

(4) 十进制数200转换成十六进制数为(　　)。

A. C8　　B. D6　　C. 33　　D. 8E

【解析】 十进制转换成十六进制,通常要先将十进制转换成二进制(用除2取余法),再由二进制转化成十六进制。

【答案】 A

(5) 下列4种不同数制表示的数中,数值最小的一个是(　　)。

A. 八进制数200　　B. 十进制数200

C. 十六进制数9F　　D. 二进制数1010001

【解析】 解答这类问题一般都是将这些非十进制数转换成十进制数,才能进行统一的对比。其中A、C、D选项转换成十进制分别是128、159、81。

【答案】 D

(6) 一个7位无符号的二进制数能表示的最大十进制数是(　　)。

A. 126　　B. 127　　C. 128　　D. 125

【解析】 7位无符号的二进制数最大为1111111,转换成十进制数就是127。

【答案】 B

(7) 若中文Windows环境下西文使用标准ASCII码,汉字采用GB2312编码。设有一段文本的内码为CB F5 D0 B4 50 43 CA C7 D6 B8,则在这段文本中,含有(　　)。

A. 2 个汉字和 1 个西文字符　　B. 4 个汉字和 2 个西文字符
C. 8 个汉字和 2 个西文字符　　D. 4 个汉字和 1 个西文字符

【解析】 标准 ASCII 码的最高位在计算机内部通常保持为 0，GB2312 编码的机内码是高位均为 1 的双字节汉字编码。将文本的内码表示为二进制形式为：

11001011 11110101 11010000 10110100 01010000 01000011 11001010 11000111 11010110 10111000

根据内码的最高位可以判断该文本中含有：4 个汉字和 2 个西文字符。

【答案】 B

(8) 下列字符中，其 ASCII 码值最大的是(　　)。

A. 8　　B. c　　C. f　　D. B

【解析】 在 ASCII 码中，有 4 组字符：第 1 组是控制字符，如 LF、CR 等，其对应 ASCII 码值最小；第 2 组是数字 0 ~ 9；第 3 组是大写字母 A ~ Z；第 4 组是小写字母 a ~ z。这 4 组对应的值逐渐变大。字符对应数字的关系是“小写字母比大写字母对应数大，字母中越往后越大”。推算得知 f 应该是最大。

【答案】 C

(9) 某汉字的国际码是 1215H，它的机内码是(　　)。

A. 6566H　　B. 9295H　　C. 8182H　　D. 3536H

【解析】 汉字机内码 = 国际码 + 8080H。

【答案】 B

(10) 存放在字库中的汉字是(　　)。

A. 汉字的内码　　B. 汉字的外码　　C. 汉字的字模　　D. 汉字的原码

【解析】 汉字外码是将汉字输入计算机而编制的代码。汉字内码是计算机内部对汉字进行存储、处理的汉字代码。汉字字模是确定一个汉字字形点阵的代码，存放在字库中。

【答案】 C

(11) 按 16 × 16 点阵存放国标 GB2312—80 中二级汉字(共 3008 个)的汉字库，大约需占存储空间(　　)。

A. 3MB　　B. 94KB　　C. 128KB　　D. 32KB

【解析】 一个字节占 8 个字位，一个 16 × 16 的汉字就是 16 × 16 个字位，所以一个汉字占 32 个字节。3008 个汉字就是 3008 × 32 = 96256 字节，即 96256B。

1KB = 1024B，96256B/1024 = 94KB。

【答案】 B

三、强化练习

(1) 计算机内部采用的数制是(　　)。

A. 十进制　　B. 二进制　　C. 八进制　　D. 十六进制

(2) 计算机使用二进制的首要原因是具有(　　)个稳定状态的电子器件比较容易制造。

A. 1　　B. 2　　C. 3　　D. 4

(3)“两个条件同时满足的情况下结论才能成立”相对应的逻辑运算是(　　)运算。

A. 逻辑加　　B. 逻辑除　　C. 取反　　D. 逻辑乘

(4) 对两个二进制数1与1进行算术加运算,其结果可用二进制形式表示为(　　)。

A. 1、10　　B. 1、1　　C. 10、1　　D. 10、10

(5) 三个比特的编码可以表示(　　)种的不同状态。

A. 3　　B. 9　　C. 6　　D. 8

(6) 下列不同进位制的四个数中,最大的数是(　　)。

A. 二进制数1100010　　B. 十进制数65

C. 八进制数53　　D. 十六进制数45

(7) 在书写逻辑运算式时,一般不用(　　)作为逻辑运算符。

A. OR　　B. AND　　C. NO　　D. NOT

(8) 10010的十进制表示是(　　)。

A. 18　　B. 21　　C. 20　　D. 19

(9) 与十进制数254等值的二进制数是(　　)。

A. 11111110　　B. 11101111　　C. 11111011　　D. 11101110

(10) 有一个数是25,它与十六进制数19相等,那么该数值是(　　)。

A. 八进制数　　B. 十进制数　　C. 十六进制数　　D. 二进制数

(11) 下列4个无符号十进制整数中,能用8个二进制位表示的是(　　)。

A. 259　　B. 201　　C. 313　　D. 266

(12) 下列四种不同数制表示的数中,数值最小的一个是(　　)。

A. 八进制数255　　B. 十进制数169

C. 十六进制数A6　　D. 二进制数10101000

(13) 微型计算机普遍采用的字符编码是(　　)。

A. 原码　　B. 补码　　C. ASCII码　　D. 反码

(14) 标准ASCII码字符集共有(　　)个编码。

A. 128　　B. 256　　C. 64　　D. 512

(15) 全拼或简拼汉字输入法的编码属于(　　)。

A. 音码　　B. 形声码　　C. 区位码　　D. 形码

(16) 在下列字符中,其ASCII码值最小的一个是(　　)。

A. 空格字符　　B. 10　　C. B　　D. b

(17) 根据汉字国标GB2312—80的规定,存储一个汉字的内码需(　　)字节。

A. 4　　B. 3　　C. 2　　D. 1

(18) 在标准ASCII码表中,已知英文字母A的十进制码值是65,英文字母a的十进制码值是(　　)。

A. 95　　B. 96　　C. 97　　D. 91

(19) 在标准ASCII码表中,根据码值由小到大的排列原则,下列字符组的排列顺序正确的是(　　)。

A. 空格字符、数字字符、小写英文字母、大写英文字母

B. 数字字符、大写英文字母、小写英文字母、空格字符

C. 空格字符、数字字符、大写英文字母、小写英文字母
D. 数字字符、小写英文字母、大写英文字母、空格字符
(20) 汉字国标码(GB2312—80)把汉字分成(　　)。
A. 简化字和繁体字两个等级
B. 一级汉字、二级汉字和三级汉字三个等级
C. 一级常用汉字、二级次常用汉字两个等级
D. 常用字、次常用字、罕见字三个等级
(21) 汉字的字形码通常有两种表现形式(　　)。
A. 点阵和矢量　　B. 通用和专用　　C. 精密和简易　　D. 普通和专用
(22) 与点阵描述的字体相比,Windows 中使用的 TrueType 轮廓字体的主要优点是(　　)。
A. 字的大小变化时能保持字形不变　　B. 具有艺术字体
C. 输出过程简单　　D. 可以设置成粗体或斜体
(23) 中文标点符号"。"在计算机中存储时占用(　　)个字节。
A. 1　　B. 2　　C. 3　　D. 4
(24) 汉字输入编码方法大体分成四类,五笔字型法属于其中的(　　)类。
A. 数字编码　　B. 字形编码　　C. 字音编码　　D. 形音编码
(25) 汉字的显示与打印,需要有相应的字形库支持,汉字的字形主要有两种描述方法:点阵字形和(　　)字形。
A. 仿真　　B. 矢量　　C. 矩形　　D. 模拟
(26) 将字符信息输入计算机的方法中,目前使用最普遍的是(　　)。
A. 键盘输入　　B. 笔输入　　C. 语音输入　　D. 印刷体识别输入
(27) 对 GB2312 标准中的汉字而言,下列(　　)码是唯一的。
A. 输入码　　B. 输出字形码　　C. 机内码　　D. 数字码
(28) 下列叙述正确的是(　　)。
A. 一个字符的标准 ASCII 码占一个字节的存储量,其最高位二进制数为 0
B. 大写英文字母的 ASCII 码值大于小写英文字母的 ASCII 码值
C. 同一个英文字母(如字母 A)的 ASCII 码和它在汉字系统下的全角内码是相同的
D. 标准 ASCII 码表的每一个 ASCII 码都能在屏幕上显示成一个相应的字符
(29) 显示或打印汉字时使用的是汉字的(　　)。
A. 机内码　　B. 字形码　　C. 输入码　　D. 国标码
(30) 下列说法正确的是(　　)。
A. 同一个汉字的输入码的长度随输入方法不同而不同
B. 一个汉字的区位码与它的国标码是相同的,且均为 2 字节
C. 不同汉字的机内码的长度是不相同的
D. 同一汉字用不同的输入法输入时,其机内码是不相同的
(31) 汉字从键盘录入到存储,涉及汉字输入码和(　　)。
A. 机内码　　B. ASCII 码　　C. 区位码　　D. 字形码
(32) 汉字的五笔输入码属于汉字的(　　)。

A. 外码　　B. 内码　　C. 国标码　　D. 标准码

【参考答案】

(1) B	(2) B	(3) D	(4) C	(5) D	(6) A	(7) C	(8) A
(9) A	(10) B	(11) B	(12) C	(13) C	(14) A	(15) A	(16) A
(17) C	(18) C	(19) C	(20) C	(21) A	(22) A	(23) B	(24) B
(25) B	(26) A	(27) C	(28) A	(29) B	(30) A	(31) A	(32) A

第三节　多媒体简介

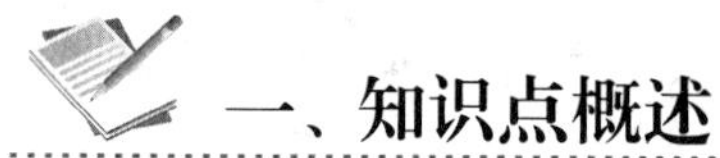

一、知识点概述

(一) 多媒体相关的基本概念

1. 媒体

日常生活中,媒体指文字、图形、图像、声音、动画和视频等内容。媒体可以分为感觉媒体、表示媒体、表现媒体、存储媒体和传输媒体。

2. 多媒体

一般理解为两种或两种以上的媒体的综合,也就是直接作用于人感官的文本、图形、图像、动画、声音和视频等各种媒体的统称。

3. 多媒体技术

是指把文本、图形、图像、动画、声音和视频等各种媒体有机组合起来,利用计算机、通信和广播电视技术,使它们建立起逻辑联系,并能进行加工处理(包括对这些媒体的采集、编辑、压缩和解压缩、存储、显示和传输等)的技术。多媒体技术一般具有交互性、集成性、多样性、实时性等特性。

4. 新媒体

新媒体是以数字信息技术为基础,以互动传播为特点,具有创新形态的媒体。新媒体是相对于传统媒体而言,是继报刊、广播、电视等传统媒体后发展起来的新的媒体形态。新媒体的发展将是未来媒体发展的新趋势,随着科技水平的提高以及人们对于信息需求的变化,新媒体会以不同的形式出现在人们的视野中,比如时下非常风靡的移动电视流媒体、数字电影、数字电视、多点触摸媒体技术、数字杂志等诸多类型。

(二) 数字化音频

1. 音频数字化过程

声音信号的数字化是将模拟声音信号转换成数字编码形式,以便于计算机进行处理的过程,包括采样、量化、编码三个步骤(图 1-6)。

采样(Sampling):就是在某些特定的时刻对模拟信号进行测量。每秒钟的采样次数称为采样频率。采样频率越高,采集到的样本就越多,被采样的声音信号的还原性就越好。

量化(Quantization):把采样后的信号转换成相应的数值表示。转换后以几位二进制形式表示,即为量化位数。量化位数一般为 8 位、16 位。量化位数越大,采集到的样本精度和声音的质量就越高,但量化位数越多,需要的存储空间也就越大。

编码(Encoding):就是将量化后的整数值用二进制数来表示。采样频率越高,量化数越多,数字化的信号越能逼近原来的模拟信号,而编码用的二进制位数也就越多。

采样和量化过程中使用的主要硬件是模拟/数字转换器(A/D 转换器)和数字/模拟转换器(D/A 转换器)。

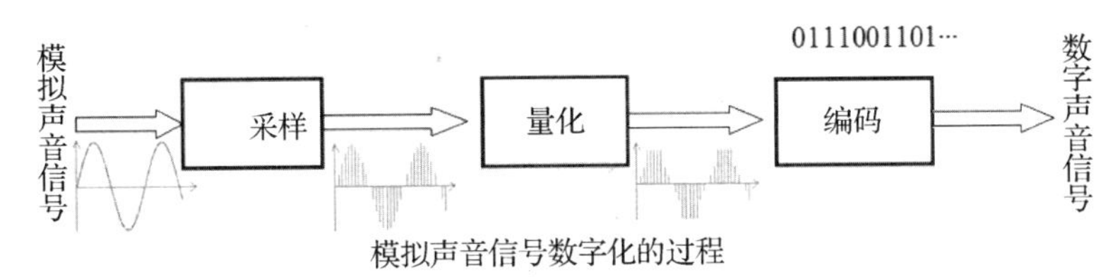

图 1-6　音频数字化过程

2. 波形声音的主要参数

波形声音的主要参数包括采样频率、量化位数、声道数目、压缩编码方法。数码率指的是每秒钟的数据量,也称比特率、码率(单位:bit/s)。数字声音未压缩前,其计算公式为:波形声音的码率 = 采样频率 × 量化位数 × 声道数。数字声音压缩编码以后,其计算公式为压缩前的码率/压缩倍数。

未经压缩的数字化声音的数据量是由采样频率、量化位数、声道数和声音持续时间所决定的,它们与声音的数据量是成正比的,其数据量的计算公式为:

$$数据量 = \frac{采样频率(Hz) \times 量化位数(bit) \times 声道数 \times 声音持续时间(s)}{8}$$

用 44.1kHz 采样频率对声波进行采样,每个采样点的量化位数选用 16 位,录制 5 分钟的立体声节目,其波形文件所需的存储空间为:

$$\frac{44100(Hz) \times 16 \times 2 \times 5 \times 60}{8} = 52920000B/s \approx 50.5MB$$

3. 常见音频编辑软件

现在很流行的“抖音”上的歌曲大部分都是用音频编辑软件进行剪辑合成处理的,使用音频剪辑软件就可以将一首歌曲的副歌部分剪辑下来,这时别人就很容易能快速听到这首歌曲的高潮部分而无须等待。常用的编辑软件主要有迅捷音频转换器、Adobe Adition、GoldWave、Audacity 等。另外,还有常用的 TTS 语音合成软件,如 espeak、讯飞 TTS 等。

4. 常见声音文件的格式

存储声音文件的格式有很多种,常见的声音文件格式有:

① WAV 文件。

WAV 文件又称波形文件,数字波形声音是使用二进位表示的一种串行比特流,其数据按时间顺序进行组织,文件扩展名为.WAV。数字波形声音文件的数据量很大,其大小近似地等于大量的声音数据所占用的存储空间。

② MIDI 文件。

MIDI (Musical Instrument Digital Interface)乐器数字接口是计算机中描述乐谱的一种标

准描述语言，规定了乐谱的数字表示方法（包括音符、定时、乐器等）和演奏控制器、音源、计算机等相互连接时的通信规程。它将所要演奏的乐曲信息用字节进行描述。譬如在某一时刻，使用什么乐器、以什么音符开始、以什么音调结束、加以什么伴奏等，也就是说 MIDI 文件本身并不包含波形数据，不是实际的声音。所以 MIDI 文件非常小巧，易于编辑和处理。一首乐曲对应一个 MIDI 文件，其文件扩展名为. MID 或. MIDI。播放 MIDI 音乐时，它先从磁盘上读入. MID 文件，解释其内容，然后以 MIDI 消息的形式向声卡上的音乐合成器发出各种指令。

③ MP3 文件。

MP3 就是一种音频压缩技术，由于这种压缩方式的全称叫 MPEG Audio Layer3，所以人们把它简称为 MP3。MP3 音乐文件是利用 MPEG Audio Layer 3 的技术，将音乐以 1∶10 甚至 1∶12 的压缩率，压缩成容量较小的文件。换句话说，能够在音质丢失很小的情况下把文件压缩到更小的程度，而且还非常好地保持了原来的音质。正是因为 MP3 体积小、音质高的特点，使得 MP3 格式几乎成为网上音乐的代名词。

④ 其他格式声音文件。

其他的声音设计有：WMA 文件是微软公司的流式声音文件；PCM 文件是使用 PCM 编码的声音文件；AIF 文件是苹果公司的声音文件；VOC 是声霸卡使用的音频文件格式；AU 文件主要用在 UNIX 工作站上。

（三）数字化图形图像

1. 图形

（1）图形定义。

矢量图是用一组数学指令来描述图像的内容，这些指令定义了构成图像的所有直线、曲线等要素的形状、位置等信息。使用矢量图的最大好处是任意缩放图像和以任意分辨率的设备输出图像时，都不会影响图像的品质，也就是说，矢量图的质量不受分辨率高低的影响。

图形有二维和三维图形之分。二维图形是指只有 X、Y 两个坐标的平面图形；三维图形是指具有 X、Y、Z 三个坐标的立体图形。

（2）计算机图形的绘制。

图形绘制过程中，每一个像素的颜色及其亮度都要经过大量的计算才能得到，因此绘制过程的计算量很大，目前 PC 所配置的图形卡（显卡）上安装了功能很强的专用绘图处理器，它能承担绘制过程中的大部分计算任务。主要有如下几个过程：

- 模型（Model）：景物在计算机内的描述。
- 建模（Modeling）：进行景物描述的过程。
- 绘制（Rendering）：根据景物的模型生成图像的过程。

（3）常见的绘图软件。

常见的矢量绘图软件有 Autodesk 公司的 AutoCAD 软件、Corel 公司的 CorelDraw 软件、Adobe 公司的 Illustrator 软件，微软公司的 Word 和 PowerPoint 也具有简单的二维图形绘图功能。

（4）常见的矢量图形文件格式。

① CDR 文件。

CDR 是 CorelDraw 中的一种矢量图形文件格式，它是所有 CorelDraw 应用程序中均能够使用的一种文件格式。

② AI 文件。

AI 是一种矢量图形文件，适用于 Adobe 公司的 Illustrator 软件的输出格式，AI 文件是一种分层文件，用户可以对图形内所存在的层进行操作。

③ DWG 文件。

DWG 是 AutoCAD 中使用的一种图形文件格式。

④ DXF 文件。

DXF 是 AutoCAD 中的图形文件格式，它以 ASCII 码方式存储图形，在表现图形的大小方面十分精确，可被 CorelDraw、3ds 等大型软件调用编辑。

⑤ EPS 文件。

EPS 是用 PostScript 语言描述的一种 ASCII 图形文件格式，在 PostScript 图形打印机上能打印出高品质的图形图像，最高能表示 32 位图形文件。

2. 图像的数字化

（1）图像的数字化过程。

图像获取的过程实质上是模拟信号的数字化过程（图 1-7），它的处理步骤是：扫描、分色、采样、量化。扫描是将画面划分为网格，每个网格称为一个采样点。分色是将彩色图像采样点的颜色分解成三个基色（红、绿、蓝）。采样主要是测量采样点每个颜色分量的亮度值。量化是对取样点每个分量的亮度值进行 A/D 转换，把模拟量使用数字量来表示。

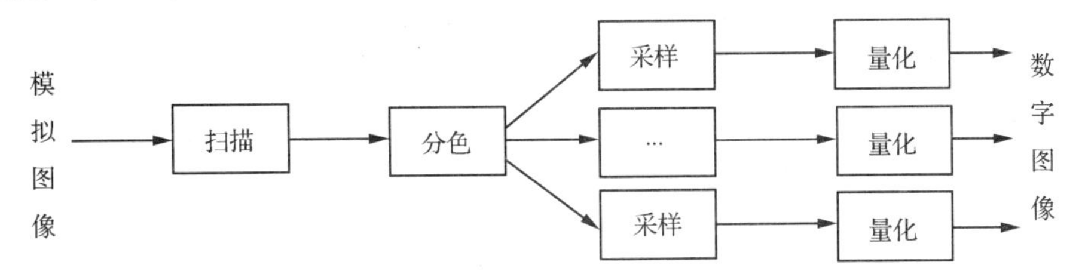

图 1-7　静态图像的数字化过程

（2）图像的相关参数。

采样点是组成数字取样图像的基本单位，称为“像素”，彩色图像的像素通常由 3 个彩色分量组成。存储图像颜色的二进制数的位数，称为颜色深度。如颜色深度为 N 位，则可以表示 2^N 种颜色，真彩色图的颜色深度为 24，可以表示 $2^{24}=16777412$ 种颜色。

图像大小（图像分辨率）使用水平分辨率 × 垂直分辨率表示。图像的数据量 = 水平分辨率 × 垂直分辨率 × 像素深度/8（字节）。

例如，一幅能在标准 VGA（分辨率为 640 × 480）显示屏上全屏显示的真彩色图像（即以 24 位表示），其存储量为

$$640\times480\times24\div8=921600\text{B}=900\text{KB}$$

由此可见，数字图像存储数据量之大，因此对数字图像进行压缩，使它能以较小的存储量进行存储和传送，就成为网络传输的关键问题。

（3）图像的获取设备及编辑软件。

常用的图像获取设备有扫描仪、数码相机、摄像头、摄像机等。常用的图像编辑软件有美图秀秀、光影魔术手、Windows 附件中的“画图”软件、ACD System 公司的 ACDSee 软件、Adobe 公司的 Photoshop 软件等，微软公司的 Word 和 PowerPoint 也具有基本的图像编辑功能。

（4）常见的图像文件格式。

存储图像文件的格式有很多种，常见的图像文件格式有：

① BMP 文件。

BMP 是 Windows 中的标准图像的文件格式，是一种与硬件设备无关的图像文件格式，使用非常广，在 Windows 环境中运行的图形图像软件都支持 BMP 图像格式。它采用位映射存储格式，除了图像深度可选以外，不采用其他任何压缩，因此 BMP 文件所占用的空间很大。

② GIF 文件。

GIF 图像文件的数据是经过压缩的，而且是采用了可变长度等压缩算法。正因为它是经过压缩的图像文件格式，所以大多用在网络传输上，速度要比传输其他图像文件格式快得多。它的最大缺点是最多只能处理 256 种色彩，故不能用于存储真彩色的图像文件，但其 GIF89a 格式能够存储成背景透明的形式，并且可以将数张图存成一个文件，从而形成动画效果。

③ TIFF 文件。

TIFF 是一种二进制文件格式。其特点是存储的图像质量高，但占用的存储空间也非常大，广泛应用于文字出版系统，大多数扫描仪也都可以输出 TIFF 格式的图像文件。

④ PNG 文件。

PNG 是一种能存储 32 位信息的位图文件格式，其开发目的是替代 GIF 和 TIFF 文件格式。PNG 也使用无损压缩方式来减少文件的大小，PNG 图像使用的是高速交替显示方案，显示速度很快，与 GIF 不同的是，PNG 图像格式不支持动画。

⑤ WMF 文件。

Microsoft Windows 中常见的一种图元文件格式，它具有文件短小、图案造型化的特点，整个图形常由各个独立的组成部分拼接而成，但其图形往往较粗糙。

⑥ JPEG 文件。

JPEG 是 24 位的图像文件格式，也是一种高效率的压缩格式。JPEG 是一种很灵活的格式，具有调节图像质量的功能，允许用不同的压缩比例对文件进行压缩，同样一幅画面，用 JPEG 格式储存的文件是其他类型图形文件的$\frac{1}{20}\sim\frac{1}{10}$。一般情况下，JPEG 文件只有几十 KB，而色彩数最高可达到 24 位，所以 JPEG 格式的应用非常广泛，特别是在网络和光盘读物上，都能找到它的身影。目前各类浏览器均支持 JPEG 格式，因为 JPEG 格式的文件尺寸较小，下载速度快。

（四）数字化视频

1. 模拟视频和数字视频

视频分为模拟视频和数字视频。模拟视频是一种传输图像和声音且随时间连续变化的电信号。早期视频的获取、存储和传输都是采用模拟方式。数字视频是以数字形式记录的视频,和模拟视频是相对的。

2. **模拟视频的数字化过程**

由于人眼看到的一幅图像消失后,还将在视网膜上滞留几毫秒,动态图像正是根据这样的原理而产生的。模拟视频信号的数字化过程与图像、声音的数字化过程相仿,但更复杂一些。视频信号的数字化过程如图1-8所示。

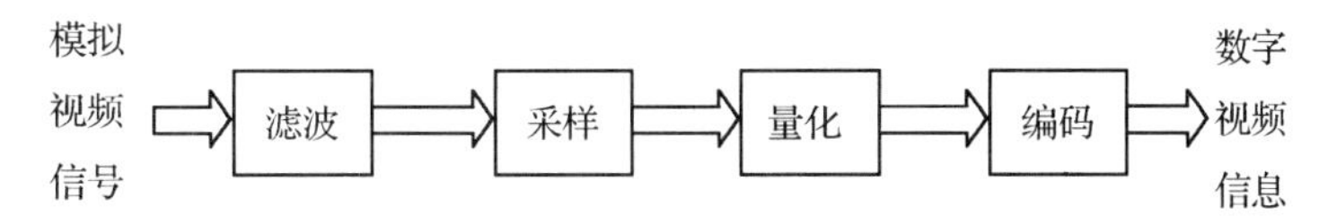

图1-8 模拟视频信号的数字化过程

3. **流媒体技术**

传统的网络传输音视频等多媒体信息的方式是完全下载后再播放,下载常常要花数分钟甚至数小时。而采用流媒体技术,就可实现流式传输,将声音、影像或动画由服务器向用户计算机进行连续、不间断地传送,用户不必等到整个文件全部下载完毕,而只需经过几秒或十几秒的启动延时即可进行观看。当声音视频等在用户的机器上播放时,文件的剩余部分还会从服务器上继续下载。

流式传输的实现需要缓存和合适的传输协议。使用缓存的目的是为消除时延和抖动的影响,以保证数据传送的顺序正确,从而使流媒体数据能够顺序输出。实现流式传输有两种方法:实时流式传输(RealtimeStreaming)和顺序流式传输(ProgressiveStreaming)。

流媒体的应用有:远程教育、视频电话会议、视频点播、互联网直播、视频监控等。

4. **常见的获取设备和视频编辑软件**

常用的视频获取设备有视频采集卡、DV、摄像头等。数字视频的编辑处理软件主要有爱剪辑、Windows Movie Maker、会声会影、iMovie、Premiere、After Effects、VEGAS、Final cut pro及EDIUS等。

5. **常见的数字视频文件格式**

数字视频的常用文件格式有:

① FLV文件。

FLV是FLASH VIDEO的简称,FLV流媒体格式是随着Flash MX的推出发展而来的视频格式。由于它形成的文件极小、加载速度极快,使得网络观看视频文件成为可能,它的出现有效地解决了视频文件导入Flash后,使导出的SWF文件体积庞大而不能在网络上很好使用等缺点。

② AVI文件。

AVI是Windows操作系统中数字视频文件的标准格式,AVI文件使用“音频视频交错”技术,就是可以将视频和音频交织在一起进行同步播放。这种视频格式的优点是图像质量好,可以跨多个平台使用,其缺点是体积过于庞大,压缩标准不统一。

③ WMV文件。

WMV是微软推出的一种流媒体格式,WMV格式的体积非常小,因此很适合在网上播放和传输。AVI文件将视频和音频封装在一个文件里,并且允许音频同步于视频播放。

④ ASF文件。

ASF是微软公司的流式视频文件,这是一种包含音频、视频、图像以及控制命令脚本的数据格式。

⑤ RM 文件。

RM 格式是 RealNetworks 公司开发的一种流媒体视频文件格式。它的特点是文件小,但画质仍能保持相对良好,适合于在线播放。RM 作为目前主流网络的视频格式,它还可以通过其 Real Server 服务器,将其他格式的视频转换成 RM 视频,并由 Real Server 服务器负责对外发布和播放。

⑥ MOV 文件。

MOV 即 QuickTime 影片格式,它是 Apple 公司开发的一种音频、视频文件格式,用于存储常用数字媒体类型。在某些方面它甚至比 WMV 和 RM 更优秀,并能被众多的多媒体编辑及视频处理软件所支持,用 MOV 格式来保存影片是一个非常好的选择。

⑦ MPG 文件。

MPG 文件即是 MPG 格式的视频文,它包括 MPEG-1,MPEG-2 和 MPEG-4。MPEG-1 被广泛地应用在 VCD 的制作,绝大多数的 VCD 采用 MPEG-1 格式压缩。MPEG-2 应用在 DVD 的制作方面、HDTV(高清晰电视广播)和一些高要求的视频编辑、处理方面。MPEG-4 是一种新的压缩算法,使用这种算法的 ASF 格式可以把一部 120 min 长的电影压缩到 300 M 左右的视频流,可供在网上观看。

⑧ 3GP 文件。

3GP 是一种 3G 流媒体的视频编码格式,主要是为了配合 3G 网络的高传输速度而开发的,也是目前手机中最为常见的一种视频格式。此外 MP4、AVI 格式的视频也是手机中常见的。

(五)动画的数字化

1. 动画的定义

动画是基于人的视觉原理创建的运动图像,在一定时间内连续快速观看一系列相关联的静止画面时,会感觉画面成连续动作,每个单幅画面被称为帧。从制作技术和手段看,动画可以分为以手工绘制为主的传统动画和以计算机为工具制作的数字动画。

2. 常用动画制作软件

根据不同的动画类型有不同的制作工具,常用的二维动画制作软件主要有 Gif Animator、Adobe Animate(FLASH)等,常用的三维动画制作软件主要有 3D Max、MAYA 等。

3. 常用动画文件格式

计算机数字动画由于应用领域不同,其动画文件也存在着不同类型的存储格式。目前应用最广泛的有下面几种文件格式。

① GIF 文件。

GIF 是最常见的动画文件格式,它是多帧 GIF 图像的合成,可以存多幅彩色图像,如果把存于一个文件中的多幅图像数据逐幅读出并显示到屏幕上,就可构成一种最简单的动画。GIF 文件体积小,适合在网上播放。

② FLIC(FLI/FLC)文件。

FLIC 格式是由 Autodesk 公司研制开发的一种彩色动画文件格式,FLIC 是 FLI 和 FLC 的统称。

③ SWF 文件。

SWF 格式是基于 Shockwave 技术的流式动画文件格式。它采用曲线方程来描述动画中的内容,而不是由点阵组成,因此这种格式的动画不管缩放多少倍,画面仍然清晰流畅,质量不会因此而降低,而且文件体积小,适合在网上播放。

④ MB 文件。

MB 为三维软件 Maya 的源文件的格式,Maya 是世界顶级的三维动画软件,应用对象是专业的影视广告、角色动画、电影特技等。Maya 功能完善、工作灵活、易学易用、制作效率极高、渲染真实感极强,是电影级别的高端制作软件。

(六) 多媒体数据压缩

数据压缩是指按照一定的算法对数据进行重新组织,减少数据的冗余和存储的空间,提高其传输、存储和处理效率的一种技术方法。数据压缩类型包括:无损压缩和有损压缩。

无损压缩:是指使用压缩后的数据进行重构(或者叫作还原、解压缩),重构后的数据与原来的数据完全相同。无损压缩用于要求重构的信号与原始信号完全一致的场合。无损压缩的主要特点是压缩率比较低,一般为 2∶1至 5∶1,通常应用于文本数据、程序以及重要图形和图像的压缩, WinZip、WinRAR 等压缩软件都是基于无损压缩原理设计的。常用的压缩算法包括行程编码、霍夫曼编码、算术编码、LZW 编码等。

有损压缩:也称破坏性压缩,是指使用压缩后的数据进行重构,重构后的数据与原来的数据有所不同,但不会影响人对原始资料表达的信息而造成误解。有损压缩适用于重构信号不一定非要和原始信号完全相同的场合。常用的压缩编码方法有预测编码、变换编码、基于模型编码、分形编码、矢量量化编码等。

多媒体技术作为新兴的信息高科技产业的核心技术,受到了国际社会的广泛关注,制定能用的国际标准成为首选,许多国际组织都致力于这项工作,一些国际组织于 20 世纪 90 年代领导制定了三个重要的多媒体国际标准。

1. JPEG 标准

JPEG 全称是 Joint Photogragh coding Experts Group(联合照片专家组),是一种基于 DCT 的静止图像压缩和解压缩的算法。它是把冗长的图像信号和其他类型的静止图像去掉,甚至可以减小到原图像的百分之一(压缩比 100∶1),但是在这个级别上,图像的质量并不好。当压缩比为 20∶1时,能看到图像稍微有点变化;当压缩比大于 20∶1时,一般来说图像质量开始变坏。

2. MPEG 标准

MPEG 是 Moving Pictures Experts Group(动态图像专家组)的英文缩写,是视频、音频数据的压缩标准,MPEG 标准由视频、音频和系统三部分组成。MPEG 采用有损压缩方法减少运动图像中的冗余信息,压缩效率非常高,图像和音响质量好,在计算机上有统一的标准格式,兼容性好。现在通常有三个版本:MPEG-1、MPEG-2、MPEG-4 以适用于不同带宽和数字影像质量的要求。它的三个最显著优点就是兼容性好、压缩比高(最高可达 200∶1)、数据失真小。另外,还有 MPEG7 和 MPEG21 两种其他用途的标准。

3. H.26X 标准

ITU-T(国际电联)的 VCEG(视频编解码专家组)面向综合业务数字网和 Internet 视频应

用,制定了 H. 26 X 标准系列。

H. 261 标准:H. 261 是最早的运动图像压缩标准,在实时编码时比 MPEG 所占用的 CPU 运算量少得多,此算法为了优化带宽占用量,引进了在图像质量与运动幅度之间的平衡机制。

H. 263 标准:H. 263 的编码算法与 H. 261 一样,但做了一些改善和改变,以提高性能和纠错能力。H. 263 标准在低码率下能够提供比 H. 261 更好的图像效果。

H. 264 标准:H. 264 是一种视频高压缩技术,集中体现了当今国际视频编码解码技术的最新成果。在相同的重建图像质量下,H. 264 比其他视频压缩编码具有更高的压缩比、更好的 IP 和无线网络信道适应性。

H. 265 标准是继 H. 264 之后所制定的新的视频编码标准。H. 265 标准围绕着现有的视频编码标准 H. 264,保留原来的某些技术,同时对一些相关的技术加以改进。

二、典型例题分析

(1) PC 中用于视频信号数字化的设备称为(　　)。

A. 视频采集卡　　B. 声卡　　C. 图形卡　　D. 多功能卡

【解析】 PC 中用于视频信号数字化的设备称为视频采集卡,它能将输入的模拟视频信号及伴音数字化后存储在硬盘上。数字化的同时,视频图像经过彩色空间转换,然后与计算机图形显卡产生的图像加在一起,用户可以在显示器屏幕上监看(监听)其内容。

【答案】 A

(2) 一幅具有真彩色(24 位)、分辨率为 1024 × 768 像素的数字图像,在没有进行数字压缩时,它的数据量大约是(　　)。

A. 900KB　　B. 18MB　　C. 3.75MB　　D. 2.25MB

【解析】 真彩色(24 位)表示图像的颜色深度为 24,分辨率为 1024 × 768。图像数据量(没有压缩) = 图像水平分辨率 × 图像垂直分辨率 × 像素深度/8 = 1024 × 768 × 24/8 = 2359296 字节(B)。又 1KB = 1024B,1MB = 1024KB,所以 2359296B = 2.25MB。

【答案】 D

(3) 图像压缩编码方法很多,以下(　　)不是评价压缩编码方法优劣的主要指标。

A. 压缩倍数的大小　　B. 压缩编码的原理

C. 重建图像的质量　　D. 压缩算法的复杂程度

【解析】 压缩编码方法优劣的评价标准有:压缩倍数的大小、重建图像的质量(有损压缩时)、压缩算法的复杂程度。选项 B 不在该标准内。

【答案】 B

(4) 计算机动画是采用计算机生成一系列可供实时演播的连续画面的一种技术。现有 2800 帧图像,它们大约可在电影中播放(　　)分钟。

A. 1　　B. 2　　C. 3　　D. 4

【解析】 绘制的动画图像如果是在电影中用的,每秒需要 24 帧画面;如果是电视用的,每秒需要 25 帧画面。2800/24≈120 秒 = 2 分钟。

【答案】 B

三、强化练习

（1）Photoshop 是一种(　　)软件。

A. 多媒体编辑　　B. 多媒体创作　　C. 图像编辑处理　　D. 图片采集

（2）AutoCAD 是一种(　　)软件。

A. 多媒体播放　　B. 图像编辑　　C. 文字处理　　D. 绘图

（3）同一幅照片采用以下格式存储时,占用存储空间最大的格式是(　　)。

A. .JPG　　B. .TIF　　C. .BMP　　D. .GIF

（4）扩展名为.MOV 的文件通常是一个(　　)。

A. 音频文件　　B. 视频文件　　C. 图片文件　　D. 文本文件

（5）3DMAX 是一种(　　)软件。

A. 多媒体播放　　B. 图像编辑　　C. 文字处理　　D. 三维动画制作

（6）显卡能够处理的视频信号可来自(　　)。

A. 显示器　　B. 视频卡　　C. CPU　　D. 音箱

（7）视频信号的特点是内容随时间变化,伴随有与画面动作(　　)的声音。

A. 同步　　B. 异步　　C. 分离　　D. 无关

（8）数字摄像头与计算机的接口,一般采用(　　)接口或 IEEE1394 火线接口。

A. USB　　B. COM　　C. LPT　　D. PS/2

（9）使用计算机生成假想景物的图像,其主要步骤是(　　)。

A. 扫描、采样　　B. 绘制、建模　　C. 取样、A/D 转换　　D. 建模、绘制

（10）下列关于图像的说法错误的是(　　)。

A. 图像的数字化过程大体可分为扫描、分色、采样、量化

B. 像素是构成图像的基本单位

C. 尺寸大的彩色图片数字化后,其数据量必定大于尺寸小的图片的数据量

D. 黑白图像或灰度图像只有一个位平面

（11）把图像(或声音)数据中超过人眼(耳)辨认能力的细节去掉的数据压缩方法称为(　　)。

A. 无损数据压缩　　B. 有损数据压缩　　C. JPEG 压缩　　D. MPEG 压缩

（12）不同的图像文件格式往往具有不同的特性,有一种格式具有图像颜色数目不多、数据量不大、能实现累进显示、支持透明背景和动画效果、适合在网页上使用等特性,这种图像文件格式是(　　)。

A. TIF　　B. GIF　　C. BMP　　D. JPEG

（13）某显示器的分辨率是 1024 像素 ×768 像素,其数据含义是(　　)。

A. 横向字符数 × 纵向字符数　　B. 纵向字符数 × 横向字符数

C. 纵向点数 × 横向点数　　D. 横向点数 × 纵向点数

（14）数字图像的获取步骤大体分为四步:扫描、采样、分色、量化,其中量化的本质是对每个样本的分量进行(　　)转换。

A. A/D　　B. A/A　　C. D/A　　D. D/D

(15) 为了区别于通常的取样图像,计算机生成的图也称为(　　)。

A. 点阵图像　　B. 光栅图像　　C. 矢量图形　　D. 位图图像

(16) 下列(　　)图像文件格式大量用于扫描仪和桌面出版。

A. BMP　　B. TIF　　C. PCX　　D. JPEG

(17) 下列应用软件中主要用于数字图像处理的是(　　)。

A. Outlook Express　　B. Word　　C. 3DMAX　　D. Photoshop

(18) 下列4种静态图像文件在Internet上大量使用的是(　　)。

A. SWF　　B. TIF　　C. BMP　　D. JPG

(19) 用于向计算机输入图像的设备很多,下面不属于图像输入设备的是(　　)。

A. 数码相机　　B. 扫描仪　　C. 鼠标　　D. 数码摄像头

(20) 在下列存储器中,用于存储显示屏上像素颜色信息的是(　　)。

A. 内存　　B. Cache　　C. 外存　　D. 显示存储器

(21) 下列给出的图像文件类型采用国际标准的是(　　)。

A. BMP　　B. JPG　　C. GIF　　D. TIF

(22) 下列(　　)都是目前因特网和PC常用的图像文件格式。

① BMP　② GIF　③ WMF　④ TIF　⑤ AVI　⑥ 3DS　⑦ MP3　⑧ VOC　⑨ JPG

A. ①、②、④、⑨　　B. ①、②、③、④、⑨

C. ①、②、⑦　　D. ①、②、③、⑥、⑧、⑨

(23) 下列(　　)图像文件格式是微软公司提出在Windows平台上使用的一种通用图像文件格式,几乎所有的Windows应用软件都能支持。

A. GIF　　B. BMP　　C. JPG　　D. TIF

(24) 一幅取样图像由M行×N列个取样点组成,每个取样点是组成取样图像的基本单位,称为(　　)。

A. 点阵　　B. 区位号　　C. 像素　　D. 尺寸

(25) 数字图像获取过程实质上是模拟信号的数字化过程,它的处理步骤包括:扫描、分色、(　　)和量化。

A. 采样　　B. 编码　　C. 采集　　D. 转换

(26) 把模拟的声音信号转换为数字形式有很多优点,以下不属于其优点的是(　　)。

A. 数字声音能进行数据压缩,传输时抗干扰能力强

B. 数字声音易与其他媒体相互结合(集成)

C. 数字形式存储的声音复制时没有失真

D. 波形声音经过数字化处理后,其数据量会变小

(27) 媒体播放软件播放MIDI音乐时,必须通过(　　)上的音乐合成器生成声音信号。

A. 视频卡　　B. 主板　　C. 显卡　　D. 声卡

(28) MP3音乐所采用的声音数据压缩编码的标准是(　　)。

A. MPEG-4　　B. MPEG-1　　C. MPEG-2　　D. MPEG-3

(29) 目前计算机中用于描述音乐乐曲并由声卡合成出音乐来的语言(规范)为(　　)。

A. MP3　　B. JPEG 2000　　C. MIDI　　D. XML

(30) 使用16位二进制编码表示声音与使用8位二进制编码表示声音的效果不同,前者与后者相比(　　)。

A. 噪声小、保真度低、音质差　　B. 噪声小、保真度高、音质好

C. 噪声大、保真度高、音质好　　D. 噪声大、保真度低、音质差

(31) 要通过口述的方式向计算机输入汉字,必须配备的辅助设备是(　　)。

A. 声卡、麦克风　　B. 麦克风、扫描仪

C. 扫描仪、声卡　　D. 扫描仪、手写笔

(32) 声音重建的原理是将数字声音转换为模拟声音信号,其工作过程是(　　)。

A. 采样、量化、编码　　B. 解码、D/A转换、插值

C. 数模转换、插值、编码　　D. 插值、D/A转换、编码

(33) 把模拟声音信号转换为数字形式有很多优点,下列叙述不属于其优点的是(　　)。

A. 可进行数据压缩,有利于存储和传输　　B. 可以与其他媒体相互结合(集成)

C. 复制时不会产生失真　　D. 可直接进行播放

(34) 为了保证对频谱很宽的全频道音乐信号采样时不失真,其采样频率应在(　　)以上。

A. 40kHz　　B. 33kHz　　C. 20kHz　　D. 16kHz

(35) TTS(文语转换)的功能是将文本(书面语言)转换为(　　)输出。

A. 语音　　B. 视频　　C. 多媒体　　D. 音乐

(36) 目前在计算机中描述音乐乐谱所使用的一种标准称为(　　)。

A. MP3　　B. MIDI　　C. WAV　　D. MP4

(37) 视频(Video)又叫运动图像或活动图像,下列对视频的描述错误的是(　　)。

A. 视频内容随时间而变化

B. 视频具有与画面动作同步的伴随声音(伴音)

C. 视频信息的处理是多媒体技术的核心

D. 数字视频的编辑处理需借助磁带录放像机进行

(38) 传统的模拟电视机需要外加一个(　　)才能收看数字电视节目。

A. 解调器　　B. SD卡　　C. 数字机顶盒　　D. DVD

(39) 用户可以根据自己的喜好选择收看电视节目,即从根本上改变用户被动收看电视的技术称为(　　)技术。

A. TTS　　B. VOD　　C. MIDI　　D. MPEG

(40) 为了在因特网上支持视频直播或视频点播,目前一般都采用(　　)技术。

A. 多媒体　　B. 流媒体　　C. 下载　　D. 多点

(41) 下列关于流媒体技术的说法不正确的是(　　)。

A. 实现流媒体需要合适的缓存　　B. 媒体文件全部下载完成才可以播放

C. 流媒体可用于在线直播等方面　　D. 流媒体格式包括ASF、RM、FLV等

【参考答案】

(1) C　　(2) D　　(3) C　　(4) B　　(5) D　　(6) B　　(7) A　　(8) A

(9) D　(10) C　(11) B　(12) B　(13) D　(14) A　(15) C　(16) B
(17) D　(18) D　(19) C　(20) D　(21) B　(22) A　(23) B　(24) C
(25) A　(26) D　(27) D　(28) B　(29) C　(30) B　(31) A　(32) B
(33) D　(34) A　(35) A　(36) B　(37) D　(38) C　(39) B　(40) B
(41) B

第四节　计算机病毒

一、知识点概述

(一) 计算机病毒定义

当前,计算机安全最大的威胁是计算机病毒(Computer Virus)。计算机病毒的出现和发展是计算机软件技术发展的必然结果。与医学上的“病毒”不同,它不是天然存在的,是某些人利用计算机软、硬件所固有的脆弱性,编制的具有特殊功能的程序。由于它与生物医学上的“病毒”同样都有传染和破坏的特性,因此这一名词是由生物医学上的“病毒”概念引申而来。

计算机病毒在《中华人民共和国计算机信息系统安全保护条例》中被明确定义,是指“编制者在计算机程序中插入的破坏计算机功能或者破坏数据,影响计算机使用并且能够自我复制的一组计算机指令或者程序代码”。

(二) 计算机病毒的主要特点

1. 破坏性

计算机中毒后,可能会导致正常的程序无法运行,清除系统内存区和操作系统中重要的信息,把计算机内的文件删除或使文件受到不同程度的损坏。

2. 传染性

传染性是病毒的基本特征。计算机病毒不但本身具有破坏性,更有害的是具有传染性,它能主动地将自身的复制品或产生的变种传染到其他未感染病毒的程序上,其速度之快令人难以预防。

3. 寄生性

计算机病毒是一种特殊的寄生程序,它寄生在其他程序之中,当执行这个程序时,病毒就起破坏作用,而在未启动这个程序之前,它是不易被人发觉的。

4. 潜伏性

一个编制精巧的计算机病毒程序进入系统之后一般不会马上发作,它寄生在别的程序上使得其难以被发现,它的内部往往有一种触发机制,不满足触发条件时,计算机病毒除了传染外没有什么破坏。

5. 隐蔽性

计算机病毒具有很强的隐蔽性,有的可以通过病毒软件检查出来,有的根本就查不出来,有的时隐时现、变化无常,这类病毒处理起来通常很困难。

(三)计算机病毒的分类

计算机病毒的分类标准很多,常见的是按其感染方式分为以下几类:

1. 引导区型病毒

其感染对象是计算机存储介质的引导区。病毒将自身的全部或部分逻辑取代正常的引导记录,而将正常的引导记录隐藏在介质的其他存储空间。由于引导区是计算机系统正常工作的先决条件,所以此类病毒可在计算机运行前获得控制权,其传染性较强。

2. 文件型病毒

其感染对象是计算机系统中独立存在的文件。病毒将在文件运行或被调用时驻留内存、传染、破坏。这类病毒主要感染扩展名为 COM、EXE、DRV、BIN、OVL、SYS 等可执行文件。

3. 混合型病毒

这类病毒既可以传染磁盘的引导区,也可以传染可执行文件,它兼有引导区型病毒和文件型病毒的特点。

4. 宏病毒

这类病毒不感染程序,它只感染 Word 文档,又叫 Word 宏病毒。Word 宏病毒是一种用专门的 Basic 语言,即 WordBasic 编写的、寄存在文档或模板的宏中的计算机病毒。一旦打开这样的文档,其中的宏就会被执行,于是宏病毒就会被激活,转移到计算机上,并驻留在 Normal 模板上。从此以后,所有自动保存的文档都会“感染”上这种宏病毒,而且如果其他用户打开了感染病毒的文档,宏病毒又会转移到他的计算机上。

5. 网络病毒

网络病毒是相对于传统病毒而言的,网络时代的网络病毒是指以网络为平台,对计算机及网络系统产生安全威胁的所有程序的总和。电子邮件(E-mail)是这类病毒的主要传播途径,另外像因特网上的 WWW 浏览、BBS 论坛、FTP 下载功能也是重要的传播途径。常见的网络病毒主要有木马、蠕虫、电子炸弹、黑客后门等。近年来出现了许多新一代的基于因特网传播的病毒种类,通过 MSN、QQ 即时通信软件传播病毒也越来越多,甚至出现了专门针对手机和掌上电脑的计算机病毒。网络上的病毒将直接影响网络的工作,轻则降低速度,影响工作效率,重则使网络崩溃,窃取个人金融、身份等信息资源。

(四)计算机病毒的常见症状

(1)计算机系统运行速度减慢。

(2)计算机系统经常无故发生死机。

(3)计算机系统中的文件长度发生变化、丢失文件或文件损坏。

(4)计算机存储的容量异常减少。

(5)系统引导速度减慢。

(6)计算机屏幕上出现异常显示,蜂鸣器出现异常声响。

(7)磁盘卷标发生变化,系统不识别硬盘,对存储系统异常访问。

(8)键盘输入异常,命令执行出现错误。

(9) 文件的日期、时间、属性等发生变化,文件无法正确读取、复制或打开。

(10) 时钟倒转,打印和通信发生异常。

(11) Windows 操作系统无故频繁出现错误,系统异常重新启动。

(12) 在异常情况下要求用户输入密码。

(13) Word 或 Excel 提示执行"宏"。

(14) 使不应驻留内存的程序驻留内存。

(15) 出现自动发送电子函件、自动链接一些非法网站等异常网络活动。

(五)计算机病毒的防治

(1) 思想上重视,并制定严格的计算机使用制度。

(2) 不购买、不使用盗版光盘,使用正版光盘。

(3) 外来移动存储设备要先查杀病毒,含有重要资料的移动存储设备要利用好防写保护,分类管理数据,重要的数据要备份。

(4) 经常使用杀毒软件,安装实时监控系统,使用安全监视软件,安装病毒防火墙。

(5) 杀毒软件经常更新,以快速检测到可能入侵计算机的新病毒或者变种,定时全盘扫描病毒。

(6) 关闭计算机自动播放功能,并对计算机和移动储存工具进行常见病毒免疫。

(7) 不随意接受、打开陌生人发来的电子邮件或通过 QQ 传递的文件或网址。

(8) 禁用远程功能,关闭不需要的服务。

(9) 修改 IE 浏览器中与安全相关的设置。

(10) 扫描系统漏洞,及时更新系统补丁。

杀毒软件的开发与更新总是稍稍滞后于新病毒的出现,因此会检测不出或无法消除某些新病毒。因为人们事先无法预计病毒的发展及变化,很难开发出具有先知先觉功能的、可以消除一切病毒的软硬件工具。

知识拓展:

杀毒软件对计算机的安全尤为重要,所以我们需要选择一个好的、适合自己的杀毒软件,一个好的杀毒软件不仅能保护你的计算机安全,还可以提高计算机的操作体验。常用的杀毒软件主要有:

(1) 360 安全卫士。它是一款由奇虎 360 公司推出的功能强、效果好、深受用户欢迎的安全杀毒软件。360 安全卫士拥有查杀木马、清理插件、修复漏洞、电脑体检、电脑救援、保护隐私、电脑专家、清理垃圾、清理痕迹等多种功能。

(2) 金山毒霸。它是由金山软件开发及发行的杀毒软件,融合了启发式搜索、代码分析、虚拟机查毒等技术,同时金山毒霸具有病毒防火墙实时监控、压缩文件查毒、查杀电子邮件病毒等多项先进的功能。

(3) 腾讯管家。它是腾讯推出的免费安全管理软件。它拥有云查杀木马、系统加速、漏洞修复、实时防护、网速保护、电脑诊所、健康小助手、桌面整理、文档保护等功能。

(4) 其他的常用杀毒软件还有卡巴斯基、诺顿、瑞星、迈克菲等。

二、典型例题分析

(1) 从本质上讲,计算机病毒是一种(　　)。

A. 化学物质　　B. 文本　　C. 程序　　D. 微生物

【解析】 微机的病毒是指一种在微机系统运行过程中,能把自身精确地拷贝或有修改地拷贝到其他程序体内的程序。它是人为非法制造的具有破坏性的程序。由于计算机病毒具有隐蔽性、传播性、激发性、破坏性和危害性等特性,所以计算机一旦感染病毒,轻者造成计算机无法正常运行,重者可能使程序和数据破坏,使系统瘫痪。

【答案】 C

(2) 下列选项不属于计算机病毒特征的是(　　)。

A. 潜伏性　　B. 传染性　　C. 破坏性　　D. 免疫性

【解析】 计算机病毒的主要特征是寄生性、破坏性、传染性、潜伏性和隐蔽性。

【答案】 D

(3) 计算机病毒按感染方式可分为五类,其中不包括(　　)。

A. 引导区型病毒　　B. 文件型病毒　　C. 混合型病毒　　D. 附件型病毒

【解析】 计算机的病毒按照感染的方式,可以分为引导型病毒、文件型病毒、混合型病毒、宏病毒和互联网病毒。

【答案】 D

(4) 如果发现计算机磁盘已染有病毒,则一定能将病毒清除的方法是(　　)。

A. 将磁盘格式化

B. 删除磁盘中所有文件

C. 使用杀毒软件

D. 将磁盘中文件复制到另外一张无毒磁盘中

【解析】 计算机病毒是一种特殊的程序,存在形式和普通数据有所区别。有些病毒不是隐藏在文件中,如引导型病毒,所以删除磁盘中所有文件并不一定能将病毒全部清除。杀毒软件只能清除已知病毒,对于一些新式或变种病毒并不能将其清除。将磁盘中文件复制到另外一张无毒磁盘中,不但不能清除病毒,还会使新磁盘感染病毒。格式化就是按照操作系统规定的格式对每个磁道划分,并在每个扇区中填写地址信息,并对磁盘空间进行定义,定义软件定位表、文件目录表等。经过格式化的磁盘上的数据全部丢失,病毒也被清除。

【答案】 A

(5) 为了防止存有重要数据的软盘被病毒侵染,应该(　　)。

A. 将软盘存放在干燥、无菌的地方　　B. 将该软盘与其他磁盘隔离存放

C. 将软盘定期格式化　　D. 将软盘写保护

【解析】 写保护的作用是通过硬件手段使存储器无法进行写操作,从而保护存储器上的信息。计算机病毒是一种特殊的程序,它通过自我复制来进行传播。对被写保护的存储器,计算机病毒不能进行自我复制,所以就无法去感染。

【答案】 D

三、强化练习

(1) 通常所说的“计算机病毒”是指(　　)。

A. 细菌感染　　B. 生物病毒感染

C. 被损坏的程序　　D. 特制的、具有破坏性的程序

(2) 计算机病毒是指(　　)。

A. 编制有错误的计算机程序

B. 设计不完善的计算机程序

C. 已被破坏的计算机程序

D. 以危害系统为目的的特殊的计算机程序

(3) 计算机病毒实质上是(　　)。

A. 一些微生物　　B. 一类化学物质　　C. 操作者的幻觉　　D. 一段程序

(4) 相对而言,下列类型的文件不易感染病毒的是(　　)。

A. *.DOC　　B. *.TXT　　C. *.COM　　D. *.EXE

(5) 计算机病毒具有破坏作用,它能破坏的对象通常不包括(　　)。

A. 程序　　B. 数据　　C. 操作系统　　D. 计算机显示器

(6) 计算机病毒对于操作计算机的人来讲(　　)。

A. 只会感染,不会致病　　B. 会感染致病

C. 不会感染　　D. 只感染接触计算机部位

(7) 计算机病毒破坏的主要对象是(　　)。

A. 优盘　　B. 硬盘　　C. 网络　　D. 程序和数据

(8) 下列关于计算机病毒的叙述正确的是(　　)。

A. 反病毒软件可以查、杀任何种类的病毒

B. 加装防病毒卡的计算机不会感染病毒

C. 反病毒软件必须随着新病毒的出现而升级,提高查、杀病毒的功能

D. 感染过计算机病毒的计算机具有对该病毒的免疫性

(9) 计算机病毒是一种人为编制的程序,许多厂家提供专门的杀毒软件产品,下列(　　)不属于这类产品。

A. 金山毒霸　　B. 卡巴斯基　　C. PCTools　　D. KV3000

(10) 计算机防病毒技术目前还不能做到(　　)。

A. 预防病毒侵入　　B. 检测已感染的病毒

C. 杀除已检测到的病毒　　D. 预测将会出现的新病毒

(11) 计算机病毒的危害性表现在(　　)。

A. 能造成计算机器件永久性失效　　B. 影响程序的执行,破坏用户数据与程序

C. 不影响计算机的运行速度　　D. 使计算机系统突然掉电

(12) 下列关于病毒的描述正确的是(　　)。

A. 只要不上网,就不会感染病毒

B. 一旦计算机感染了病毒,立即会对计算机产生破坏作用,篡改甚至删除数据

C. 严禁玩计算机游戏也是预防病毒的一种手段

D. 所有的病毒都会导致计算机越来越慢,甚至可能使系统崩溃

(13) 下列关于计算机病毒的叙述不正确的是( )。

A. 反病毒软件可以查、杀各类病毒

B. 计算机病毒是人为制造的、企图破坏计算机功能或计算机数据的一段小程序

C. 反病毒软件必须随着新病毒的出现而升级,提高查、杀病毒的功能

D. 计算机病毒具有传染性

(14) 下列关于计算机病毒的叙述正确的是( )。

A. 所有计算机病毒只在可执行文件中传染

B. 计算机病毒可通过读写移动硬盘或因特网进行传播

C. 只要把带毒优盘设置成只读状态,此盘上的病毒就不会因读盘而传染给另一台计算机

D. 清除病毒的最简单的方法是删除已感染病毒的文件

(15) 对计算机病毒的防治也应以“预防为主”,下列预防措施错误的是( )。

A. 将重要数据文件及时备份到移动存储设备上

B. 用杀病毒软件定期检查计算机

C. 不要随便打开、阅读身份不明的发件人发来的电子邮件

D. 在硬盘中再备份一份

(16) 对于已感染了病毒的 U 盘,最彻底的清除病毒的方法是( )。

A. 用酒精将 U 盘消毒　　B. 放在高压锅里煮

C. 将感染病毒的程序删除　　D. 对 U 盘进行格式化

(17) 以下措施不能防止计算机病毒的是( )。

A. 保持计算机清洁

B. 先用杀病毒软件将从别人机器上拷来的文件清查病毒

C. 不用来历不明的 U 盘

D. 经常关注防病毒软件的版本升级情况,并尽量取得最高版本的防毒软件

(18) 宏病毒是利用( )编制而成的。

A. Word 提供的 Basic 宏语言　　B. 汇编语言

C. JAVA 语言　　D. 机器语言

【参考答案】

(1) D　(2) D　(3) D　(4) B　(5) D　(6) C　(7) D　(8) C
(9) C　(10) D　(11) B　(12) C　(13) A　(14) B　(15) D　(16) D
(17) A　(18) A

第二章 计算机系统

第一节 计算机硬件系统

一、知识点概述

经过多年的发展,计算机的功能不断增强,应用不断发展,计算机系统也变得越来越复杂。但无论系统多么复杂,它们的硬件结构基本都遵循冯·诺依曼体系结构。1944 年 8 月,著名美籍匈牙利数学家冯·诺依曼提出了 EDVAC 计算机方案,他在方案中提出了 3 条思想:

(1) 计算机的基本结构。计算机硬件应具有运算器、控制器、存储器、输入设备和输出设备五大基本功能。

(2) 采用二进制数。二进制数便于硬件的物理实现,又有简单的运算规则。

(3) 存储程序控制。存储程序实现了自动计算,确定了冯·诺依曼型计算机的基本结构。

表 2-1 展示了人工用算盘计算数学题“11 + 55 - 22 = ?”的过程(R 表示算盘):

表 2-1 人工算盘计算数学题步骤

序　　号	操作步骤	结　　果
0	算盘清零	0→R
1	拨上 11	(R) + 11→R
2	再拨上 55	(R) + 55→R
3	拨下 22	(R) - 22→R
4	抄写结果	R = 44
5	结束	

从上表可以看出,要让计算机模拟人来完成此工作,最起码应该具备以下几个部件:类似人的大脑功能的控制器、类似算盘功能的运算器、类似纸张功能的存储器。所以,计算机的硬件组成应由运算器、控制器、存储器、输入设备、输出设备五个部分组成,如图 2-1 所示。

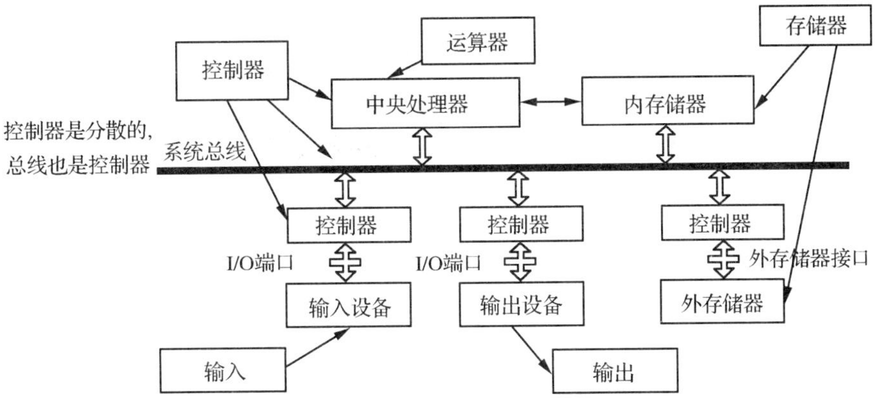

图 2-1　计算机硬件的逻辑组成

运算器和控制器一起称为中央处理器（Central Process Unit，简称 CPU）。主存储器、运算器和控制器统称为主机。输入设备和输出设备统称为输入输出设备（Input/output Device，简称 I/O 设备）。除主机之外的所有设备通常称为外围设备，简称外设。主机和外设组成一台计算机。

（一）运算器（ALU）

计算机中执行各种算术和逻辑运算操作的部件。运算器的基本操作包括加、减、乘、除等算术运算，与、或、非、异或等逻辑运算，以及移位、比较和传送等操作，亦称算术逻辑部件（ALU）。

运算器主要由一个加法器（运算器的核心）、若干个用来存储每次运算中间结果的寄存器和一些控制线路组成。

运算器的性能指标是衡量整个计算机性能的重要因素之一，主要有计算机的字长和速度。字长是计算机运算部件一次能同时处理的二进制数据的位数。速度是指每秒钟所能执行加法指令的数目，常用百万次/秒（MIPS）来表示。

（二）控制器（CU）

控制器是整个中央处理器（CPU）的指挥控制中心，是计算机的心脏，用来控制指令的执行及为各部件提供控制信号，使各部件能协调一致地工作。

控制器主要由指令寄存器 IR、指令译码器 ID、操作控制器 OC 和程序计数器 PC 四个部件组成，对协调整个计算机有序工作极为重要。

（1）指令寄存器：存放由存储器取得的指令。

（2）指令译码器：将指令中的操作码翻译成相应的控制信号。

（3）操作控制器：将脉冲、电位和译码器的控制信号组合起来，有时间性地、有时序地控制各个部件完成相应的操作。

（4）程序计数器：指出下一条指令的地址，使程序可以自动、持续地运行。

机器指令是 CPU 能直接识别并执行的指令，它的表现形式是二进制编码。机器指令通常由操作码和操作数两部分组成，操作码指出该指令所要完成的操作，即指令的功能，操作数指出参与运算的对象，以及运算结果所存放的位置等。计算机只能执行指令，并被指令所控制。一条机器指令的执行需要取得指令、分析指令、执行指令。

控制器和运算器是计算机的核心部件,合称为中央处理器(CPU),在微机中叫作微处理器(MPU)。

时钟主频是微机性能的一个重要指标,它的高低在一定程度上决定了计算机速度的高低,主频以吉赫兹(GHz)为单位。一般来说,主频越高,速度越快。

(三)存储器(Memory)

存储器是以二进位形式把程序和数据(包括原始数据、中间运算结果与最终运算结果)存储起来的计算机记忆装置,具有存数和取数的功能。

存储器分为内存储器(简称内存或主存)和外存储器(简称外存或辅存)两大类。内存的存储容量较外存而言相对较小,但其存取速度比外存快得多。存取分别是指往内存中"写入"数据和"读出"数据。CPU 只能访问存储在内存中的数据,外存中的数据只有先调入内存后才能被 CPU 访问和处理。现代计算机系统基本都采用 Cache、主存和辅存三级存储系统。

1. 内存储器

由于内存的速度比硬盘快,当 CPU 开始工作后,会将部分常用的信息写入内存,需要使用时先从内存中读取,而不是先从硬盘中读取,内存读取速度明显快于硬盘的读取速度,这样就提高了效率。

内存储器的存储体是由许多存储单元构成,数据是存放在存储单元中,每个单元的大小一般为一个字节,所有的存储单元都按顺序排列,每个单元都有一个编号,单元的编号称为"地址"(Address)。地址编号也用二进制数,通过地址编号寻找在存储器中的数据单元称为"寻址"。存储器地址的范围多少决定了能存放二进制数的数量。

内存储器按功能分为随机存取存储器 RAM(Random Access Memory)和只读存储器 ROM (Read Only Memory)两种。

(1) RAM 即随机存取存储器。即可从其中读取信息,也可向其中写入信息。开机之前 RAM 中没有信息,开机后操作系统对其管理,关机后其中的信息都将消失。RAM 中的信息可随时根据需要而改变。RAM 又分为 DRAM 和 SRAM。

SRAM(静态 RAM)不需要刷新,存取速度较快、电路复杂、功耗大、成本高。DRAM(动态 RAM)需要不断刷新其中存储的信息,存取速度较慢、电路简单、功耗小、成本较低。

我们熟悉的 SDRAM(同步动态 RAM)是有一个同步接口的 DRAM。通常 DRAM 是有一个异步接口的,这样它可以随时响应控制输入的变化。而 SDRAM 有一个同步接口,在响应控制输入前会等待一个时钟信号,这样就能和计算机的系统总线同步。SDRAM 在计算机中被广泛使用,从起初的 SDRAM 到之后一代的 DDR(或称 DDR1),然后是 DDR2 和 DDR3 进入大众市场,2015 年开始 DDR4 进入消费市场。2020 年 4 月 2 日,SK 海力士在官网公布了最新的 DDR5 内存路线图,并已确认今年将开始批量生产下一代 DRAM 芯片。DDR 内存则是一个时钟周期内传输两次数据,它能够在时钟的上升期和下降期各传输一次数据,因此称为双倍速率同步动态随机存储器。

(2) ROM 即只读存储器。正常情况下只可从其中读取信息,不可向其中写入信息,在开机之前 ROM 中已经事先存有信息,关机后其中的信息不会消失。

Mask ROM 中的信息在工厂生产是一次性写入,可多次读出但不能改写。

PROM 中的信息由用户使用专用装置一次性写入,可多次读出但不能改写。

EPROM 中的信息由用户使用专用装置一次性写入,可多次读出,还可用专用装置擦除其中信息再重新写入。

Flash ROM 是一种新型的非易失型存储器,但又像 RAM 一样能方便地写入信息。工作原理为:低电压下,只能读不能写;较高电压下,可以更改和删除其所存储的信息。Flash ROM 常用于在 PC 中存储 BIOS 程序,不需要专用装置就可进行修改。

(3) Cache 是使用 SRAM 组成的一种高速缓冲存储器,简称缓存,位于 CPU 和主存之间,为了解决 CPU 和主存之间速度不匹配的问题,是内存中最快的一种。它的全部功能均由硬件实现。

Cache 的工作原理是:当 CPU 读写程序和数据时,先访问 Cache,若 Cache 中没有,再访问主存。Cache 分内部、外部两种,内部 Cache 集成在 CPU 芯片内部,称为一级 Cache,容量较小;外部 Cache 在主板上,称为二级 Cache,其存量比内部 Cache 大。增加 Cache,只是提高 CPU 的读写速度,而不会改变主存的容量。Cache 中的数据是主存中部分数据的副本,CPU 访问数据顺序依次为 L1Cache→L2Cache→DRAM→外存。

图 2-2 所示为半导体存储器的类型及其在 PC 中的应用。

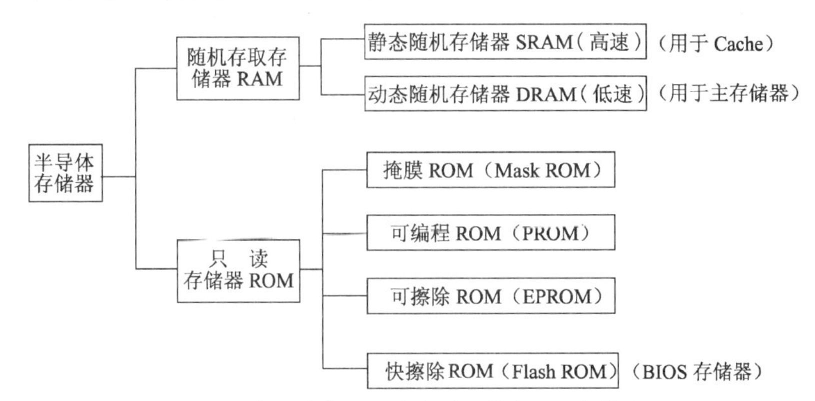

图 2-2　半导体存储器的类型及其在 PC 中的应用

主存储器由把若干片 DRAM 芯片焊装在一小条印制电路板上制成的内存条组成。内存条必须插在主板上的内存条插槽中才能使用,内存条与插槽接触的部分,称为金手指。如图 2-3 所示。

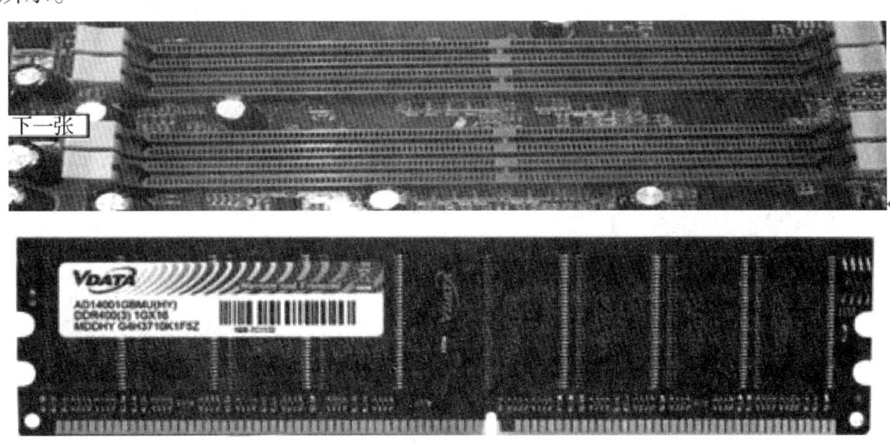

图 2-3　内存插槽及内存条

内存的主要性能指标有两个:容量和速度。容量一般以字节为基本单位,速度一般用读写周期(存储速度)即两次访问(读出或写入)存储器之间的最小时间间隔来衡量。

目前主流的内存品牌有:金士顿、威刚、三星等,内存容量越大越好。

2. 外存储器

存储大容量数据的主要载体是外存储器,如磁盘、磁带、优盘、光盘等。它们的共同特点是存储容量大、价格较低、断电后能长期地保存数据,所以又称为永久性存储器。

表 2-2 是内存与外存的特点比较。

表 2-2　内存与外存的特点比较

	内存储器 (简称内存或主存)	外存储器 (简称外存或辅存)
存取速度	很快	较慢
存储容量	较小(因单位成本较高)	很大(因单位成本较低)
性质	断电后信息全部丢失	断电后信息不会丢失
用途	存放已经启动运行的程序和需要立即处理的数据	长期存放计算机系统中的一些必要信息
与 CPU 关系	CPU 所处理的指令及数据直接从内存中取出	程序及相关数据必须先送入内存后才能被 CPU 使用

(1) 硬盘。

硬盘(Hard Disk)是计算机最重要的外存储器,它由硬盘片、硬盘驱动器、硬盘控制器三部分组成,又称为固定盘或温盘,如图 2-4 所示。硬盘是将磁盘片完全密封在硬盘驱动器内,盘片不可更换。目前大多数硬盘的转速分 5400r/min(转/分)和 7200r/min(转/分)两种,用于服务器中的 SCSI 接口的硬盘转速甚至达到 10000r/min。硬盘的容量已从过去的几百 MB 发展到目前的 TB 级别。

图 2-4　硬盘

硬盘的主要性能指标有:

- 容量。目前基本上以 GB 和 TB 为单位。
- 接口类型。主要有 IDE 接口、SCSI 接口、SATA 接口、光纤通道和 SAS 接口。前些年在微机中使用并行 ATA(IDE)接口,当前流行的是串行 ATA(SATA)接口。
- 数据传输率。硬盘数据传输率可以分为内部数据传输率和外部数据传输率。内部传输速率指硬盘在盘片上读写数据的速度,转速越高内部传输速率越快;外部传输速率指主机从(向)硬盘缓存读出(写入)数据的速度,与采用的接口类型有关。我们通常所说的数据传输率是指外部数据传输率,数据传输率越高,硬盘性能越好,它往往与转速、单碟容量有关,转速越高,单碟容量越大,就能获得更大的数据传输率。

- 平均寻道时间。它是指硬盘在接收到系统指令后,寻找到数据所在的磁道所花费的平均时间。硬盘的平均寻道时间为 5 ~ 15ms,它实际上也是与转速、单碟容量有关。
- 缓存容量。原则上是越大越好。

固态硬盘(Solid State Drives),简称固盘,是用固态电子存储芯片阵列制成的硬盘,由控制单元和存储单元(FLASH 芯片、DRAM 芯片)组成。固态硬盘在接口的规范和定义、功能及使用方法上与传统硬盘完全相同,在产品外形和尺寸上也完全与传统硬盘一致,但 I/O 性能相对于传统硬盘大大提升。固盘被广泛应用于军事、车载、工控、视频监控、网络监控、网络终端、电力、医疗、航空、导航设备等领域。

(2) 移动存储器。

① 移动硬盘。

指采用 USB 或 IEEE1394 接口的、可以随时插拔、小巧便于携带的硬盘存储器,它通常使用微型硬盘(大部分是笔记本硬盘)加上配套的硬盘盒构成的。其主要优点是:容量大、存储速度快、即插即用、体积小、重量轻、便于携带、安全可靠。如图 2-5 所示。

图 2-5　移动硬盘

② 优盘(U 盘)。

USB 优盘又称拇指盘,如图 2-6 所示。优盘主要有基本型、增强型和加密型三种。它采用 Flash 存储器(闪存)芯片制成,体积小,重量轻,容量可以按需要而定,具有写保护功能,数据保存安全可靠,使用寿命长,使用 USB 接口,即插即用,支持热插拔(必须先停止工作),读写速度比软盘快,增强型优盘可以模拟软驱和硬盘启动操作系统。常见的 MP3 播放器、MP4 播放器、MP5 播放器、手机存储卡等都具有优盘的功能。

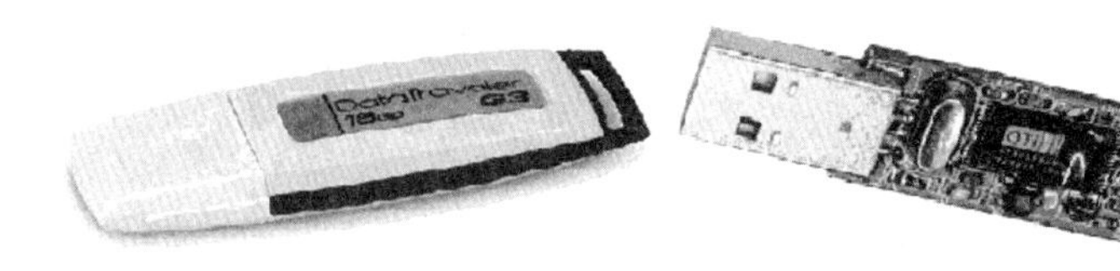

图 2-6　优盘

(3) 光盘。

光盘存储器具有记录密度高、存储容量大、易携带、数据可长期保存等特点,已成为微机中不可缺少的部件,它的数据存取速度比硬盘要慢一些。光盘存储器分为只读型光盘、一次写入型光盘、可擦写型光盘和 DVD 光盘。对光盘中信息的读取,需要专用的驱动器,称为光盘驱动器,简称光驱。对应不同的光盘类型,需用不同的驱动器对数据进行读或写操作。

① 光盘片的类型。

• CD 光盘片：有只读（CD-ROM 盘）、可写一次（CD-R 盘）和多次读/写（CD-RW 盘）三种不同类型。大小有直径 12cm 和 8cm 两种。CD-R 盘是在大功率激光照射下，盘片光道上染料分解（不可复原），使介质的反射特性发生变化来记录数据的。与压制而成的成品盘相比，CD-R 不能承受高温和阳光照射，寿命相对较短。CD-RW 盘是使用激光改变光道上染料的结晶和非结晶状态来改变反射率从而记录数据的。反射率不如 CD-R 盘的反射率高，其内容读出要求光驱性能较好。CD-RW 盘片平均只能擦写 1000 ~ 1500 次。CD 光盘的信息记录原理图如图 2-7 所示。

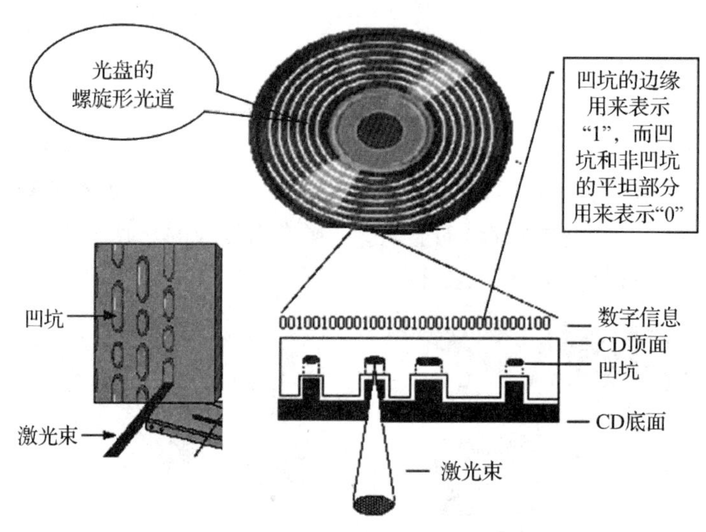

图 2-7　CD 光盘的信息记录原理图

• DVD 光盘片：有只读、可写一次（DVD-R 或 DVD + R 盘）和多次读/写（DVD-RAM、DVD-RW 或 DVD + RW）三种不同类型，大小有直径 12cm 和 8cm 两种，有单面单层、单面双层、双面单层和双面双层共四个品种，容量为 1.46 ~ 17GB。图 2-8 为 CD 及 DVD 光盘片。

图 2-8　CD 及 DVD 光盘片

• 蓝光光盘片：目前最先进的大容量光盘片，单面单层的存储容量为 25GB。BD 盘片也有只读（BD-ROM 盘）、可写一次（BD-R 盘）和多次读/写（BD-RW 盘）三种不同类型。

② 光驱的类型。

光盘驱动器按其信息读/写能力分为只读光驱和光盘刻录机两大类型，按其可处理的光盘片类型又进一步分为 CD 只读光驱和 CD 刻录机（使用红外激光）、DVD 只读光驱和 DVD

刻录机(使用红色激光)、DVD 只读光驱和 CD 刻录机组合在一起的组合光驱(康宝)以及最新的大容量蓝色激光光驱。图 2-9 为 CD 与 DVD 光盘驱动器。

图 2-9　CD 与 DVD 光盘驱动器

(四) 输入设备(Input Devices)

输入设备是用来把外部各种人们可读的信息输入到计算机并转换成计算机能识别的二进制代码的外部设备。

输入设备目前常见的有键盘、鼠标器、扫描仪、触摸屏、麦克风、摄像头、数码相机等。

1. 键盘(Keyboard)

键盘上的按键大多是电容式的。键盘接口主要有 PS/2 接口、USB 接口和无线接口。无线键盘与主机之间无物理连线,通过无线电波将输入信息传送给主机上安装的专用接收器。

2. 鼠标器(Mouse)

鼠标有左键、右键和滚轮,按动按键后计算机做些什么,由正在运行的软件决定。光电鼠标是主流。鼠标接口主要有 PS/2 接口和 USB 接口。无线接口鼠标也开始推广,作用距离可达 10m 左右。

鼠标性能指标主要是分辨率(单位为 dpi,鼠标每移动一英寸屏幕上指针移过的像素点数量),分辨率越高,鼠标定位精度越好。笔记本电脑为节省空间,用轨迹球、指点杆和触摸板等代替鼠标。日常生活中,类似鼠标的设备有操作杆和触摸屏等。图 2-10 为鼠标器及相同功能设备图。

指点杆

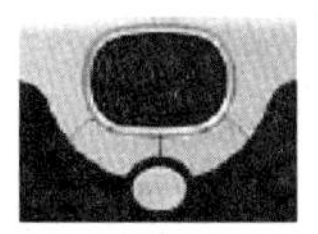

触摸板

轨迹球

操纵杆

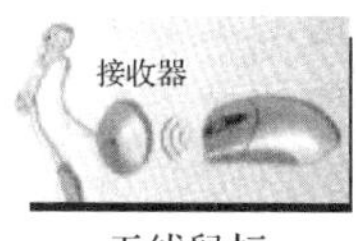

无线鼠标

图 2-10　鼠标器及相同功能设备图

3. 扫描仪(Scanner)

扫描仪是将原稿(如图片、照片、底片、书稿等)输入计算机的一种图像输入设备,采用光电转换原理设计,光电转换的主要器件是电荷耦合器件(CCD)。通过扫描仪将印刷体文字转换为数字图像后,计算机中可用光学字符识别(OCR)软件将其图像再转换为文字,从这个角度来说,扫描仪也是一种文字输入设备。

常用的扫描仪有手持式(扫描面积较小)、平板式(应用范围较广)、胶片和滚筒式(专业印刷排版领域)。因为扫描仪的数据传输量较大,一般采用并口、SCSI、USB 和 IEEE 1394 等高速接口。

分辨率用每英寸生成的像素数目(dpi)表示,反映了扫描图像的清晰程度。色彩位数(色彩深度)反映了扫描仪色彩的丰富程度,色彩数 $=2^n$(n 表示色彩位数)。扫描幅面指扫描仪能扫描的最大尺寸。

图 2-11 是扫描仪及其构造图。

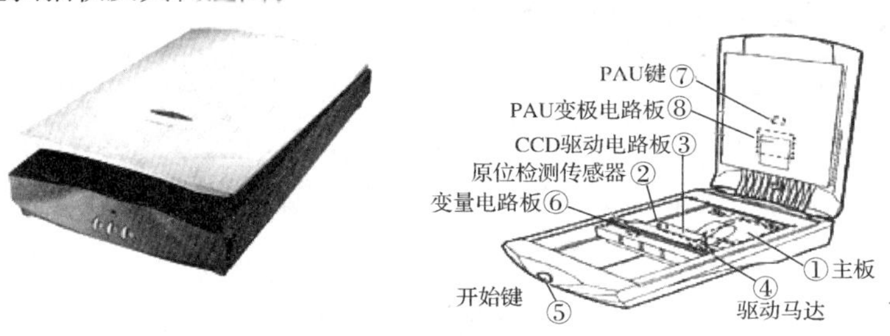

图 2-11 扫描仪及其构造图

4. 数码相机(DC)

数码照相机(图 2-12)也是一种重要的图像输入设备,能将照片以数字形式记录下来,也可实现扫描仪的功能。一般使用的成像芯片(数码照相机核心)有 CCD(主流)和 CMOS(价格便宜,300 万像素以下)。

图 2-12 数码照相机

数码照相机的存储器大多采用由闪烁存储器组成的存储卡,即使断电也不会丢失信息,如 MMC 卡、SD 卡、记忆棒(Memory Stick)等。

照片像素越大,分辨率也越高,存储空间要求也越大。一般来说,像素约等于分辨率的乘积。如 200 万像素的数码照相机,最大影像分辨率是 1600像素 ×1200 像素 =192 万像素(192 万是有效像素,等于分辨率的乘积)。

除以上常见的输入设备外,还有笔输入设备、条形码阅读器、触摸屏、光笔、麦克风、摄像头等输入设备。

(五) 输出设备(Output Devices)

输出设备是用来把计算机所产生的结果,如文本、语音、图像、动画等信息表达出来反馈给用户的设备。

输出设备目前常见的有显示器、打印机、绘图仪、音箱、耳机、投影仪等。

1. 显示器(Monitor)

显示器也称监视器,是计算机必不可少的图文输出设备,它能将数字信号转化为光信号,使文字和图像在屏幕上显示出来。计算机显示器由显示器(监视器)和显示控制器(显卡、图形卡或视频卡)组成。显示器的尺寸是以显示屏的对角线长度来度量的。显示控制器有扩充卡和集成到主板芯片组中的集成卡两种形态。

显示器主要有两类:CRT(阴极射线管)显示器(利用电子枪轰击屏幕成像)和 LCD(液晶)显示器(利用改变液晶排列调制光线成像)。CRT 显示器的扫描方式有逐行扫描和隔行扫描两种。逐行扫描的优点是无行间闪烁,图像清晰、稳定。隔行扫描的优点是可以用一半的数据量实现较高的刷新率,但其存在行间闪烁的缺点。LCD 显示器具有工作电压低、没有辐射危害、便于使用大规模集成电路驱动、功耗小、不闪烁、体积小、质量轻等特点,广泛用于便携式计算机、数码照相机、数码摄像机、电视机等设备。

显示器性能指标主要如下:

• 像素(Pixel):CRT 显示器工作时,电子枪发出电子束经过偏转线圈轰击荧光粉层上的某一点,使该点发光,这个光点称为像素。

• 点距(Pitch):是指屏幕上相邻两个同色像素单元间的距离,点距越小,越容易得到清晰的显示效果。

• 显示屏尺寸:以对角线长度度量,如 15 英寸、17 英寸、19 英寸、21 英寸及更大尺寸。

• 屏幕横向与纵向的比例:分为普通屏和宽屏,普通屏的比例为 4:3,宽屏的比例为 16:10 或 16:9。

• 分辨率(Resolution):分辨率是指在屏幕上所显现出来的像素数目,一般由水平像素数量×垂直像素数量来表示。分辨率不仅与显示器的尺寸有关,还要受显像管点距、显卡的性能等因素的影响,最大分辨率由屏幕尺寸和点距决定,分辨率越高,显示器清晰度越高。

• 刷新速率(Refresh Rate):是指图像每秒更新的次数,刷新速率高,图像稳定性好,人眼就不容易疲劳。PC 显示器的画面刷新速率一般在 60Hz 以上。

显示控制器(又称图形加速卡或显卡)主要由显示控制电路、绘图处理器(GPU)、显示存储器和接口电路四部分组成。GPU 是显卡的心脏,它决定显卡的性能和档次,现在市场上的显卡大多采用 nVIDIA 和 ATI 两家公司的图形处理芯片。显存用于存放 GPU 处理后的数据,其容量与存取速度将直接影响显示的分辨率及其色彩位数,容量越大,所能显示的分辨率及其色彩位数越高。所需显存 = 图形分辨率 × 色彩精度/8。目前很多显卡还在使用 AGP 接口,但越来越多的显卡开始使用 PCI-Ex16 接口了。

CRT、LCD 显示器和显卡如图 2-13 所示。

CRT显示器

LCD显示器

显示适配器

图 2-13　CRT、LCD 显示器和显卡

2. 打印机

打印机是一种常用输出设备,用来把程序、字符、图形、图像打印在纸上。打印机可以分为击打式和非击打式两大类,击打式主要是针式打印机,非击打式主要有喷墨打印机和激光打印机。如图 2-14 所示。

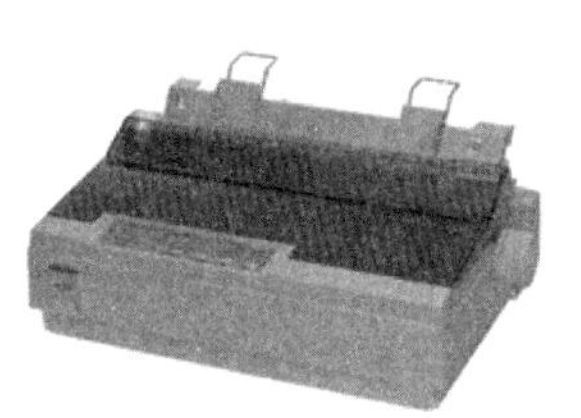

针式打印机

喷墨打印机

激光打印机

图 2-14　常见的打印机种类

(1) 针式打印机:使用打印头上钢针撞击色带,在纸上留下色带油墨,属于击打式打印机,打印头有9针、24针之分。优点是耗材(色带)成本低、能多层套打;缺点是打印质量低、噪声大。平推打印机常用于打印存折和票据。

(2)喷墨打印机:采用墨水混合法,用喷头在纸上印出文字和图像,属于非击打式打印机。优点是适宜输出彩色图像、经济、打印质量高、噪声小;缺点是耗材(墨水)成本高、消耗快、不能多层套打。在技术上可分为压电喷墨技术和热喷墨技术两大类,关键技术部件是喷头。

(3)激光打印机:激光技术和复印技术结合的产物,属于非击打式打印机。优点是打印质量高、噪声小、价格适中;缺点是耗材(硒鼓)成本较高,不能多层套打。激光打印机分为黑白和彩色两种,其中黑白激光打印机已经普及,彩色激光打印机价格较高,适合专业用户使用。激光打印机与主机接口过去以并行接口为主,现在多半使用USB接口。

打印机性能指标如下:

打印分辨率:也就是打印精度,用dpi(每英寸打印的点数)来表示,是衡量图像清晰程度最重要的指标。一般360dpi以上效果基本令人满意。

打印速度:激光打印机和喷墨打印机的单位为PPM,即每分钟打印的纸张数;针式打印机为CPS,即每秒钟打印的字符数。

另外,色彩数目(可打印的不同颜色的总数)、噪声、耗材、打印幅面大小等也是打印机的性能指标。

除以上常见输出设备外,还有绘图仪、投影仪、音箱、耳机等输出设备。另外,目前有不少设备同时集成了输入/输出两种功能,如调制解调器(Modem)、光盘记录机等。

(六)总线、主板及I/O接口

1. 总线(Bus)

总线是计算机各部件之间传输信息的一组公共的信号线和相关控制电路。按照传输信号的性质划分,总线包括控制总线、数据总线、地址总线三种总线,具有相应的综合性功能。

地址总线的作用是:CPU通过它对外设接口进行寻址,也可以通过它对内存进行寻址。

数据总线的作用是:通过它进行数据传输,表示一种并行处理的能力。

控制总线的作用是:CPU通过它传输各种控制信号。

常见的总线标准有如下几种:

(1)ISA总线采用16位的总线结构。

(2)PCI总线是目前PC中最常用的外设连接总线,有32位(133MB/s)和64位(266MB/s)两种。PC中常用的外围设备一般通过各自的适配卡与主板相连,适配卡一般插在主板上的PCI总线插槽中,而显卡使用的是AGP插槽,现在许多适配卡的功能可以部分或全部集成在主板上了。

(3)AGP总线是随着三维图形的应用而发展起来的一种总线标准。

(4)PCI-Express(高速PCI总线)是最新的总线和接口标准,目前主要用于新型显卡,它将全面取代现行的PCI和AGP。

图2-15是基于总线结构的计算机结构图。

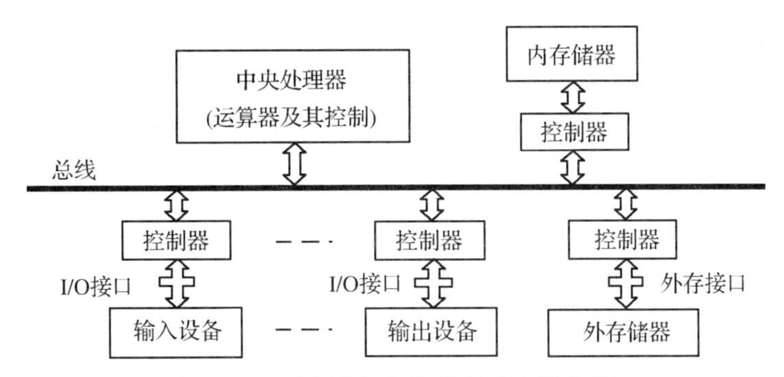

图 2-15　基于总线结构的计算机结构图

2. **主板**(Main Board)

主板又称母板,内置了 CPU 插座、芯片组、内存储器插槽、I/O 总线插槽(PCI 等)、硬盘插槽、显卡插槽、ROM BIOS 芯片、CMOS RAM 芯片、CPU 调压器、电池等部件。随着集成电路的发展和计算机设计技术的进步,许多扩充卡的功能可以部分或全部集成在主板上(如串行口、并行口、网卡、声卡等)。

主板上有两块特别有用的集成电路:一块是闪烁存储器(Flash memory),其中存放的是基本输入/输出系统(BIOS),它是存放在主板上只读存储器(ROM)芯片中的一组机器语言程序,它是 PC 软件中最基础的部分,没有它,计算机就无法启动;另一个集成电路芯片是 CMOS 存储器,其中存放着与计算机硬件相关的一些参数(称为"配置信息"),包括当前的时间和日期、已安装的软驱和硬盘的个数及类型等。CMOS 芯片是一种易失性存储器,它使用电池供电,即使计算机关机后也不会丢失所存储的信息。

芯片组是 PC 中各组成部分互相连接和通信的枢纽,是主板上的核心,既实现了 PC 总线的功能,又提供了各种 I/O 接口和相关的控制。芯片组决定主板上所用的 CPU 的类型和速度、总线速度、内存储器的最大容量和速度以及可使用的内存类型。芯片组一般由两块超大规模集成电路组成:北桥芯片和南桥芯片。北桥芯片用于连接 CPU、内存条、显卡,并与南桥芯片互连,负责管理 PCI、USB、COM、LPT,以及硬盘和其他外设的数据传输;南桥芯片是 I/O控制中心,与其他设备相连,负责管理 CPU、Cache、内存,以及 AGP 接口之间的数据传输等功能。如果把 CPU 看作 PC 的大脑,那么芯片组就是 PC 的脊柱和中枢神经系统。选购一个硬件系统时,应该首先选定芯片组,之后再确定 CPU 等其他设备。

图 2-16 是 PC 主板示意图。

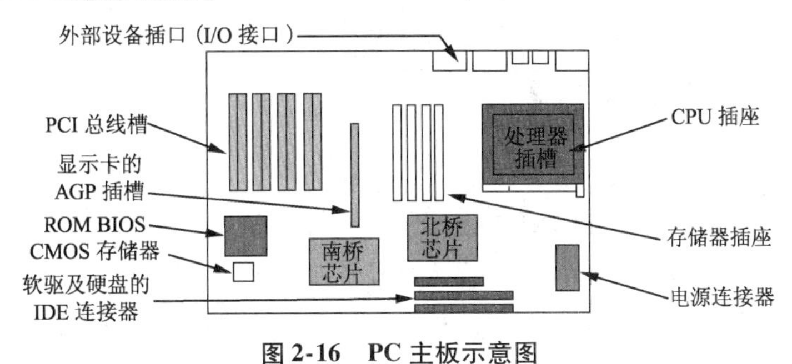

图 2-16　PC 主板示意图

3. I/O **接口**

I/O 接口是 I/O 设备和 I/O 控制器的连接器,包括插头/插座的形式、通信规程和电器特性等。

由于计算机的外围设备品种繁多，几乎都采用了机电传动设备，因此 CPU 与外部设备、存储器的连接和数据交换都需要通过接口设备来实现，前者被称为 I/O 接口，而后者则被称为存储器接口。

（1）PS/2 接口。PS/2 接口共有 2 个，呈圆形接口，其中蓝色接口用来连接键盘，绿色接口用来连接鼠标。

（2）并行口（LPT）和串行口（COM）。并行口一般有 1 个，用来连接打印机、扫描仪等设备。串行口有 2 个，即 COM1 和 COM2，主要用于连接外置 Modem 等 RS-232 接口的设备。

（3）USB 接口。USB（Universal Serial BUS，通用串行总线）接口是一种新型的外设接口标准（4 线，红色 VCC 为电源线，黑色 GND 为地线，白色-DATA 和绿色 + DATA 为数据线），一般有多个。一个 USB 接口使用 USB 集成器最多可以连接 127 个设备，所用设备共享总线的带宽。主机通过 USB 接口可向外提供 +5V 电源，具有 USB 接口的 I/O 设备可使用自身的电源，也可使用主机的 USB 接口提供的 +5V 电源。它的传输速度为：USB 1.1 可达 12Mb/s，USB 2.0 可达 480Mb/s，USB 3.0 可达 5Gb/s。USB 接口支持即插即用，目前大量外设都使用 USB 接口，如键盘、鼠标、移动硬盘、优盘、打印机、扫描仪等，应用越来越广泛。

（4）IDE 接口。常用于连接硬盘、光驱和软驱。

（5）SATA 接口。这是一种新式硬盘接口，现在非常流行，很多新式光驱都使用 SATA 接口。

（6）IEEE 1394（简称 1394，又称 i. Link 或 FireWire）。这是一种新型串行总线标准接口（6 线），可连接多种不同类型的外部设备，主要用于连接需要高速传输大量数据的音频和视频设备。它符合“即插即用”规范，支持热插拔，使用级联方式最多可以连接 63 个设备。IEEE 1394a 的数据传输率有 12.5MB/s、25MB/s、50MB/s，IEEE 1394b 的数据传输率为 100MB/s。很多传统的 I/O 接口正在被 USB 或 IEEE 1394 接口所代替。

图 2-17 是主板上的 I/O 设备接口图。

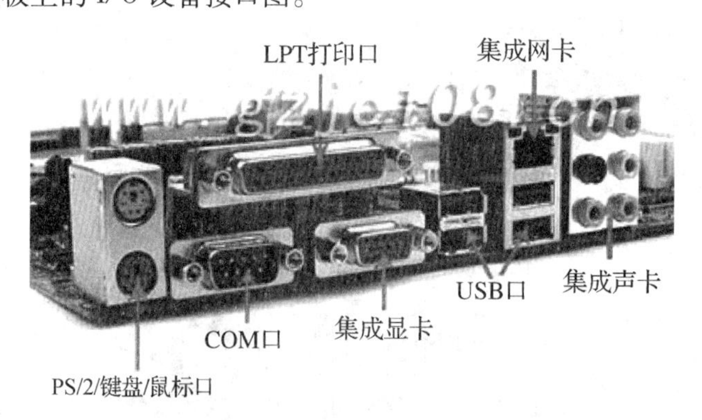

图 2-17　主板上的 I/O 设备接口图

在计算机维修过程中，人们把 CPU、主板、内存、显卡和电源所组成的系统叫作最小化系统，一台计算机性能的好坏就是由最小化系统加上硬盘所决定的。

二、典型例题分析

(1) 下列不属于 CPU 的组成部分的是(　　)。

A. 控制器　　B. BIOS　　C. 运算器　　D. 寄存器

【解析】 CPU 主要由三个部分组成:寄存器组、运算器、控制器。寄存器组:用来临时存放参加运算的数据和运算得到的中间结果。运算器:用来对数据进行各种算术运算和逻辑运算。控制器:CPU 指挥中心,解释指令的含义、控制运算器的操作、记录内部状态。而 BIOS 是基本输入输出系统,不属于 CPU 组成部分。

【答案】 B

(2) 输入/输出设备必须通过 I/O 接口电路才能连接(　　)总线。

A. 控制　　B. 数据　　C. 地址　　D. 系统

【解析】 系统总线包括控制总线、数据总线、地址总线三种总线,具有相应的综合性功能。地址总线的作用是:CPU 通过它对外设接口进行寻址,也可以通过它对内存进行寻址。数据总线的作用是:通过它进行数据传输,表示一种并行处理的能力。控制总线的作用是:CPU 通过它传输各种控制信号。

【答案】 D

(3) I/O 接口位于(　　)之间。

A. 主机和 I/O 设备　B. CPU 和主存　　C. 主机和主存　　D. 总线和 I/O 设备

【解析】主机和主存要通过系统总线。主机与 I/O 设备要通过系统总线、I/O 接口,然后才与 I/O 设备相连接,而并不是 I/O 设备直接与系统总线相连接。

【答案】 B

(4) 下列关于 CPU 的叙述错误的是(　　)。

A. CPU 的运算速度与主频、Cache 容量、指令系统、运算器的逻辑结构等都有关系

B. Pentium 4 和 Pentium 的指令系统不完全相同

C. 不同公司生产的 CPU 其指令系统互不兼容

D. Pentium 4 与 80386 的指令系统保持向下兼容

【解析】 不同公司生产的 CPU 各有自己的指令系统,有些互相兼容,有些则不兼容。如 Intel、AMD 和 Cyrix 三个公司生产 CPU 的指令系统是一致的,相互兼容,而和 IBM 生产的 CPU(Power PC) 不兼容。为了解决软件兼容性问题,通常采用向下兼容的方式来开发新的处理器,即在新处理器中保留老处理器的指令,同时扩展功能更强的新指令。所以 Pentium 4 和 Pentium、80386 的指令系统不完全相同,保持向下兼容。

【答案】 C

(5) CPU 执行指令需要从存储器读取数据时,数据搜索的顺序是(　　)。

A. Cache、DRAM 和硬盘　　B. DRAM、Cache 和硬盘

C. 硬盘、DRAM 和 Cache　　D. DRAM、硬盘和 Cache

【解析】 从存储器的塔状层次结构中可以看出,CPU 读取数据时,顺序是从塔尖到塔底,依次去查找,如果没有相关数据,则持续访问下一层存储器,找到以后将数据从外存传输到内存,内存中继续依次向塔尖进行传输。CPU 访问数据的顺序为 L1Cache、L2Cache、

DRAM 和外存。

【答案】 A

(6) 关于 BIOS 及 CMOS 存储器,下列说法错误的是(　　)。

A. BIOS 存放在 ROM 中,是非易失性的

B. CMOS 中存放着基本输入/输出设备的驱动程序及其设置参数

C. BIOS 是 PC 软件最基础的部分,包含 CMOS 设置程序等

D. CMOS 存储器是易失性的

【解析】 BIOS 是基本输入/输出系统的缩写,是 PC 软件中最基础的部分,它是存放在主板上只读存储器(ROM)芯片中的一组机器语言程序,是非易失性的。包括 4 个部分的程序:①加电自检程序(POST)、②系统自举程序(BOOT)、③CMOS 设置程序、④基本外围设备的驱动程序。CMOS 是存放在易失性存储器 RAM 中的,存储用户设置计算机硬件参数(系统配置信息)的芯片。所以基本输入/输出设备的驱动程序是存放在 BIOS 中的,其设置参数存放在 CMOS 中。

【答案】 B

(7) 主存储器的机器指令在读取数据时,一般先读取数据到缓冲寄存器,然后再送到(　　)。

A. 指令寄存器　　B. 通用寄存器　　C. 地址寄存器　　D. 标志寄存器

【解析】 从内存中读取的机器指令进入到数据缓冲寄存器,然后经过内部数据总线进入到指令寄存器,再通过指令译码器得到是哪一条指令,最后通过控制部件产生相应的控制信号。

【答案】 A

(8) 存储系统中引入高速缓冲存储器(Cache)是为了解决(　　)。

A. 内存与外存之间速度不匹配问题　　B. CPU 与外存之间速度不匹配问题

C. CPU 与内存储器之间速度不匹配问题　　D. 主机与外设之间速度不匹配问题

【解析】 随着 CPU 主频不断提高,对 RAM 的存取速度要求更高了,为协调 CPU 与 RAM 之间的速度差问题,设置了高速缓冲存储器(Cache)。

【答案】 C

(9) 微型计算机的内存储器是(　　)。

A. 按二进制位编址　　B. 按字节编址

C. 按十六进制位编址　　D. 按字长编址

【解析】 内存储器为存取指定位置数据,将每位 8 位二进制位组成一个存储单元,即字节,并编上号码,称为地址。

【答案】 A

(10) 与激光、喷墨打印机相比,针式打印机最突出的优点是(　　)。

A. 耗材成本不高　　B. 打印噪声低　　C. 能多层套打　　D. 打印分辨率高

【解析】 针式打印机是一种击打式打印机,工作原理是通过打印头上的钢针撞击色带,在纸上留下色带油墨。使用特殊纸张,可以多层套打。其他类型打印机的工作原理决定它们不能够多层套打。

【答案】 C

(11) 下列各组设备完全属于输入设备的一组是(　　)。

A. 鼠标、键盘、打印机　　B. 鼠标、绘图仪、打印机

C. 键盘、扫描仪、录音笔　　D. 显示器、触摸屏、键盘

【解析】 输入设备和输出设备主要是相对计算机的主机来讲的,把数据送到计算机内的是输入设备,从计算机内把结果反馈给用户的设备是输出设备。常见的输入设备有:键盘、鼠标、扫描仪、光笔、手写板、游戏杆、麦克风、触摸屏、录音笔、摄像头等。常见的输出设备有:显示器、打印机、绘图仪、刻录机、音箱、耳机、投影仪、X-Y 记录仪等。

【答案】 C

三、强化练习

(1) 微型计算机的硬件系统中最核心的部件是(　　)。

A. 显示器　　B. CPU　　C. 存储器　　D. I/O 设备

(2) (　　)是系统部件之间传送信息的公共通道,各部件由总线连接并通过它传递数据和控制信号。

A. 总线　　B. I/O 接口　　C. PCI 插槽　　D. USB 接口

(3) 下列不属于计算机硬件系统的五大主要组成部件的是(　　)。

A. I/O 设备　　B. 显示器　　C. 运算器　　D. 控制器

(4) 下列有关总线和主板的叙述错误的是(　　)。

A. 主板上配有插 CPU、内存条、显示卡等各类扩展槽或接口。

B. 总线体现在硬件上就是计算机主板

C. 外设可以直接挂在总线上

D. 在计算机维修中,把 CPU、主板、内存、显卡加上电源所组成的系统叫作最小化系统

(5) LPT 是指(　　)。

A. 信息交换设备　　B. 串行口　　C. 并行口　　D. USB 接口

(6) 运算器的组成部分不包括(　　)。

A. 控制线路　　B. 译码器　　C. 加法器　　D. 寄存器

(7) 运算器的主要功能是(　　)。

A. 实现算术运算和逻辑运算　　B. 保存各种指令信息

C. 分析指令并进行译码　　D. 按主频指标规定发出时钟脉冲

(8) 计算机的存储系统通常包括(　　)。

A. 内存储器和外存储器　　B. 光盘和硬盘

C. ROM 和 RAM　　D. 内存和 Cache

(9) CPU、存储器、I/O 设备是通过(　　)连接起来的。

A. 接口　　B. 总线　　C. 数据线路　　D. 电线

(10) CPU 能够直接访问的存储器是(　　)。

A. U 盘　　B. 硬盘　　C. RAM　　D. 光盘

(11) 下列有关外存储器的描述不正确的是(　　)。

A. 外存储器不能为 CPU 直接访问,必须通过内存才能为 CPU 所使用

B. 外存储器既是输入设备,又是输出设备

C. 外存储器中所存储的信息,断电后信息也会随之丢失

D. 扇区是磁盘存储信息的最小单位

(12) 任何程序都必须加载到(　　) 中才能被 CPU 执行。

A. 光盘　　B. 硬盘　　C. 内存　　D. U 盘

(13) 微型计算机的档次主要取决于(　　)。

A. 微处理器　　B. 存储器　　C. 显示器　　D. 输入/输出设备

(14) 下列因素对微型计算机工作影响最小的是(　　)。

A. 温度　　B. 湿度　　C. 磁场　　D. 噪声

(15) 微型计算机中,控制器的基本功能是(　　)。

A. 存储各种控制信息　　B. 传输各种控制信号

C. 产生各种控制信息　　D. 控制机器各个部件协调一致地工作

(16) 在微型计算机中,运算器和控制器合称为(　　)。

A. 逻辑部件　　B. 算术运算部件　　C. 微处理器　　D. 算术和逻辑部件

(17) 计算机的硬件系统主要包括:运算器、存储器、输入设备、输出设备和(　　)。

A. 打印机　　B. 显示器　　C. 硬盘　　D. 控制器

(18) 组成计算机硬件系统的基本部分是(　　)。

A. CPU、键盘和显示器　　B. 主机和输入/输出设备

C. CPU 和输入/输出设备　　D. CPU、硬盘、键盘和显示器

(19) 目前计算机的内存储器大多采用(　　)作为存储介质。

A. 磁带　　B. 磁芯　　C. 半导体芯片　　D. 磁鼓

(20) 在 PC 中负责各类 I/O 设备控制器与 CPU、存储器之间相互交换信息、传输数据的一组公用信号线称为(　　)。

A. I/O 总线　　B. CPU 总线　　C. 存储器总线　　D. 前端总线

(21) 下列关于存储器的叙述正确的是(　　)。

A. CPU 能直接与内存交换数据,也能直接与外存交换数据

B. CPU 不能直接与内存交换数据,而能直接与外存交换数据

C. CPU 能直接与内存交换数据,不能直接与外存交换数据

D. CPU 既不能直接与内存交换数据,也不能直接与外存交换数据

(22) CPU 中用来临时存放操作数和中间运算结果的存储装置称为(　　)。

A. 运算器　　B. 控制器　　C. 寄存器组　　D. 前端总线

(23) CPU 中用来解释指令的含义、控制运算器的操作、记录内部状态的部件是(　　)。

A. CPU 总线　　B. 运算器　　C. 寄存器　　D. 控制器

(24) 下列措施(　　) 对于提高计算机中 CPU 的运行效率是无效的。

A. 增加指令快存容量　　B. 增大内存容量

C. 使用指令预取部件　　D. 增大外存的容量

(25) 一台计算机中采用多个 CPU 的技术称为并行处理,采用并行处理的目的是为了(　　)。

A. 提高处理速度　　B. 扩大存储容量

C. 降低每个 CPU 成本　　D. 增强外存性能

(26) 在计算机加电启动过程中,①POST 程序、②操作系统、③引导程序、④自举程序的执行顺序为(　　)。

A. ①、②、③、④　　B. ①、③、②、④　　C. ③、②、④、①　　D. ①、④、③、②

(27) 计算机开机启动时所执行的一组指令被永久存放在(　　)中。

A. CPU　　B. 硬盘　　C. ROM　　D. RAM

(28) 计算机存储器采用多层次结构的目的是(　　)。

A. 方便保存大量数据

B. 减少主机箱的体积

C. 解决存储器在容量、价格和速度三者之间的矛盾

D. 操作方便

(29) PC 加电启动时,执行了 BIOS 中的 POST 程序后,若系统无致命错误,计算机将执行 BIOS 中的(　　)。

A. 系统自举程序　　B. CMOS 设置程序

C. 外部设备的驱动程序　　D. 检测程序

(30) PC 中的系统配置信息,如硬盘的参数、当前时间、日期等,均保存在主板上使用电池供电的(　　) 存储器中。

A. Flash　　B. ROM　　C. MOS　　D. CMOS

(31) PC 主板上所能安装主存储器的最大容量、速度及可使用存储器的类型取决于(　　)。

A. 串行口　　B. 芯片组　　C. 字长　　D. CPU 的主频

(32) 为了提高显示速度,配有 Pentium 4 CPU 的 PC 中,显卡与主板之间使用最普遍的接口是(　　)。

A. AGP　　B. VGA　　C. PCI　　D. IDE

(33) 插在 PC 主板总线插槽中的小电路板称为(　　)。

A. 芯片组　　B. 内存条

C. 母板　　D. 扩展板卡或扩充卡

(34) 下列设备不能连接在 PC 主板 IDE 接口上的是(　　)。

A. 打印机　　B. 光盘刻录机　　C. 硬盘驱动器　　D. 光盘驱动器

(35) Cache 通常介于主存和 CPU 之间,其速度比主存(　　),容量比主存小,它的作用是弥补 CPU 与主存在(　　)上的差异。

A. 快、速度　　B. 快、容量　　C. 慢、速度　　D. 慢、容量

(36) 双列直插式 (DIMM) 内存条的含义是(　　)。

A. 内存条只有一面有引脚

B. 内存条两面均有引脚,且各有不同的作用

C. 内存条两面均有引脚,但实际上是一排引脚的作用

D. 内存条上下两端均有引脚

(37) 从存储器的存取速度上看,由快到慢排列的存储器依次是(　　)。

A. Cache、主存、硬盘和光盘　　B. 主存、Cache、硬盘和光盘

C. Cache、主存、光盘和硬盘　　D. 主存、Cache、光盘和硬盘

(38) 存储器是计算机系统的重要组成部分,存储器可以分为内存储器与外存储器,下列存储部件中(　　) 属于外存储器。

A. 高速缓存(Cache)　　B. U 盘

C. 显示存储器　　D. CMOS 存储器

(39) I/O 设备接口定义了连接设备的物理特性、电气特性、功能特性及(　　)。

A. 指令特性　　B. 规程特性　　C. 设备特性　　D. 安全特性

(40) 为了方便地更换与扩充 I/O 设备,计算机系统中的 I/O 设备一般都通过 I/O 接口与各自的控制器连接,下列(　　) 不属于 I/O 接口。

A. 并行口　　B. 串行口　　C. USB 接口　　D. 电源插口

(41) 微机中访问速度最快的存储器是(　　)。

A. 光盘　　B. 硬盘　　C. 优盘　　D. 内存

(42) 内存(主存储器)与外存(辅助存储器)的特点相比是(　　)。

A. 读写速度快　　B. 存储容量大　　C. 可靠性高　　D. 价格便宜

(43) 只读存储器(ROM)与随机存取存储器(RAM)的主要区别在于(　　)。

A. ROM 可以永久保存信息,RAM 在断电后信息会丢失

B. ROM 断电后,信息会丢失,RAM 则不会

C. ROM 是内存储器,RAM 是外存储器

D. RAM 是内存储器,ROM 是外存储器

(44) 下列有关外存储器的描述不正确的是(　　)。

A. 外存储器不能为 CPU 直接访问,必须通过内存才能为 CPU 所使用

B. 外存储器既是输入设备,又是输出设备

C. 外存储器中所存储的信息,断电后信息也会随之丢失

D. 扇区是磁盘存储信息的最小单位

(45) 微机中 1KB 表示的二进制位数是(　　)。

A. 1000　　B. 8×1000　　C. 1024　　D. 8×1024

(46) 硬盘工作时应特别注意避免(　　)。

A. 噪声　　B. 震动　　C. 潮湿　　D. 日光

(47) 在计算机硬件技术指标中,度量存储器空间大小的基本单位是(　　)。

A. 字节(Byte)　　B. 二进位(bit)

C. 字(Word)　　D. 双字(Double Word)

(48) 对 CD-ROM 可以进行的操作是(　　)。

A. 读或写　　B. 只能读不能写　　C. 只能写不能读　　D. 可读可写

(49) 在 CD 光盘上标记有“CD-RW”字样,此标记表明这光盘(　　)。

A. 只能写入一次,可以反复读出的一次性写入光盘

B. 可多次擦除型光盘

C. 只能读出,不能写入的只读光盘

D. RW 是 Read and Write 的缩写

(50) 下列各选项属于显示器性能指标的是(　　)。

A. 速度　　B. 精度　　C. 分辨率　　D. 尺寸

(51) 下列各组设备中，全部属于输入设备的一组是(　　)。

A. 键盘、磁盘和打印机　　B. 键盘、扫描仪和鼠标

C. 键盘、鼠标和显示器　　D. 磁盘、打印机和键盘

(52) 下列属于击打式点阵打印机的有(　　)。

A. 喷墨打印机　　B. 针式打印机　　C. 静电式打印机　　D. 激光打印机

(53) 在计算机中，既可作为输入设备又可作为输出设备的是(　　)。

A. 显示器　　B. 磁盘驱动器　　C. 键盘　　D. 图形扫描仪

(54) 下列设备中，属于输出设备的是(　　)。

A. 显示器　　B. 键盘　　C. 鼠标　　D. 触摸屏

(55) 下列打印机打印效果最佳的是(　　)。

A. 针式打印机　　B. 激光打印机　　C. 静电式打印机　　D. 喷墨打印机

(56) 在微机中，VGA 的实际含义是(　　)。

A. 微机型号　　B. 主板型号　　C. 总线型号　　D. 显示器型号

(57) 下列度量单位中，用来度量计算机外部设备传输率的是(　　)。

A. MB/s　　B. MIPS　　C. GHz　　D. MB

(58) 下列设备组完全属于外部设备的是(　　)。

A. 激光打印机、移动硬盘、鼠标器　　B. ROM、键盘、显示器

C. 内存条、光盘驱动器、扫描仪　　D. 优盘、内存储器、硬盘

(59) 键盘、显示器和硬盘等常用外围设备在系统启动时都需要参与工作，它们的驱动程序必须存放在(　　)中。

A. 硬盘　　B. BIOS　　C. 内存　　D. CPU

(60) 扫描仪一般不使用(　　)接口与主机相连。

A. SCSI　　B. USB　　C. PS/2　　D. Firewire

(61) 在公共服务性场所，提供给用户输入信息最适用的设备是(　　)。

A. USB 接口　　B. 键盘输入　　C. 触摸屏　　D. 笔输入

(62) 下列设备：①触摸屏、②传感器、③数码相机、④麦克风、⑤音箱、⑥绘图仪、⑦显示器可作为输入设备使用的是(　　)。

A. ①、②、③、④　　B. ①、②、⑤、⑦　　C. ③、④、⑤、⑥　　D. ④、⑤、⑥、⑦

(63) PC 屏幕的显示分辨率与(　　) 无关。

A. 显示器的最高分辨率　　B. 显卡的存储容量

C. 操作系统对分辨率的设置　　D. 显卡的接口

(64) 下列关于液晶显示器的叙述错误的是(　　)。

A. 它的英文缩写是 LCD

B. 它的工作电压低，功耗小

C. 它几乎没有辐射

D. 它与 CRT 显示器不同，不需要使用显卡

(65) 下列关于喷墨打印机特点的叙述错误的是(　　)。

A. 能输出彩色图像，打印效果好　　B. 打印时噪声不大

C. 需要时可以多层套打　　D. 墨水成本高，消耗快

(66) 常规(非宽屏)显示屏的水平方向与垂直方向尺寸之比一般是(　　)。

A. 1:2　　B. 4:3　　C. 5:4　　D. 1:1

(67) 某显示器的分辨率是1024像素×768像素，其数据含义是(　　)。

A. 横向字符数×纵向字符数　　B. 纵向字符数×横向字符数

C. 纵向点数×横向点数　　D. 横向点数×纵向点数

(68) 目前，计算机常用的显示器有CRT和(　　)两种。

A. 背投　　B. LCD　　C. 数字电视　　D. 等离子

(69) 显示器分辨率是衡量显示器性能的一个重要指标，它指的是整屏可显示多少(　　)。

A. 颜色　　B. ASCII字符　　C. 中文字符　　D. 像素

(70) 与CRT显示器相比，LCD显示器有若干优点，但不包括(　　)。

A. 工作电压低、功耗小　　B. 辐射危害相比较小

C. 不闪烁、体积小、质量轻　　D. 成本较低

(71) 打印机的性能指标主要包括打印精度、色彩数目、打印成本和(　　)。

A. 打印数量　　B. 打印方式　　C. 打印速度　　D. 打印机接口

(72) 打印机可分为针式打印机、激光打印机和喷墨打印机，其中激光打印机的特点是(　　)。

A. 高质量、高速度　　B. 可一次打印多个副本

C. 可低成本地打印彩色页面　　D. 比喷墨打印机便宜

(73) 打印机与主机的接口目前除使用并行口之外，还广泛采用(　　)。

A. RS-232C　　B. USB　　C. IDE　　D. COM

(74) 目前超市中打印票据所使用的打印机属于(　　)。

A. 喷墨打印机　　B. 激光打印机　　C. 针式打印机　　D. 特殊打印机

(75) 喷墨打印机中最关键的技术和部件是(　　)。

A. 喷头　　B. 电路板　　C. 墨盒　　D. 接口

【参考答案】

(1) B　(2) A　(3) B　(4) C　(5) C　(6) B　(7) A　(8) A
(9) B　(10) C　(11) C　(12) C　(13) A　(14) D　(15) D　(16) C
(17) D　(18) B　(19) C　(20) A　(21) C　(22) C　(23) D　(24) D
(25) A　(26) D　(27) C　(28) C　(29) A　(30) D　(31) B　(32) A
(33) D　(34) A　(35) A　(36) B　(37) A　(38) B　(39) B　(40) D
(41) D　(42) A　(43) A　(44) C　(45) D　(46) B　(47) A　(48) B
(49) B　(50) C　(51) B　(52) B　(53) B　(54) A　(55) B　(56) D
(57) A　(58) A　(59) B　(60) C　(61) C　(62) A　(63) D　(64) D
(65) C　(66) B　(67) D　(68) B　(69) D　(70) D　(71) C　(72) A
(73) B　(74) C　(75) A

第二节　计算机软件系统

一、知识点概述

一个完整的计算机系统由硬件(Hardware)系统和软件(Software)系统两部分组成。硬件系统也称为“裸机”,本身不能工作,必须装上软件才能工作,所以我们常说计算机软件是计算机系统的“灵魂”。

(一) 软件的定义

计算机软件是指能指挥计算机完成特定任务的,以电子格式存储的程序、数据和相关文档的集合。其中程序是软件的主体,指若干相关指令的集合;数据指的是程序运行过程中处理的对象和必须使用的一些参数;文档指的是与程序开发、维护及操作有关的一些资料(如设计报告、安装和使用指南等),程序必须装入机器内部才能工作,文档一般是给人看的,不一定装入机器。

(二) 软件的发展

1. 第一阶段(20 世纪 40 年代到 50 年代中期)

这个阶段计算机应用领域较窄,主要是科学与工程计算,处理对象为数值数据,以个体工作方式使用机器(汇编)语言编制程序,人们对与程序有关的文档的重要性认识不够,重点考虑编制程序的技巧。

2. 第二阶段(20 世纪 50 年代中期到 60 年代后期)

这个阶段计算机系统的处理能力得到加强,设计和编制程序的工作方式逐步走向合作方式。同时,这个阶段出现了高级语言、操作系统和数据库管理系统,出现了“软件”一词。由于软件的复杂程度迅速提高,研制周期变长,正确性难以保证,可靠性问题尤为突出,出现了一种人们难以控制的局面,即所谓的“软件危机”。

3. 第三阶段(20 世纪 60 年代至今)

这个阶段采用工程方法设计和编制软件,以适应高效率、高质量编制软件的要求,出现了“软件工程”的说法。

(三) 软件的分类

1. 从应用的角度出发

从应用的角度出发大致可分为两类:

(1) 系统软件:泛指那些为了有效地使用计算机系统,给应用软件开发与运行提供支持或者能为用户管理与使用计算机提供方便的一类软件。系统软件主要包括 BIOS、操作系统、程序设计语言处理系统、数据库管理系统、系统辅助处理程序等。

(2) 应用软件:泛指那些专门用于解决各种具体应用问题而编制的软件。应用软件又可以分为通用应用软件和定制应用软件。应用软件是由系统软件开发的,也可分为:①用户程序。用户程序是用户为了解决自己特定的具体问题而开发的软件,在系统软件和应用软件包的支持下进行开发;②应用软件包。应用软件包是为实现某种特殊功能或特殊计算,经过精心设计的独立软件系统,是一套满足同类应用的许多用户需要的软件。常用的应用软件有办公软件套件、多媒体处理软件、因特网工具软件。

2. 从软件知识产权的角度出发

从软件知识产权角度出发大致可分为以下三类:

(1) 商品软件(Commodity Software):必须支付一定费用,购买才能使用的软件。

(2) 共享软件(Shareware):具有版权,可免费试用一段时间,允许拷贝和散发(但不可修改),过了试用期若还想继续使用,就得交一笔注册费,成为注册用户。

(3) 自由软件 (Freeware):用户可共享,并允许随意拷贝、修改其源代码,允许销售和自由传播。

(四) 程序设计语言

程序设计语言是一种人能使用且计算机也能理解的语言。程序员使用这种语言来编制程序,表达需要计算机完成的任务,计算机就按照程序的规定去完成任务。

1. 语言分类

程序设计语言按其级别可以划分为机器语言、汇编语言和高级语言三大类。

(1) 机器语言。

机器语言是第一代语言,直接用二进制代码编写程序。它的编制和操作需要计算机专业人员来完成,因为由0和1组成的二进制代码表示的机器指令能被计算机直接执行。在各种语言中,机器语言是唯一能直接运行,且运行效率最高的语言,它是一种面向机器的语言,与计算机硬件密切相关。机器语言全部由0和1组成,直观性差,难记、难读、难修改,容易出错。

机器语言的一条语句就是一条指令,机器指令格式及编码示例如图2-18所示:

操作码	操作数

例如,计算256+16结果的机器代码如下(以十六进制表示):

B8 0001;把256放入累加器AX

05 1000;把16与AX中值相加,结果存入AX

10111000
00000001

00000101
00001000

图2-18 机器指令格式及编码示例

(2) 汇编语言。

用自然语言(如英语)中具有一定语义的单词或单词的缩写来代替机器指令,这就是助记忆码,也称为汇编语言。这些助记忆码是与机器指令相对应的,由专门的汇编程序翻译成机器指令,汇编语言也与计算机硬件密切相关。不同的计算机系统具有不同的汇编语言。汇编语言虽然属于低级语言,但是用它编写的程序执行效率却高于高级语言。

机器语言和汇编语言都是面向机器的程序设计语言,一般都称为低级语言。

汇编语言编写的程序属于符号程序，计算机不能直接识别和执行，必须翻译成计算机能识别的机器指令后才能在计算机上执行，其代码书写样式及翻译过程示例如图 2-19 所示：

MOV AX,256；把 256 放入累加器 AX

ADD AX,16；把 16 与 AX 中值相加，结果存入 AX

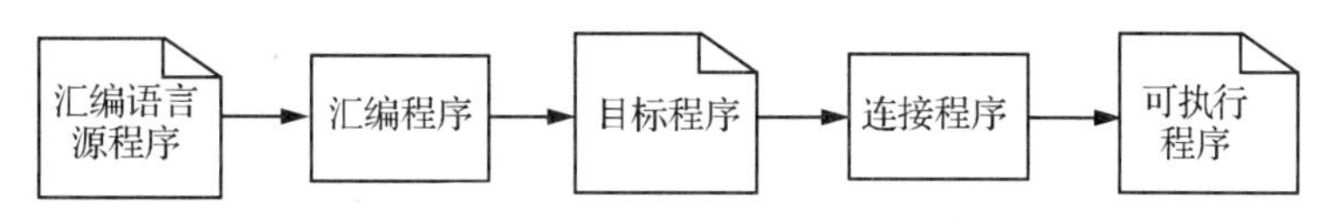

图 2-19 汇编语言编码示例及编译流程

(3) 高级语言。

高级语言的重要贡献在于，它突破了算法语言与机器语言对应的障碍，用尽可能接近自然语言的表达方法来描述人们设想的处理过程。因为高级语言实现了对计算机硬件的独立性，它不依赖特定的硬件系统去抽象地、逻辑地描述和处理算法，而把硬件系统之间的区别交给不同的编译系统去处理，使软件的可移植性、兼容性大大提高。这一进步的影响非常巨大、非常深远，使得人们方便地学习程序设计，方便地使用、开发计算机软件成为可能。但其执行速度比用机器语言编写的程序要慢。高级算法语言是计算机硬件不能直接识别和执行的语言，高级语言程序(源程序)必须经过翻译，转换成机器语言程序(目标程序)计算机才能执行，这种起翻译作用的程序称为编译程序。

高级语言的程序控制结构包括：顺序结构、分支(判断)结构和循环结构。高级语言程序的翻译和执行过程如图 2-20 所示。

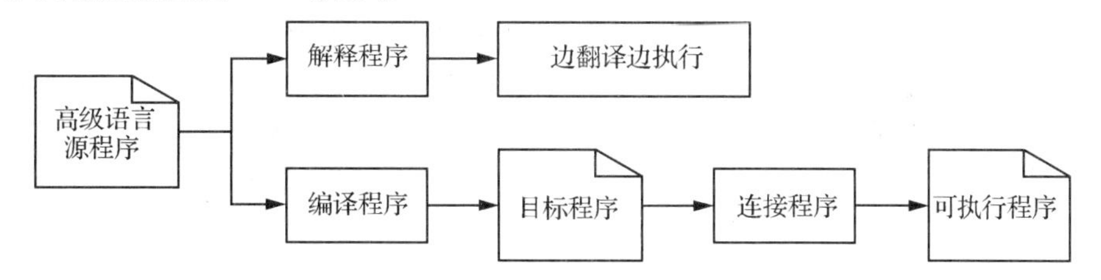

图 2-20 高级语言编译流程图

2. 语言处理程序

程序设计语言处理系统的作用是把用软件语言(包括汇编语言和高级语言)编写的各种程序，变换成可在计算机上执行的程序或最终的计算结果或其他中间形式。负责完成这些功能的软件是编译程序、解释程序和汇编程序，是程序设计语言的处理系统。

编译程序：从高级语言到汇编语言或者机器语言的翻译程序。此方法相当于“笔译”，在编译程序的执行过程中，要对源程序扫描一遍或者几遍，最终形成一个可在具体计算机上执行的目标程序。实现算法比较复杂，适合规模比较大、结构复杂、运行时间长的大型应用程序。

解释程序：按源程序中语句的执行顺序，逐条翻译并立即执行相应功能的处理程序。此方法相当于“口译”，并不形成机器语言形式的目标程序。实现算法简单，方便修改和调试，但是运行效率低。

汇编程序：从汇编语言到机器语言的翻译程序。

连接程序和装入程序：连接程序负责将多个分别编译或者汇编过的目标程序和库文件进行组合。装入程序负责将目标程序装入内存并启动执行。

3. 几种常用编程语言介绍

（1）Java。

Java是由Sun Microsystems公司于1995年5月推出的面向对象程序设计语言。Java语言的三大特点就是：封装、继承、多态。Java是目前使用量最高的一门语言，也是为智能手机和平板电脑开发原生Android应用程序的主要语言，所以其应用领域也是非常广泛的，包括桌面应用系统开发、嵌入式系统开发、电子商务应用、企业级应用开发、交互式系统开发、多媒体系统开发、分布式系统开发、Web应用系统开发、教学辅助等。

（2）C、C ++ 、C#。

在当前常用的编程语言中，C语言是使用时间最长的一种语言类型，也是使用较为广泛的一种通用语言。C ++ 语言是在视窗软件系统发展的情况下，基于C语言出现的一种视窗软件编程语言。C#是微软公司发布的一种由C和C ++ 衍生出来的面向对象的编程语言，运行于.NET Framework和.NET Core（完全开源，跨平台）之上的高级程序设计语言。C主要用于服务应用，开发底层模块和嵌入式，C ++ 主要用于大型游戏开发和一些规模大、性能高的程序开发。C#可以制作控制台应用程序、Windows应用程序、数据库应用程序、WEB应用程序、WEB Services、网络应用程序等。

（3）Python。

Python是一种跨平台的计算机程序设计语言，是一个高层次的结合了解释性、编译性、互动性和面向对象的脚本语言。Python语法简洁清晰，具有比较丰富和强大的库，而由于它可以把用其他语言制作的模块轻松地联结在一起，又称其为胶水语言。Web应用、用户界面、数据分析、数据统计等问题，Python都有框架解决方案，Python已经被数据科学家当作是筛选大型数据集的一个关键工具。IEEE发布的2017年编程语言排行榜中，Python位居首位。其应用较为广泛，像信息安全、物联网开发、桌面应用、大数据处理等都可以使用python解决。

（4）PHP。

PHP即“超文本预处理器”，是一种通用开源脚本语言，PHP是在服务器端执行的脚本语言。PHP语法吸收了C语言、Java和Perl的特点，利于学习，使用广泛，主要适用于Web开发领域。

（5）JavaScript。

JavaScript是一种直译式脚本语言，是一种动态类型、弱类型、基于原型的语言，内置支持类型。它的解释器被称为JavaScript引擎，为浏览器的一部分，广泛用于客户端的脚本语言，最早是在HTML（标准通用标记语言）下的一个应用，适合在网页上使用，用来给HTML网页增加动态功能，Javascript最广泛的应用是在Web前端。

另外，计算机编程语言还有SQL、Ruby、Perl、Visual Basic、ASP.net、Swift、GO、Pascal等。

二、典型例题分析

（1）机器的一条指令必须包括（　　）两部分。

A. 操作码和地址码　B. 信息和数据　　C. 时间和信息　　D. 程序和数据

【解析】 一条指令就是对计算机下达的命令，必须包括操作码和地址码（或称操作数）

两部分。操作码指出该指令完成操作的类型,地址码指出参与操作的数据和操作结果存放的位置。

【答案】 A

(2) 计算机软件指的是在计算机中运行的各种程序和相关的数据及(　　)的集合。

A. 信息　　B. 指令　　C. 资源　　D. 文档

【解析】 在理解计算机软件的概念时,要注意计算机软件不仅仅是计算机中运行的程序(软件的主体),它还包括与程序运行相关的数据(三角函数表、英汉词典等)和文档(设计报告、维护手册和使用指南等)。

【答案】 D

(3) 从应用的角度看软件可分为两类,其中能管理系统资源、提供常用基本操作的软件称为(　　)。

A. 应用软件　　B. 系统软件　　C. 支撑软件　　D. 通用软件

【解析】 该题主要考查的是计算机软件的分类:系统软件和应用软件。系统软件泛指那些为了有效地使用计算机系统、给应用软件开发与运行提供支持、能为用户管理与使用计算机提供方便的一类软件;应用软件泛指那些专门用于解决各种具体应用问题的软件。

【答案】 B

(4) 下列软件:①金山毒霸、②SQL Server、③Word、④CorelDRAW、⑤编译器、⑥Linux、⑦银行会计软件、⑧Oracle、⑨Sybase、⑩铁道售票软件,属于系统软件的是(　　)。

A. ①、③、④、⑦、⑩　　B. ②、⑤、⑥、⑧、⑨　　C. ①、③、⑧、⑨　　D. ①、③、⑥、⑨、⑩

【解析】 该题主要考查学生对常用系统软件和应用软件的了解情况。系统软件主要包括 BIOS、操作系统、程序设计语言处理系统、数据库管理系统、实用程序。金山毒霸是杀毒软件,SQL Server、Oracle、Sybase 是数据库管理系统,编译器是程序设计语言处理系统,Linux 是操作系统,Word 是文字处理软件,CorelDRAW 是图形图像软件,银行会计软件、铁道售票软件是定制的应用软件。

【答案】 B

(5) 如果你购买了一个正版软件,通常就意味着得到了它的(　　)。

A. 修改权　　B. 署名权　　C. 使用权　　D. 版权

【解析】 版权是授予软件作者的某种独占权利的一种合法的保护形式,版权所有者唯一地享有该软件的复制、发布、修改、署名、出售等诸多权利。而购买一个软件后,用户仅仅得到了该软件的使用权,并没有获得它的版权。

【答案】 C

(6) 程序设计语言通常分为(　　)。

A. 4 类　　B. 2 类　　C. 3 类　　D. 5 类

【解析】 程序设计语言通常分为 3 类:机器语言、汇编语言和高级语言。

【答案】 C

(7) 在计算机内部能够直接执行的程序语言是(　　)。

A. 数据库语言　　B. 高级语言　　C. 机器语言　　D. 汇编语言

【解析】 机器语言不需要转换,本身就是二进制代码语言,可以直接运行;高级语言需经编译程序转换成可执行的目标程序,才能在计算机上运行;数据库语言也需将源程序转换成可执行的目标程序，才能在计算机上运行；汇编语言需经汇编程序转换成可执行的目标程序，才能在计算机上运行。

【答案】 C

(8) 下列关于高级语言翻译处理方法的说法不正确的是(　　)。

A. 解释程序的优点是实现算法简单

B. 解释程序适合于交互方式工作的程序语言

C. 运行效率高是解释程序的另一优点

D. 编译方式适合于大型应用程序的翻译

【解析】 解释程序：按源程序中语句的执行顺序，逐条翻译并立即执行相应功能的处理程序。此方法相当于“口译”，并不形成机器语言形式的目标程序。实现算法简单、方便修改和调试，但是运行效率低。因此，选项A、B正确，选项C错误。编译程序：从高级语言到汇编语言或者机器语言的翻译程序。此方法相当于“笔译”，在编译程序的执行过程中，要对源程序扫描一遍或者几遍，最终形成一个可在具体计算机上执行的目标程序。实现算法比较复杂，适合规模比较大、结构复杂、运行时间长的大型应用程序。选项D正确。

【答案】 C

(9) 在程序设计中可使用各种语言编制源程序，在执行转换过程中不产生目标程序的是(　　)。

A. 编译程序　　B. 解释程序　　C. 汇编程序　　D. 数据库管理系统

【解析】 用C语言、PASCAL等高级语言编制的源程序，需经编译程序转换为目标程序，然后交给计算机运行。由BASIC语言编制的源程序，经解释程序的翻译，实现的是边解释、边执行并立即得到运行结果，因而不产生目标程序。用汇编语言编制的源程序，需经汇编程序转换为目标程序，然后才能被计算机运行。用数据库语言编制的源程序，需经数据库管理系统转换为目标程序，才能被计算机执行。

【答案】 B

(10) 下列选项属于高级语言的是(　　)。

A. 机器语言　　B. C语言　　C. 汇编语言　　D. 以上都是

【解析】 机器语言和汇编语言都是“低级”的语言，而高级语言是一种用表达各种意义的“词”和“数学公式”按照一定的语法规则编写程序的语言，其中比较具有代表性的语言有FORTRAN、C、JAVA等。

【答案】 B

三、强化练习

(1) 在计算机指令中，规定其所执行操作功能的部分称为(　　)。

A. 地址码　　B. 源操作数　　C. 操作数　　D. 操作码

(2) 下列关于计算机软件的说法正确的是(　　)。

A. 用软件语言编写的程序都可直接在计算机上执行

B. “软件危机”的出现是因为计算机硬件发展严重滞后

C. 利用“软件工程”的理念与方法，可以编制高效、高质的软件

D. 操作系统是20世纪80年代产生的

(3) 一个完整的计算机系统应包括(　　)。

A. 操作系统和CPU　　B. 硬件系统和软件系统

C. 主机和外部设备　　D. 主机、键盘、显示器和辅助存储器

(4) 下列关于系统软件的叙述错误的是(　　)。

A. 系统软件与计算机硬件有关

B. 在通用计算机系统中系统软件几乎是必不可少的

C. 操作系统是系统软件之一

D. IE浏览器是一种系统软件

(5) 未获得版权所有者许可就复制使用的软件被称为(　　)软件。

A. 共享　　B. 盗版　　C. 自由　　D. 授权

(6) 计算机软件系统包括(　　)。

A. 系统软件和应用软件　　B. 操作系统和办公软件

C. 数据库软件和工具软件　　D. 程序和数据

(7) 下列说法不正确的是(　　)。

A. 操作系统出现在高级语言及其编译系统之前

B. 为解决软件危机,人们提出了结构程序设计方法和用工程方法开发软件的思想

C. 数据库软件技术、软件工具环境技术都属于计算机软件技术

D. 设计和编制程序的工作方式是由个体方式发展到合作方式,再到现在的工程方式

(8) 下列软件中,针对不同的应用问题而专门开发的软件是(　　)。

A. 系统软件　　B. 应用软件

C. 财务软件　　D. 文字处理软件

(9) 下列软件(　　)是一种操作系统。

A. WPS　　B. Excel　　C. PowerPoint　　D. UNIX

(10) 下列软件全都属于应用软件的是(　　)。

A. AutoCAD、PowerPoint、Outlook　　B. Access、WPS、Photoshop、Linux

C. DOS、UNIX、SPSS、Word　　D. Windows XP、SPSS、Word、Access

(11) 下列软件全都属于系统软件的是(　　)。

A. Windows XP、编译系统、Linux　　B. Excel、操作系统、软件开发工具

C. 财务管理软件、编译系统、操作系统　　D. Windows 7、FTP、Office 2000

(12) Excel属于(　　)软件。

A. 电子表格　　B. 文字处理　　C. 图形图像　　D. 网络通信

(13) 程序设计语言的编译程序或解释程序属于(　　)。

A. 系统软件　　B. 应用软件　　C. 工具软件　　D. 分布式系统

(14) 下列叙述正确的是(　　)。

A. 编译程序、解释程序和汇编程序不是系统软件

B. 故障诊断程序、排错程序、人事管理系统属于应用软件

C. 操作系统、财务管理程序、系统服务程序都不是应用软件

D. 操作系统和各种程序设计语言的处理程序都是系统软件

(15) 下列不属于通用软件的是(　　)。

A. 文字处理软件　　B. 电子表格软件　　C. 专家系统　　D. 数据库系统

(16) 下列不属于系统软件的是(　　)。

A. UNIX　　B. C 语言编译程序　　C. Word　　D. DOS

(17) 下列不属于应用软件的是(　　)。

A. Excel 2016　　B. Word 2016

C. 成绩管理系统　　D. PASCAL 编译程序

(18) 新建文档时,Word 默认的中文字体和字号分别是(　　)。

A. 黑体、3 号　　B. 楷体、4 号　　C. 宋体、5 号　　D. 仿宋、6 号

(19) 第一次保存 Word 文档时,系统将打开(　　)对话框。

A. 保存　　B. 另存为　　C. 新建　　D. 查找

(20) Word 编辑文档时,所见即所得的视图是(　　)。

A. 普通视图　　B. 页面视图　　C. 大纲视图　　D. 阅读版式

(21) Word 2016 编辑页眉和页脚的命令在(　　)功能区中。

A. 视图　　B. 编辑　　C. 插入　　D. 格式

(22) 用 PowerPoint 2010 制作的演示文稿默认的扩展名是(　　)。

A. . PWP　　B. . PPTX　　C. . PTP　　D. . POP

(23) 最著名的国产文字处理软件是(　　)。

A. 写字板　　B. 金山 WPS　　C. Word　　D. 方正排版

(24) WPS 2016、Word 2016 等字处理软件属于(　　)。

A. 管理软件　　B. 网络软件　　C. 应用软件　　D. 系统软件

(25) 下列软件:①EXCEL、②Windows XP、③成绩管理软件、④UNIX、⑤学籍管理系统、⑥DOS、⑦Linux 属于应用软件的是(　　)。

A. ①、②、③　　B. ①、③、⑤　　C. ①、③、⑤、⑦　　D. ②、④、⑥、⑦

(26) Execl 2010 和 Execl 2016 有区别,Excel 2010 中新建的 Excel 工作簿中默认有(　　)张工作表。

A. 1　　B. 2　　C. 3　　D. 4

(27) 在 Excel 表格中,位于第四行第三列的单元格名称是(　　)。

A. 3:4　　B. 4:3　　C. C4　　D. 4C

(28) 在 Excel 工作表的单元格中计算数据后出现“########”,这是由于(　　)原因。

A. 计算机公式出错　　B. 计算数据出错

C. 单元格显示宽度不够　　D. 数据格式出错

(29) 若在 Excel 的同一单元格中输入的文本有两个段落,则在第一段落输完后应使用(　　)键。

A. Enter　　B. Ctrl + Enter　　C. Alt + Enter　　D. Shift + Enter

(30) Excel 2016 最多可以建(　　)张工作表。

A. 245　　B. 256　　C. 受内存限制　　D. 246

(31) 要对数据清单中的数据进行分类汇总,首先应(　　)。

A. 分类　　B. 排序　　C. 格式化　　D. 统计

(32) 若同一单位的很多用户都需要安装使用同一软件时,则应购买该软件相应的(　　)。

A. 许可证　　B. 专利　　C. 著作权　　D. 多个副本

(33) 下列关于汇编语言的描述错误的是(　　)。

A. 汇编语言诞生于20世纪50年代初期

B. 汇编语言不再使用难以记忆的二进制代码

C. 汇编语言使用的是助记符号

D. 汇编程序是一种不再依赖于机器的语言

(34) 下列叙述正确的是(　　)。

A. 高级语言缩写的程序的可移植性差

B. 机器语言就是汇编语言,无非是名称不同而已

C. 指令是由一串二进制数0、1组成的

D. 用机器语言编写的程序可读性好

(35) 把用高级语言写的程序转换为可执行程序,要经过的过程叫作(　　)。

A. 汇编和解释　　B. 编辑和链接　　C. 编译和链接　　D. 解释和编译

(36) 下列关于机器语言与高级语言的说法正确的是(　　)。

A. 机器语言程序比高级语言程序执行得慢

B. 机器语言程序比高级语言程序可移植性强

C. 机器语言程序比高级语言程序可移植性差

D. 有了高级语言,机器语言就无存在的必要

【参考答案】

(1) D　(2) C　(3) B　(4) D　(5) B　(6) A　(7) A　(8) B
(9) D　(10) A　(11) A　(12) A　(13) A　(14) D　(15) D　(16) C
(17) D　(18) C　(19) B　(20) B　(21) C　(22) B　(23) B　(24) C
(25) B　(26) C　(27) C　(28) C　(29) C　(30) C　(31) B　(32) A
(33) D　(34) C　(35) D　(36) C

第三节　操作系统

一、知识点概述

(一) 操作系统(Operating System,OS)定义

计算机系统拥有硬件和软件资源,要对这些资源进行统一管理、调度及分配,必须要有相应的管理程序,操作系统就是具有这一功能的管理程序。因此说,操作系统是用于控制、管理、调配计算机的所有资源,方便用户使用的程序集合,是给计算机配置的一种必不可少

的系统软件。

操作系统是系统软件的核心,是扩充裸机的第一层系统软件,其他软件都在操作系统的支持下工作。若操作系统受到损坏,计算机就无法正常工作,甚至根本不能工作。操作系统又是用户和计算机的接口,用户通过操作系统让计算机工作,计算机又通过操作系统将信息反馈给用户。

(二)进程(Process)与线程(Threads)

程序是为了完成特定任务而编制的代码,被存放在外存。为了提高 CPU 的利用率,为了控制程序在内存中的执行过程,引入了进程的概念。进程是正在内存中被运行的程序,作业是程序被选中到运行结束并再次成为程序的整个过程。当一个作业被选中后进入内存运行,这个作业就成为进程,等待运行的作业不是进程。进程 = 程序 + 执行,程序执行结束,进程也消亡。在传统的操作系统中,进程既是基本的分配单元,也是基本的执行单元。现代操作系统把进程管理归纳为:程序成为作业进而成为进程,并按照一定规则进行调度。

为了更好地实现并发处理和共享资源,提高 CPU 的利用率,引入了线程概念。线程是进程中的一个实体,是被系统独立调度和分派的基本单位,它实际上是进程概念的延伸。多线程共存于应用程序中是现代操作系统中的基本特征和重要标志。

进程和线程的区别在于:线程的划分尺度小于进程,通常在一个进程中可以包含若干个线程,它们可以利用进程所拥有的资源。另外,进程在执行过程中拥有独立的内存单元,而多个线程共享内存,从而极大地提高了程序的运行效率。

(三)操作系统类型

1. 单用户操作系统(Single User Operating System)

单用户操作系统的主要特征是计算机系统内一次只能支持运行一个用户程序。这类系统的最大缺点是计算机系统的资源不能充分利用。微型机的 DOS 操作系统就属于这一类。

2. 批处理操作系统(Batch Operating System, BOS)

批处理系统又分为单道批处理系统和多道批处理系统。单道批处理系统是采用脱机输入输出技术,将一批作业按序输入到外存储器中,主机在监督程序控制下,逐个读入内存,对作业自动地、一个接一个地进行处理。多道批处理系统是在计算机内存中同时存放几道相互独立的程序,它们分时共用一台计算机,即多道程序轮流地使用部件,交替执行。IBM 的 DOS/VSE 属于此类。

3. 分时操作系统(Time-sharing Operating System, TOS)

分时系统是指在一台主机上连接了多个终端,允许两个以上的用户共享一个计算机系统,即是一个多用户多任务的系统。分时系统把 CPU 及计算机其他资源进行时间上的分割,分成一个个"时间片",并把时间分给各个用户,使每一个用户轮流使用时间片。因为时间片很短,CPU 在用户之间转换得非常快,可以使用户觉得计算机只在为自己服务。UNIX 就是典型的分时操作系统。

4. 实时操作系统(Real-time Operating System, ROS)

实时系统是以加快响应时间为目标的,它对随机发生的外部事件做出及时的响应和处理。实时系统的基本特征是:

(1) 及时性。实时是指对外部事件的响应要十分及时、迅速。如导弹发射的自动控制，要求计算机及时进行数据处理。

(2) 高可靠性。实时系统往往用于现场控制处理,任何差错都可能带来巨大损失。因此可靠性要求相当高。

(3) 有限的交互能力。由于实时系统一般为专用系统,用于实时控制和实时处理,与分时系统相比,其交互能力比较简单。

5. 网络操作系统(Network Operating System，NOS)

网络操作系统(NOS)是网络的心脏和灵魂,是向网络计算机提供网络通信和网络资源、共享功能的操作系统。它是负责管理整个网络资源和方便网络用户的软件集合。由于网络操作系统是运行在服务器之上的,所以有时我们也把它称之为服务器操作系统。它的主要特点是:具有强大的多用户并发处理能力;支持多种网络通信功能,提供丰富的网络应用服务;安全性强,可靠性好。

6. 嵌入式操作系统(Embedded Operation System，EOS)

嵌入式操作系统以应用为中心,以计算机技术为基础,软件硬件可裁剪,适应应用系统对功能、可靠性、成本、体积、功耗严格要求的专用计算机系统。嵌入式操作系统在系统实时高效性、硬件的相关依赖性、软件固化以及应用的专用性等方面具有较为突出的特点。

7. 手机操作系统(Mobile Operating System,MOS)

手机操作系统主要应用在智能手机上,主流的智能手机类型有 Google Android 和苹果的 iOS 等。智能机与非智能机的区别主要看能否基于系统平台的功能扩展。目前应用在手机上的操作系统主要有 Android(谷歌)、IOS(苹果)、Windows phone(微软)、Symbian(诺基亚)、BlackBerry OS(黑莓)、Windows mobile(微软)等。

在 2019 年 8 月 9 日,中国华为技术有限公司正式发布了操作系统鸿蒙,意在成为谷歌 Android 系统的替代品,鸿蒙 OS 是一款面向未来的操作系统,一款基于微内核的面向全场景的分布式操作系统,它将适配手机、平板、电脑、电视、智能汽车、可穿戴设备等多种终端设备。

(四) 操作系统功能

1. 处理机(CPU)管理

处理机管理用于当多个程序同时运行时,解决处理器时间的分配问题。处理机管理的主要功能有:

(1) 进程控制:进程控制的主要功能是为作业创建进程、撤消已结束的进程,以及控制进程在运行过程中的状态转换。

(2) 进程同步:处理机管理用于进程同步的主要任务是为多个进程(含线程)的运行进行协调。

(3) 进程通信:进程通信的任务就是用来实现在相互合作的进程之间的信息交换。

(4) 进程调度:进程调度的任务是从进程的就绪队列中选出一个新进程,把处理机分配给它,并为它设置运行现场，使进程投入执行。

2. 存储器管理

存储器管理主要实现内存分配(系统按照一定的内存分配算法，为用户程序分配内存空间)、内存保护(确保每个用户程序都只在自己的内存空间内运行,彼此互不干扰)、地址映射(将地址空间中的逻辑地址转换为内存空间中与之对应的物理地址)、内存扩充(借助于虚拟存储技术,从逻辑上去扩充内存容量,使用户所感觉到的内存容量比实际内存容量大得多)。

Windows XP 操作系统中,虚拟内存是系统盘根目录下的一个名为 pagefile. sys 的文件,其大小和位置用户可设置。

3. 设备管理

设备管理用于管理计算机系统中所有的外围设备,而设备管理的主要任务是:完成用户进程提出的 I/O 请求;为用户进程分配其所需的 I/O 设备;提高 CPU 和 I/O 设备的利用率;提高 I/O 速度;方便用户使用 I/O 设备。为实现上述任务,设备管理应具有缓冲管理、设备分配和设备处理,以及虚拟设备等功能。

设备驱动程序(Device Driver),简称驱动程序(Driver),是一个允许高级计算机软件与硬件交互的程序,这种程序建立了一个硬件与硬件或硬件与软件沟通的界面,经由主板上的总线(Bus)或其他沟通子系统(Subsystem)与硬件形成连接的机制,这样的机制使得硬件设备(Device)上的数据交换成为可能。

PNP 是 Plug-and-Play(即插即用)的缩写。它的作用是自动配置(低层)计算机中的板卡和其他设备,然后告诉对应的设备都做了什么。PNP 的任务是把物理设备和软件(设备驱动程序)相配合,并操作设备,在每个设备和它的驱动程序之间建立通信信道。在 PNP 技术出现之前,中断和 I/O 端口的分配是由人手工进行的,PNP 技术就是用来解决这个问题的,PNP 技术将自动找到一个不冲突的中断和 I/O 地址分配给外部设备,而完全不需要人工干预。

4. 文件管理(信息管理)

计算机中的信息是以文件形式存放的。文件管理的主要任务是对用户文件和系统文件进行管理,使用户(和程序)能很方便地进行文件的存取操作,方便用户使用信息,并保证文件的安全性。

5. 用户图形接口

用户接口有程序级接口和作业级接口两种类型。用户虽然可以通过联机用户接口来取得操作系统的服务,但这时要求用户能熟记各种命令的名字和格式,并严格按照规定的格式输入命令,这既不方便又花时间,于是,图形用户接口便应运而生。图形用户接口采用了图形化的操作界面,用非常容易识别的各种图标(icon)来将系统的各项功能、各种应用程序和文件,直观、逼真地表示出来。用户可用鼠标或通过菜单和对话框来完成对应用程序和文件的操作。此时,用户已完全不必像使用命令接口那样去记住命令名及格式,从而把用户从烦琐且单调的操作中解脱出来。

6. 作业管理

作业管理将完成某个独立任务的程序及其所需的数据组成一个作业。作业管理的任务主要是为用户提供一个使用计算机的界面使其方便地运行自己的作业,并对所有进入系统的作业进行调度和控制,尽可能高效地利用整个系统的资源。

(五) 操作系统简介

1. DOS 操作系统

DOS(Disk Operaing System)系统是早期最广泛的操作系统,有 MS-DOS 和 PC-DOS 版

本,它们分别出自 Microsoft 公司和 IBM 公司,但它们在功能上几乎等同,一般简称为 DOS 系统。自 1981 年在 IBM PC 机上运行以来,版本不断更新,功能不断完善。每一个 DOS 版本号都分为两个部分,即主版本号和次版本号。DOS 是字符型的操作系统,是一个单用户系统,它有很强的文件和磁盘管理能力。MS-DOS 由 4 个模块组成,它们是引导程序 BOOT、输入输出程序 IO. SYS、文件管理程序 MSDOS. SYS 和命令处理程序 COMMAND. COM。

2. Windows 操作系统

Windows 系统是微软(Microsoft)公司开发的具有图形用户界面(Graphical User Interface,GUI)的多任务操作系统。所谓多任务是指在操作系统环境下可以同时运行多个应用程序,如一边可以在“画图”软件中作图,一边让计算机播放音乐,这时两个程序都已被调入内存储器中处于工作状态。

Windows 系统有多个版本,早期有 Windows 3. 0/3. 1/3. 2,后来发展成 Windows 95、Windows 98、Windows NT、Windows 2000、Windows Me、Windows XP、Windows 2003、Windows Vista、Windows 7、Windows 8、Windows 10 等。其中,Windows 3. x 并不是一个真正的操作系统,它只是一个在 DOS 环境下运行的、对 DOS 有较多依赖的 DOS 子系统,但它有图形用户接口,而且提供了多任务功能,改善了内存的管理。

1995 年推出的 Windows 95 和 1998 年推出的 Windows 98 是一个真正的全 32 位的个人计算机图形环境的操作系统,它们将 Microsoft 网络并入到 Windows 系统中,通过 Microsoft Network 可以访问 Internet,同时改变了早期 Windows 的界面,引入了“即插即用”等许多先进技术。

Windows NT 是 Windows 家族中的第一个完备的32 位网络操作系统,它主要面向高性能微型计算机、工作站和多处理器服务器,是一个多用户操作系统。

2000 年推出的 Windows 2000 系列是 Windows NT 4.0 上的换代产品,又增加了许多新的特性和功能,能更容易地使用文件、查找信息,更加简便地管理资源,改进了与不同类型网络以及大量遗留硬件和软件的兼容性。

Windows 7 于 2009 年 10 月在美国发布,Windows 7 的设计主要围绕五个重点:针对笔记本电脑的特有设计、基于应用服务的设计、用户的个性化、视听娱乐的优化、用户易用性的新引擎。Windows8 于 2012 年 10 月在美国正式推出,Windows 8 支持来自 Intel、AMD 和 ARM 的芯片架构,被应用于个人电脑和平板电脑上,尤其是移动触控电子设备,如触屏手机、平板电脑等,该系统具有良好的续航能力,且启动速度更快、占用内存更少,在界面设计上采用平面化设计。2015 年 7 月 29 日发布的 Windows 10 是微软最新发布的 Windows 版本。

总体来说,Windows 操作系统具有友好的图形界面,支持多用户、多任务,支持各种多媒体,对网络和硬件的支持性能良好,还存在众多基于 Windows 的应用程序可供选用,但系统本身仍存在过于脆弱和系统安全漏洞等问题。

3. UNIX 操作系统

UNIX 操作系统是一种多用户、多任务的操作系统,原本是 1969 年美国贝尔实验室为小型机设计的,目前已用在各类计算机上。UNIX 是一个多用户、多任务的分时操作系统,系统本身采用 C 语言编写,具有结构紧凑、功能强、效率高、使用方便和可移植性好等优点,被国际上公认为是一个十分成功的通用操作系统。UNIX 在世界上占据着操作系统的主导地位,它的应用极为广泛,从各种微机到工作站、中小型机、大型机和巨型机,都运行着 UNIX 操作系统及其变种系统。

4. Linux 操作系统

Linux 属于自由软件(开源软件),原创者是芬兰青年学者李努斯·托瓦尔兹。Linux 操作系统是一个遵循标准操作系统界面的操作系统,是一个多用户、多任务,提供了丰富网络功能的操作系统,具有 UNIX BSD 和 UNIX SYS v 的扩展特性。Linux 操作系统可以在基于 Intel 处理器的个人计算机上运行,它可以将一台普通的个人电脑变成功能强大的 Unix 工作站。

Linux 操作系统有一个基本内核,一些组织和厂商将内核与应用程序、文档包装起来,再加上设置、管理和安装程序,构成供用户使用的套件。Linux 版本分内核版本和发行套件版本两个部分。Linux 操作系统是免费的,其源代码全部公开,这是与其他操作系统最大的不同之处。Linux 操作系统发展到今天,在很大程度上是民主与合作的产物,完全靠对此操作系统感兴趣的程序员自发地进行开发,并将源代码公布在互联网上。

目前我国的操作系统等基础软件主要依赖国外进口,特别是在国防、金融等关键领域中大量应用国外软件,将会直接威胁国家安全。未来,我们要开发有自主知识产权和可自控的操作系统。

5. MacOS

MacOS 系统是一套运行于苹果 Macintosh 系列电脑上的操作系统,是基于 Unix 内核的图形化操作系统,一般情况下在普通 PC 上无法安装。Macintosh 的缺点是与 Windows 缺乏较好的兼容性,影响了它的普及。

6. Novell NetWare

Novell 公司的 NetWare 曾经是使用最普遍的一种基于文件服务和目录服务的网络操作系统,其最重要的特征是基于基本模块设计思想的开放式系统结构,主要用于构建局域网。

7. OS/2

当 IBM 公司在 1987 年推出 PS/2 时,同时还发布了为 PS/2 设计的操作系统 OS/2。较新的版本是 OS/2 Warp,它支持多任务处理和多道程序设计,并且内置了网络支持。它的图形用户界面可以由用户自己定制。OS/2 Warp 还可以运行为 MS-DOS 和 Windows 设计的应用程序,具有较强的灵活性。

虽然 OS/2 Warp 是一个优秀的操作系统,但还是不能与流行的操作系统相抗衡。OS/2 使用的多任务方式,可以对存储器和 CPU 等资源进行全面的控制,具有清晰的用户界面,提供功能很强的应用程序接口(API)。在 OS/2 支持下,可充分发挥全面可寻址设备的能力,绘制各种高质量的图形,乃至进行图像处理。

二、典型例题分析

(1) 直接运行在裸机上并负责实现计算机各类资源管理的功能的是(　　)。

A. 操作系统　　B. 应用软件　　C. 绘图软件　　D. 数据库系统

【解析】 裸机指的是没有软件支持的计算机硬件本身。操作系统能管理计算机的软件硬资源并在用户(或应用程序)与硬件之间提供一个接口,是最接近计算机硬件的系统软件。

【答案】 A

(2) 计算机的操作系统是(　　)。

A. 计算机中最重要的应用软件　　B. 最核心的计算机系统软件

C. 微机的专用软件　　D. 微机的通用软件

【解析】　操作系统是计算机系统中最核心的系统软件。系统软件是指为了有效地使用计算机系统、给应用软件开发与运行提供支持或者能为用户管理与使用计算机提供方便的一类软件。

【答案】　B

(3) 下列软件:①Windows Me、②Windows XP、③Windows 7、④FrontPage、⑤Access 2000、⑥UNIX、⑦Linux 均为操作系统软件的是(　　)。

A. ①、②、③、④　　B. ①、②、③、⑤、⑦　　C. ①、③、⑤、⑥　　D. ①、②、③、⑥、⑦

【解析】　上述软件中:FrontPage 是网页制作软件,属应用软件;Access 2000 是数据库管理软件;其他软件都是操作系统软件。

【答案】　D

(4) 下列关于操作系统的主要功能的描述错误的是(　　)。

A. 处理器管理　　B. 设备管理　　C. 文件管理　　D. 信息管理

【解析】　操作系统的 5 大管理模块是处理器管理、存储器管理、作业管理、设备管理和文件管理。

【答案】　D

(5) 在各类计算机操作系统中,分时系统是一种(　　)。

A. 单用户多任务操作系统　　B. 多用户批处理操作系统

C. 单用户交互式操作系统　　D. 多用户交互式操作系统

【解析】　能分时轮流地为各终端用户服务,并及时地对用户服务请求予以响应的计算机系统,称为分时系统。分时系统有以下特征:同时性、独立性、交互性、及时性。

【答案】　D

(6) 下列四种说法不正确的是(　　)。

A. 将 CPU 时间划分成许多小片,轮流为多个程序服务,这些小片称时间片

B. 计算机系统中为了提高 CPU 的利用率,一般采用多任务处理

C. 正在运行的程序称为前台任务,处于等待状态的任务称为后台任务

D. 在单 CPU 环境下,多个程序宏观上同时运行,微观上由 CPU 轮流执行

【解析】　在多任务同时在计算机中运行时,通常把活动窗口对应的任务称为前台任务,其他任务称为后台任务。选项 C 中,处于等待状态的任务在等待事件到达之前是不能获得 CPU 使用权的,不能称为后台任务。

【答案】　C

三、强化练习

(1) 操作系统按其功能关系分为系统层、管理层和(　　)三个层次。

A. 数据层　　B. 逻辑层　　C. 用户层　　D. 应用层

(2) 操作系统的功能包括(　　)。

A. 处理机管理、存储器管理、设备管理、文件管理

B. 运算器管理、控制器管理、打印机管理、磁盘管理

C. 硬盘管理、内存管理、存储器管理、文件管理

D. 程序管理、文件管理、编译管理、作业管理

(3) 有关计算机软件,下列说法不正确的是(　　)。

A. 操作系统按照其功能和特性可分为批处理操作系统、分时操作系统和实时操作系统等

B. 操作系统提供了一个软件运行的环境,是最重要的系统软件

C. Microsoft Office 是 Windows 环境下的办公软件,但它并不能用于其他操作系统环境

D. 操作系统的功能主要管理计算机的所有软件资源,硬件资源不归操作系统管理

(4) 下列软件(　　)不是操作系统软件。

A. Windows XP　　B. UNIX　　C. Linux　　D. MIS

(5) 操作系统的功能是(　　)。

A. 将源程序编译成目标程序

B. 负责诊断计算机的故障

C. 控制和管理计算机系统的各种硬件和软件资源的使用

D. 实现软/硬件的转换

(6) PC 上运行的 Windows 98 操作系统属于(　　)。

A. 单用户单任务系统　　B. 单用户多任务系统

C. 多用户多任务系统　　D. 实时系统

(7) Windows 2000 和 Windows XP 属于(　　)操作系统。

A. 单任务　　B. 多任务　　C. 批处理　　D. 多用户分时

(8) 下列操作系统产品(　　)是一种自由软件,其源代码向世人公开。

A. DOS　　B. Windows　　C. UNIX　　D. Linux

(9) 微型机的 DOS 系统属于(　　) 类操作系统。

A. 单用户操作系统　　B. 分时操作系统

C. 批处理操作系统　　D. 实时操作系统

(10) UNIX 操作系统是(　　)。

A. 批处理操作系统　　B. 实时操作系统

C. 分时操作系统　　D. 单用户操作系统

(11) DOS/VSE 是(　　)。

A. 批处理操作系统　　B. 单用户多任务操作系统

C. 实时操作系统　　D. 多用户分时操作系统

(12) 计算机的操作系统是(　　)。

A. 计算机中使用最广的应用软件　　B. 计算机系统软件的核心

C. 微机的专用软件　　D. 微机的通用软件

(13) 下列关于操作系统的叙述正确的是(　　)。

A. 操作系统是计算机系统软件中的核心软件

B. 操作系统属于应用软件

C. Windows XP 是 PC 机唯一的操作系统

D. 操作系统的五大功能是:启动、显示、文件存取和关机

(14) 计算机启动时,引导程序在对计算机系统进行初始化后,把(　　)程序装入主存储器。

A. 编译系统　　B. 系统功能调用

C. 操作系统核心部分　　D. 服务性程序

(15) 为了支持多任务处理,操作系统的处理器调度程序使用(　　) 技术把 CPU 分配给各个任务,使多个任务宏观上可以同时执行。

A. 分时　　B. 并发　　C. 批处理　　D. 授权

(16) 操作系统中负责解决 I/O 设备速度慢、效率低、不可靠等问题的软件模块是(　　)。

A. 文件管理　　B. 存储管理　　C. 设备管理　　D. 处理器管理

(17) 关于操作系统设备管理的叙述不正确的是(　　)。

A. 设备管理程序负责对系统中的各种输入/输出设备进行管理

B. 设备管理程序负责处理用户和应用程序的输入/输出请求

C. 每个设备都有自己的驱动程序,它屏蔽了设备 I/O 操作的细节,使输入/输出操作能方便、有效、安全地完成

D. 设备管理程序负责尽量提供各种不同的 I/O 硬件接口

(18) 下列操作系统都具有网络通信功能,但(　　)一般不作为网络服务器操作系统。

A. Windows 98　　B. Windows NT Server

C. Windows 2000 Server　　D. UNIX

(19) 负责管理计算机的硬件和软件资源,为应用程序开发和运行提供高效率平台的软件是(　　)。

A. 操作系统　　B. 数据库管理系统　　C. 编译系统　　D. 专用软件

(20) 下列功能操作系统不具有的是(　　)。

A. CPU 管理　　B. 语言文字转换　　C. 文件管理　　D. 存储管理

(21) 下列关于操作系统任务管理的说法错误的是(　　)。

A. Windows 操作系统支持多任务处理

B. 分时是指将 CPU 时间划分成时间片,轮流为多个程序服务

C. 并行处理技术可以让多个 CPU 同时工作,提高计算机系统的效率

D. 分时处理要求计算机必须配有多个 CPU

(22) 一台计算机中采用多个 CPU 的技术称为并行处理,采用并行处理的目的是(　　)。

A. 提高处理速度　　B. 扩大存储容量

C. 降低每个 CPU 成本　　D. 降低每个 CPU 性能

(23) 在多任务处理系统中,一般而言,(　　),CPU 响应越慢。

A. 任务数越少　　B. 任务数越多　　C. 硬盘容量越小　　D. 内存容量越大

(24) 微软公司的 Windows 系统操作系统的目录结构采用的是(　　)。

A. 线性结构　　B. 树型结构　　C. 分层结构　　D. 链表结构

(25) 将回收站中的文件还原时,被还原的文件将回到(　　)。

A. 当前文件夹　　B. 桌面上　　C. "我的文档"中　　D. 被删除的位置

(26) 在 Windows 的窗口菜单中,若某命令项后面有向右的黑三角,则表示该命令项(　　)。

A. 有下级子菜单　　B. 单击鼠标可直接执行

C. 双击鼠标可直接执行　　D. 有对话框

(27) Windows 的剪贴板是用于临时存放信息的(　　)。

A. 一个窗口　　B. 一个文件夹　　C. 一块内存区间　　D. 一块磁盘区间

(28) 对处于还原状态的 Windows 应用程序窗口,不能实现的操作是(　　)。

A. 最小化　　B. 最大化　　C. 旋转　　D. 移动

(29) 在 Windows 平台上运行的两个应用程序之间交换数据时,最方便的工具是(　　)。

A. 邮箱　　B. 读/写文件　　C. 滚动条　　D. 剪贴板

(30) 下列关于 UNIX 操作系统的说法错误的是(　　)。

A. UNIX 系统是目前广泛使用的主流操作系统之一

B. UNIX 文件系统与 Windows 文件系统兼容

C. 在"客户/服务器"结构中,UNIX 大多作为服务器操作系统使用

D. UNIX 系统与 Linux 系统属于同一类操作系统

【参考答案】

1. D	2. A	3. D	4. D	5. C	6. B	7. B	8. D
9. A	10. C	11. A	12. B	13. A	14. C	15. B	16. C
17. D	18. A	19. A	20. B	21. D	22. A	23. B	24. B
25. D	26. A	27. C	28. C	29. D	30. B		

第三章
计算机网络与因特网

第一节　计算机网络技术

一、知识点概述

（一）计算机网络的定义

计算机网络，是指将地理位置不同的、具有独立功能的多台计算机及其外部设备，通过通信线路连接起来，在网络操作系统、网络管理软件以及网络通信协议的管理和协调下，实现资源共享和信息交换的计算机系统的集合。最简单的计算机网络就是只有两台计算机和连接它们的一条链路，即两个节点和一条链路。因为没有第三台计算机，因此不存在交换的问题。

计算机组网的主要目的是资源共享和信息交换，其中资源包括软件资源、硬件资源和数据资源。

（二）通信基础

1. 数据通信

数据通信指在两个计算机或终端之间以二进制的形式进行信息交换、传输数据，通信的基本任务是传递信息。

通信至少由三个要素组成，即信息的发送者（信源）、信息的接收者（信宿）和信息的传输媒介（信道），如图 3-1 所示。

图 3-1　通信三要素

2. 移动通信

移动通信指的是处于移动状态的对象之间的通信，它包括蜂窝移动、集群调度、无绳电话、寻呼系统和卫星系统。例如，手机属于蜂窝移动系统，移动通信系统由移动台、基站、移动电话、交换中心等组成。第一代个人移动通信采用的是模拟技术，使用频段为 800～900MHz，称为蜂窝式模拟移动通信系统。GSM、CDMA、JDC 及 IS-95 系统等都是第二代移动通信系统，第三代移动通信系统(3G)实现了高质量的多媒体通信，包括语音通信、数据通信和图像通信等。

目前我国已投入使用了第四代移动通信系统(简称 4G)，4G 是集 3G 与 WLAN 于一体并能够传输高质量视频图像的技术产品，其图像传输质量与高清晰度电视不相上下。第五代移动通信技术(简称 5G)是最新一代移动通信技术，5G 网络的主要优势在于，数据传输速率高和更快的响应时间。由于数据传输更快，5G 网络将不仅仅为手机提供服务，而且还将成为家庭和一般商务办公的网络提供商，与有线网络提供商竞争。2019 年 6 月 6 日，工信部正式向中国电信、中国移动、中国联通、中国广电发放 5G 商用牌照，中国正式进入 5G 商用元年。

3. 信号

通信的目的是传输数据，信号是数据的表现形式。信号可以分为模拟信号和数字信号两种。模拟信号通过连续变化的物理量(如信号的幅度)来表示信息，数字信号使用有限个状态(一般是 2 个状态)来表示(编码)信息，是一种离散的、间断的、不连续的脉冲序列。

图 3-2 是两种信号的状态图。

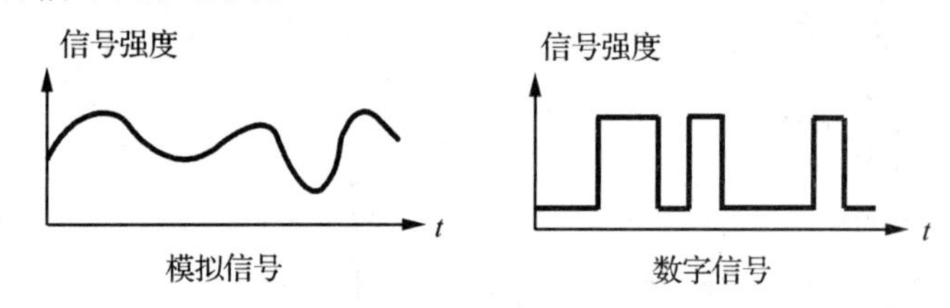

图 3-2　模拟信号与数字信号

4. 信道

信道，简单地讲就是传送信息的通道，是信号传输的媒介。根据传输介质的不同，信道可以分为有线信道和无线信道两类。有线信道包括双绞线、同轴电缆及光缆等；无线信道有地波传播、短波电离层反射、超短波或微波视距中继、人造卫星中继，以及各种散射信道等。

5. 调制与解调

由于某些原因，基带信号往往不适合于远距离传输。因此，现代通信系统常常在发送端用一定频率变化的正弦波信号作为载波信号来运载基带信号。具体来说，就是使载波信号的一个(或几个)参量随着基带信号的变化而变化，从而把基带信号变化为其频带适合在信道中传输的(频带)信号，把数字信号转换成模拟信号的这个过程称为调制。基本调制方法有调幅、调频、调相三种。解调则相反，是从已调制的模拟信号中检测出原来的数字信号(基带信号)。

完成调制所使用的设备是调制器，完成解调所使用的设备是解调器。由于通信是双向的，因此通常把调制器和解调器制作在一起，称为调制解调器(Modem)。

图 3-3、图 3-4 是调制与解调的工作原理图。

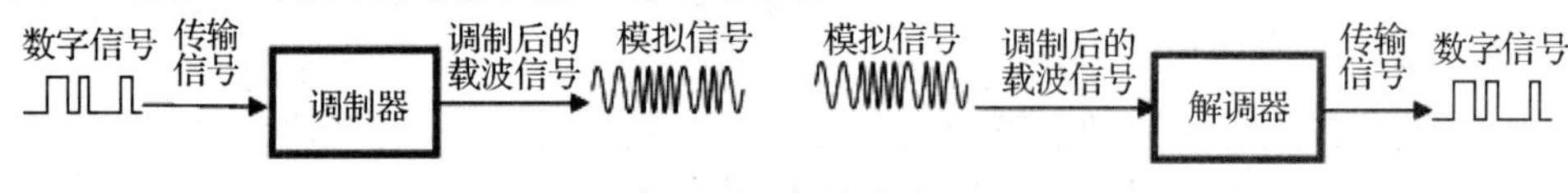

图 3-3　调制与解调

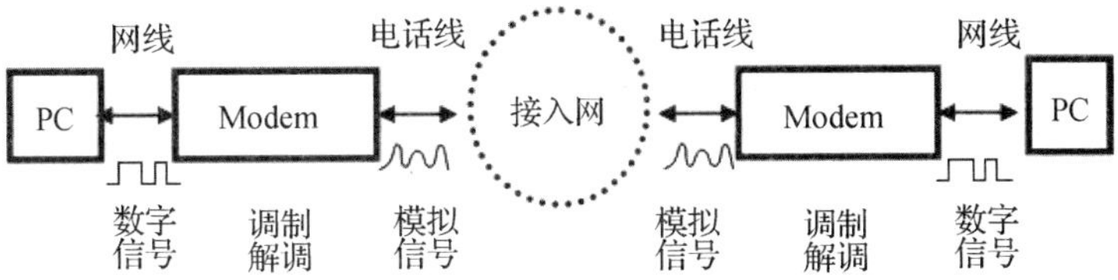

图 3-4　调制解调器工作过程

6. 信道的带宽

信号自身的所有频率分量中最高频率与最低频率的差值被称为信号带宽（也称信道容量）。物理信道在不失真条件下所能通过的信号最高频率与最低频率的差值被称为信道宽度，即信道上所能通过的信号的频带宽度，单位为赫兹（Hz）。信号带宽若在信道带宽以内，则信号在信道传输的过程中无衰减；若超出信道带宽，则信号在传输过程中有衰减。从保持信号质量的角度考虑，信号频带越宽，则可包含的信号频率越丰富，信号质量就越好。因此，用来传输宽频带信号的信道的频带宽度也自然是越宽越好。

7. 数据传输速率与计量单位

数据传输速率（简称数据速率，Data Rate）是指实际进行数据传输时，单位时间内传送的二进制位数目。数据传输速率的计量单位有 bit/s、kbit/s、Mbit/s、Gbit/s。

1kbit/s = 1000bit/s，

1Mbit/s = 1000kbit/s，

1Gbit/s = 1000Mbit/s。

8. 误码率(error rate)

指数据传输中，规定时间内出错数据占被传输数据总数的比例。在计算机网络系统中，一般要求误码率低于 10^{-6}。

（三）计算机网络的发展

计算机网络的形成与发展历史大致可分为 4 个阶段：

第一代计算机网络——远程终端联机阶段；

第二代计算机网络——计算机网络阶段，ARPANET 是计算机网络发展的里程碑；

第三代计算机网络——计算机网络互联阶段；

第四代计算机网络——国际互联网与信息高速公路阶段。

（四）计算机网络的分类

1. 按网络的规模（覆盖范围）大小

（1）局域网（Local Area Network，LAN）。

使用专用通信线路把较小地域范围（一幢楼房、一个楼群、一个单位或一个小区）中的计算机连接而成的网络。LAN 的传输距离最大不超过 10km。LAN 具有高数据传输速率（10Mbps ~ 10Gbps）、低误码率、成本低、组网容易、易管理、易维护、使用灵活方便等优点。

（2）城域网（Metropolitan Area Network，MAN）。

作用范围在广域网和局域网之间，其作用距离约为 5 ~ 50km。例如，一个城市范围的计算机网络。

（3）广域网（Wide Area Network，WAN）。

有时也称为远程网,指把相距遥远的许多局域网和计算机用户互相连接在一起的网络。WAN 最典型的代表是因特网(Internet)。

2. **按网络的拓扑结构**

网络拓扑结构是指计算机网络节点和通信链路所组成的几何形状。它的结构主要有总线型结构、星型结构、环型结构、树型结构、网状结构等,如图 3-5 所示。

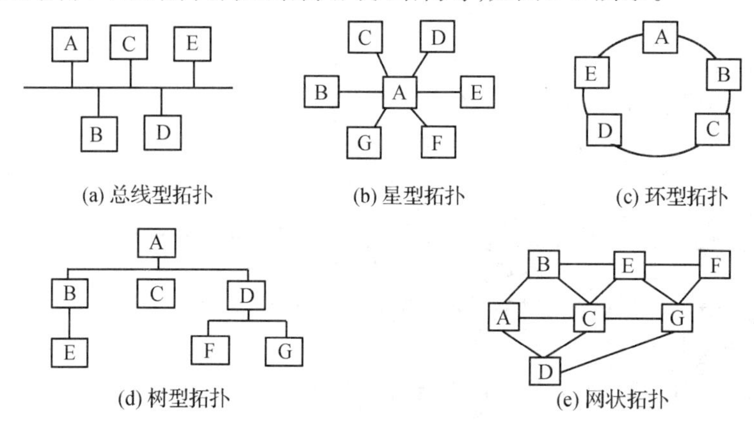

图 3-5　计算机网络拓扑结构分类

(1) 总线型(Bus)结构。

总线型拓扑结构采用单根传输线作为传输介质,所有的站点都通过相应的硬件接口直接连接到传输介质上,即总线。任何一个站点发送的信号都可以沿着介质传播,而且能被其他所有站点接受。当数据在总线上传递时,各站点在接收信息时都进行地址检查,看是否与自己的站点地址相符,若相符则接收该信息,当信号到达网络终点时终点器将结束信号。当总线过长时,信号会衰减,导致远处计算机不易识别。可以通过在总线中加中继器(Repeater)来解决这个问题,它能把信号无失真地放大。总线型结构的优点是:结构简单可靠,传输介质利用率高,成本低廉,用户接入灵活。总线型结构的缺点是:总线中的某点故障有可能影响整个网络,非集中控制,故障检测困难,承受重载荷。

(2) 星型(Star)结构。

星型拓扑结构是指网络中所有节点都连接在一个中央集线设备上,所有数据的传送以及信息的交换和管理都通过中央集线设备来实现。网络中,每一台计算机都通过单独的信道连接到中央节点,每条连接线路都与其他线路彼此独立。一条连接线路发生故障,不会影响其他线路正常工作,故障检测和维护也相对容易。但是,如果中央节点出现问题,将会导致整个网络发生故障。另外,每个节点都与中央节点直接连接,需要大量电线,使成本增加。

(3) 环型(Ring)结构。

环型拓扑结构是由成封闭回路的网络节点首尾相接组成的,每一个节点与它左右相邻的节点连接。环型结构常采用一种令牌传送的机制来决定环上哪一个计算机可以发送信息。在某一特定时刻,只有一台计算机发送信息,不会造成信道拥挤,因此,环型拓扑结构可以避免冲突,可高速运行。环型拓扑结构网络中的各节点形成一个封闭的环,环中任何一点故障都会造成整个网络的瘫痪,因此,在某些重要的环型结构中使用双环,当一环出现故障时,仍有一环备用。

(4) 树型(Tree)结构。

树型结构是从总线型演变而来,形状像一棵倒置的树,顶端是树根,树根以下带分支,每个分支还可再带子分支。树型网的优点是:结构比较简单,成本低,网络中任意两个节点之间不产生回路,每个链路都支持双向传输。网络中节点扩充方便灵活,寻找链路路径比较方便。树型网的缺点是:除叶节点及其相连的链路外,任何一个工作站或链路产生故障都会影响整个网络系统的正常运行,对根的依赖性太大,如果根发生故障,则全网不能正常工作。因此,这种结构的可靠性问题和星型结构相似。

(5) 网状(Reticulation)结构。

网状拓扑结构主要指各节点通过传输线相互连接起来,并且每一个节点至少与其他两个节点相连。网状拓扑结构具有较高的可靠性,但其结构复杂,实现起来费用较高,不易管理和维护,不常用于局域网。

(五) 计算机网络硬件

1. 传输介质

计算机网络的传输介质(Media)通常分有线介质(硬介质)和无线介质(软介质)两大类,其中有线介质主要有双绞线、同轴电缆、光缆(纤)三种(图3-6),无线介质主要有无线电波、微波、红外线、卫星通信等。

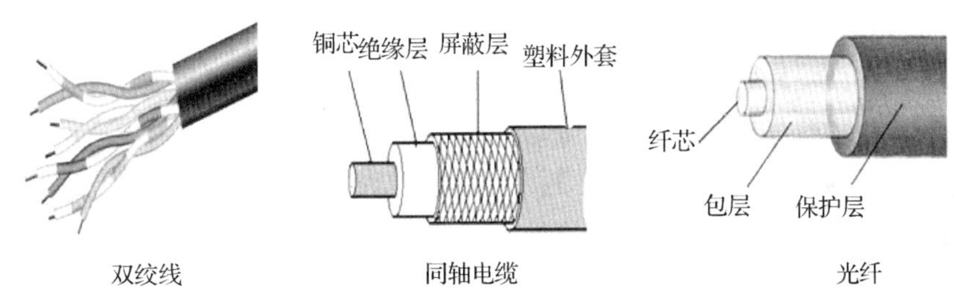

图3-6 常见的有线传输介质

双绞线(又称双扭线)是当前最普通的传输介质,它由两根绝缘的金属导线扭在一起而成,双绞线分为无屏蔽双绞线(UTP)和有屏蔽双绞线(STP)两种。

同轴电缆是网络中最常用的传输介质,因其内部包含两条相互平行的导线而得名。

光缆是一种传输光束的细软且柔韧的传输介质。光导纤维电缆通常由一捆纤维组成,因此得名“光缆”。

无线传输介质是指在两个通信设备之间不使用任何物理的连接器,通常这种传输介质通过空气进行信号传输。当通信设备之间由于存在物理障碍,而不能使用普通传输介质时,可以考虑使用无线介质,无线介质主要有无线电波、微波、红外线、卫星通信等。

2. 网络接口卡

网络接口卡简称网卡(Network Interface Card,NIC),网络上的每一个节点都有一块网络接口卡,网卡就是计算机的网络通信控制器,用来实现网络体系结构中的物理层协议和数据链路层协议,是计算机中必不可少的联网部件。

计算机通过网卡向网络中其他节点发送数据或接收从其他节点传来的数据。一台计算机中可以只插一块网卡,也可以插入多块网卡。不同类型的局域网使用不同类型的网卡。例如,以太网卡按传输速度可以分为10Mbit/s网卡、100Mbit/s网卡、10/100Mbit/s自适应网卡(目前使用最多)。每块网卡有一个全球唯一的48位二进制数表示的MAC地址。CPU将它视为输入/输出设备。由于芯片组集成度的提高,现在网卡的功能大多已集成在芯片组中,即所谓的“集成网卡”。

3. 交换机

在网络模型中,交换机(Switch)工作在数据链路层,因此又被称为第二层设备;另外,有些交换机还具有第三层、第四层的部分功能。第二层的交换机可以过滤以太网的数据帧,由于它不向其他子网转发属于本子网内的数据帧,而只转发需要转发的数据帧,因此可以显著提高网络的传输带宽。

4. 无线AP

无线AP(Access Point)即无线接入点,它是用于无线网络的无线交换机,也是无线网络的核心。它主要提供无线工作站对有线局域网和从有线局域网对无线工作站的访问,在访问接入点覆盖范围内的无线工作站可以通过它进行相互通信。通俗地讲,无线AP是无线网和有线网之间沟通的桥梁。由于无线AP的覆盖范围是一个向外扩散的圆形区域,因此,应当尽量把无线AP放置在无线网络的中心位置,而且各无线客户端与无线AP的直线距离最好不要超过30m,以避免因通信信号衰减过多而导致通信失败。

5. 路由器

路由器(Router)是用于连接异构网络的基本设备,是一台用于完成网络互连工作的专用计算机,可以把局域网与局域网、局域网与广域网或两个广域网互相连接起来,被连接的这两个网络不必使用同样的技术。路由器可以连接两个或更多个物理网络。

路由器的主要工作就是为经过路由器的每个数据帧寻找一条最佳传输路径,并将该数据有效地传送到目的站点。路由器连接两个以上的网络,提供网络层之间的协议转换。有的路由器还具有帧分割功能。

其他的硬件设备还有:

集线器(Hub),是双绞线以太网的中心连接设备。

中继器(Repeater),把接收到的信号整形放大后继续进行传送,起到一个信号“接力”的作用。

网桥(Bridge),用来连接两个同类型的网段,比中继器多了帧过滤功能(是指网桥检查每一个信息帧的发送地址和目的地址)。

(六)网络软件

网络软件主要包括网络操作系统、网络协议和网络应用软件。

1. 网络操作系统

网络操作系统(Network Operating System, NOS)是在普通操作系统的基础上按照网络体系结构和使用的通信协议扩充而成的,有时也称之为“服务器操作系统”。网络操作系统一般具有以下功能:网络通信、网络服务、网络管理、网络安全和常用的网络应用。常见的服务器操作系统有UNIX、Linux、Windows NT Server、Windows 2000 Server、Windows Server 2003等。常见的客户机操作系统有Windows XP、Windows 2000 Professional、Windows 7等。

2. 网络协议

网络协议是指为计算机网络中进行数据交换而建立的规则、标准或约定的集合。一个网络协议至少包括三要素:“语法”用来规定信息格式、数据及控制信息的格式、编码及信号电平等;“语义”用来说明通信双方应当怎么做,用于协调与差错处理的控制信息;“定时”(时序)定义了何时进行通信,先讲什么,后讲什么,讲话的速度等,比如是采用同步传输还是异步传输。

3. 网络应用软件

网络应用软件有通用和专用之分。通用网络应用软件适用于较广泛的领域和行业,如数据收集系统、数据转发系统和数据库查询系统等。专用网络应用软件只适用于特定的行业和领域,如银行核算、铁路控制、军事指挥等。

(七) 无线局域网

无线局域网(WLAN)通过无线网卡、无线 HUB、无线网桥等设备进行组网。使用 S 频段 (2.4GHz~2.4835GHz)无线电波作为传输介质,对人体没有什么伤害。无线局域网采用协议主要是 802.11(WiFi) 及蓝牙等标准。WLAN 具有较强的灵活性,相对于有线网络,它的组建、配置和维护较为容易。使用扩频方式通信时,具有抗干扰、抗噪声、抗衰减能力,通信比较安全,不易偷听和窃取,具有高可用性。如图 3-7 所示。

蓝牙是近距离无线数字通信标准。它是一种短距离、低速率、低成本的无线通信技术,最高数据传输速率可达 1Mbit/s(有效传输速率为 720kbit/s),传输距离为 10cm~10m,适于办公室或家庭环境的无线网络。

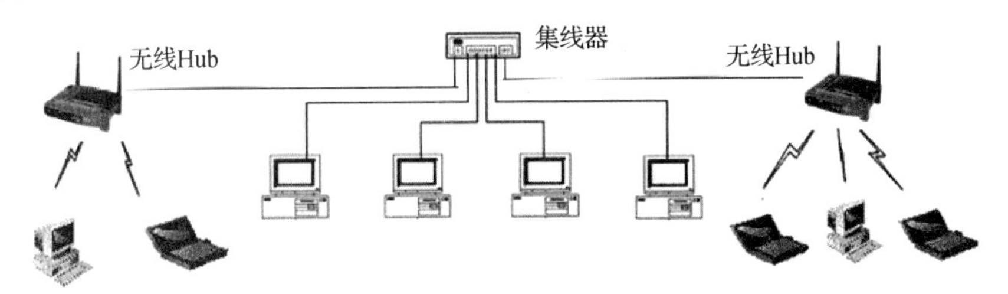

图 3-7 无线 AP 及集线器

二、典型例题分析

(1) 计算机网络最主要的目标是(　　)。

A. 高速运算　　B. 文献检索

C. 传输文本、图像和声音文件　　D. 实现资源共享

【解析】 计算机网络的 3 个基本功能是资源共享、信息交换、协同工作。实现资源共享是计算机网络的最主要的功能。

【答案】 D

(2) 用户通过电话拨号上网时必须使用 Modem,其主要功能是(　　)。

A. 将数字信号与模拟信号进行转换　　B. 对数字信号进行压缩和解码

C. 将模拟信号进行放大　　D. 对数字信号进行加密和解密

【解析】 计算机输入/输出的数据都是数字信号,而现有的电话网用户线仅适合传输模拟信号。因此,必须使用调制解调器把计算机送出的数字信号调制成适合在电话用户线上

传输的音频模拟信号,接收方的解调器再把模拟信号恢复成数字信号,然后接入局域网或因特网。

【答案】 A

(3) 在描述数据传输速率时常用的度量单位 kbit/s 是 bit/s 的(　　)倍。

A. 10　　B. 1000　　C. 1024　　D. 100

【解析】 数据传输速率的计量单位有 bit/s、kbit/s、Mbit/s、Gbit/s。1kbit/s = 1000bit/s, 1 Mbit/s = 1000kbit/s,1 Gbit/s = 1000Mbit/s。

【答案】 B

(4) 将网络划分为广域网(WAN)、城域网(MAN)和局域网(LAN)主要是依据(　　)。

A. 接入计算机所使用的操作系统　　B. 接入计算机的类型

C. 拓扑结构　　D. 网络分布的地域范围

【解析】 按网络所覆盖的地域范围可将计算机网络分为局域网(LAN)、广域网(WAN)、城域网(MAN)。局域网(LAN)的作用范围局限在几千米以内;广域网(WAN)的作用范围通常在几十千米到几千千米;城域网(MAN)的作用范围约为 5 ~ 50km。

【答案】 D

(5) 把计算机与通信介质相连并实现局域网络通信协议的关键设备是(　　)。

A. 集线器　　B. 多功能卡

C. 调制解调器　　D. 网卡(网络适配器)

【解析】 实现局域网通信的关键设备即网卡。以太网中,检测和识别信息帧中 MAC 地址的工作也是由网卡完成的。

【答案】 D

(6) 双绞线由两根相互绝缘的、绞合成匀称螺纹状的导线组成,下列关于双绞线的叙述错误的是(　　)。

A. 它的传输速率可达 10 ~ 100Mbit/s,传输距离可达几十千米甚至更远

B. 它既可以用于传输模拟信号,也可以用于传输数字信号

C. 与同轴电缆相比,双绞线易受外部电磁波的干扰,线路本身也产生噪声,误码率较高

D. 双绞线大多用作局域网通信介质

【解析】 双绞线可以用于传输模拟信号(如电话用户线),也可以在距离不长时用于数字信号的基带传输(如以太网)。无屏蔽双绞线使用在局域网中,距离大约在 100m 左右,3 类双绞线的传输速率为 10Mbit/s,5 类双绞线的传输速率可达 100Mbit/s。双绞线容易受到外部高频电磁波的干扰,线路本身也会产生一定的噪声,误码率较高。

【答案】 A

(7) 为了能在网络上正确地传送信息,制定了一整套关于信息传输顺序、格式和控制方式的约定,称之为(　　)。

A. 网络操作系统　　B. 网络通信软件　　C. 网络通信协议　　D. OSI 参考模型

【解析】 网络通信协议是为确保网络中的计算机相互之间能交换信息而建立的规则、标准或约定。这些规则明确规定了所交换数据的格式,以及通信双方为达到同步协调所采取的措施,包括对信息传输顺序、控制方式的约定。

【答案】 C

三、强化练习

(1) 计算机网络按地理范围可分为(　　)。

A. 广域网、城域网和局域网　　B. 因特网、城域网和局域网

C. 广域网、因特网和局域网　　D. 因特网、广域网和对等网

(2) 在计算机网络中,英文缩写 WAN 的中文名是(　　)。

A. 局域网　　B. 城域网　　C. 广域网　　D. 无线网

(3) 下列操作系统都具有网络通信功能,但其中不能作为网络服务器操作系统的是(　　)。

A. Windows ME　　B. Linux

C. Windows 2003 Server　　D. UNIX

(4) 用以太网形式构成的局域网,其拓扑结构为(　　)。

A. 环型　　B. 总线型　　C. 星型　　D. 网状

(5) 一个计算机网络组成包括(　　)两部分。

A. 传输介质和通信设备　　B. 通信子网和资源子网

C. 用户计算机和终端　　D. 主机和通信处理机

(6) 网络中数据传输速率的单位是(　　)。

A. 帧/秒　　B. 文件/秒　　C. 位/秒　　D. 米/秒

(7) 无线电波分中波、短波、超短波和微波等,其中关于微波的叙述正确的是(　　)。

A. 微波沿地面传播,绕射能力强,适用于广播和海上通信

B. 微波具有较强的电离层反射能力,适用于环球通信

C. 微波是具有极高频率的电磁波,波长很短,主要是直线传播,也可以被反射

D. 微波通信可用于电话,但不宜传输电视图像

(8) 因特网按网络规模分类属于(　　)。

A. 万维网　　B. 广域网　　C. 城域网　　D. 局域网

(9) 用于连接多个远程网和局域网的互联设备主要是(　　)。

A. 路由器　　B. 主机　　C. 网桥　　D. 防火墙

(10) 下列的英文缩写和中文名字的对照错误的是(　　)。

A. WAN——广域网　　B. ISP——因特网服务提供商

C. USB——不间断电源　　D. LAN——局域网

(11) 常见的服务器操作系统不包括(　　)。

A. UNIX　　B. Linux

C. Windows NT Server　　D. DOS

(12) 以下选项(　　)中所列都是计算机网络中传输数据常用的物理介质。

A. 光缆、集线器和电源　　B. 电话线、双绞线和服务器

C. 同轴电缆、光缆和插座　　D. 同轴电缆、光缆和双绞线

(13) 在(　　)方面,光纤与其他常用传输介质相比目前还不具有优势。

A. 不受电磁干扰　　B. 价格　　C. 数据传输速率　　D. 保密性

(14) 关于微波,下列说法正确的是(　　)。

A. 短波比微波的波长短　　B. 微波的绕射能力强

C. 微波是一种具有极高频率的电磁波　　D. 微波只可以用来进行模拟通信

(15) 在下列网络的传输介质中,抗干扰能力最好的一个是(　　)。

A. 光缆　　B. 同轴电缆　　C. 双绞线　　D. 电话线

(16) 将两个同类局域网相互连接,应使用的设备是(　　)。

A. 网卡　　B. 网桥　　C. 调制解调器　　D. 路由器

(17) 将异构的计算机网络进行互连必须使用的网络设备是(　　)。

A. 网桥　　B. 集线器　　C. 路由器　　D. 中继器

(18) 具有信号放大功能,可以用来增大信号传输距离的物理层网络设备是(　　)。

A. 中继器　　B. 网桥　　C. 网关　　D. 路由器

(19) 下列关于局域网中继器功能的叙述正确的是(　　)。

A. 它用来过滤掉会导致错误和重复的比特信息

B. 它用来连接以太网和令牌环网

C. 它能够隔离不同网段之间不必要的信息传输

D. 它用来对信号整形放大后继续进行传输

(20) 在网络协议中,中继器工作在网络的(　　)。

A. 传输层　　B. 网络互联层　　C. 网络接口层　　D. 物理层

(21) 利用有线电视系统接入互联网时使用的传输介质是(　　)。

A. 双绞线　　B. 同轴电缆　　C. 光纤　　D. 电话线

(22) 构建以太网时,如果使用普通五类双绞线作为传输介质,则传输速率可以达到(　　)。

A. 1Mbit/s　　B. 10Mbit/s　　C. 100Mbit/s　　D. 1000Mbit/s

(23) QQ 是一种流行的网上聊天软件,该软件主要体现了计算机网络的(　　)功能。

A. 资源共享　　B. 数据通信　　C. 文件服务　　D. 提高系统可靠性

(24) 下列网络服务,(　　)属于为网络用户提供硬件资源共享的服务。

A. 文件服务　　B. 消息服务　　C. 应用服务　　D. 打印服务

(25) 网络上安装了 Windows 操作系统的计算机,可设置共享文件夹,同组成员彼此之间可相互共享文件资源,这种工作模式称为(　　)模式。

A. 共享　　B. 对等　　C. C/S 模式　　D. B/S 模式

(26) 网络中提供了共享硬盘、共享打印机及电子邮件服务等功能的设备称为(　　)。

A. 网络协议　　B. 网络服务器　　C. 网络拓扑结构　　D. 网络终端

(27) 下列关于计算机网络的叙述错误的是(　　)。

A. 建立计算机网络的主要目的是实现资源共享

B. Internet 也称国际互联网、因特网

C. 计算机网络是在通信协议控制下实现的计算机之间的连接

D. 多台计算机互相连接起来,就构成了计算机网络

(28) 下列关于计算机网络中协议功能的叙述最为完整的是(　　)。

A. 决定谁先接收到信息

B. 决定计算机如何进行内部处理
C. 为网络中进行通信的计算机制定的一组需要共同遵守的规则和标准
D. 检查计算机通信时传送中的错误

(29) 下列有关客户机/服务器工作模式的叙述错误的是( )。
A. 客户机/服务器模式的系统其控制方式为集中控制
B. 系统中客户机与服务器是平等关系
C. 客户机请求使用的资源需通过服务器提供
D. 客户机工作站与服务器都应装入有关的软件

(30) 在客户机/服务器(C/S)结构中,在服务器上安装网络操作系统一般不选用( )。
A. UNIX　B. Windows 95　C. Windows NT　D. Linux

(31) 网卡(包括集成网卡)是计算机联网的必要设备之一,以下关于网卡的叙述错误的是( )。
A. 局域网中的每台计算机中都必须有网卡
B. 一台计算机中只能有一块网卡
C. 不同类型的局域网其网卡不同,不能交换使用
D. 网卡借助于网线(或无线电波)与网络连接

(32) 下列关于计算机局域网的描述错误的是( )。
A. 局域网的传输速率高　B. 通信延迟小,可靠性好
C. 可连接任意多的计算机　D. 可共享网络的软硬件资源

(33) 通常把分布在一座办公大楼中的计算机网络称为( )。
A. 广域网　B. 专用网　C. 公用网　D. 局域网

(34) 下列( )不是计算机局域网的主要特点。
A. 地理范围有限　B. 数据传输速率高
C. 通信延迟时间较低、可靠性较好　D. 构建比较复杂

(35) 接入局域网的每台计算机都必须安装( )。
A. 调制解调器　B. 网络接口卡　C. 声卡　D. 视频

(36) 网络接口卡的基本功能中通常不包括( )。
A. 数据压缩/解压缩　B. 数据缓存　C. 数据转换　D. 通信控制

(37) 目前最广泛采用的局域网技术是( )。
A. 以太网　B. 令牌环　C. ARC 网　D. FDDI

(38) 以太网中的节点相互通信时,为了避免冲突,采用的方法是( )。
A. ATM　B. CSMA/CD　C. TCP/IP　D. X.25

(39) 以太网中联网计算机之间传输数据时,它们是以( )为单位进行数据传输的。
A. 文件　B. 信元　C. 记录　D. 帧

(40) FDDI 网络的拓扑结构属于( ) 结构。
A. 星型网　B. 环型网　C. 树型网　D. 总线网

(41) 采用总线型拓扑结构的局域网通常是( )。
A. X.25　B. FDDI　C. 以太网　D. ATM

(42) 计算机局域网按拓扑结构进行分类,可分为环型、星型和(　　)型等。

A. 电路交换　　B. 以太　　C. 总线　　D. TCP/IP

(43) 有关以太网的下列叙述正确的是(　　)。

A. 采用点到点方式进行数据通信

B. 信息帧中只包含接收节点的 MAC 地址

C. 信息帧中同时包含发送节点和接收节点的 MAC 地址

D. 以太网只采用总线型拓扑结构

(44) 下列关于局域网和广域网的叙述正确的是(　　)。

A. 广域网只是比局域网覆盖的地域广,它们所采用的技术是相同的

B. 家庭用户拨号入网,接入的大多是广域网

C. 现阶段家庭用户的 PC 只能通过电话线接入网络

D. 单位或个人组建的网络都是局域网,国家建设的网络才是广域网

(45) 包交换机使用的路由表中的"下一站"依赖于(　　)。

A. 包的源地址　　B. 包经过的路径　　C. 包的目的地址　　D. 交换机的位置

(46) 分组交换网为了能正确地将用户的数据包传输到目标计算机,数据包中至少必须包含(　　)。

A. 包的源地址　　B. 包的目的地地址

C. MAC 地址　　D. 下一个交换机的地址

(47) 在广域网中,计算机需要传送的信息必须预先划分成若干(　　)后,才能在网上进行传送。

A. 比特　　B. 字节　　C. 比特率　　D. 分组

(48) 广域网使用的分组交换机中经常出现重复的路由。为了消除重复路由,可以用一个项代替路由表中许多具有相同下一站的项,这称为(　　)路由。

A. 静态　　B. 动态　　C. 默认　　D. 交换

(49) 在计算机网络系统中,一般要求误码率低于(　　)。

A. 10^{-2}　　B. 10^{6}　　C. 10^{-6}　　D. 10^{-3}

(50) 4G 属于(　　)移动通信。

A. 第一代　　B. 第四代　　C. 第三代　　D. 第二代

【参考答案】

(1) A　(2) C　(3) A　(4) B　(5) B　(6) C　(7) C　(8) B
(9) A　(10) C　(11) D　(12) D　(13) B　(14) C　(15) A　(16) B
(17) C　(18) A　(19) D　(20) D　(21) B　(22) C　(23) B　(24) D
(25) B　(26) B　(27) D　(28) C　(29) B　(30) B　(31) B　(32) C
(33) D　(34) D　(35) B　(36) A　(37) A　(38) B　(39) D　(40) B
(41) C　(42) C　(43) C　(44) B　(45) C　(46) B　(47) D　(48) C
(49) C　(50) B

第二节 国际互联网

一、知识点概述

(一) 因特网基础知识

因特网(Internet)的出现和发展给人类的学习、工作和生活方式带来了极大的影响。Internet 中文正式译名为因特网,又叫作国际互联网。因特网是世界最大的计算机互联网络,它连接了全球不计其数的网络与计算机,也是世界上最为开放的系统。因特网最早来源于美国国防部高级研究计划局的前身 ARPA 建立的 ARPAnet,该网于 1969 年投入使用。

1. 我国互联网的发展情况

互联网在中国的发展历程可以大略地划分为三个阶段:

第一阶段为 1986.6 至 1993.3,是研究试验阶段。

第二阶段为 1994.4 至 1996 年,是起步阶段。1994 年 4 月,中关村地区教育与科研示范网络工程进入互联网,实现和因特网的 TCP/IP 连接,从而开通了因特网全功能服务,从此中国被国际上正式承认为有互联网的国家。之后,中国公用计算机互联网(ChinaNet)、中国教育科研网(CERnet)、中国科技网(CSTnet)、中国金桥信息网(ChinaGBnet)、中国联通网(UNINET)等多个互联网络项目在全国范围相继启动,互联网开始进入公众生活,并在中国得到了迅速的发展。其中 CERnet、CSTnet 两个网络主要面向科研机构,ChinaNet、ChinaGBnet、UNINET 三个网络面向社会提供因特网服务,以经营为目的,属于商业性质。

第三阶段从 1997 年至今,是快速增长阶段。

2. 统一资源定位器(URL)

统一资源定位器 URL (Uniform Resource Locator)用来标识互联网中每个信息资源(网页)的地址,是专为标识互联网上资源位置而设的一种编址方式。

URL 由 3 部分组成,表示形式为:

协议名称://主机域名或 IP 地址[:端口号]/文件路径/文件名。

标识互联网上资源位置有三种方式:

(1) IP 地址:202.118.116.6。

(2) 域名地址:sie.edu.cn。

(3) URL:http://www.sie.edu.cn/2011/。

3. 超链接 (Hyperlink)、主页、下载、上传

超链接提供了将网页相互链接起来,并从一个网页方便地访问其他网页的手段。超链接是一种有向链,包括链源(引用处)和链宿(被引用对象):当鼠标指针指向网页中的链源时,指针会由箭头改变为手指状,单击左键,浏览器将立即转去访问该超链接所链接的网页。

网站中的起始网页称为主页(Homepage),用户通过访问主页就可直接或者间接地访问网站中的其他网页。因特网上的用户将一台计算机上的文件传输到另一台计算机上,当用户从授权的异地计算机向本地计算机传输文件时,称为下载(Download);而把本地文件传输到其他计算机上称为上传(Upload)。

(二) 因特网的体系结构

计算机网络有两种基本的工作模式:对等(Peer-to-Peer,简称 P2P)模式和客户机/服务器(Client/Server,简称 C/S)模式。对等工作模式下,网络中每台计算机既可以作为客户机也可以作为服务器,Windows 操作系统中的"网上邻居"就属于该模式。客户机/服务器工作模式下网络中的计算机有专门分工,有的是客户机,有的是服务器。在因特网环境下,联网的计算机之间进程相互通信的模式主要采用该模式。

Client/Server 的工作过程:

客户机用户必须预先在服务器上注册,由网络管理员为该用户分配访问网络资源的权限。每个注册用户都有自己的账号和口令,并获得使用某些服务的授权;需要获得服务时,用户应先登录(输入用户名和口令),登录成功后才能访问服务器上的资源;客户机向服务器提出请求(例如,访问某个文件),服务器响应请求,找到该文件,然后将文件传送给客户机(图 3-8)。

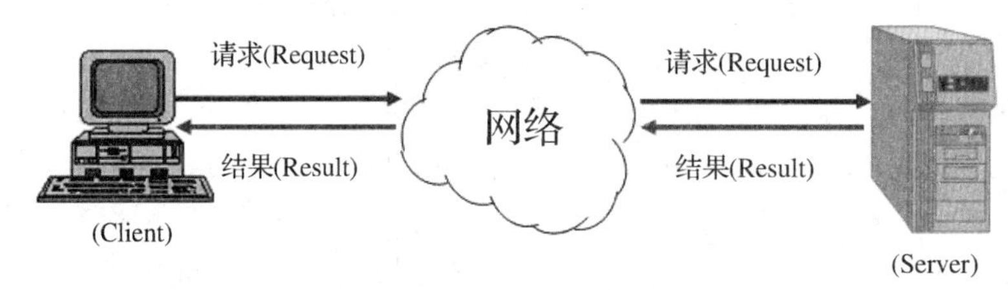

图 3-8　网络的客户机/服务器(C/S)工作模式

因特网中常见的 C/S 结构的应用有 Telnet 远程登录、FTP 文件传输服务、HTTP 超文本传输服务、E-mail 电子邮件服务、DNS 域名解析服务等。

(三) TCP/IP 模型

传统的开放式系统互联参考模型(OSI)是一种通信协议的 7 层抽象的参考模型,其中每一层执行某一特定任务。该模型的目的是使各种硬件在相同的层次上相互通信。这 7 层分别是:物理层、数据链路层、网络层、传输层、会话层、表示层和应用层。

TCP/IP(传输控制协议/网际协议)是异构网络互联的通信协议,通过它可以实现各种异构网络或异种机之间的通信。TCP/IP 通信协议采用了 4 层的层级结构,每一层都呼叫它的下一层所提供的网络来完成自己的需求(图 3-9)。TCP/IP 已成为当今计算机网络最成熟、应用最广的互联协议,因特网采用的就是 TCP/IP 协议,网络上各种各样的计算机上只要安装了 TCP/IP 协议,它们之间就能相互通信。运行 TCP/IP 协议的网络是一种采用包(分组)交换网络。TCP/IP 协议是由 100 多个协议组成的协议集,TCP 和 IP 是其中两个最重要的协议,是因特网的核心协议。TCP 和 IP 两个协议分别属于传输层和网络层,在因特网中起着不同的作用。

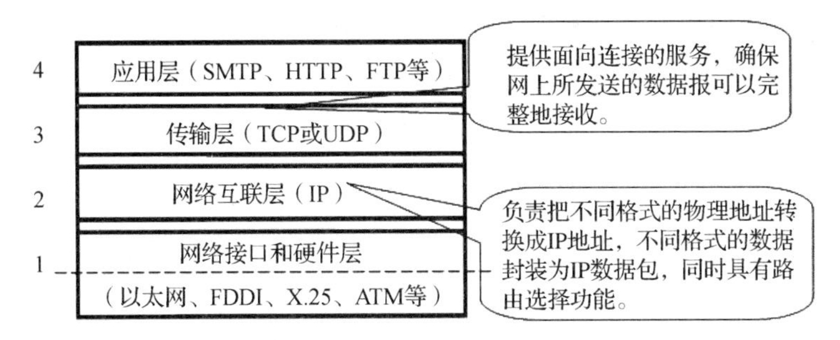

图 3-9 TCP/IP 协议的层次结构

（四）IP 地址

IP 地址是唯一标识网络上某一主机的地址。IP 地址主要有两个版本：IPv4 协议和 IPv6 协议。IPv4 将计算机标识为一个 32 位(4 个字节)地址，由网络地址和主机地址两个部分组成，通常以小数点表示法表示 IP 地址，它可以将 IP 地址的 8 位字节(8 位，或一个字节)描述成十进制值，并以句点分隔每个十进制值，如 172.16.255.255。如图 3-10 所示，为地址分类图。

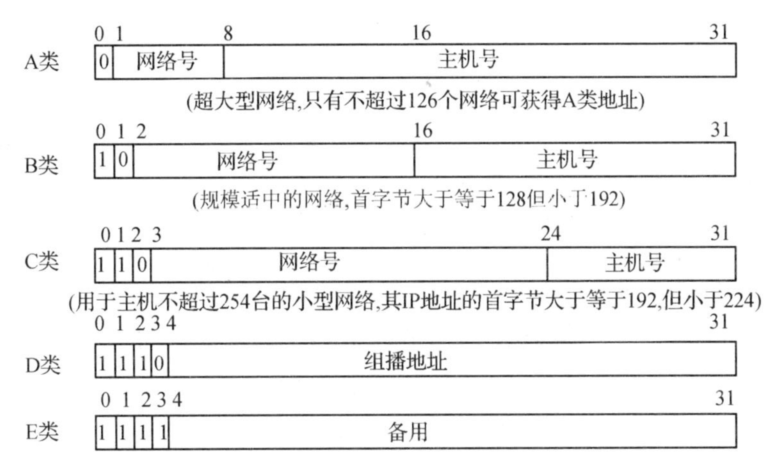

图 3-10 IP 地址的分类(IPv4)

两个特殊的 IP 地址：

主机号为“全 0”的 IP 地址，称为网络地址，用来表示整个一个网络；

主机号为“全 1”的 IP 地址，称为直接广播地址，指整个网络中的所有主机。

A、B、C 三类 IP 地址的十进制表示中首字节的取值范围：

A：1～126；B：128～191；C：192～223。

IPv6 是 IETF 设计的用于替代现行版本 IPv4 的下一代 IP 协议。IPv6 地址长度为 128 比特，地址空间比 IPv4 增大了 2^{96} 次方倍；IPv6 简化了报文头部格式，字段只有 8 个，加快了报文转发，提高了吞吐量；身份认证和隐私权等安全性是 IPv6 的关键特性。

（五）域名系统(Domain Name System，DNS)

由于数字形式的 IP 地址难以记忆和理解，为此，Internet 引入了一种字符型的主机命名机制——域名系统(Domain Name System，DNS)，用来表示主机的地址。每个因特网服务提供商(ISP)或校园网都有一个域名服务器，它用于实现入网主机域名与 IP 地址的转换，它是一个分布式数据库系统。用户可以按 IP 地址访问主机,也可按域名访问主机,域名的层次次序从右到左(即由高到低或由大到小)分别称为顶级域名(一级域名)、二级域名、三级域名等。

表 3-1 是常用一级域名标准代码表。典型的域名结构为:5 级域名.4 级域名.3 级域名.2 级域名.顶级域名。

表 3-1 常用的一级域名的标准代码

域名代码	意义	域名代码	意义
COM	商业组织	MIL	军事部门
EDU	教育机构	NET	主要网络支持中心
GOV	政府机关	ORG	其他组织
CN	中国	INT	国际组织

一个 IP 地址可对应多个域名,一个域名只能对应一个 IP 地址;主机从一个物理网络移到另一个网络时,其 IP 地址必须更换,但可以保留原来的域名。

(六) 因特网接入

接入 Internet 的方式很多,目前最常用的接入方式有 ADSL、ISP 的路由器接入、Cable Modem 接入、光纤接入、无线接入等。

1. ADSL

非对称数字用户线路系统(ADSL)是充分利用现有电话网络的双绞线资源,实现高速、高带宽的数据接入的一种技术。这种接入技术的非对称性体现在上、下行速率的不同,其工作原理采用频分多路复用+数字调制,传输速率上传为 64~256kbps,下行为 1~8Mbps。硬件方面采用这种接入技术需要配置 ADSL Modem 和 以太网网卡,如图 3-11 所示。

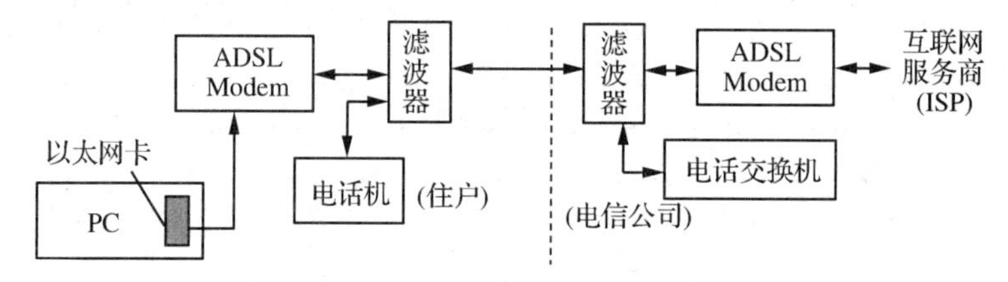

图 3-11 ADSL 接入 Internet 方法

2. 电缆调制解调技术

电缆调制解调技术(Cable Modem)是利用有线电视网高速传送数字信息的技术。

使用 Cable Modem 传输数据时,将同轴电缆的整个频带划分为 3 部分,分别用于:数字信号上传,使用的频带为 5~42MHz;数字信号下传,使用的频带为 550~750MHz;电视节目(模拟信号)下传,使用的频带为 50~550MHz。上传数据和下载数据时的速率是不同的:数据下行传输速率为 36Mbit/s;上传信道传输速率为 320kbit/s~10Mbit/s。数字信号和模拟信号可以同时传送,互相不会发生冲突。

电缆调制解调技术采用频分多路复用技术,将下传和上传的频带提供给多个用户共享。每个用户都需要一对调制解调器(一个调制解调器置于有线电视中心,另一个装在用户站点上)。这一对调制解调器必须调到相同的载波频段,与电视信号一起在电缆上多路复用。

Cable Modem 带宽充足(最高速率可以达到 36Mbit/s),但它属于共享式的总线型网络,同一个接入点如果上网的用户增多,每一个用户能分配的带宽很有限,使数据传输速率不够稳定。另外,现有的有线电视网都是单向广播式,有线电视网要实现 Internet 接入,必须进行双向改造。

3. 光纤接入网

这是使用光纤作为主要传输介质的远程网接入系统,这种接入系统需要进行光、电转换。在交换局一侧,需要把电信号转换为光信号,以便在光纤中传输,到达用户端时,再使用光网络单元(ONU)把光信号转换成电信号,然后传送到计算机。

光纤接入网按照主干系统和配线系统的交界点——光网络单元(ONU)的位置可划分为光纤到路边(FTTC)、光纤到小区(FTTZ)、光纤到大楼(FTTB)三类。其中“光纤到楼以太网入户”(FTTx + ETTH)采用 1000Mbit/s 光纤以太网作为城域网的干线,实现 1000 ~ 100Mbit/s 以太网到大楼和小区,再通过 100Mbit/s 以太网到楼层或小型楼宇,最后以 10M 以太网入户或者到办公室和桌面,满足了多数情况下用户对接入速度的需求。

4. 无线接入技术 RIT (Radio Interface Technologies)

无线接入技术(也称空中接口)是无线通信的关键问题。它是指通过无线介质将用户终端与网络节点连接起来,以实现用户与网络间的信息传递。无线信道传输的信号应遵循一定的协议,这些协议即构成无线接入技术的主要内容。无线接入技术与有线接入技术的一个重要区别在于可以向用户提供移动接入业务。典型的无线接入系统主要由控制器、操作维护中心、基站、固定用户单元和移动终端等几个部分组成。

(七) 因特网防火墙(Internet Firewall)

因特网防火墙是用于将因特网的子网(最小子网是 1 台计算机)与因特网的其余部分相隔离,以维护网络信息安全的一种软件或硬件设备。防火墙对流经它的信息进行扫描,确保进入子网和流出子网的信息的合法性,它还能过滤掉黑客的攻击,关闭不使用的端口,禁止特定端口流出信息等。图 3-12 是防火墙示意图。

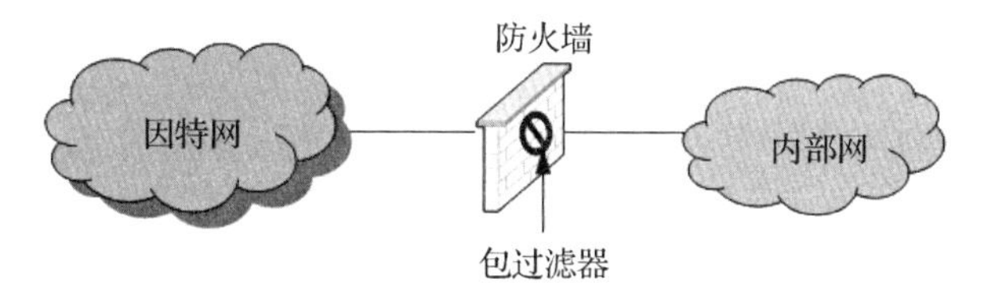

图 3-12　防火墙

(八) 因特网主要应用

因特网提供的主要应用有:信息服务(WWW)、电子邮件(E-mail)、文件传输(FTP)、远程登录(Telnet)、电子公告牌(BBS)、即时通信、网络游戏、电子商务、博客、IP 电话、网格计算等。其中前四个应用是因特网提供的基本功能。

1. WWW

WWW(是 World Wide Web 的缩写,又称为 W3、3W 或 Web,中文译为全球信息网或万维网)为因特网实现广域网超媒体信息获取/检索奠定了基础。WWW 是基于超文本(Hypertext)方式、融合信息检索技术与超文本技术而形成的最先进、交互性能最好、应用最广泛、功能最强大的全球信息检索工具,WWW 上包括文本、声音、图像、视频等各类信息。由于 WWW 采用了超文本技术,只要用鼠标在页面关键字或图片上一点,就可以看到通过超文本链接的详细资料。网络浏览工具 Netscape 的发表和 IE 浏览器的出现，以及 WWW 服务器的增加，掀起了因特网应用的新高潮。

2. 搜索引擎

在 WWW 上寻找信息主要通过使用主题目录(Subject Directories)和使用搜索引擎(Search Engines)来完成。搜索引擎是某些站点提供的用于网上查询的程序，是一种专门用于定位和访问 Web 信息，获取自己希望得到的资源的导航工具。当用户查某个关键词的时候，所有在页面内容中包含了该关键词的网页，都将作为搜索结果被搜出来，在经过复杂的算法进行排序后，这些结果将按照与搜索关键词的相关度高低依次排列。

常用的搜索引擎有：百度(http://www.baidu.com)、Google(http://www.google.cn)。

3. 电子邮件(E-mail)

E-mail(Electronic Mail)是因特网上使用最广泛的一种基本服务。用户只要能与因特网连接，具有能收发电子邮件的程序及个人的电子邮件地址，就可以与因特网上具有电子邮件地址的所有用户方便、快捷、经济地交换电子邮件。电子邮件中除文本外，还可包含声音、图像、应用程序等各类计算机文件。

电子邮件系统按 C/S 模式工作，发送邮件一般采用 SMTP 协议，接收邮件采用 POP3 协议，需验证用户身份之后才能读出邮件或下载邮件。用户可以向某个电子邮件服务提供商申请开户，在开户的电子邮件服务器中获得一个属于自己的电子邮箱，每个电子邮箱都有一个唯一的地址，邮箱地址由两部分组成：用户邮箱标识符@电子邮件服务器的域名，如 lygsfjxjx@163.com。

使用电子邮件的用户应安装一个电子邮件程序(例如 Outlook Express)。该程序由两部分组成：邮件的读写程序负责撰写、编辑和阅读邮件；邮件传送程序负责发送邮件和从邮箱取出邮件。图 3-13 是电子邮件的组成图。

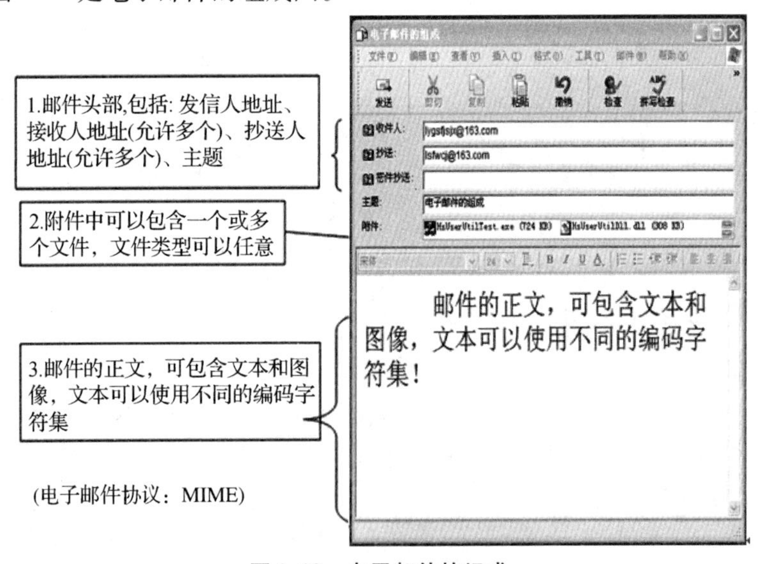

图 3-13　电子邮件的组成

4. 文件传输(FTP)

文本传输协议(FTP)是因特网上文件传输的基础，FTP 实际上是一套文件服务软件，它以文件传输为界面，使用简单的 Get 和 Put 命令就可以进行文件的下载和上传，如同在因特网上执行文件复制命令一样。FTP 最大的特点是用户可以使用因特网上众多的匿名 FTP 服务器，所谓匿名服务器，指的是不需要专门的用户名和口令就可以进入的系统。

5. 远程登录（Telnet）

远程登录（Telnet）是定义了远程登录用户与服务器交互的方式，允许用户利用一台联网的计算机登录到一个远程分时系统，然后像使用自己的计算机一样使用远程登录的计算机。要使用远程登录服务，必须在本地计算机上启动一个客户应用程序，指定远程计算机的名字并有相应的账号和口令，通过因特网与之建立连接，一旦连接成功，本地计算机就像通常的终端一样，可以直接访问远程计算机系统的资源。

（九）网络传播与社会责任

随着互联网和移动通信技术的迅猛发展，以微信、微博和新闻客户端 + 视频网站 + 网络广播为代表的自媒体平台，已经日益渗透到我们的日常生活之中，成为网民获取信息和社会交往的重要渠道。但与此同时，虚假资讯、色情信息和网络诈骗等行为也逐步泛滥，给未成年人带来了不良影响。所以，在发展网络技术的同时，需要科学地认识网络传播规律，提高用网、治网的水平，使互联网这个最大变量转化成事业发展的最大增量，使之能更好地为大众服务。学生在进行网络活动时，要提高自我约束力、自控力和自我保护意识，养成良好的上网习惯，正确、安全地利用网络资源，尊重知识产权，遵守安全规范，强化网络安全意识。

二、典型例题分析

（1）一个使用 C 类 IP 地址的网络中，最多只能连接（　　）台主机。

A. 255　　B. 254　　C. 712　　D. 1024

【解析】 对于 C 类 IP 地址，32 位 IP 地址中高 24 位是网络号，低 8 位作为主机号使用，其中主机号全为 1 和全为 0 的两个地址有特殊用途，因此一个网络中可用于分配给主机的 C 类 IP 地址数量是 $2^8-2=254$。

【答案】 B

（2）Internet 使用 TCP/IP 协议实现了全球范围的计算机网络互联，因特网上的每一台主机都有一个 IP 地址，下面不能作为 IP 地址的是（　　）。

A. 201.109.39.68　　B. 120.34.0.18　　C. 21.18.33.48　　D. 127.0.257.1

【解析】 以 127 开始的 IP 地址较为特殊，保留给诊断回送函数使用，不用于分配给主机。

【答案】 D

（3）拨号上网的用户能拥有（　　）个固定的 IP 地址。

A. 1　　B. 0　　C. 2　　D. 无数

【解析】 家庭用户拨号上网时，PC 按 PPP 协议对路由器发送一系列消息与路由器协商，选择所使用的 PPP 参数，配置网络层，并获得一个 IP 地址。由于 ISP 没有足够数目的 IP 地址，不能每个用户固定分配 1 个，所以只能用 DHCP 服务动态分配。

【答案】 B

（4）在 TCP/IP 协议的应用层包括了所有的高层协议，其中用于实现网络主机域名和 IP 地址相互映射的是（　　）。

A. DNS　　　　B. SMTP　　　　C. FTP　　　　D. Telnet

【解析】 域名系统(DNS)是指负责将一个主机的域名翻译为该主机IP地址的软件,即实现网络主机域名到IP地址映射。SMTP是邮件传输协议,FTP是远程文件传输协议,Telnet是远程登录协议。

【答案】 A

(5) 在TCP/IP协议分层结构中,(　　)层的协议规定了端—端的数据传输规程。

A. 互联　　　　B. 应用　　　　C. 传输　　　　D. 网络协议

【解析】 在TCP/IP协议分层结构中,应用层规定了运行在不同主机上的应用程序之间如何通过互联的网络进行通信。不同的应用需要不同的应用层协议。传输层规定了怎样进行端—端的数据传输。网络互联层规定了在整个互联的网络中所有计算机统一使用的编址方案和数据包格式,以及怎样将IP数据包从一台计算机逐步地通过一个或多个路由器送达目标计算机的转发机制。网络接口层规定怎样与各种网络进行接口,并负责把IP转换成适合在特定网络中传输的帧格式。

【答案】 C

(6) TCP/IP协议中,IP位于网络分层结构中的(　　)层。

A. 应用　　　　B. 互联　　　　C. 网络协议　　　　D. 传输

【解析】 网络互联层也称IP层,它将传输层送来的TCP或UDP数据报封装为IP数据包。

【答案】 B

(7) 在因特网域名系统中,com用来表示属于(　　)的域名。

A. 教育机构　　　　B. 商业组织　　　　C. 政府部门　　　　D. 军事部门

【解析】 edu表示教育机构,com表示商业组织,gov表示政府部门,mil表示军事部门,另外常见的如:org表示各社会团体及民间非营利组织,net表示网络支持中心,cn表示中国等。

【答案】 B

(8) ADSL技术是目前家庭宽带上网使用最广的技术,由于使用电话线路,所以上网时(　　)。

A. 需缴付额外的电话费　　　　B. 不需缴付额外的电话费

C. 白天上网需缴付电话费　　　　D. 晚上上网需缴付电话费

【解析】 ADSL技术的特点之一就是虽然使用的还是原来的电话线,但ADSL传输的数据并不通过电话交换机,所以ADSL上网不需要缴付额外的电话费,节省了费用。

【答案】 B

(9) 在因特网中,不需用户输入账号和口令的服务是(　　)。

A. FTP　　　　B. E-mail

C. Telnet　　　　D. HTTP(网页浏览)

【解析】 FTP远程文件传输、E-mail电子邮件、Telnet远程登录三个协议在使用的过程中都需要用户输入账号和口令,并经过确认后才能提供相应服务。只有HTTP超文本传输协议不需用户输入账号和口令。

【答案】 D

(10) 通过因特网提供的(　　)服务可以使用远程计算机系统中的计算资源。

A. E-mail　　B. Telnet　　C. FTP　　D. WWW

【解析】 Telnet(远程登录)是指用户把自己的机器暂时作为一台终端,通过因特网挂接到远程的大型或巨型机上,然后作为它的用户使用大型或巨型机的硬件和软件资源。

【答案】 B

三、强化练习

(1) 因特网上实现异构网络互联的通信协议是(　　),它也是因特网的核心协议。

A. DNS　　B. TCP/IP　　C. X.25　　D. IPX

(2) 企业内部网是采用 TCP/IP 技术,集 LAN、WAN 和数据服务为一体的一种网络,它也称为(　　)。

A. Net　　B. Vlan　　C. Internet　　D. Intranet

(3) 在 TCP/IP 网络中,任何计算机必须有一个 IP 地址,而且(　　)。

A. 任意两台计算机的 IP 地址不允许重复

B. 任意两台计算机的 IP 地址允许重复

C. 不在同一城市的两台计算机的 IP 地址允许重复

D. 不在同一单位的两台计算机的 IP 地址允许重复

(4) 日常所说的“上网访问网站”,就是访问存放在(　　)上的信息。

A. 网关　　B. 网桥　　C. Web 服务器　　D. 路由器

(5) 因特网主机域名中,edu 表示的是(　　)。

A. 商业公司　　B. 民间组织　　C. 政府机构　　D. 教育机构

(6) 在以符号名为代表的因特网主机域名中,代表商业组织的第 2 级域名是(　　)。

A. com　　B. edu　　C. net　　D. gov

(7) 在以符号名为代表的因特网主机域名中,下列指向教育站点的域名为(　　)。

A. gov　　B. com　　C. edu　　D. net

(8) ADSL 称为不对称用户数字线,ADSL 的传输特点是(　　)。

A. 下行流速率高于上行流　　B. 下行流速率低于上行流

C. 下行流速率等于上行流　　D. 下行流速率是上行流的一半

(9) 在目前我国家庭计算机用户接入因特网的下述几种方法中,速度最快的是(　　)。

A. 光纤入户　　B. ADSL　　C. 电话 Modem　　D. 无线接入

(10) 使用 ADSL 接入因特网时,(　　)。

A. 在上网的同时可以接听电话,两者互不影响

B. 在上网的同时不能接听电话

C. 在上网的同时可以接听电话,但数据传输暂时中止,挂机后恢复

D. 线路会根据两者的流量动态调整两者所占比例

(11) 下列关于 ADSL 接入技术的说法错误的是(　　)。

A. ADSL 的含义是非对称数字用户线　　B. ADSL 使用普通电话线作为传输介质

C. ADSL 的传输距离可达 5km　　D. 在上网的同时不能接听电话

(12) 在采用拨号方式将计算机联入因特网时,(　　)不是必需的。

A. 电话线　　B. Modem　　C. 账号和口令　　D. 电话机

(13) E-mail 用户名必须遵循一定的规则,下列规则正确的是(　　)。

A. 用户名中允许出现中文　　B. 用户名只能由英文字母组成

C. 用户名首字符必须为英文字母　　D. 用户名不能有空格

(14) 关于电子邮件(E-mail),下列叙述错误的是(　　)。

A. 每个用户只能拥有一个邮箱

B. LYGSF@ hotmail. com 是一个合法的电子邮件地址

C. 电子邮箱一般是电子邮件服务器中的一块磁盘区域

D. 每个电子邮箱拥有唯一的邮件地址

(15) 关于电子邮件服务,下列叙述错误的是(　　)。

A. 网络上必须有邮件服务器用来运行邮件服务器软件

B. 用户发出的邮件会暂时存放在邮件服务器中

C. 用户上网时可以向邮件服务器发出收邮件的请求

D. 发邮件者和收邮件者如果同时在线,则可不使用邮件服务器直接通信

(16) 若某用户 E-mail 地址为 lygsfjsjx@ sina. com. cn,那么邮件服务器的域名是(　　)。

A. lygsfjsjx　　B. sina　　C. sina. cn　　D. sina. com. cn

(17) 因特网用户的 E-mail 地址通用格式是(　　)。

A. 邮件服务器名@ 用户名　　B. 用户名@ 邮件服务器名

C. 用户名@ 网络名　　D. 网络名@ 用户名

(18) WWW 浏览器和 Web 服务器都遵循(　　)协议,该协议定义了浏览器和服务器的请求格式及应答格式。

A. TCP　　B. HTTP　　C. UDP　　D. FTP

(19) 大多数 WWW 网页的文件类型是(　　)。

A. JPG　　B. ZIP　　C. HTM　　D. GIF

(20) 下列不属于网络应用的是(　　)。

A. Word　　B. FTP　　C. E-mail　　D. WWW

(21) 下列应用软件(　　)属于网络通信软件。

A. Powerpoint　　B. Excel　　C. Outlook Express　　D. FrontPage

(22) 因特网电子公告栏的缩写名是(　　)。

A. FTP　　B. BBS　　C. WWW　　D. IP

(23) 一些特殊的 IP 地址有特殊的用途,如果 IP 地址的主机号部分每一位均为(　　),则此地址称为广播地址。

A. 1　　B. 0　　C. 2　　D. -1

(24) 在因特网服务中,FTP 用于实现远程(　　)功能。

A. 网页浏览　　B. 文件传输　　C. 匿名登录　　D. 实时通信

(25) 关于防火墙,下列说法不正确的是(　　)。

A. 防火墙对计算机网络具有保护作用

B. 防火墙能控制、检测进出内网的信息流向和信息包

C. 防火墙可以用软件实现

D. 防火墙能阻止来自网络内部的威胁

【参考答案】

(1) B　(2) D　(3) A　(4) C　(5) D　(6) A　(7) C　(8) A
(9) A　(10) A　(11) D　(12) D　(13) A　(14) A　(15) D　(16) D
(17) B　(18) B　(19) C　(20) A　(21) C　(22) B　(23) A　(24) B
(25) D

第二部分　操作实训

单元一
Windows 10 操作系统的使用

计算机由硬件和软件两部分组成,而操作系统则是配置在计算机硬件上的第一层软件,是对硬件系统的第一次扩充,它在计算机系统中占据了特别重要的地位,大量的应用软件都依赖于操作系统的支持。Windows 10 操作系统很好地结合了 Windows 7 和 Windows 8 操作系统的优点,更符合用户的操作体验。

通过本模块的学习,应该掌握如下内容:

1. Windows 10 基本操作。
2. 个性化环境设置。
3. 中文输入法使用。
4. 使用文件资源管理器管理文件和文件夹。(考核重点)
5. 常用小工具使用。

任务1　Windows 10 入门

【任务描述】

1. 启动 Windows 10。
2. 鼠标的基本操作。
3. 窗口的基本操作。
4. 退出 Windows 10。

【任务实现】

1. 启动 Windows 10。

① 启动计算机,首先要接通电源和数据线,打开外部设备,如显示器和打印机等,然后按下计算机主机的电源按钮。

② 当打开电源开关后,如果计算机中只安装了 Windows 10 操作系统,将自动启动 Windows 10 系统。

③ 如果用户设置了用户名和密码,当系统正常自检后,进入加载页面,当加载完成后,

即可进入欢迎界面,在欢迎界面上单击鼠标或按键盘任意键,进入系统登录界面。进入系统登录界面后,用户在登录密码框中输入登录密码,单击右侧的按钮。密码验证通过后,即可进入系统桌面。

图 1-1　系统登录界面

2. 鼠标的基本操作。

Windows 10 中鼠标是最重要的输入设备,绝大多数操作都是通过鼠标来完成的。在 Windows 10 中移动鼠标时,鼠标指针将在屏幕上移动。将光标放在某个对象上时,可以按下鼠标按钮执行对该对象的不同操作。

- 指向:把鼠标移动到某一个对象上,以鼠标指针的尖端指向该对象。一般用于激活对象或显示工具按钮执行对该对象的不同操作。
- 左击:将鼠标指针指向某一个对象,然后按一下鼠标左键。这个操作用于选取该对象、选取某个选项、打开菜单或按下某个按钮。单击左键也可简称为单击。
- 右击:将鼠标指针指向某一个对象,然后按一下鼠标右键。这个操作用于打开或弹出该对象的快捷菜单或帮助提示。
- 双击:将鼠标指针指向某一个对象,然后快速连续按两下鼠标左键。这个操作常用于启动应用程序、打开窗口等。
- 拖动:将鼠标指针指向某一个对象,然后按住鼠标不放,移动鼠标指针到指定位置后,松开鼠标。拖动分为鼠标左键拖动和右键拖动。左键拖动常用于标尺滑块的移动、选取大量对象等,右键拖动常用于复制、移动对象或为对象创建快捷方式。

3. 窗口的基本操作。

当打开一个应用程序时都会弹出一个窗口,窗口通常由边框、标题栏、菜单栏、功能区、滚动条和主工作区组成(不同的窗口会略有变化),最右边的三个按钮分别是"最小化"、"最大化/向下还原"和"关闭"按钮,如图 1-2 所示。

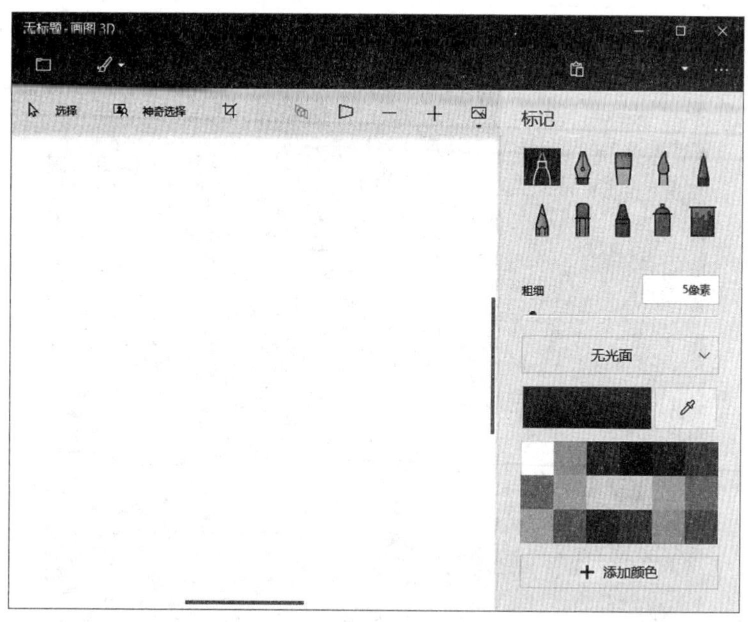

图 1-2　窗口界面

对话框是一种执行特殊任务的窗口，对话框不能像窗口那样改变大小，在标题栏也没有“最大化”“最小化”等按钮，取而代之的是“帮助”和“关闭”按钮，如图 1-3 所示。

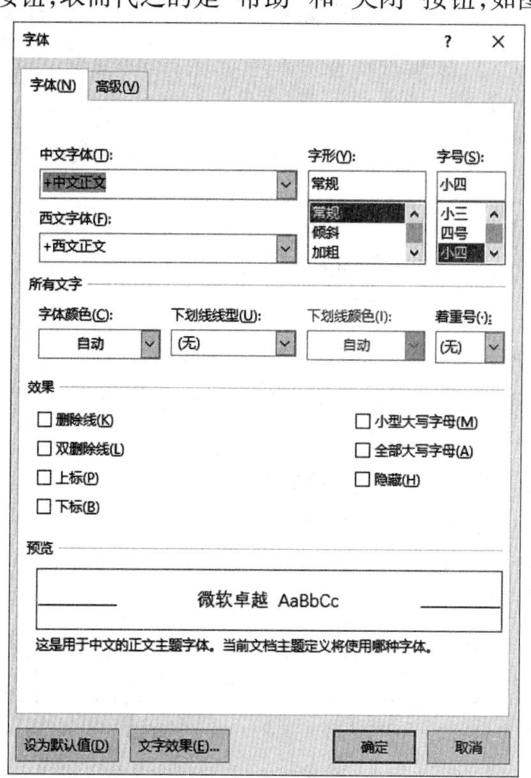

图 1-3　对话框界面

下面我们主要介绍窗口的基本操作。

（1）改变窗口的大小和移动窗口。

① 鼠标指向窗口四周的角上，当鼠标指针变为 ↖↘ 形，按住鼠标左键不动，拖曳鼠标，即按窗口目前的长宽比例改变窗口的大小。

② 鼠标指向窗口的垂直边框上，当鼠标指针变为 ↔ 形，按住鼠标左键不动，拖曳鼠标，即改变窗口的宽度。

③ 鼠标指向窗口的水平边框上，当鼠标指针变为 ↕ 形，按住鼠标左键不动，拖曳鼠标，即改变窗口的高度。

④ 鼠标指向窗口的标题栏上，按住鼠标左键不动，拖曳鼠标，即移动窗口。

温馨提示：

最大化后的窗口由于已填满了整个屏幕，因此不能进行移动操作，要想显示其他内容，可将其还原至原始大小后再进行移动，或直接将其最小化至任务栏。

(2) 最大化、还原、最小化窗口。

① 单击窗口标题栏的"最大化"按钮 ，即将窗口最大化。此时，整个屏幕显示此窗口，窗口的最大化按钮变为还原按钮。

② 单击窗口标题栏的"还原"按钮 ，即将窗口还原为原来的大小。

③ 单击窗口标题栏的"最小化"按钮 ，即将窗口最小化，窗口不显示在桌面上。

温馨提示：

双击窗口标题栏中的空白区域，可使窗口在最大化与原始大小之间切换。

(3) 切换窗口(以"Word"和"资源管理器"窗口为例，读者可以自行打开其他窗口)。

① 在桌面上单击某窗口中的任何一处，即可切换到对应程序；或单击任务栏上对应程序的图标，也可切换到对应的程序；或者按【Alt】+【Esc】组合键进行窗口切换。

② 切换窗口的另一种方法是按【Alt】+【Tab】组合键。按【Alt】+【Tab】组合键时，可以看到所有打开窗口的列表。若要选择某个窗口，按住【Alt】键并继续按【Tab】键，直到突出显示要打开的文件，释放这两个键可以打开所选窗口。

(4) 对多个窗口执行层叠、堆叠、并排显示。

鼠标指向任务栏的空白处，按鼠标右键，打开快捷菜单，选择命令"层叠显示窗口"，则多个窗口层叠显示在桌面上；选择命令"堆叠显示窗口"，则多个窗口纵向平铺在桌面上；选择命令"并排显示窗口"，则多个窗口横向平铺在桌面上。

(5) 窗口的复制。

如果要复制活动窗口的内容，按【Alt】+【PrintScreen】组合键可复制活动窗口到剪贴板，按【PrintScreen】键，则将整个屏幕复制到剪贴板。

(6) 关闭窗口。

通过以下几种方法，都可以关闭窗口。

① 单击窗口标题栏右边的"关闭"按钮。

② 单击窗口"文件"菜单中的"关闭"命令(如果有)。

③ 在标题栏空白处单击右键，然后选择"关闭"命令。

④ 按【Alt】+【F4】组合键。

⑤ 在标题栏的程序图标处双击。

4. **退出** Windows 10。

① 关闭已经打开的应用程序。

② 打开“开始”菜单，单击“电源”选项，在弹出的选项菜单中单击“关机”选项，即可关闭计算机。或者右键单击“开始”按钮，在打开的菜单中单击“关机或注销”下的“关机”。

任务 2　个性化环境设置

【任务描述】

1. 自定义桌面。
2. 设置“开始”菜单。
3. 设置任务栏。

【任务实现】

1. **自定义桌面**。

启动 Windows 10 操作系统后，即可进入 Windows 10 的桌面。

(1) 桌面图标。

桌面图标可以代表一个常用的程序、文档、文件夹或打印机等，桌面上的图标除几个系统对象外，其余都是程序、文件或文件夹的快捷方式图标。快捷方式是 Windows 提供的一种快速启动程序、打开文件或文件夹的方法，它是应用程序的快速链接。通过双击这些图标，用户可以快速地进行相关操作。

1)找回传统的系统图标。

刚装好 Windows 10 操作系统时，桌面上只有“回收站”一个图标，用户可以添加“此电脑”、“用户的文件”、“控制面板”和“网络”等图标，具体操作步骤如下。

① 在桌面空白处单击鼠标右键，在弹出的快捷菜单中选择“个性化”命令。

② 在弹出的“设置”窗口中单击“主题”下的“桌面图标设置”选项进行设置，如图 1-4 所示。

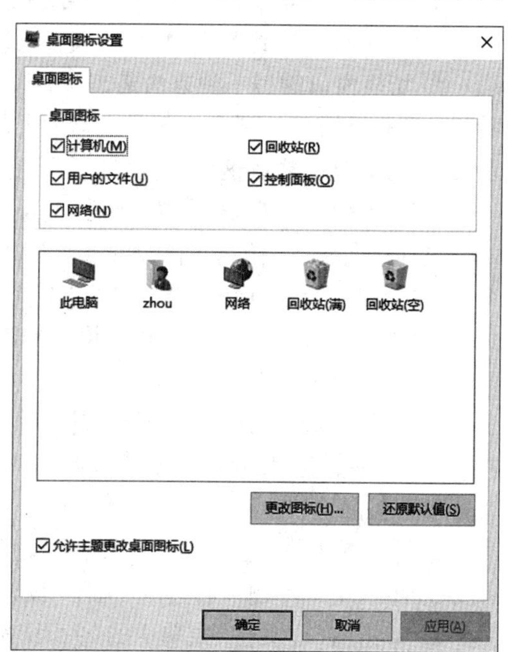

图 1-4　“桌面图标设置”对话框

2)在桌面创建快捷图标的几种方法：

- 自动生成：这是某些应用程序在安装时自带的功能，在安装程序时可选择是否在桌面上为其创建快捷图标。
- 通过右键菜单生成：在某一个文件或文件夹上单击鼠标右键，在弹出的快捷菜单中选择“发送到”→“桌面快捷方式”命令，即可为程序、文件或文件夹在桌面创建快捷方式图标。

- 拖动生成：直接按右键拖动某一个文件或文件夹到桌面上，然后在打开的快捷菜单中选择“在当前位置创建快捷方式”项即可。

3）删除图标。

对于不常用的桌面图标，选中后按【Delete】键删除即可。

（2）桌面背景。

桌面背景（也称为壁纸）可以是个人收集的数字图片、Windows 提供的图片、纯色或带有颜色框架的图片。可以选择一个图像作为桌面背景，也可以显示幻灯片图片。

更改桌面背景的步骤如下：

① 打开“设置”窗口，单击“背景”选项，单击要用于桌面背景的图片即可，如图 1-5 所示。

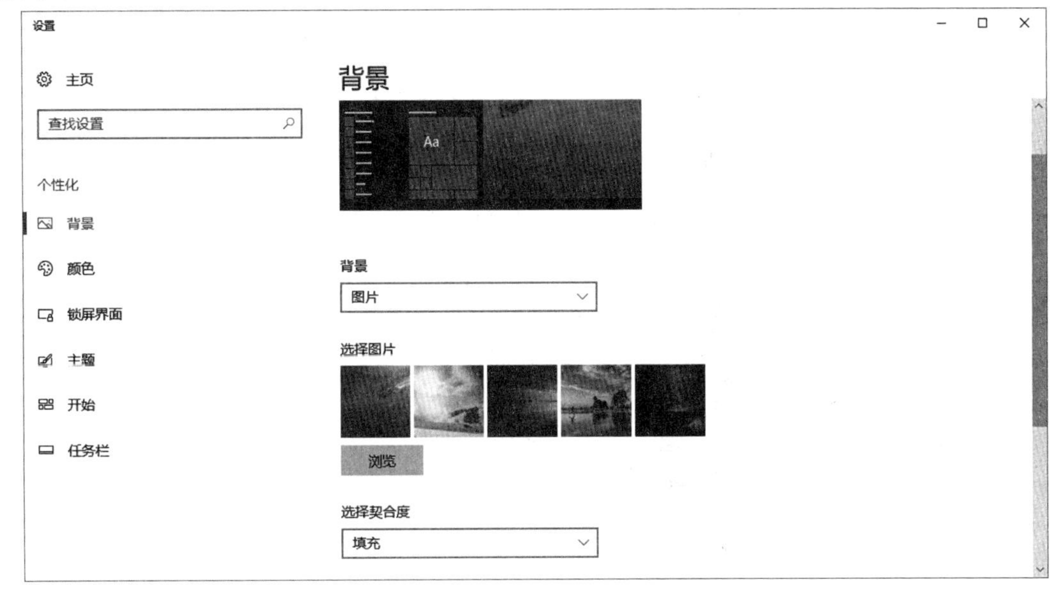

图 1-5　选择桌面背景

② 如果要使用的图片不在桌面背景图片列表中，请单击“浏览”项搜索计算机上的图片，然后在需要的图片上单击。

③ 单击下方的“选择契合度”，选择对图片在屏幕上以何种方式进行显示。

（3）主题的使用。

主题是计算机上的图片、颜色和声音的组合。它包括桌面背景、屏幕保护程序、窗口边框颜色和声音方案。某些主题也可能包括桌面图标和鼠标指针。

① 打开“设置”窗口。

② 在窗口中选择自己需要的主题；同时，还可以分别更改主题的图片、颜色和声音来创建自定义主题；也可以在 Windows 应用商店中找到更多的主题。

（4）屏保的使用。

当在指定的一段时间内没有使用鼠标或键盘后，屏幕保护程序就会出现在计算机的屏幕上，此程序为移动的图片或图案。屏幕保护程序最初用于保护较旧的单色显示器免遭损坏，但现在，它们的主要功能是个性化计算机或通过提供密码保护来加强计算机的安全性。

打开或关闭屏幕保护程序的步骤：

① 打开“设置”窗口，选择“锁屏界面”下的“屏幕保护程序设置”。

② 如果要关闭屏幕保护程序，在“屏幕保护程序”列表中单击“(无)”，然后单击“确定”按钮。如果要启用屏幕保护程序，在“屏幕保护程序”列表中单击某个选项，然后单击“确定”按钮。

(5) 设置分辨率。

屏幕分辨率指的是屏幕上显示的文本和图像的清晰度。分辨率越高，项目越清楚，同时屏幕上的项目显示越小，因此屏幕可以容纳越多的项目。分辨率越低，在屏幕上显示的项目越少，但尺寸就越大。设置适当的分辨率，有助于提高屏幕上图像的清晰度。

设置分辨率的具体操作步骤如下：

① 在桌面空白处右击，在弹出的快捷菜单中选择“显示设置”菜单命令。

② 在“分辨率”列表中选择适合的分辨率完成设置，如图 1-6 所示。

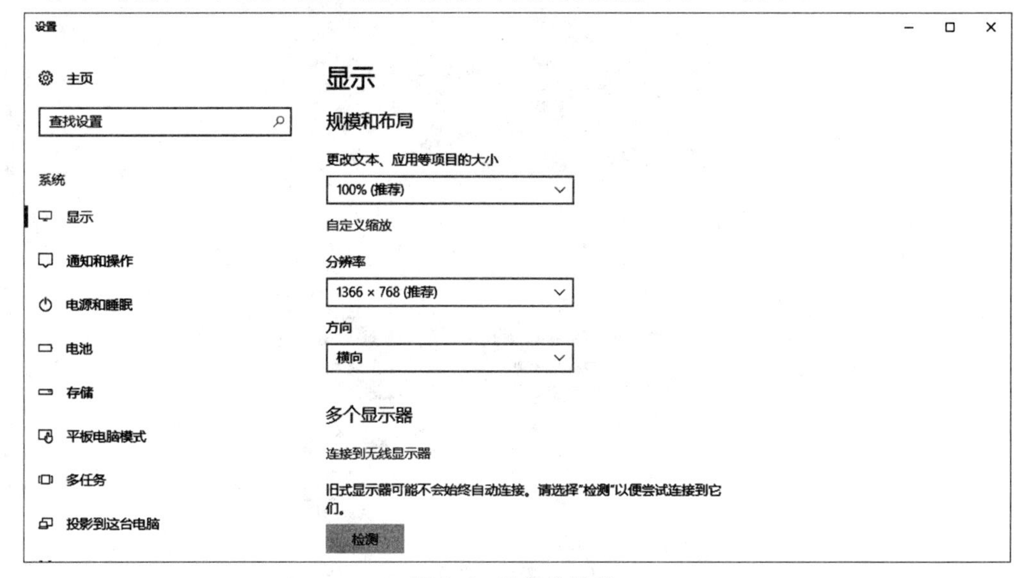

图 1-6　设置分辨率

(6) 虚拟桌面。

虚拟桌面是 Windows 10 操作系统中新增的功能，可以创建多个传统桌面环境，给用户带来更多的桌面使用空间，在不同的虚拟桌面中放置不同的窗口。

按任务栏上的“任务视图”按钮或【Win】+【Tab】组合键，即可显示当前桌面环境中的窗口，用户可单击不同的窗口进行切换或者关闭该窗口。如果要创建虚拟桌面，单击右下角的“新建桌面”选项，如图 1-7 所示。然后即可看到创建的虚拟桌面列表。同时，用户也可以单击“新建桌面”选项创建多个虚拟桌面，且没有数量限制。创建虚拟桌面后，用户可以单击不同的虚拟桌面缩略图，打开该虚拟桌面，也可以按【Win】+【Ctrl】+【←】或【→】组合键，快速切换虚拟桌面。如果要关闭虚拟桌面，单击虚拟桌面列表右上角的“关闭”按钮即可。

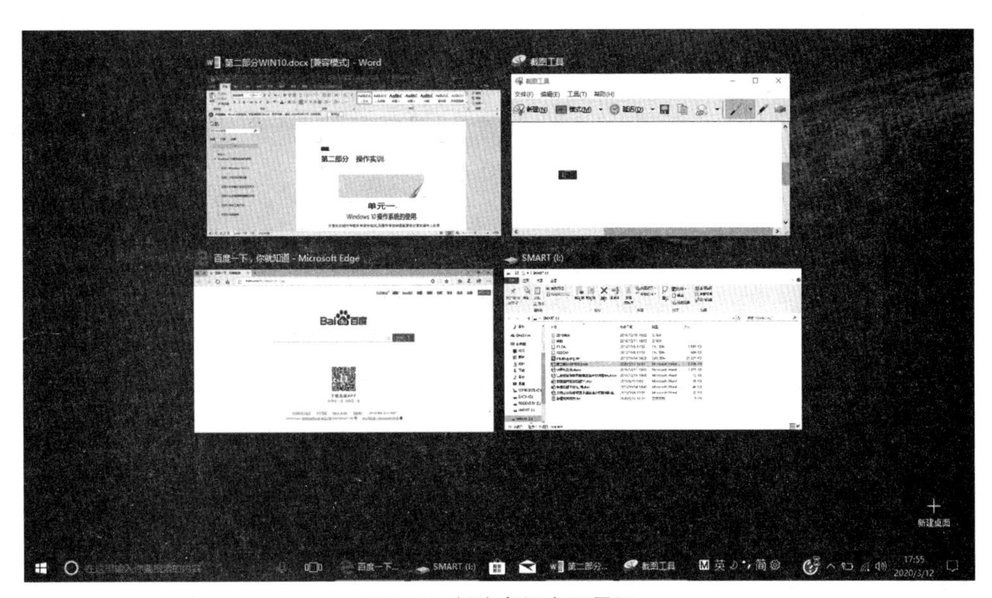

图 1-7 创建虚拟桌面界面

2. 设置“开始”菜单。

“开始”菜单是 Windows 10 操作的主门户。使用“开始”菜单可执行这些常见的活动：启动程序、打开常用的文件夹、搜索文件(夹)和程序、调整计算机设置、获取有关 Windows 操作系统的帮助信息、关闭计算机和注销 Windows 或切换到其他用户帐户等。

单击桌面左下角的“开始”按钮或按下 Windows 徽标键，即可打开“开始”菜单，左侧依次为用户帐户头像、常用的应用程序列表及快捷选项，右侧为开始屏幕，如图 1-8 所示。

图 1-8 开始屏幕

Windows 10 中，搜索框和 Cortana 高度集成，在搜索框中直接输入关键词或打开“开始”菜单输入关键词，即可搜索相关的桌面程序、网页、我的资料等。

(1) 在“开始”菜单中查找程序。

打开“开始”菜单，即可看到最常用程序列表或所有应用选项。最常用程序列表主要罗列了最近使用最为频繁的应用程序,可以查看最常用的程序。单击应用程序选项后面的按钮,即可打开跳转列表。

另外,也可以在“开始”菜单下的搜索框中输入应用程序关键词,快速查找应用程序。

(2) 将应用程序添加到开始屏幕

系统默认下,开始屏幕主要包含了生活动态和浏览的主要应用,用户可以根据需要添加应用程序到开始屏幕上。

打开“开始”菜单,在最常用程序列表或所有应用列表中,选择要固定到“开始”屏幕的程序,单击鼠标右键,在弹出的菜单中选择“固定到开始屏幕”命令,即可固定到开始屏幕中。如果要从开始屏幕取消固定,右键单击开始屏幕中的程序,在弹出的菜单中选择“从开始屏幕取消固定”命令即可。

(3) 动态磁贴的使用

动态磁贴是开始屏幕界面中的图形方块,也叫“磁贴”,通过它可以快速打开应用程序。

1) 调整磁贴大小。

在磁贴上单击鼠标右键,在弹出的快捷菜单中选择“调整大小”命令,在弹出的子菜单中选择对应的命令,即可调整磁贴大小,如图 1-9 所示。

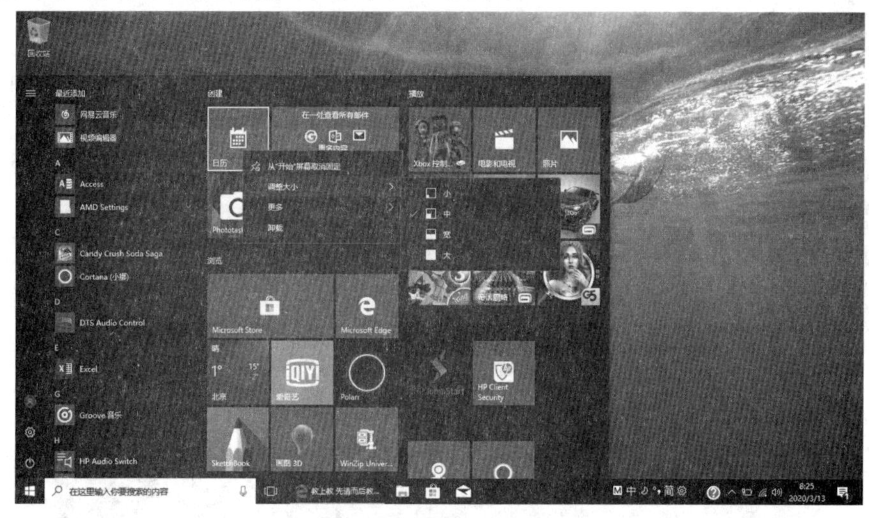

图 1-9 调整磁贴大小

2) 打开/关闭磁贴。

在磁贴上单击鼠标右键,在弹出的快捷菜单中选择“更多”下的“关闭动态磁贴”或“打开动态磁贴”命令,即可关闭或打开磁贴的动态显示。

3) 调整磁贴位置。

选择要调整位置的磁贴,单击鼠标左键不放,拖曳至任意位置或分组,松开鼠标即可完成位置调整。

温馨提示:

用户可以根据所需形式,自定义开始屏幕,如将最常用的应用、网站、文件夹等固定到开始屏幕上,并对其进行合理的分类,以便可以快速访问,也可以使其更加美观。

(4) 调整开始屏幕大小

在 Windows 10 中,开始屏幕的大小并不是一成不变的,用户可以根据需要调整大小,也可以将其设置为全屏幕显示。用户只要将鼠标放在开始屏幕边栏右侧,待鼠标光标变为双向箭头时,可以横向调整其大小,和窗口大小调整有点类似。

如果要全屏幕显示开始屏幕可按如下操作:

① 打开“设置”窗口。

② 单击“开始”选项,将“使用全屏幕开始菜单”项设置为“开”即可。

3. **设置任务栏。**

任务栏是位于屏幕底部的水平长条。与桌面不同的是,桌面可以被打开的窗口覆盖,而任务栏几乎始终可见。它有三个主要部分:“开始”按钮,用于打开“开始”菜单;中间部分,显示已打开的程序和文件,并可以在它们之间进行快速切换;通知区域,包括时钟以及一些告知特定程序和计算机设置状态的图标。新安装的系统在通知区域已有一些图标,而且某些程序在安装过程中会自动将图标添加到通知区域。用户可以更改出现在通知区域中的图标和通知,对于某些特殊图标(称为“系统图标”),还可以选择是否显示它们。用户可以通过将图标拖动到所需的位置来更改图标在通知区域中的顺序以及隐藏图标的顺序。

可以将程序直接锁定到任务栏,以便快速方便地打开该程序,而无须在“开始”菜单中查找该程序。

将程序锁定到任务栏的步骤,请执行下列操作之一:

① 如果此程序正在运行,则右键单击任务栏上此程序的按钮,然后单击“将此程序锁定到任务栏”命令。

② 如果此程序未运行,单击“开始”菜单,找到此程序的图标,右键单击此图标,然后单击“固定到任务栏”命令。

③ 也可以通过将程序的快捷方式从桌面或“开始”菜单拖到任务栏来锁定程序。

任务 3 中文输入法及汉字录入

【任务描述】

1. 熟悉键盘的布局。
2. 掌握正确的击键指法与姿势。
3. 输入法的使用。

【任务实现】

键盘是输入文字的主要工具,无论是英文、中文、特殊字符还是各种数据信息都可通过键盘输入到电脑中。只有掌握了键盘上每个键的分布位置,以及每个键的作用和正确的击键方法,才能快速、准确地输入字符。

1. **熟悉键盘的布局。**

目前大多数用户使用的标准键盘,按照各键功能的不同,可大致分为功能键区、主键盘区、编辑控制键区、小键盘区及状态指示灯区 5 个键位区,如图 1-10 所示。

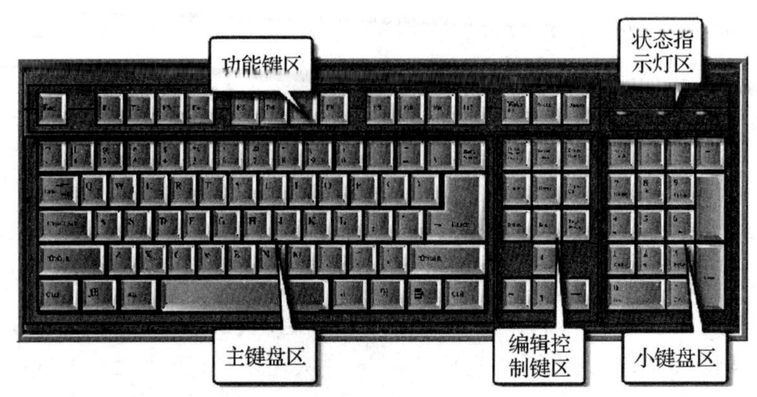

图 1-10 键盘布局

- 功能键区:功能键区位于键盘的顶端,排列成一行。其中【F1】~【F12】和【Esc】功能键在不同的应用软件中有着各自不同的作用。通常情况下,按【Esc】键可以起到取消和退出的作用;在程序窗口中按【F1】键可以获取该程序的帮助信息。
- 主键盘区:主键盘区既是键盘上使用最频繁的键区也是键盘中键位最多的一个区域,主要用于输入英文、汉字、数字和符号,该区由字母键、数字键、符号键、控制键和 Windows 功能键组成。
- 编辑控制键区:编辑控制键区位于主键盘区和小键盘区之间,主要用于在文本编辑中对光标进行控制。
- 小键盘区:小键盘区位于键盘的最右侧,主要用于快速输入数字及进行光标移动控制。
- 状态指示灯区:状态指示灯区位于小键盘区上方,主要包括 Num Lock、Caps Lock 和 Scroll Lock 3 个指示灯,分别用来指示小键盘工作状态、大小写状态以及滚屏锁定状态。

2. 掌握正确的击键指法与姿势。

掌握正确的击键指法和打字姿势,可加快文字输入速度,从而提高工作效率并减轻长时间工作带来的疲劳感。

(1) 手指的分工。

为了确定每根手指的分工,将键盘中的【A】、【S】、【D】、【F】、【J】、【K】、【L】和【;】8 个键指定为基准键位,左右手除两个拇指外的其他 8 个手指分别对应其中的一个键位。其中,【F】和【J】键称为定位键,该键的表面通常有一个小横杠,便于用户快速找到这两个键。在没有进行输入操作时,应将左右手食指分别放在【F】和【J】键上,其余 3 个手指依次放下就能找到相应的键位,左右手的两个大拇指则应轻放在空格键上。

每个手指除了指定的基准键外,还分工有其他字键,称为它的范围键。在将各手指分别放于基准键位后便可开始击键操作,这时除拇指外,双手其他手指应分别负责不同的区域,即分别负责相应字符的输入,如图 1-11 所示。

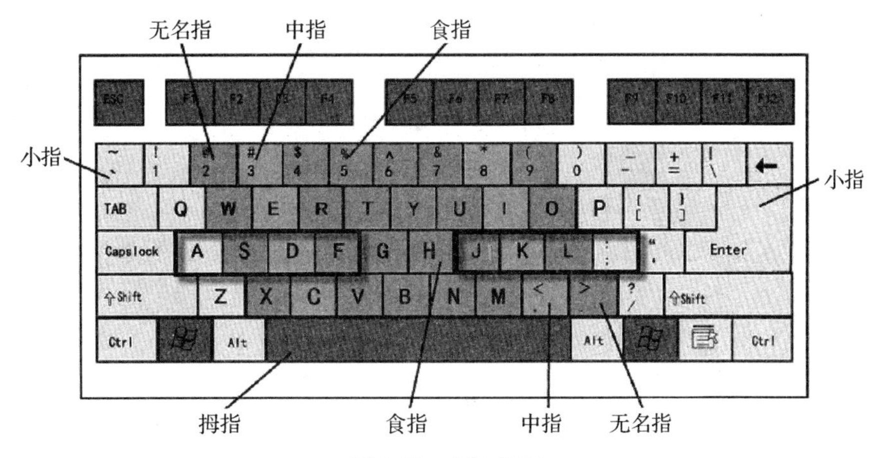

图 1-11　指法分布

（2）打字的姿势。

打字之前一定要端正坐姿。如果坐姿不正确，不但会影响打字的速度，而且还很容易疲劳、出错。良好的打字姿势应该在学习之初就养成，养成良好的打字姿势需注意以下几点事项：

- 两脚平放，腰部挺直，两臂自然下垂，两肘贴于腋边。
- 身体可略倾斜，离键盘的距离为 20～30cm。
- 眼睛与显示器屏幕的距离为 30～40cm，显示器的中心应与水平视线保持 15°～20°的夹角。
- 双脚的脚尖和脚跟自然地放在地面上，无悬空，大腿自然平直，小腿与大腿之间的角度近似 90°。
- 打字教材或文稿最好放在键盘左边，或用专用夹夹在显示器旁边。
- 打字时眼观文稿，身体不要跟着倾斜。

（3）击键规则。

在敲击键盘时应注意以下几点规则：

- 敲击键位要迅速，按键时间不宜过长，否则易造成重复输入的情况。
- 击键时要关节用力，而不是手腕用力。
- 左右手指放在基本键上。
- 击完键后迅速返回原位。
- 数字键采用跳跃式击键。

温馨提示：

初学者可以下载相关指法练习软件，如金山打字通等进行指法练习。

3. **输入法的使用**。

（1）不同输入法的切换。

如果系统中安装了多种输入法，用户可以在不同输入法间进行切换。具体操作方法如下：

- 可以通过任务栏上的“语言栏”来选择不同的输入法。首先单击任务栏上的“语言栏”工具条，打开输入法选择菜单，然后单击要使用的输入法，如图 1-12 所示。

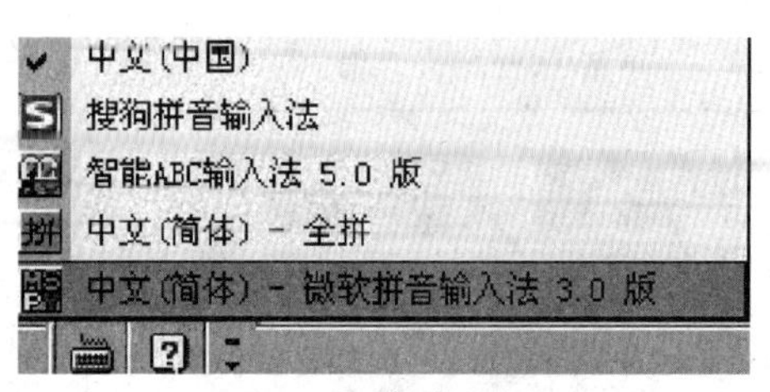

图 1-12　输入法选择菜单

- 使用【Ctrl】+【Shift】组合键依次切换输入法，或按【Ctrl】+【空格】组合键进行中/英文输入法的切换。

(2)“智能 ABC”输入法。

下面以“智能 ABC”输入法为例来介绍输入法的使用。

1）认识状态工具条。

当选择“智能 ABC”输入法后，将出现“智能 ABC”输入法状态工具条，如图 1-13 所示。

图 1-13　“智能 ABC”工具条

工具条上按钮依次为：中英文切换、输入法切换、全角半角切换、中英文标点切换和软键盘。

2）输入技巧。

① 词语简拼。

对于常用或已经多次输入的字词、成语，只要输入其声母即可。例如，“我”(w)，“我们”(wm)，“连云港”(lyg)。总之，用智能 ABC 打字要尽量以词语为单位输入。

② 分隔符。

在输入“西安”等词语时，利用简拼的方法却得不到想要的结果，此时可以键入“xi'an”，“'”符号提供了手动隔音的功能，可以将连在一起的字音节分开。

③ 以词定字。

如果不能确定某字的拼音或者能确定拼音但很难找到它，我们就可以用“以词定字”的方法来快速输入。例如，要输入“校”字，我们可以先输入“校长”(xzh)，然后选其中的“校”字就行了。

温馨提示：

如果在当前提示板的 10 个汉字中都没有需要的汉字，可以通过提示板右下方的向右或向左黑三角，或者按【PgDn】键或【PgUp】键翻页，直到显示需要的汉字，然后按相应的数字键即可。

3）软键盘的使用。

在进行汉字输入时，有些特殊符号可能需要使用“软键盘”才能输入。用鼠标右击“软键盘”按钮，在弹出菜单中选择其中一项，如图 1-14 所示，然后在其中找到需要输入的符号。再次单击“软键盘”按钮，即可关闭软键盘。

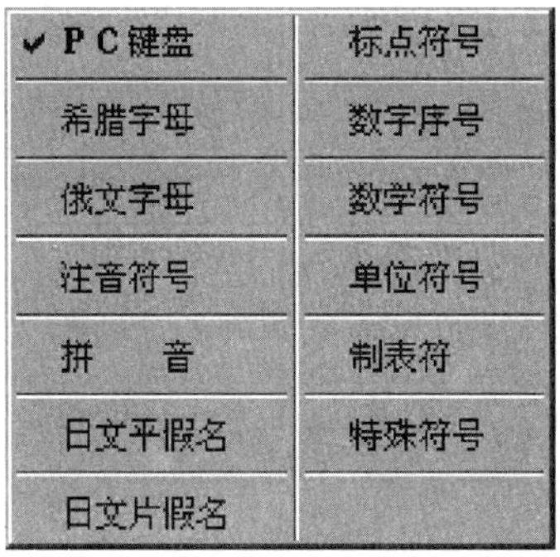

✔ P C 键盘	标点符号
希腊字母	数字序号
俄文字母	数学符号
注音符号	单位符号
拼　音	制表符
日文平假名	特殊符号
日文片假名	

图 1-14　软键盘选项

温馨提示：

在录入文字信息中，可能需要输入一些键盘上无法直接输入的字符，如罗马数字Ⅲ、单位符号℃、特殊符号★等，可以借助软键盘选择相应的键盘模式完成输入。

4）全角和半角。

全角指一个字符占用两个标准字符位置，半角指一个字符占用一个标准的字符位置。汉字字符和规定了全角的英文字符以及国标 GB2312—80 中的图形符号和特殊字符都是全角字符。通常的英文字母、数字键、符号键都是半角的。

不管是半角还是全角，汉字都要占两个字节，所以全角与半角的选择对其没有任何影响，但是，对此状态下输入的标点符号、数字以及英文字母来说，就显得很重要了。在选择全角后，即便是字母、符号、数字都无一例外地要被当成汉字进行处理，从视觉角度上看，它们因此也显得别扭了许多。

任务 4　文件资源管理器的使用

【任务描述】

1. 启动文件资源管理器。
2. 文件资源管理器界面介绍。
3. 文件资源管理器显示方式。
4. 改变文件夹选项，在文件资源管理器中显示属性为“隐藏”的文件，并且显示常用文件类型的扩展名。
5. 选择文件（夹）。
6. 在 D 盘上建一个文件夹，名为 myfile。打开 myfile 文件夹，在 myfile 中创建两个子文件夹，分别命名为 mysub1 和 mysub2。
7. 选择 myfile 文件夹，在其中新建一个空白文本文件，名为 mytext. txt。
8. 将 mytext. txt 文件复制至 mysub1 子文件夹中。
9. 将 mytext. txt 文件移动至 mysub1 子文件夹中。
10. 将 mysub1 文件夹中的 mytext. txt 文件更名为 mydoc. txt。
11. 查看 mydoc. txt 文件属性，并修改为只读和隐藏。

12. 搜索文件。

13. 删除刚复制的文件,然后将其在回收站还原。

14. 为 mydoc. txt 文件建立名为 mydoc12 的快捷方式,存放在 myfile 文件夹下。

15. 压缩/解压缩文件夹。

【任务实现】

“文件资源管理器”是 Windows 系统提供的文件资源管理工具,用户可以用它查看本台计算机中的所有资源,特别是它提供的树形的文件系统结构,使用户能更清楚、更直观地查看计算机中的文件和文件夹,并方便地对它们进行相关操作。

Windows 10 系统一般是用“此电脑”来存放文件,另外也可以用移动存储设备存放文件,如 U 盘、移动 U 盘及手机的内部存储。

- 文件:是一组相关信息的集合,是外存中信息的存取(读出/写入)单位。计算机中所有的程序和数据都组织成为文件存放在外存储器中,并使用其名字进行存取操作。文件的名字由两部分组成:(主文件名)[.扩展名]。主文件名(简称文件名)是文件的主要标识,不可省略,文件扩展名(类型名)用于区分文件的类型。我们经常接触的扩展名有 docx(Word 文档),xlsx(Excel 电子表格),pptx(Powerpoint 演示文稿),jpg、bmp、gif(图像文件),txt(纯文本文件),rar、zip(压缩文件),htm、asp(网页文件),exe、com(可执行文件),wmv、rm、flv、mp4(视频文件),wav、mp3、mid(音频文件)等。常见的文件属性有:①只读。设置为只读属性的文件只能读不能修改,当删除时会给出提示信息,起保护作用。②隐藏。具有隐藏属性的文件一般不显示,且设置了隐藏属性的文件和文件夹是浅色的。③存档。表示该文件在上次备份前已经修改过了,一些备份软件在备份系统后会把这些文件默认为存档属性。

- 文件关联:是将一种类型的文件与一个可以打开它的应用程序建立一种关联关系。当双击该类型文件时,系统就会先启动这一个应用程序,再用它来打开该类型文件。用户可以用“安装新应用程序”和“打开方式”指定文件的关联。

- 文件夹:为了分门别类地有序存放文件,Windows 操作系统把它们组织在若干文件目录中,在 Windows 中文件目录称为文件夹,它采用多级层次结构——树形结构,其下面派生的文件夹称子文件夹,子文件夹可以有多层,包括根文件夹在内的每一层文件夹下都可以有文件和下一级的子文件夹。

- 盘符:Windows 操作系统对于磁盘存储设备的标识符。如硬盘分区后形成的几个区域 C 盘、D 盘等。

- 路径:使用计算机时要找到需要的文件就必须知道文件的位置,而表示文件位置的方式就是路径,如 C:\360Rec\20131011\k1. txt。

温馨提示:

在 Windows 10 中,文件(夹)的命名规则有以下几点。

(1) 文件(夹)名中不能出现这些字符:斜线(\、/)、竖线(|)、小于号(<)、大于号(>)、冒号(:)、引号((“)或(”))、问号(?)、星号(*)。

(2) 文件(夹)不区分大小写字母。如“ab”和“AB”是同一个文件(夹)名。

(3) 文件夹通常没有扩展名,而文件可以有,也可以没有。

(4) 同一个文件夹中文件(夹)不能同名。

1. 启动文件资源管理器。

启动文件资源管理器的方法有如下几种：

① 用鼠标右键单击“开始”按钮，从菜单中单击“文件资源管理器”，即可打开文件资源管理器。

② 使用快捷键【Win】+【E】打开文件资源管理器。

③ 双击桌面的“此电脑”图标，打开文件资源管理器（如果有）。

2. 文件资源管理器界面介绍。

在 Windows 10 操作系统中，“文件资源管理器”窗口由标题栏、地址栏、工具栏、导航窗格、内容窗口、搜索框等部分组成，如图 1-15 所示。

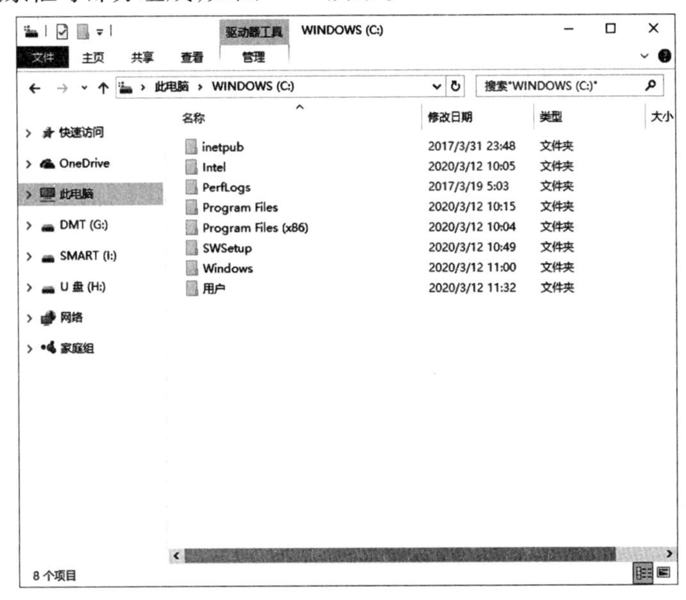

图 1-15　“文件资源管理器”窗口

（1）标题栏。

标题栏位于窗口的最上方，显示了当前的目录位置。标题栏右侧分别为“最小化”“最大化/还原”“关闭”三个按钮，单击相应的按钮可以执行相应的窗口操作。

（2）快速访问工具栏。

快速访问工具栏位于标题栏的左侧，显示了当前窗口图标和“查看属性”“新建文件夹”“自定义快速访问工具栏”三个按钮。

（3）菜单栏。

菜单栏位于标题栏下方，包含了当前窗口或窗口内容的一些常用操作菜单。在菜单栏的右侧为“展开功能区/最小化功能区”和“帮助”按钮。

（4）地址栏。

地址栏位于菜单栏的下方，主要反映了从根目录开始到现在所在目录的路径，单击地址栏即可看到具体的路径。

（5）控制按钮区。

控制按钮区位于地址栏的左侧，主要用于返回、前进、上移到前一个目录位置。打开下拉菜单，可以查看最近访问的位置信息，单击下拉菜单中的位置信息，可以实现快速进入该位置目录。

(6) 搜索框。

搜索框位于地址栏的右侧,通过在搜索框中输入要查看信息的关键字,可以快速查找当前目录中相关的文件、文件夹。

(7) 导航窗格。

导航窗格位于控制按钮区下方,显示了电脑中包含的具体位置,如快速访问、OneDrive、此电脑、网络等,如果设置了家庭组,还会有家庭网组等其他项。用户可以通过左侧的导航窗格快速访问相应的目录。用户也可以点击导航窗格中的"展开"按钮和"收缩"按钮,显示或隐藏详细的子目录。

(8) 内容窗口。

内容窗口位于导航窗格右侧,是显示当前目录的内容区域,也叫工作区域。

(9) 状态栏。

状态栏位于导航窗格下方,会显示当前目录文件中的项目数量,也会根据用户选择的内容,显示所选文件或文件夹的数量、容量等属性信息。

(10) 视图按钮。

视图按钮位于状态栏右侧,包含了"在窗口中显示每一项的相关信息"和"使用大缩略图显示项"两个按钮,用户可以单击选择视图方式。

文件资源管理器采用了 Ribbon 界面,Office 2016 也采用了 Ribbon 界面,最明显的标识就是采用了标签页和功能区的形式,便于用户的管理。在 Ribbon 界面中,主要包含"文件"、"主页"、"共享"和"查看"4 种标签页,单击不同的标签页,则包含同类型的命令。

(1) 文件标签页。

主要有打开新窗口、选项、帮助及关闭等命令。

(2) 主页标签页。

主要包含对文件或文件夹的复制、移动、粘贴、重命名、删除、查看属性和选择等操作。

(3) 共享标签页。

主要包括对文件的发送和共享操作,如文件压缩、刻录、打印等。

(4) 查看标签页。

主要包含对窗口、布局、视图和显示/隐藏等操作。

(5) 其他标签页。

除了上述主要的标签页外,当文件夹包含图片时,则会出现"图片工具"标签;当文件夹包含音乐文件时,则会出现"音乐工具"标签。另外,还有"计算机""管理""搜索"等标签。

3. 文件资源管理器界面查看方式。

在"查看"选项组中,可以进行设置窗格、布局、视图、显示与隐藏及选项操作,比如改变显示图标、更改排序方式、设置分组依据等。

① 打开文件资源管理器,选择"查看"选项卡。

② 设置文件(夹)的布局方式为"详细信息",排序方式为"修改日期",如图 1-16 所示。

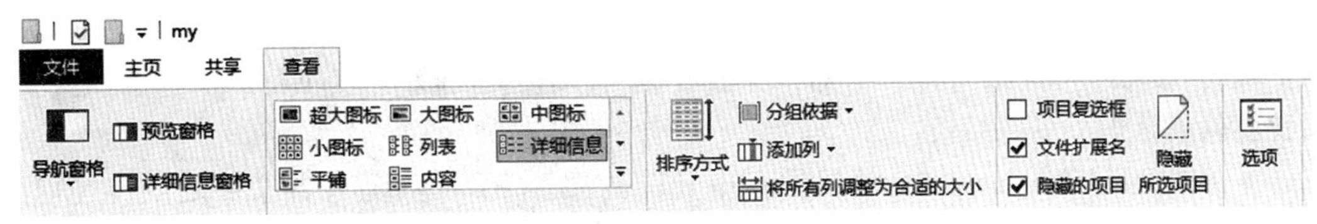

图 1-16　设置查看方式

4. 改变文件夹选项，在文件资源管理器中显示属性为“隐藏”的文件，并且显示常用文件类型的扩展名。

操作步骤：

① 打开文件资源管理器，选择“查看”选项卡。

② 选择“文件扩展名”和“隐藏的项目”复选框。此时，在资源管理器的文件列表窗口中可看到具有隐藏属性的文件，但其颜色较淡，而且可以看到常用文件类型的扩展名。

温馨提示：

考试时为了方便后面 Windows 操作题的完成，最好首先执行该操作。

5. 选择文件(夹)。

操作步骤：

在文件资源管理器中移动或复制文件（夹）时，首先要选择相应的文件（夹），下面我们来学习如何选择文件（夹）。

- 选择单个：直接单击该文件（夹）。
- 选择多个连续的：方法一是拖曳鼠标框选；方法二是按住【Shift】键，单击首尾两个文件（夹），在这两个文件（夹）之间的文件（夹）都是连续选择的。
- 选择多个不连续的：按住【Ctrl】键的同时，单击不同的文件（夹）。
- 全选：按【Ctrl】+【A】组合键。

6. 在 D 盘上建一个文件夹，名为 myfile。打开 myfile 文件夹，在 myfile 中创建两个子文件夹，分别命名为 mysub1 和 mysub2。

操作步骤：

① 在文件资源管理器窗口左边的导航窗格选择 D 盘。

② 单击“主页”选项卡的“新建文件夹”命令，在右边窗格出现新建文件夹的图标，或在在右边窗格空白处按鼠标右键，在快捷菜单中选择“新建”→“文件夹”命令，也可新建文件夹。

③ 在文本高亮处输入 myfile，按【Enter】键或在其他地方单击鼠标即可建立文件夹。

④ 在资源管理器窗口左边的导航窗格选择新建的 myfile 文件夹（或在右窗格双击）进入该文件夹，同法新建两个子文件夹 mysub1 和 mysub2。

7. 选择 myfile 文件夹，在其中新建一个空白文本文件，名为 mytext.txt。

操作步骤：

① 在文件资源管理器窗口左边的导航窗格选择新建的 myfile 文件夹。

② 在右边窗格空白处按鼠标右键，在快捷菜单中选择“新建”→“文本文档”命令，新建文本文档。

③ 在文本高亮处输入 mytext. txt，按【Enter】键或在其他地方单击鼠标即可建立文件。

8. 将 mytext.txt 文件复制到 mysub1 子文件夹中。

执行"复制""剪切""粘贴"等命令完成复制、移动操作,是利用了 Windows 的剪贴板,下面我们就来认识一下剪贴板。

- 剪贴板是 Windows 在计算机内存中开辟的用于 Windows 程序或文件之间传递信息的临时存储区域,该区域不仅可以存储文字,还可以存储图像、声音和文件等信息。
- 在 Windows 中,用户可以多次将信息复制或剪切到剪贴板中,但剪贴板只保存最近一次的信息。在粘贴时,剪贴板中的信息保持不变,所以可多次地粘贴。
- 关机后,剪贴板中的信息不再保存。

操作步骤:

① 在左边的导航窗格选择 myfile 文件夹,在右边窗格选择 mytext. txt。

② 执行"主页"→"复制"命令,或在文件图标上单击鼠标右键,在快捷菜单中选择"复制"命令,或按【Ctrl】+【C】组合键,选中的文件被复制到剪贴板上。

③ 在左窗格选择 mysub1 文件夹。

④ 执行"主页"→"粘贴"命令,或在右边窗格的空白处单击鼠标右键,在快捷菜单中选择"粘贴"命令,或按【Ctrl】+【V】组合键,剪贴板上的文件被粘贴过来。

温馨提示:

在 Windows 10 中,可以直接将文件(夹)复制到某处。选择需要复制的文件(夹),然后执行"主页"→"复制到"命令,然后选择合适的位置即可。移动文件时也可以采用类似的操作。

9. 将 mytext.txt 文件移动至 mysub1 子文件夹中。

操作步骤:

① 在左边的导航窗格选择 myfile 文件夹,在右边窗格选择 mytext. txt。

② 执行"主页"→"剪切"命令,或在文件图标上按鼠标右键,在快捷菜单中选择"剪切"命令,或按【Ctrl】+【X】组合键,选中的文件被移动到剪贴板上。

③ 在左窗格选择 mysub1 文件夹。

④ 执行"主页"→"粘贴"命令,或在右边窗格的空白处按鼠标右键,在快捷菜单中选择"粘贴"命令,或按【Ctrl】+【V】组合键,则剪贴板上的文件被粘贴过来。

知识拓展:

要实现文件(夹)的复制、移动操作,在目标位置可见的情况下,也可采用鼠标拖动的方法完成,下面我们来归纳一下鼠标拖动操作的规律。

- 鼠标左键直接拖动:在相同磁盘之间拖动时默认为移动对象;在不同磁盘之间拖动时默认为复制对象。
- 按住【Ctrl】键时鼠标左键拖动:不管在相同磁盘或是不同磁盘之间,按住【Ctrl】键拖动均为复制对象。
- 按住【Shift】键时鼠标左键拖动:不管在相同磁盘或是不同磁盘之间,按住【Shift】键拖动均为移动对象。
- 鼠标右键拖动:将对象拖动到目标位置后,松开鼠标,会弹出快捷菜单,提供相关的操作命令,如"复制到当前位置""移动到当前位置""在当前位置创建快捷方式"。

10. 将 mysub1 文件夹中的 mytext.txt 文件更名为 mydoc.txt。

操作步骤：

① 在左边的导航窗格选择 mysub1 文件夹，在右边窗格选择 mytext. txt。

② 选择“主页”→“重命名”命令，或在文件图标上按鼠标右键，在弹出快捷菜单中选择“重命名”命令，文件名处于高亮状态。

③ 输入新的文件名 mydoc. txt，按【Enter】键或在其他地方单击鼠标即可。

温馨提示：

用两次单击法可以快速完成文件(夹)的重命名，即第一次单击文件(夹)名时选择该文件(夹)，第二次单击文件(夹)名时就可更改文件(夹)名称。

11. 查看 mydoc.txt 文件属性，并修改为只读和隐藏。

操作步骤：

① 在左边的导航窗格选择 mysub1 文件夹，在右边窗格选择 mydoc. txt。

② 在文件图标上按鼠标右键，在弹出快捷菜单中选择“属性”命令，打开“属性”对话框。

③ 在“属性”对话框中，可看到文件类型、位置、大小、创建时间等属性。选中“只读”“隐藏”复选框，单击“确定”按钮，则文件具有只读、隐藏属性。单击“高级”按钮，可以设置文件(夹)的存档属性。

温馨提示：

对于具有只读属性的文件，只能进行读操作。具有隐藏属性的文件，在默认情况下，在资源管理器中不会显示出来，可设置是否显示隐藏属性的文件。

12. 搜索文件。

使用 Windows 10 的搜索功能，可以方便、快速地找到指定文件和文件夹。Windows 10 的搜索框和早期系统版本中的“开始”菜单中的搜索框是一样的，不过新版本中强化和丰富了它的搜索查找功能，不仅可以搜索本地相关文件，而且可以搜索网络中的相关信息。

也可以使用文件资源管理器的搜索功能进行搜索。打开文件资源管理器窗口，在搜索框中输入要搜索的内容，则窗口自动检索并显示搜索的结果，如图 1-17 所示。

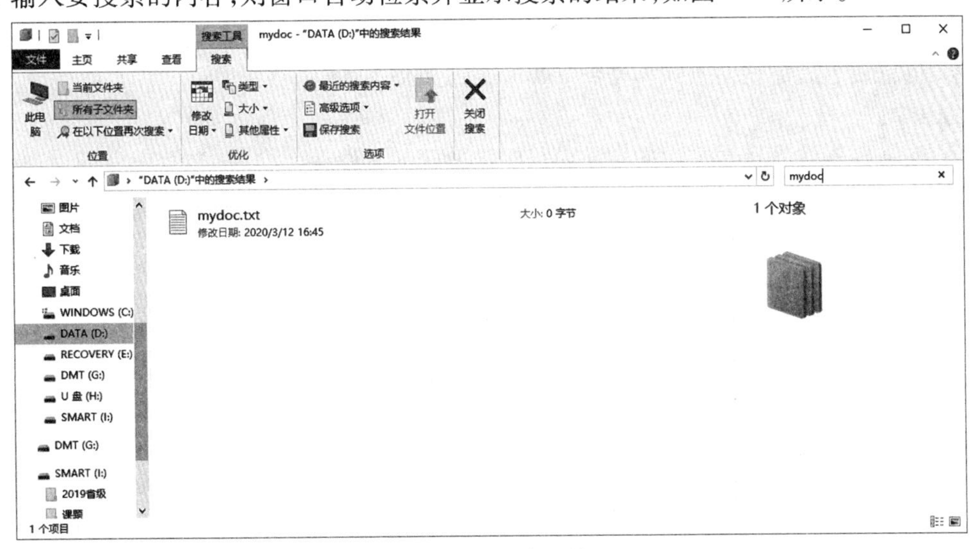

图 1-17　搜索文件

温馨提示：

用户可以根据搜索情况，在“搜索”选项卡下设置搜索的范围、搜索条件及设置选项等。如要关闭正在进行的搜索，则单击“关闭搜索”按钮。

13. 删除刚复制的文件，然后将其在回收站还原。

操作步骤：

① 在左边的导航窗格选择 mysub2 文件夹，在右边的窗格选择所有文件。

② 按下键盘的【Delete】键，删除选定文件，或执行“主页”→“删除”命令，或在文件图标上按鼠标右键，在弹出的快捷菜单中选择“删除”命令，也可删除选定文件。

③ 返回桌面，双击“回收站”可以打开“回收站”窗口。

④ 在文件列表窗格选中刚删除的文件图标，按右键弹出快捷菜单，选择“还原”命令，文件被还原。

温馨提示：

如果要彻底删除某个文件，可以在回收站中再次删除该文件，则此文件从回收站删除，再无法还原。按【Shift】+【Delete】组合键，会彻底删除文件或文件夹，而不再放入“回收站”。

14. 为 mydoc.txt 文件建立名为 mydoc12 的快捷方式，存放在 myfile 文件夹下。

快捷方式是一种特殊的文件类型，实际上是指向某个文件或文件夹的链接，而不是文件或文件夹本身。其默认的图标上通常有一个箭头，表示这是一种快捷方式。双击快捷方式图标，将打开其指向的文件或文件夹。此时，对文件或文件夹的任何操作都是针对快捷方式所指向的目标文件或文件夹。如果快捷方式指向的目标文件或文件夹被删除，将无法打开此快捷方式。但如果删除了该快捷方式，并不会影响到其目标文件或文件夹。

操作步骤：

方法 1：

① 选中 mydoc. txt 文件，在图标上单击右键，在弹出的快捷菜单中选择“创建快捷方式”，此时会创建一个名为 mydoc. txt 的快捷方式。

② 将新创建的快捷方式重命名为 mydoc12。

③ 将重命名后的快捷方式移动到 myfile 文件夹下。

方法 2：

① 在文件资源管理器左边的导航窗格单击 myfile 文件夹。

② 在右窗格单击鼠标右键，在弹出的快捷菜单中选择“新建”→“快捷方式”命令，弹出“创建快捷方式”对话框，如图 1-18 所示。

③ 单击“浏览”按钮，找到 mydoc. txt，单击“下一步”按钮。

④ 键入该快捷方式名 mydoc12，单击“完成”按钮。

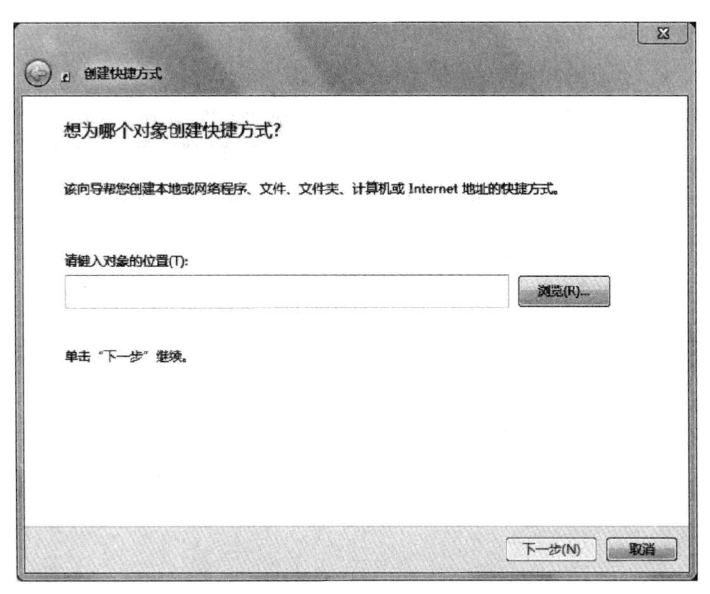

图 1-18　"创建快捷方式"对话框

15. 压缩/解压缩文件夹

对于特别大的文件夹,用户可以进行压缩操作。经过压缩的文件将占用很少的磁盘空间,有利于更快速地传输到其他计算机上,以实现网络上的共享功能。用户可以利用 Windows 10 操作系统自带的压缩软件,对文件夹进行压缩操作。具体的操作步骤如下。

选择需要压缩的文件夹并右键单击,在弹出的快捷菜单中选择"发送到"下的"压缩(zipped)文件夹"菜单命令即可。

解压时选择需要解压缩的文件夹并右键单击,在弹出的快捷菜单中选择"全部解压缩..."命令即可。

任务 5　常用小工具介绍

【任务描述】

1. 记事本。
2. 画图。
3. 计算器。
4. 截图工具。

【任务实现】

1. 记事本。

记事本是一个编辑纯文本文件的应用程序。文本文件只包含基本的可显示字符,不包含任何动画、图形等其他格式的信息。文本文件的扩展名为. txt。

具体操作步骤如下:

① 执行"开始"→"Windows 附件"→"记事本"命令,或者双击后缀名为 txt 的文件,也可

以打开“记事本”。

② 打开“记事本”后，可以进行文本编辑的一些简单操作，如光标定位、文字的输入、文字的删除、文本内容的移动（复制）及文本内容查找等。如图1-19所示的是在“记事本”窗口中输入一些文本。

③ 执行“文件”→“保存”命令，保存文本文件。

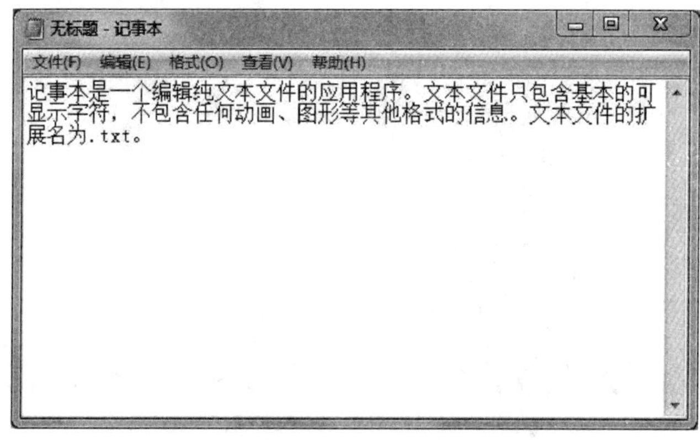

图1-19 “记事本”窗口

2. **画图**。

画图程序是一个简单的画图工具，用户可以使用它绘制黑白或彩色的图形，并可将这些图形存为位图文件（.bmp文件），可以打印，也可以将它作为桌面背景，或者粘贴到另一个文档中，还可以使用“画图”查看和编辑扫描的相片等。

画图的窗口主要由标题栏、快速访问工具栏、菜单栏、功能选项卡、功能区、状态栏和绘图区等部分组成，如图1-20所示。

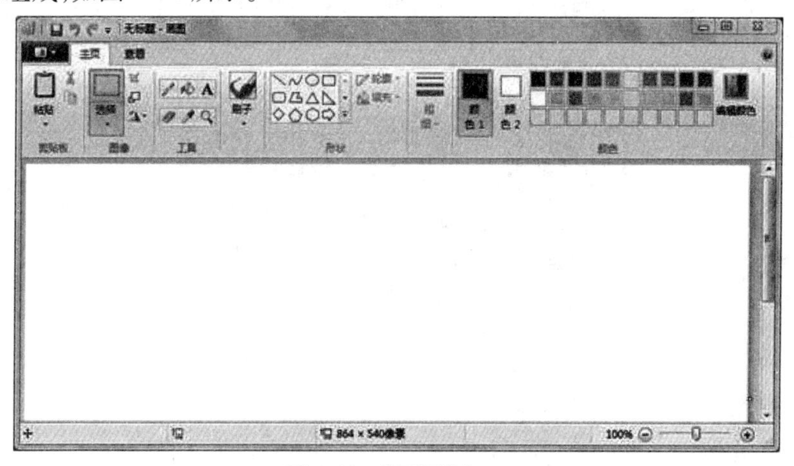

图1-20 “画图”窗口

具体操作步骤如下：

① 启动：执行“开始”→“Windows附件”→“画图”命令，打开“画图”程序。

② 绘图：“画图”应用程序中的绘图主要是通过绘图工具来完成的。选择需要使用的绘图工具后，在绘图区拖动即可绘图。

③ 编辑图形：用绘图工具绘制好图形之后，可根据需要对图形进行编辑。

④ 保存及打印图形：执行“文件”→“保存”或“打印”命令，可以将图形进行保存或打

印,使用方法同文档的保存及打印。

3. **计算器**。

执行“开始”→“计算器”命令,打开“计算器”程序。

计算器可分为“标准计算器”“科学计算器”“程序员”等几种。“标准计算器”可以完成日常工作中简单的算术运算;“科学计算器”可以完成较为复杂的科学运算,比如函数运算等;“程序员”则可以进行数制转换运算等。它的使用方法与日常生活中所使用的计算器的方法一样,可以通过鼠标单击计算器上的按钮来取值,也可以通过从键盘上输入来操作。

以下介绍最常用的标准计算器的使用。

在处理一般的计算时,用户使用“标准计算器”就可以满足工作和生活的需要了。系统默认的是“标准计算器”,如图 1-21 所示。

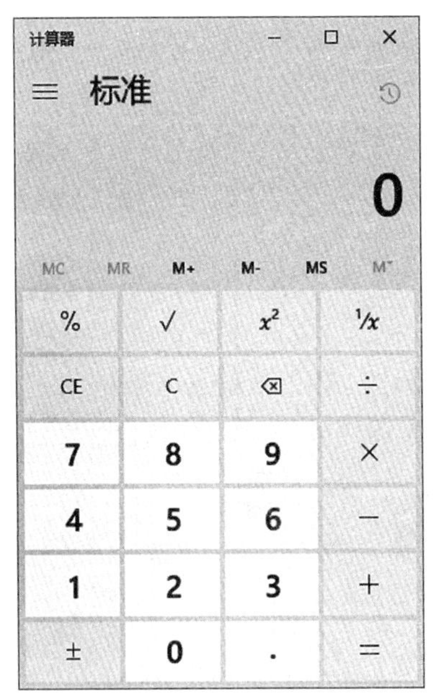

图 1-21　标准计算器

计算器工作区由数字按钮、运算符按钮、存储按钮和操作按钮组成,当用户使用时可以先输入所要运算的算式的第一个数,在数字显示区内会显示相应的数,然后选择运算符,再输入第二个数,最后选择“ = ”按钮,即可得到运算后的数值。在键盘上输入时,也是按照同样的方法,最后敲回车键即可得到运算结果。

4. **截图工具**。

Windows 10 系统自带有截图工具,它不仅可以按照常规用矩形、窗口、全屏方式截图,还可以随心所欲地按任意形状截图。截图完成以后,还可以对图片做涂鸦、保存、发邮件等操作。截图有四种选择:“任意格式截图”(不规则形状)“矩形截图”“窗口截图”或“全屏幕截图”。其他三种方式很好理解,我们以“任意格式截图”为例来介绍截图工具的应用。

操作步骤如下:

① 执行“开始”→“Windows 附件”→“截图工具”命令,打开“截图工具”程序。

② 打开截图工具以后,选择“模式”选项卡,然后选择“任意格式截图”选项。

③ 单击“新建”按钮后,整个屏幕被蒙上一层半透明的白色,表示进入截图状态。如果想要退出截图状态,按【Esc】键就可以了。

④ 拖动鼠标绘制一条围绕截图对象的不规则线条,然后松开鼠标,任意形状的截图就完成了。

⑤ 截图完成之后,Windows 还提供了一些简单的处理工具:保存、复制、发邮件、笔、荧光笔、橡皮。Windows 截图可以保存为 jpg、png、gif 以及单个网页 mht 文件。“笔”和“荧光笔”都可以在截图上自由涂鸦,它们的区别是“笔”画出来的痕迹是不透明的,“荧光笔”的笔迹是透明的,适合用来做突出显示。“橡皮”用来擦除笔迹,点击一次就擦除一条笔迹。效果如图 1-22 所示。

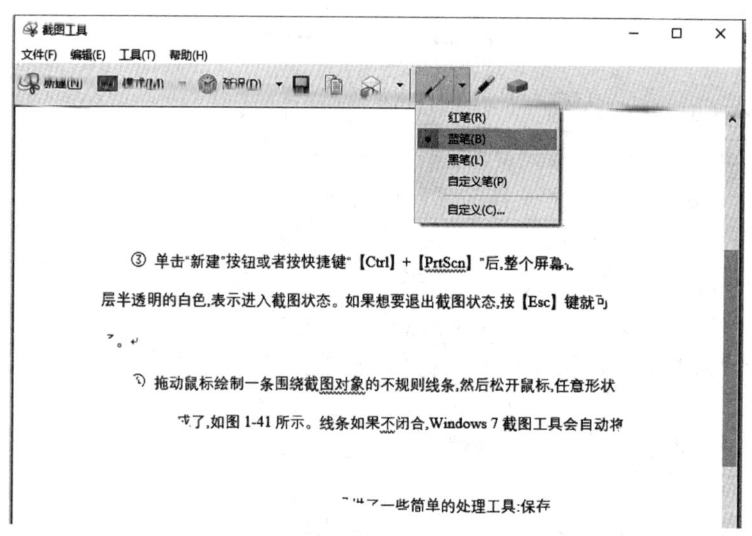

图 1-22　处理工具

任务 6　实战演练

练习 1　汉字录入 1。

打开记事本,输入如下内容:

【文档开始】

协作学习小组的最理想化规模应该由学习任务的性质和学生的学习能力来决定。考虑到 Wiki 的特殊性质,在 Wiki 中参与编辑的成员越多,则越能够得出最佳的方案,因此本次分组人数为每小组 5 ~6 人。在分组时,在充分了解学生差异的基础上,由老师提出分组意见,选出组长,其他同学根据自己的学习情况自主加入学习小组。

【文档结束】

练习 2　汉字录入 2。

打开记事本,输入如下内容:

【文档开始】

教师根据课堂教学单元的教学目标和学习内容,提炼出学习主题,根据主题内容分类创建。比如大家在上课过程中对于 Flash 遮罩动画理解不是太透彻。那到底什么是 Flash 遮罩?有何特点?如何制作 Flash 遮罩动画?有哪些精彩案例?这些问题都可以在 Wiki 中展开讨论,所以在精华区“动画设计”模块中提出了“Flash 遮罩动画”的词条。

【文档结束】

练习 3　Windows 10 的基本操作 1。

(1) 改变文件夹选项,使资源管理器中显示出属性为“隐藏”的文件,并且显示常用文件类型的扩展名。

(2) 在“考生文件夹\单元一”下创建一个名为 pak. txt 的文件。

(3) 将“考生文件夹\单元一”下 WZ\FEB 文件夹设置成“隐藏”属性。

（4）删除“考生文件夹\单元1”下JAN文件夹中的k. txt文件。

（5）为“考生文件夹\单元1”下FTF文件夹中的j. txt文件建立名为j2的快捷方式，存放在“考生文件夹\单元1”下。

练习4 Windows 10的基本操作2。

（1）在“考生文件夹\单元1”下分别建立KANG1和KANG2两个文件夹。

（2）将“考生文件夹\单元1”下ARD\TU文件夹设置成“只读”属性。

（3）复制“考生文件夹\单元1”下TRU文件夹中的man. bak文件到“考生文件夹”中，重命名为yang. bak。

（4）为“考生文件夹\单元1”下DESK\TUP文件夹中的map. exe文件建立名为map2的快捷方式，存放在“考生文件夹”下。

（5）搜索“考生文件夹\单元1”下的hou. dbf文件，然后将其复制到“考生文件夹\单元1”下的JAN文件夹中。

练习5 Windows 10的基本操作3。

（1）设置文件资源管理器为显示“详细信息”，并按“类型”排列图标。

（2）在“考生文件夹\单元一”下建立一个可以启动“计算器”程序的快捷方式，取名为“计算工具”。

（3）用画图程序绘制一个椭圆，并以mypic. bmp为文件名保存在“考生文件夹\单元1”下。

（4）搜索“考生文件夹”中的map. exe文件，并在“考生文件夹\单元1”下建立名为seek. txt的文本文件，将搜索得到的文件路径记录在该文本文件中。

（5）设置屏幕保护程序，样式自选。

单元二 Word 2016 的使用

Word 2016 是微软公司推出的 Microsoft Office 2016 办公套件中的一个组件，它主要是用于文字处理工作，不仅能够制作常用的文本、信函、备忘录，还专门为国内用户定制了许多应用模板，如各种公文模板、书稿模板和档案模板等。利用改进的“搜索”和“导航”体验功能，可以更加便捷地查找信息。利用“共同创作”功能，可以编辑论文，同时与他人分享思想观点，几乎可以在任何地点访问和共享文档。Word 2016 增加了文本的视觉效果，以便图像实现无缝混合，也可以将文本转化为引人注目的图表；它可以将屏幕快照插入到文档中，以便快捷地捕获可视图示，并将其合并到文档中；也可以快速恢复丢失的文件，即使没有保存该文档也可以恢复最近编辑的草稿。利用 Word 2016，可以实现跨语言交流沟通。

通过本模块的学习，应该掌握如下内容：

1. 中文 Word 的基本功能，Word 的启动和退出，Word 的工作窗口。
2. 文档的创建、打开、插入和保存，文档的编辑（文本的选定、插入、删除、查找与替换等基本操作）。（考核重点）
3. 文字格式、段落格式和页面的设置与文档的打印。（考核重点）
4. Word 的表格制作及转换，表格中数据的输入与编辑，数据的排序和计算，表格的格式设置。（考核重点）
5. Word 的图文混排功能。

任务 1 Word 入门

【任务描述】

1. 启动 Word。
2. 认识 Word 的界面。
3. 了解 Word 的视图。
4. 退出 Word。

【任务实现】

1. 启动 Word。

启动 Word 常用以下三种方法：

① 选择“开始”→“word”命令。

② 双击桌面的 Word 快捷图标(如果存在)。

③ 在“资源管理器”中找到带有图标的文件(Word 文档),双击该文件。

2. 认识 Word 的界面。

Word 2016 的工作界面主要由快速访问工具栏、标题栏、“文件”菜单、功能选项卡、功能区、文档编辑区、文本插入点、滚动条、状态栏、视图栏、比例缩放工具以及智能搜索框等部分组成,如图 2-1 所示。

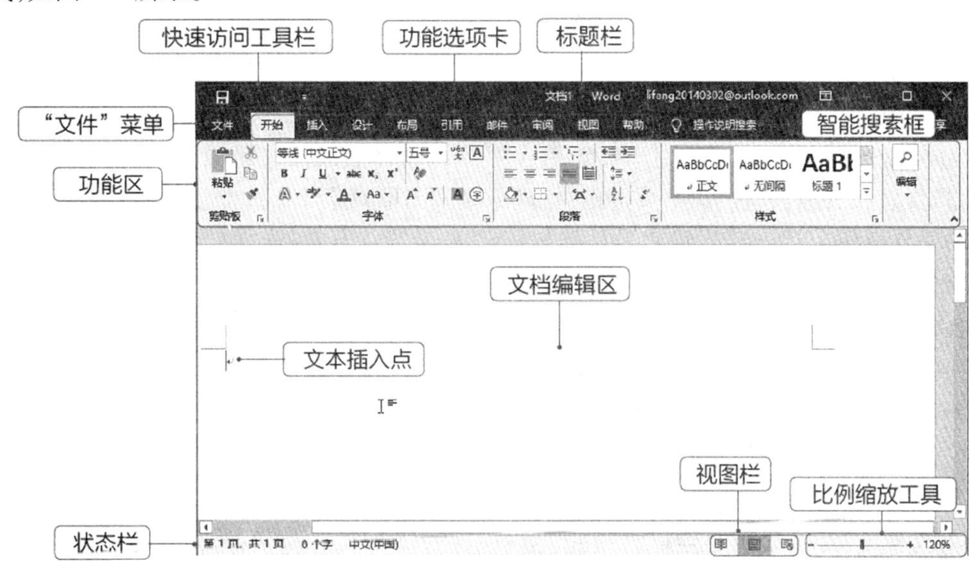

图 2-1　Word 界面

- 标题栏:位于 Word 工作界面的右上角,它用于显示文件的名称和程序名称,最右侧的 3 个按钮分别用于对窗口执行最小化、最大化(或向下还原)和关闭等操作。
- 快速访问工具栏:该工具栏上提供了最常用的“保存”按钮、“撤消”按钮和“恢复”按钮(根据不同的操作该按钮会发生变化),单击对应的按钮可执行相应的操作。如需在快速访问工具栏中添加其他按钮,可单击其后的“自定义快速访问工具栏”按钮,在弹出的菜单中选择所需的命令即可。
- “文件”菜单:用于执行 Word 文档的新建、打开、保存和退出等基本操作。
- 功能选项卡:相当于菜单命令,它将 Word 2016 的所有命令集成在几个功能选项卡中,选择某个功能选项卡可切换到相应的功能区。
- 功能区:在功能区中有许多自动适应窗口大小的工具栏,不同的工具栏中又放置了与此相关的命令按钮或列表框。用户可以根据需要执行“文件”→“选项”→“自定义功能区”命令自行定义功能区。
- 文档编辑区:位于窗口中央,是用来输入、编辑文本、排版和绘制图形的地方。其中有一个闪烁着的黑色竖条(光标),称为插入点。
- 滚动条:位于文档编辑区的右端和下端,调整滚动条可以上下左右地查看文档内容。
- 状态栏:主要用来显示已打开的 Word 文档当前的状态,用户通过状态栏可以非常方便地了解当前文档的相关信息任务。
- 标尺:在“视图”功能区的“显示”组中勾选“标尺”复选框,显示标尺。标尺位于文本编辑区的上边和左边，分水平标尺和垂直标尺两种（不同视图显示会有区别）。标尺除了显示文字所在的实际位置、页边距尺寸外，还可以用来设置制表位、段落、页边距尺寸、左右缩进和首行缩进等。

- 视图栏：存放视图切换按钮，单击按钮可以进入相应的视图。
- 比例缩放工具：由“缩放级别”和“缩放滑块”组成，用于调节文档的显示比例。
- 智能搜索框：新增的一项功能，通过该搜索框，用户可轻松找到相关的操作说明。

3. 了解 Word 的视图。

视图是指查看文档的方式，选择“视图”选项卡的“文档视图”组，在其中单击相应的按钮可切换到对应的视图模式下。Word 有五种视图：页面视图、阅读视图、Web 版式视图、大纲视图和草稿。

- 页面视图：页面视图适用于概览整个文章的总体效果。它可以显示出页面大小、布局，编辑页眉和页脚，查看、调整页边距，处理分栏及图形对象等。此视图是我们编辑文档时常用的一种视图。
- 阅读视图：阅读视图的目标是增加可读性，可以方便地增大或减小文本显示区域的尺寸，而不会影响文档中的字体大小。想要停止阅读文档时，按【Esc】键可以从阅读版式视图切换回来。
- Web 版式视图：使用 Web 版式可以预览具有网页效果的文本。使用 Web 版式可快速预览当前文本在浏览器中的显示效果，便于再作进一步的调整。
- 大纲视图：在大纲视图中，能查看文档的结构，还可以通过拖动标题来移动、复制和重新组织文本，因此，它特别适合编辑那种含有大量章节的长文档，能让你的文档层次结构清晰明了，并可根据需要进行调整。在查看时可以通过折叠文档来隐藏正文内容而只看主要标题，或者展开文档查看所有的正文。
- 草稿：在草稿中可以键入、编辑和设置文本格式。草稿可以显示文本格式，但简化了页面的布局，可便捷地进行键入和编辑。在草稿中，不显示页边距、页眉和页脚、背景、图形对象以及没有设置为“嵌入型”环绕方式的图片。正由于该视图功能相对较弱，所以适合编辑内容、格式简单的文章。

4. 退出 Word。

完成所有的操作后，就需要退出 Word 2016。常用的退出操作有下面几种：

① 执行“文件”→“关闭”命令，关闭所有的文件，然后退出 Word。

② 单击 Word 工作界面右上角的“关闭”按钮，依次关闭所有窗口。

③ 双击 Word 窗口左上角的控制菜单按钮。

④ 单击窗口左上角的控制菜单按钮，然后选择“关闭”命令。

⑤ 按【Alt】+【F4】组合键。

温馨提示：

如果对文档进行了修改并且尚未保存，那么在退出 Word 时，系统会弹出一个对话框，提示用户是否保存当前修改后的文档。单击“保存”按钮，保存修改后的文档并退出 Word；单击“不保存”按钮，不保存修改后的文档并退出 Word；单击“取消”按钮，返回该文档不退出 Word。

【自我训练】

基本操作练习。

实训要求:

(1) 打开 Word 2016,观察其界面。

(2) 熟悉 Word 的视图。

(3) 利用不同的方法关闭 Word 2016。

任务 2 Word 的基本操作

【任务描述】

1. 建立 Word 文档。

输入下面的汉字内容,并以 w1.docx 为文件名保存在“授课文件夹\单元二”下。

输入的汉字内容是:

【文档开始】

协作学习是一种通过小组或团队的形式组织学生进行学习的一种策略,学习者可以将其在学习过程中探索、发现的信息和学习材料与小组中的其他成员共享,达到共同学习,共同进步的目的。

Wiki 是一种多人协作的写作工具,Wiki 站点可以有多人(甚至任何访问者)维护,每个人都可以发表自己的意见,或者对共同的主题进行扩展或者探讨。Wiki 最好的功能是一种协同创作的概念,基于 Wiki 的协作学习是在教师的指导下,学习者主动探究学习,在学习过程中不断地和教师、同学探讨,更新自己的观点,借助 Wiki 平台进行动态的学习,提高学习者的学习效果和效率。针对 Wiki 的应用,于 2010 年 5 月 8 日申请了省大学生实践创新活动。

【文档结束】

2. 选定文本。

3. 插入和删除文本。

4. 将“授课文件夹\单元二”下的 wiki.docx 文档插入到 w1.docx 的后面(从第三段开始)。

5. 将文章第二段从“针对 wiki 的应用”开始拆分成两段。

6. 复制(移动)文本。

7. 撤消与重复(恢复)操作。

8. 将文件另存为 w1b.docx。

9. 窗口拆分和多文档处理。

【任务实现】

1. 建立 Word 文档。

输入下面的汉字内容,并以 w1.docx 为文件名保存在“授课文件夹\单元二”下。

操作步骤:

(1) 新建文档。

启动 Word 2016 后,系统即自动打开一个名为"文档 1. docx"的文档。若用户需要建立其他新文档,可以使用下面的方法:

执行"文件"→"新建"命令,在"可用的模板"栏中单击"空白文档"按钮,再单击"创建"按钮,即可创建一个空白文档,如图 2-2 所示。

温馨提示:

1. 启动 Word 2016 后,按【Ctrl】+【N】组合键可快速新建一个空白文档。

2. 可以选择模板快速地建立相关的文档。

3. 在文件菜单下,如果需要返回文档的编辑状态,请单击"开始"上方的"返回"按钮。

图 2-2 "新建空白文档"窗口

(2) 输入文本。

正文编辑区中闪烁的小竖线称为光标,它所在的位置称为插入点,所输入的文字从插入点开始。文字输满一行后会自动换行,无须按回车键。在一段文本结束时按【Enter】键,继续输入第二段。输入时如果要另起一行,不另起一个段落,可以按【Shift】+【Enter】组合键。

1) 输入中英文字符。

具体操作可以参考单元一的任务 3。

温馨提示:

1. 空格在文档中占的宽度不但与字体和字号有关,也与"半角"或"全角"空格有关。"半角"空格占一个字符位置,"全角"空格占两个字符位置。

2. 输入英文时一般有三种书写格式:全部小写、全部大写或第一个字母大写其余小写。在 Word 中,使用【Shift】+【F3】组合键可以实现三种书写格式的转换。操作时,首先选择"Wiki",然后反复按【Shift】+【F3】,选定的单词会在三种格式间转换。

2) 输入标点符号和特殊符号。

在输入标点符号和特殊符号时,除了键盘上有的以外,有时还需要用到很多其他的符号,如希腊字母、大写数字等。插入特殊符号常用两种方法:

一是选择"插入"选项卡,在"符号"组中单击"符号"按钮选择"其他符号"命令,如图2-3所示,弹出如图 2-4 所示的"符号"对话框,在该对话框中选择要输入的符号,单击"插入"按钮即可。

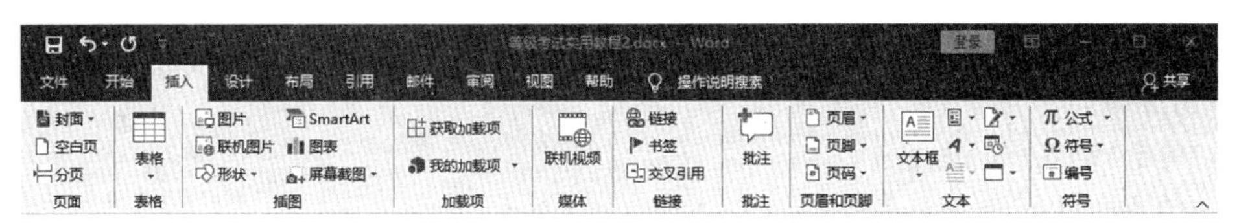

图 2-3　插入符号

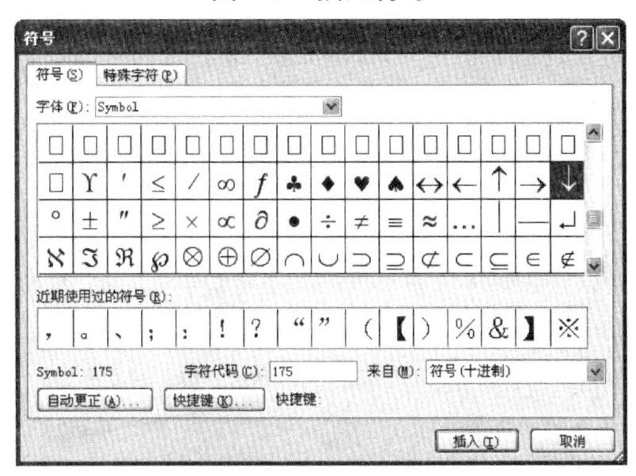

图 2-4　“符号”对话框

另一种方法是通过软键盘调出特殊符号。打开输入法状态条上的软键盘图标，打开“符号”菜单，选择符号插入。

3）插入日期和时间。

在文档中可以直接键入日期和时间，也可以使用“插入”选项卡中的“日期和时间”按钮。具体步骤如下：

① 光标定位在要插入日期和时间的插入点。

② 选择“插入”选项卡，在“文本”组单击“日期和时间”按钮，如图 2-5 所示。

③ 打开“日期和时间”对话框，如图 2-6 所示。

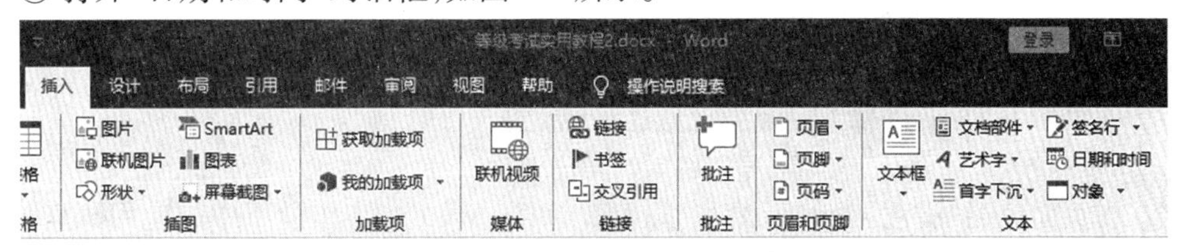

图 2-5　“时间和日期”按钮

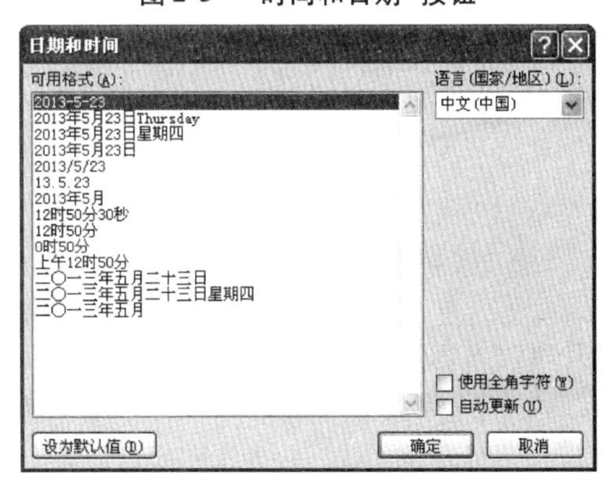

图 2-6　“时间和日期”对话框

④ 选择合适的格式，如果选择"自动更新"复选框，则所插入的日期和时间会自动更新，否则保持原值。

⑤ 单击"确定"按钮。

4）插入脚注和尾注。

要求在正文第一段最后一句"共同进步的目的"后插入脚注，编号格式为"i，ii，iii，…"，内容为"陈明著《Blog、Wiki在协作学习中的应用研究》"。

操作步骤如下：

① 将插入点光标定位到正文第一段最后一句"共同进步的目的"后，选择"引用"选项卡，在"脚注"组右下角单击"脚注和尾注"按钮 。在"脚注和尾注"对话框中选择"脚注"（默认选项），在"编号格式"下拉列表中选择"i，ii，iii，…"格式，单击"插入"按钮，如图2-7所示。

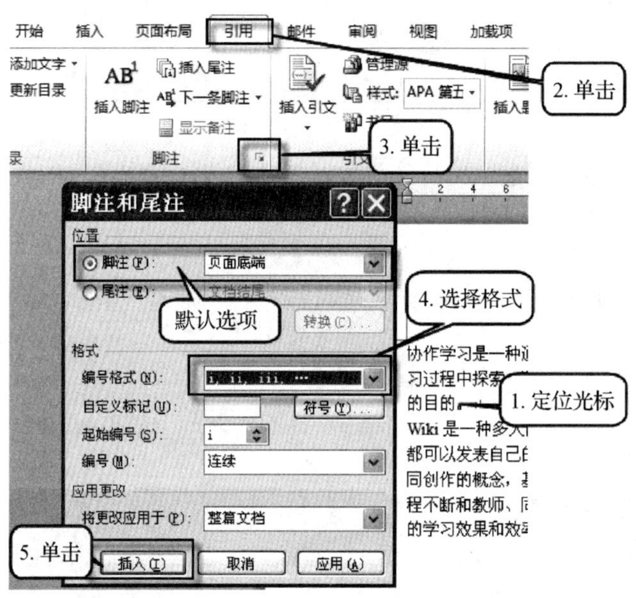

图2-7　插入脚注

② 在页面底端"脚注"处输入文本"陈明著《Blog、Wiki在协作学习中的应用研究》"，如图2-8所示。

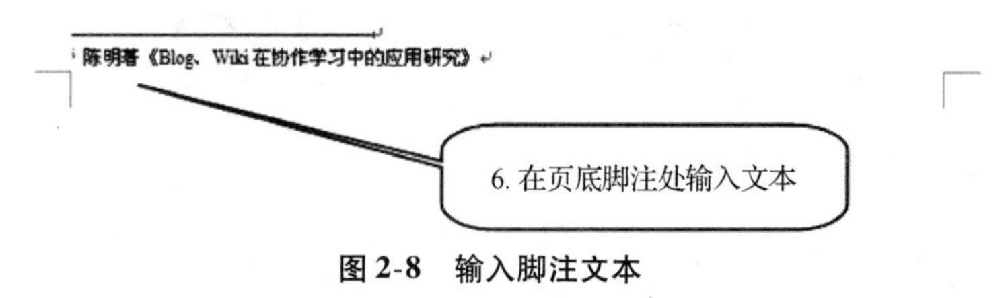

图2-8　输入脚注文本

温馨提示：

脚注和尾注指需要对引用的内容、名词或事件加以注释。脚注是放在每一页面的底端，而尾注在文档的结尾处。如果要删除脚注或尾注，选定正文中的脚注或尾注号，按【Delete】键。

(3) 保存文本。

单击"快捷访问工具栏"中的"保存"按钮（或者直接按【Ctrl】+【S】组合键），第一次保存会弹出“另存为”对话框。

在“另存为”对话框的“保存位置”列表框选定“浏览”，选择保存位置，在“文件名”文本框中输入需要保存的文件名“w1”，在“保存类型”列表框选择“Word 文档(＊.docx)”，单击“保存”按钮，如图 2-9 所示。

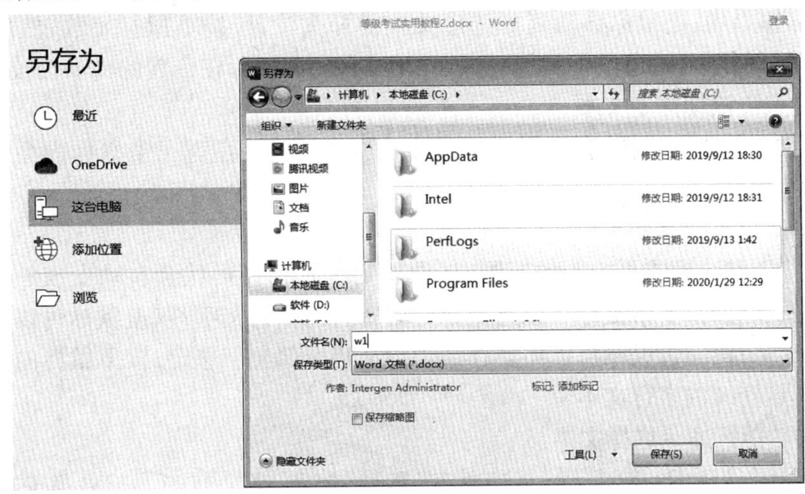

图 2-9　“另存为”对话框

温馨提示：

在 Word 软件中，可以支持多种保存类型，如 docx、xml 文档、网页、纯文本和 rtf 等，用户可以根据需要选择合适的保存类型。保存类型不同，文件的扩展名会不同。

知识拓展：

如果不希望编辑的文档让别人随意打开，则可以给文档设置“打开权限密码”。如果允许别人看，但是禁止修改，可以给文档设置“修改权限密码”。相关设置可以在“另存为”对话框中，单击“工具”按钮选择“常规选项”命令，弹出“常规选项”对话框，然后进行相关安全设置，如图 2-10 所示。

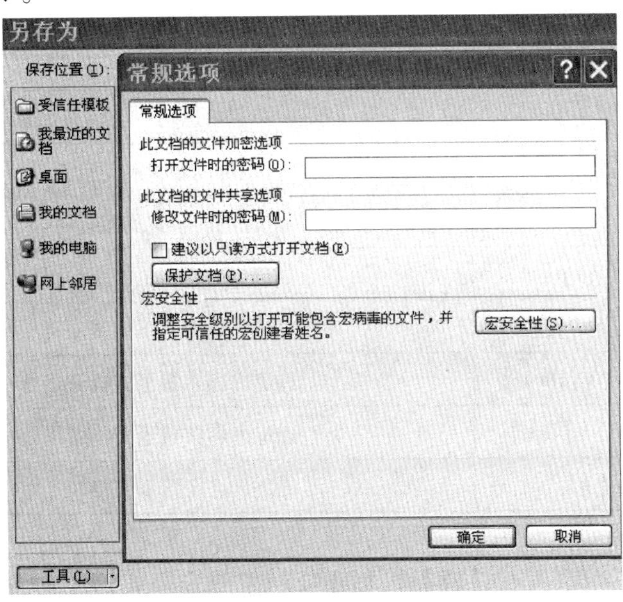

图 2-10　“常规选项”对话框

2. **文本的选择**。

如果要编辑文本，首先要选定文本，选定文本时操作有如下几个要点：

（1）使用鼠标选定文本。

1）拖动鼠标选定文本。

在 Word 窗口中，把鼠标移动到要选定文本的开头位置，按下鼠标不放，然后向右（左）或向下（上）拖动鼠标，随着鼠标的拖动，从开始位置到鼠标所在位置的文本会被全部选定。

2）通过点击鼠标选定文本。

在文字中左键双击鼠标，会选定鼠标所在的一个词组。左键三击鼠标则会选定鼠标所在位置的整个段落。

3）利用选定区选择文本。

把鼠标指针移动到左页边距的范围时（即选定区），指针形状会自动变成一个指向右上方的空心箭头。这时，单击鼠标可以选定指针所指行的整行文字；双击鼠标可以选定指针所指段的整段文字；而三击鼠标可以将正在编辑的文档全部文字选定；按下鼠标向下或向上拖动，则可以选定连续的多行文本。

4）利用功能区命令选择文本。

选择“开始”选项卡，在“编辑”组中单击“选择”按钮，在展开的下拉菜单中单击“全选”命令，选择全部文档。单击“选择格式相似的文本”选择与所选文本格式相似的文本（区域内）。

（2）使用键盘选择文本。

1）当用键盘选定文本时，注意应首先将插入点移动到所选文本区的开始处，然后按表 2-1 中所示的组合键。

表 2-1　键盘选择组合键

组合键	选定范围
【Shift】+【↑】	向上选定一行
【Shift】+【↓】	向下选定一行
【Shift】+【←】	向左选定一个字符
【Shift】+【→】	向右选定一个字符
【Shift】+【Home】	选定内容扩展至行首
【Shift】+【End】	选定内容扩展至行尾
【Shift】+【PgUp】	选定内容向上扩展一屏
【Shift】+【PgDn】	选定内容向下扩展一屏
【Ctrl】+【Shift】+【Home】	选定内容扩展至文档开始处
【Ctrl】+【Shift】+【End】	选定内容扩展至文档结尾处
【Ctrl】+【A】	选定整个文档

2）使用 F8 键选定文本。

首先将光标定位，第一次按【F8】键，打开“F8 键”选定模式；第二次按【F8】键，选定当前词;第三次按【F8】键,选定整句;第四次按【F8】键,选定当前段落;第五次按【F8】键,选定整个文档。最后按【Esc】键取消“F8 键”选定模式。

(3) 同时使用键盘和鼠标选择文本。

同时使用键盘和鼠标选择文本,可以得到一些特殊性的文本。

1) 选定一列文字。

要选定一列有规律性的文本,可以按下【Alt】键,再拖动鼠标,就能够选定一个矩形内的文本。

2) 选择一句话。

按下【Ctrl】键,再单击鼠标,会选择鼠标所在位置的一整句话。

3) 选择不相邻的文本。

先用鼠标选定部分文本后,再按下【Ctrl】键,可以继续选择任意多个不相邻的文本。

4) 选择大块的文本。

当用鼠标方式选择文本时,如果文本长度超过屏幕高度,屏幕会快速滚动,很难一次就选的恰当,此时可以通过如下方法来进行选定:点击要选择部分的开始处,然后用滚动条代替光标键向下移动文档,直到看到想要选择部分的结束处。按下【Shift】键,然后点击要选择文本的结束处,这样从开始到结束处的这段文本内容,就会全部被选定。

5) 选择全部文档。

按住【Ctrl】键,将鼠标指针移到文档左侧的选定区单击。

3. 插入与删除文本。

操作步骤:

(1) 插入。

先将光标定位到需要插入文本的地方,输入文本即可。

(2) 删除。

① 删除一个字符或汉字最简单的方法是,把光标定位到此字的前面或后面,按【Delete】键或【Backspace】键即可。

② 删除多行或大块文本时先选中该文本,再按【Delete】键。

4. 将“授课文件夹\单元二”下的 wiki.docx 文档插入到 w1.docx 的后面(从第三段开始)。

操作步骤:

① 将插入点光标定位到 w1. docx 的最后一段按【Enter】键。

② 选择“插入”选项卡,在“文本”组单击“对象”按钮右边的下拉三角,然后选择“文件中的文字”命令,如图 2-11 所示,打开“插入文件”对话框。

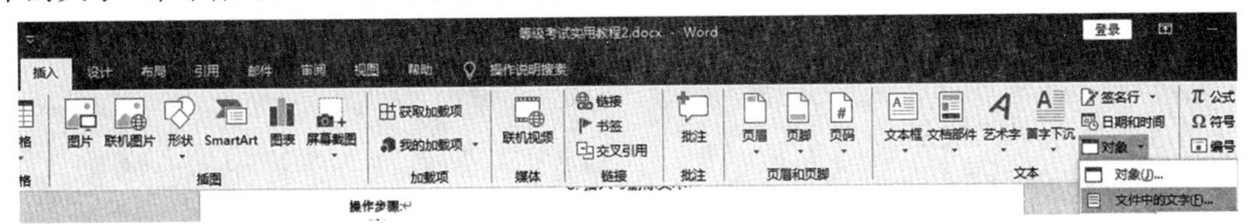

图 2-11 选择插入“文件中的文字”

③ 在“插入文件”对话框中,选择“授课文件夹\单元二”下的“wiki. docx”。

④ 单击“插入”按钮,插入文档到原文档后面。

5. 将文章第二段从“针对 wiki 的应用”开始拆分成两段。

操作步骤:

① 将插入点光标定位到第二段“针对 wiki 的应用”之前。

② 按【Enter】键。

温馨提示:

删除段落的段落标记符则可以合并两个段落。

6. 将正文第三段移动到文档的末尾。

操作步骤:

① 选择正文的第三段(从“针对 wiki 的应用”开始)。

② 单击“开始”选项卡中“剪贴板”组的“剪切”按钮(或【Ctrl】+【X】组合键)。

③ 移动光标至最后一段回车(如原文最后一段下面已有段落标记符则忽略该步骤)。

④ 单击“开始”选项卡中“剪贴板”组的“粘贴”按钮(或【Ctrl】+【V】组合键),即完成段落的移动。

温馨提示:

复制文档时,执行“开始”选项卡的“复制”按钮(或【Ctrl】+【C】组合键),然后选定需要复制的位置,执行“开始”选项卡的“粘贴”按钮(或【Ctrl】+【V】组合键)。

7. 撤消与重复(恢复)操作。

在文档编辑时,经常会用到撤消、重复(恢复)功能。在快速访问工具栏中,有一个“撤消”按钮 和“重复”按钮 (有时是“恢复”)。它们分别代表一组“撤消 ** ”和“重复 ** (或恢复 * *)”命令,其中“ ** ”两字随着操作的不同而发生变化。

操作步骤:

① 撤消就是当发生误操作时,取消刚刚执行的一项操作。可以单击“快速访问工具栏”的“撤消”按钮 (或直接按【Ctrl】+【Z】组合键)。

② 恢复是针对撤消而言的,如果后悔进行了上一项的撤消操作,可以恢复到撤消以前的状态。可以单击“快速访问工具栏”的“恢复”按钮 (或直接按【Ctrl】+【Y】组合键)。

③ 当输入文本时,如果想重复键入前面的文本,可以单击“重复”按钮 (或直接按【Ctrl】+【Y】组合键)。

8. 将文件另存为 w1b.docx。

操作步骤:

① 执行“文件”→“另存为”命令,选择保存位置,并在“文件名”文本框中输入“w1b”,文件类型选择“Word 文档(* . docx)”。

② 单击“保存”按钮。

9. 窗口拆分和多文档。

操作步骤:

(1) 窗口拆分。

在利用 Word 处理文档时,为了方便编辑,可以将文档窗口拆分成两个窗口,将一个大文档不同位置的两部分显示在两个窗口中。

① 选择“视图”选项卡,在“窗口”组中单击“拆分”按钮,鼠标指针变成双向箭头且与屏幕上出现的一条灰色水平线相连,移动鼠标到要拆分的位置,单击鼠标左键即可。如果还想调整窗口大小,只需要把鼠标指针移动此水平线上,当鼠标指针改变成上下箭头时,拖动鼠标可以随时调整窗口的大小。

② 选择“视图”选项卡,在“窗口”组中单击“取消拆分”按钮,可以合并拆分的窗口。

(2) 多文档处理。

Word 可以同时处理多个文档,每个文档对应一个窗口。

① 新建一个模板为“蓝灰色简历”的文档。

② 打开 w1b. docx。

③ 选择“视图”选项卡,在“窗口”组中单击 “切换窗口”下相应的文件名可以切换到该文档窗口,或者单击任务栏中相应的文档按钮来切换。多个文档编辑完后,可以单个保存或关闭。

【自我训练】

输入文本内容。

实训要求:

(1) 输入文本,内容要求如下:

① 文本标题“飞跃自我”;标题下输入自己的姓名;姓名下面输入自己所在学校和班级。

② 正文第一段输入自己的自然情况,比如姓名,出生日期,籍贯等信息;第二段输入自己的兴趣爱好及特长等信息;第三段输入班级的基本情况。

③ 打开 IE,进入你所在学校的网站,复制学校的简介到文章的末尾。

(2) 保存文档为“简介. docx”,以备后用。

任务 3 Word 文档的格式设置

【任务描述】

1. 打开“授课文件夹\单元二”下的 w1b. docx。
2. 给文章标题“协作学习实践”设置格式。
3. 将正文中的中文字体设置为四号宋体,西文字体设置为四号 Arial。
4. 复制格式。
5. 将全文所有的“协作”改为“协同”。
6. 将正文中的所有“学习”设置为黑体,颜色为“橙色”,加着重号格式。
7. 设置正文段落格式。
8. 在文中“建立分组”“实践选题”“协作学习”“总结反思”前面添加编号,编号格式为“a,b,c,…”。
9. 为正文第二段设置蓝色(标准色)、3 磅的单实线边框和“蓝色,个性色 1”底纹。
10. 设置正文第一段首字下沉 2 行,字体为黑体,距正文 0. 2 厘米。

11. 将文件另存为 w1c. docx。

【任务实现】

1. 打开“授课文件夹\单元二”下的 w1b.docx。

操作步骤：

① 启动 Word。

② 执行“文件”→“打开”命令，在“打开”对话框中选择“授课文件夹\单元二”下的 w1b. docx，然后单击“打开”按钮。

2. 给文章标题“协作学习实践”设置格式。

操作步骤：

① 将插入点光标定位到文章开始处，按【Enter】键空出一行。

② 在新行输入文本“协作学习实践”。

③ 选中新输入的文本，选择“开始”选项卡，在“字体”组中设置“字体”为黑体、“字号”为三号、“颜色”为绿色；在“段落”组中单击“中文版式”按钮 ，然后选择“字符缩放”为 150%。效果如图 2-12 所示。

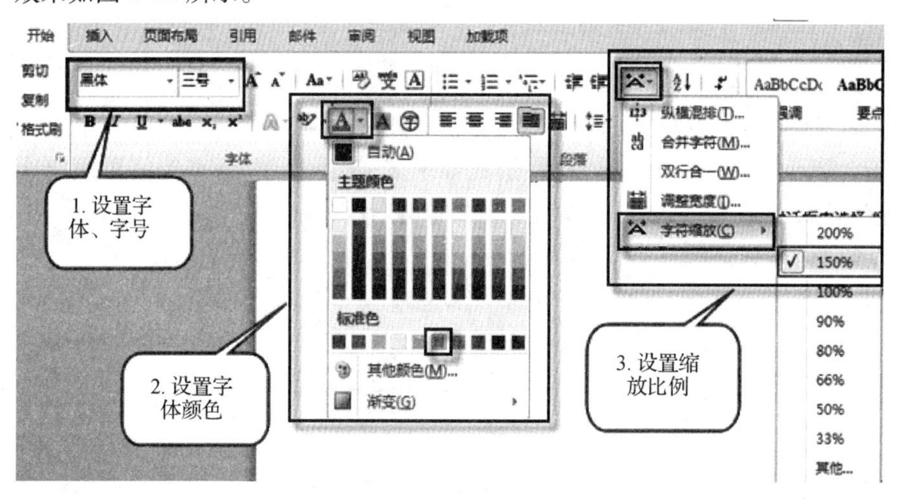

图 2-12　设置字体

温馨提示：

文本格式化操作也可以采用以下方法：

1. 在“字体”对话框中进行相应的设置(参考任务 3)。

2. 选中文字，在弹出的工具栏中进行设置，如图 2-13 所示。

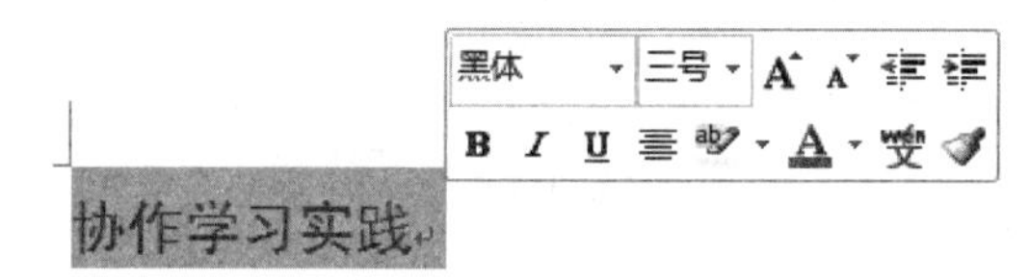

图 2-13　格式工具栏

④ 单击“文本效果和版式”的下拉三角 ，然后可以设置文本效果和版式。这部分考题比较多，大家要根据情况选择不同的效果和版式，比如设置阴影、映象及发光等。这里请大家设置为“阴影、内部：上”。

⑤ 单击在“开始”选项卡的“段落”组中的“居中”按钮 ☰，将文本居中显示。

⑥ 在“开始”选项卡“段落”组中，单击“边框”按钮的下拉三角，在弹出的下拉菜单里单击“边框和底纹”命令，在弹出的“边框和底纹”对话框中进行设置。在“边框”选项卡中的“设置”项中选择方框、“样式”项中选择单实线、“颜色”项中选择黄色、“宽度”项中选择 1 磅、“应用于”项设置为文字，如图 2-14 所示。切换到“底纹”选项卡，设置底纹为蓝色，“应用于”设置为文字。

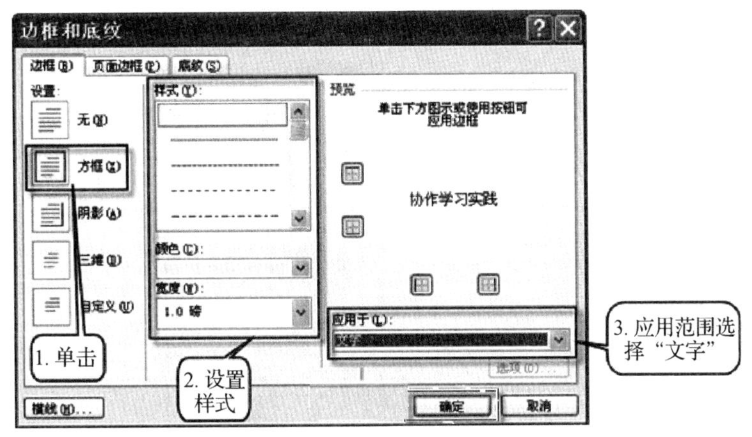

图 2-14　“边框和底纹”对话框

3. 将正文中的中文字体设置为四号宋体，西文字体设置为四号 Arial。

操作步骤：

① 选择正文文本。

② 选择“开始”选项卡，在“字体”组右下角单击“字体”按钮，弹出“字体”对话框。在“字体”对话框中选择“字体”选项卡，设置“中文字体”为宋体、“西文字体”为 Arial，“字号”为四号。

③ 单击“确定”按钮。

操作如图 2-15 所示。

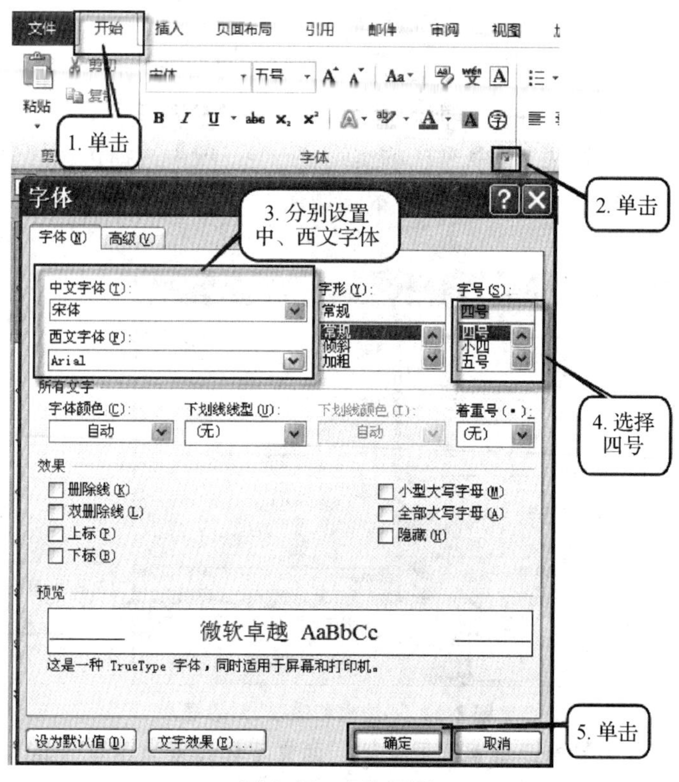

图 2-15　字体设置

温馨提示：

1. 此操作不能直接在功能区中利用“字体”组的功能按钮设置。反之，需要将一段含有中、西文内容的文字设置为同一种中文字体时，则最好利用“字体”组的功能按钮进行设置，如用“字体”对话框设置，在选择“中文字体”的同时，须将“西文字体”设置为“使用中文字体”选项。

2. 在“字体”对话框的“高级”选项卡中可以对文字进行字符缩放、间距及位置等格式的设置，比如将字符缩放120%、间距加宽2磅、位置提升3磅等，读者可以自行练习。

4. 格式复制。

操作步骤：

对一部分文字设置的格式可以复制到另一部分文字中，使其具有同样的格式。格式的复制，可以利用“开始”选项卡“剪贴板”组中的“格式刷”按钮进行。

① 选定已经设置好格式的文本。

② 单击“开始”选项卡“剪贴板”组中的“格式刷”按钮（如果多次使用格式刷，双击该按钮）。

③ 将鼠标指针移到要复制格式的文本的开始处。

④ 单击鼠标左键，拖动鼠标直到要复制格式的文本的结束处，放开鼠标左键即可。

知识拓展：

对一部分文字设置的格式如果不满意，可以清除格式。

(1) 选定需要清除格式的文本。

(2) 单击“开始”功能区中“样式”组中的“其他”按钮，然后选择“清除格式”命令；或者按【Ctrl】+【Shift】+【Z】组合键。

5. 将全文所有的“协作”改为“协同”。

操作步骤：

① 光标定位到文中任一位置。

② 选择“开始”选项卡，在“编辑”组单击“替换”按钮（或者直接按【Ctrl】+【H】组合键），打开“查找和替换”对话框的“替换”选项卡，如图 2-16 所示。

③ 在“查找内容”文本框中输入“协作”（不包含双引号，下同）。

④ 在“替换为”文本框中输入“协同”。

⑤ 单击“更多”按钮，将搜索范围设置为“全部”（默认值）。

⑥ 单击“全部替换”按钮替换文本。

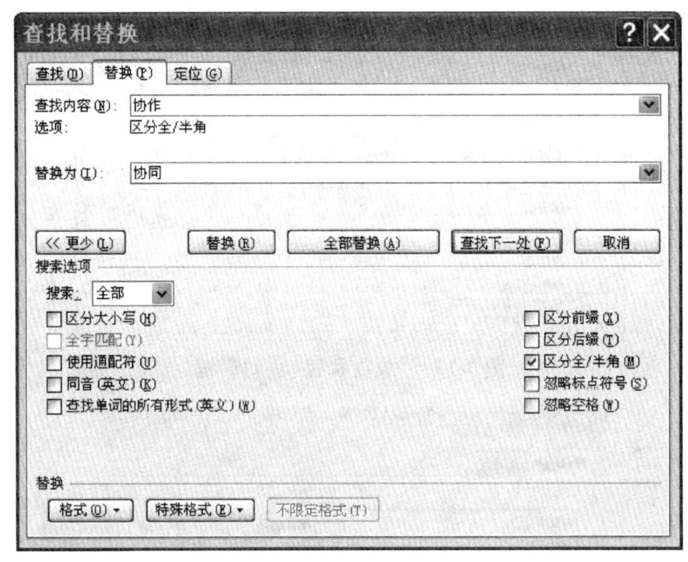

图 2-16 “查找和替换”对话框

温馨提示：

1. 如果要删除所有相同的文本，可以在“替换为”的文本框中输入空格。

2. 英文字母要注意大/小写。

3. 注意替换的范围设定。

6. 将正文中的所有“学习”设置为黑体、加着重号格式，颜色为“橙色”。

操作步骤：

(1) 将插入点光标定位到正文开始处。

(2) 选择“开始”选项卡，在“编辑”组单击“替换”按钮（或者直接按【Ctrl】+【H】组合键），打开“查找和替换”对话框的“替换”选项卡；在弹出的“查找和替换”对话框中，“查找内容”和“替换为”文本框中都输入“学习”；单击“更多”按钮（注意光标要确定在替换文本内），单击“格式”按钮，在快捷菜单中选择“字体”命令，如图 2-17 所示。

(3) 在弹出的“替换字体”对话框中设置字体为黑体，字体颜色为“橙色”，加着重号，如图 2-18 所示。

(4) 在“查找和替换”对话框中，设置“搜索”为“向下”，然后单击“全部替换”按钮，如图 2-19所示。此时会弹出对话框显示共替换多少处，并询问是否继续从开始处搜索，单击

“否”按钮，结束操作。

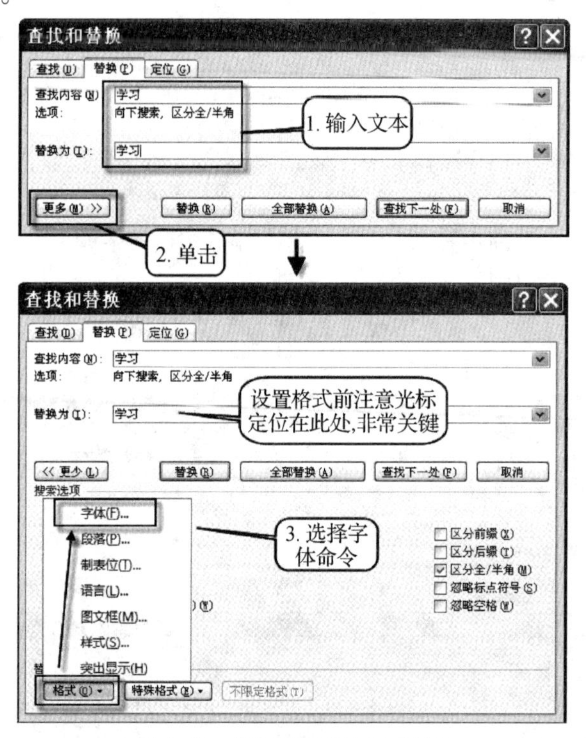

图 2-17 “查找和替换”对话框

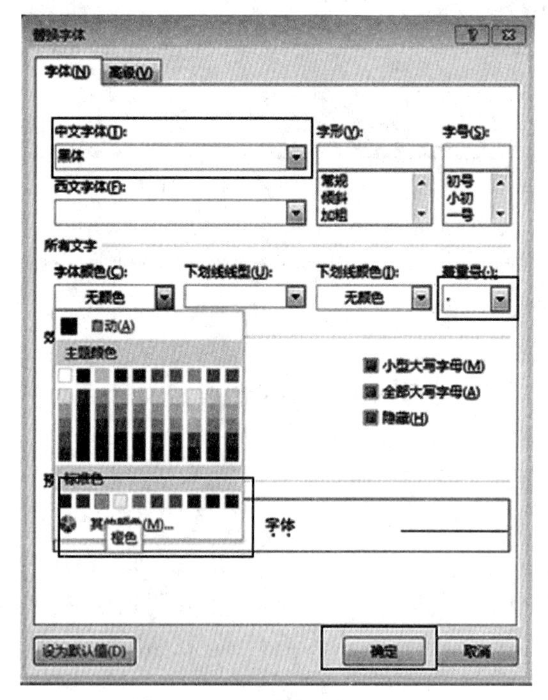

图 2-18 “替换字体”对话框

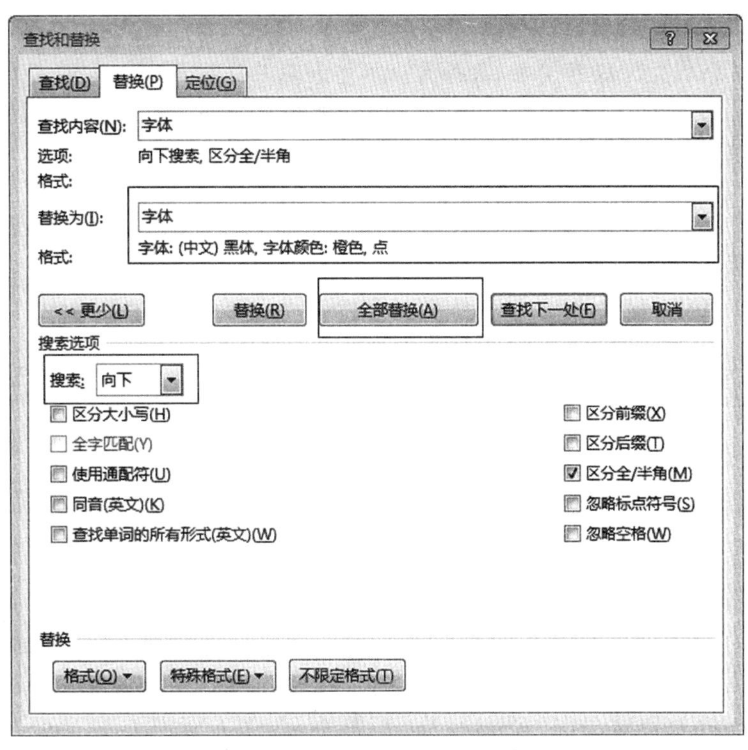

图 2-19　“查找和替换”对话框

温馨提示：

设置要替换的文字格式时，如果把“查找内容”文本框内文本设置了格式，先选择该文本，然后单击“不限定格式”按钮，取消设置好的格式重新做。

7. 设置正文段落格式。

操作步骤：

① 选择所有正文文本，在“开始”选项卡“段落”组中单击“段落设置”按钮。

② 在弹出的“段落”对话框中选择“缩进和间距”选项卡。在“对齐方式”下拉列表框选择“两端对齐”，“特殊格式”下拉列表框中选择“首行缩进”，将“磅值”改为 2 字符。将“段前”间距设置为 0.5 行，在“行距”下拉列表框中选择“多倍行距”，然后设置值为 1.25 倍，单击“确定”按钮。如图 2-20 所示。

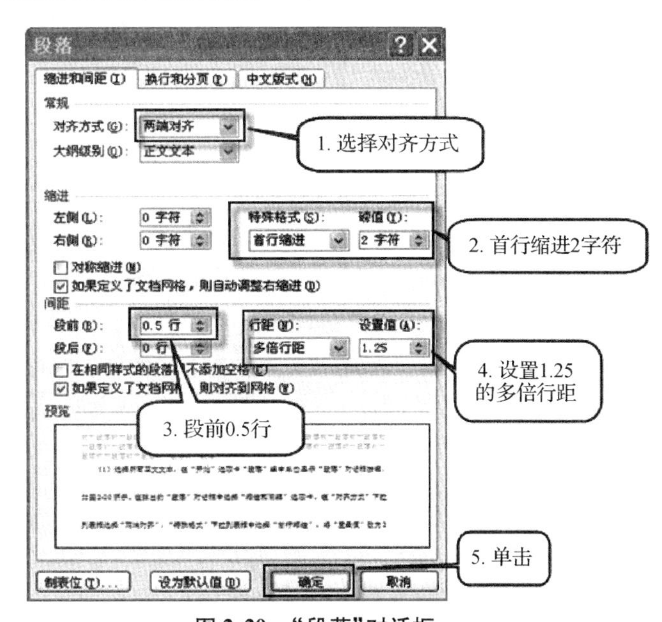

图 2-20　“段落”对话框

知识拓展：

1. 标尺给页面设置、段落设置、表格大小调整和制表位的设定都提供了方便，如图 2-21 所示。标尺可以在“视图”选项卡“显示”组中勾选“标尺”复选框来显示。在标尺的两端都有可以用来设置段落左右边界的可以滑动的缩进标记，标尺的左端上下共有三个缩进标记：上面的顶向下的三角形是首行缩进标记，下面的顶向上的三角形是悬挂缩进标记，最底部的小矩形是左缩进标记，标尺右端顶向上的三角形是右缩进标记。拖动这些标记可以对选定的段落设置左、右边界和首行缩进的格式。拖动时，按住【Alt】键可以显示缩进的数值。

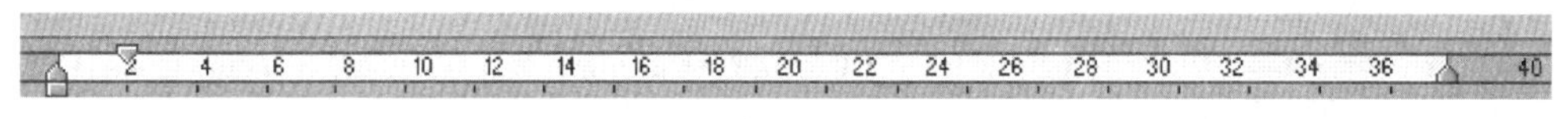

图 2-21　标尺

2. 设置段落格式时，可以自行指定单位，如左缩进用“厘米”，首行缩进用“字符”等。操作时只需要在键入数值的同时键入单位即可，如图 2-22 所示。

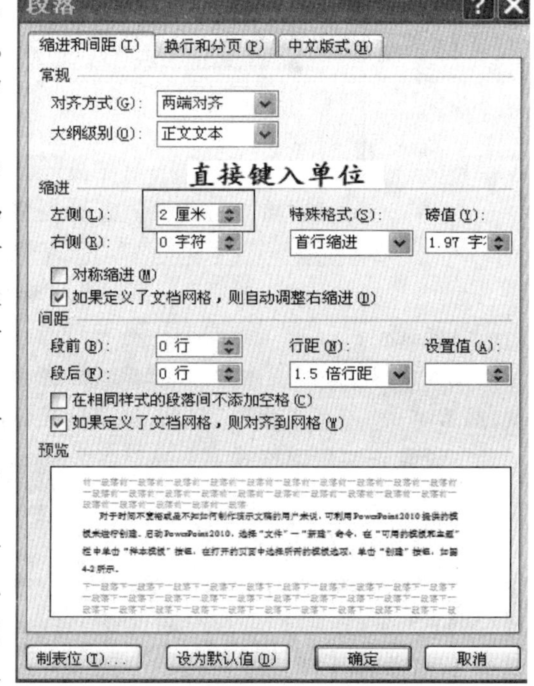

图 2-22　段落中不同单位的设置

3. 在设置“行距”时，如果是下拉列表中有的值，可以直接选择，如 2 倍行距。但是，如果需要设置到小数的倍数，如 1.25 倍行距，可以选择“多倍行距”，然后在“设置值”中输入 1.25。如果需要设置固定的行距，如 18 磅，可以选择“固定值”，然后在“设置值”中输入 18。

4. 段落对齐可以利用功能区和“段落”对话框进行设置，也可以利用组合键进行设置，具体如表 2-2 所示。

5. 在进行各行文本对齐的操作时，初学者往往采用空格的方式，这显然不是一个好办法。简单的方法是按【Tab】键来移动插入点到下一个制表位，这样能很方便地实现各行文本的列对齐。使用标尺可以设置制表位。当设置好制表位后，当输入文本并按【Tab】键时，插入点将移到下一制表位上。

表 2-2　设置段落对齐的组合键

组合键	使用说明
【Ctrl】+【J】	两端对齐
【Ctrl】+【L】	左对齐
【Ctrl】+【R】	右对齐
【Ctrl】+【E】	居中对齐
【Ctrl】+【Shift】+【J】	分散对齐

8. 在文中“建立分组”、“实践选题”、“协作学习”和“总结反思”前面添加编号，编号格式为“a，b，c，…”，编号颜色为红色。

操作步骤：

① 先选择“建立分组”文本，然后按住【Ctrl】键继续选择“实践选题”、“协作学习”和“总结反思”，将不连续的四段文本选定。

② 在“开始”选项卡“段落”组中，单击“编号”按钮后的下拉三角，在展开的菜单中单击“定义新编号格式”命令，如图 2-23 所示。

③ 在弹出的“定义新编号格式”对话框中，选择编号样式为“a，b，c，…”的项，单击“字体”按钮，如图 2-24 所示，设置字体“颜色”为红色，单击“确定”按钮。

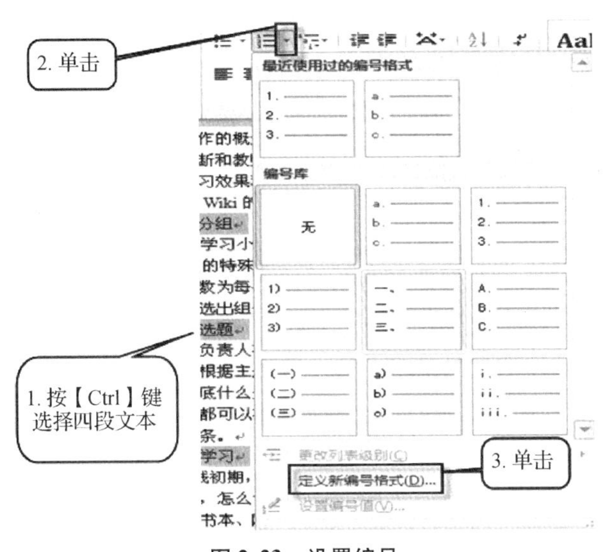

图 2-23　设置编号

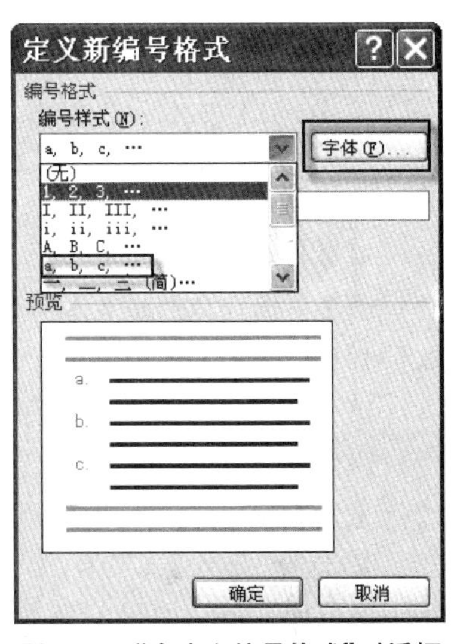

图 2-24　“自定义编号格式”对话框

温馨提示：

1. 可以更改编号的列表级别、开始值等。

2. 项目符号操作和编号相似，在设置时选择按钮，其他操作与例题相似，请读者自行练习。

3. 项目符号或编号也可以在文本键入时直接键入，首先键入第一个符号或数字，回车后会自动出现新的项目符号或编号。

9. 为正文第二段设置蓝色（标准色）、3 磅的单实线边框和“蓝色，个性色 1”底纹。

① 选择正文第二段文本（从“Wiki 是一种多人协作的写作工具”开始）。

② 选择“开始”选项卡，在“段落”组中单击“线框”按钮的下拉三角，在弹出的下拉菜单里单击“边框和底纹”命令，弹出“边框和底纹”对话框。

③ 在“边框”选项卡中的“设置”列表选择方框，“样式”选择单实线，“颜色”选择蓝色（标准色），“宽度”选择 3 磅，“应用于”设置为段落。如图 2-25 所示。

④ 切换到“底纹”选项卡，设置底纹填充色为“蓝色，个性色 1”，“应用于”设置为段落。

⑤ 单击“确定”按钮。

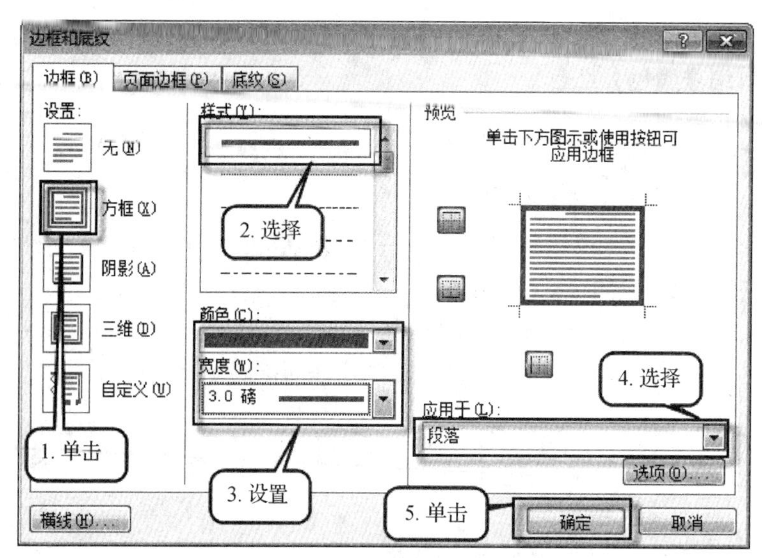

图 2-25 “边框和底纹”对话框

温馨提示：

除了前面介绍的给文本和段落设置边框外，还可以为整篇文档设置边框。在“边框和底纹”对话框选择“页面边框”选项卡，然后进行相应的设置即可。

10. 设置正文第一段首字下沉2行，字体为黑体，距正文0.2厘米。

操作步骤：

① 将插入点光标定位到第一段任一位置。

② 选择“插入”选项卡，单击“文本”组中的“首字下沉”按钮，在展开的菜单中选择“首字下沉选项”按钮，如图2-26所示。弹出“首字下沉”对话框，在“位置”选项组中选择“下沉”，“字体”为黑体，“下沉行数”为2行，“距正文”0.2厘米，如图2-27所示。

③ 单击“确定”按钮。

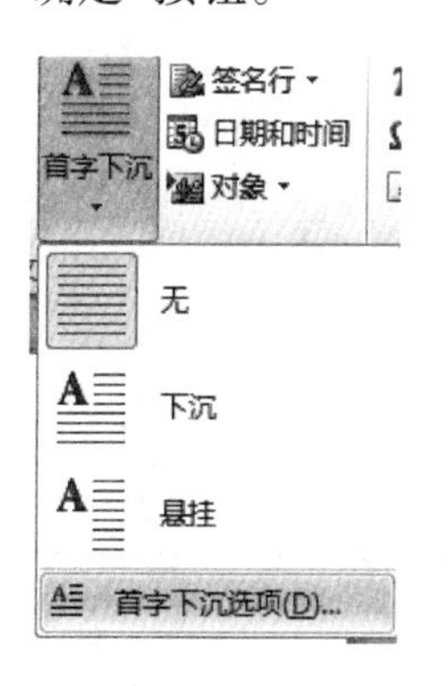

图 2-26 单击“首字下沉选项”命令

图 2-27 “首字下沉”对话框

11. 将文件另存为 w1c.docx。

操作步骤：

① 执行“文件”→“另存为”命令，选择保存位置，并在“文件名”文本框中输入“w1c”，文件类型选择“Word 文档(*.docx)”。

② 单击“保存”按钮。

【自我训练】

文本与段落格式化

实训要求:

(1) 打开上一个任务的"简介.docx"。

(2) 按你所在学校毕业论文的格式要求对文本进行格式化操作。

(3) 保存文本,以备后用。

任务4 Word文档的编排

【任务描述】

1. 打开"授课文件夹\单元二"下的w1c.docx。

2. 在页面底端(页脚)右侧位置插入页码,格式为"a,b,c,…",起始页码为"c"。

3. 给文章加页眉:奇数页页眉为"协作学习",偶数页页眉为"wiki"。

4. 将正文第四段分成等宽三栏,栏间添加分隔线。

5. 页面设置:选用A4纸,上下边距设置为2.5厘米,左右边距设置为3厘米,设置行的跨度为20磅。

6. 给文档添加文本水印"内部资料",字体为黑体,版式为水平。

7. 将该文档打印3份。

8. 将文件另存为w1d.docx。

【任务实现】

1. 打开"授课文件夹\单元二"下的w1c.docx。

操作步骤:

① 启动Word。

② 执行"文件"→"打开"命令,在"打开"对话框中选择"授课文件夹\单元二"下的w1c.docx,然后单击"打开"按钮。

2. 在页面底端(页脚)右侧位置插入页码,格式为"a,b,c,…",起始页码为"c"。

操作步骤:

① 选择"插入"选项卡,在"页眉和页脚"组中单击"页码"的下拉三角,在展开的下拉菜单中,选择"页面底端"命令,然后选择"普通数字3"式样,如图2-28所示。此时在功能选项卡栏会增加"页眉和页脚工具/设计"选项卡。

② 在"页眉和页脚工具/设计"选项卡中,单击"页码"的下拉三角,在展开的下拉菜单中选择"设置页码格式"命令,如图2-29所示,弹出"页码格式"对话框。

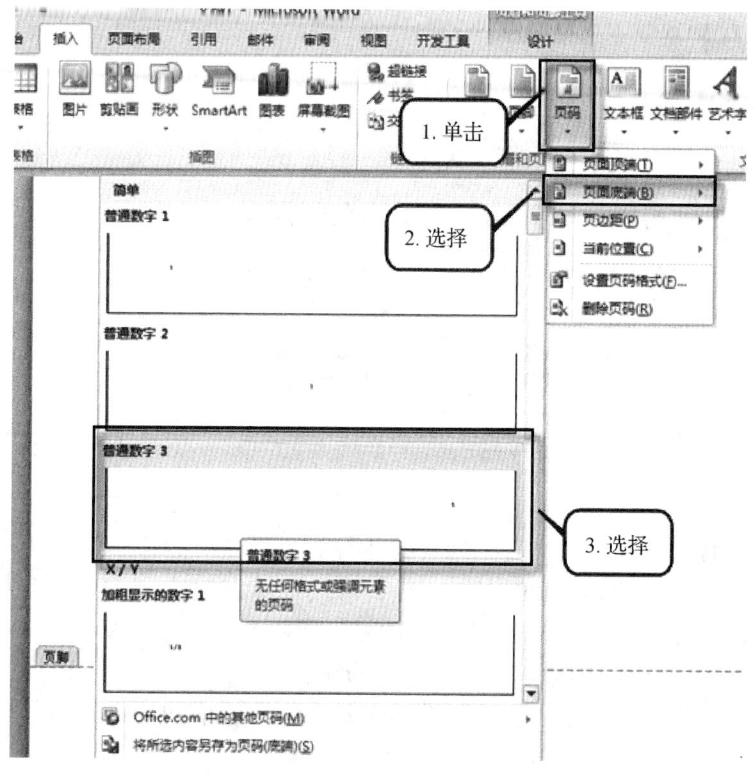

图 2-28 插入页码

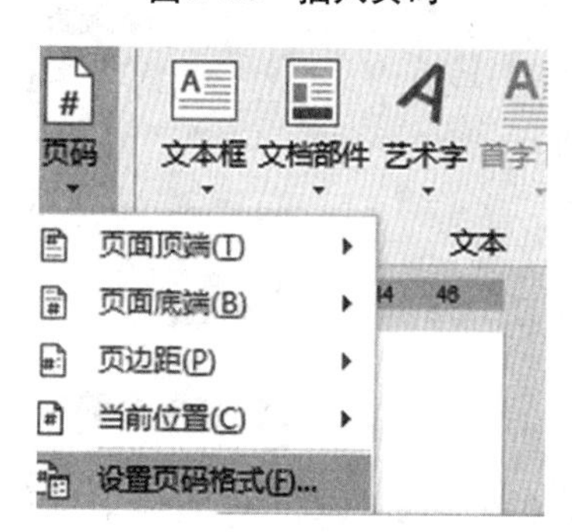

图 2-29 单击“设置页码格式”命令

③ 在弹出的“页码格式”对话框中，在“编号格式”下拉列表框中选择格式为“a,b,c,…”，设置起始页码为“c”，单击“确定”按钮回到“页码”对话框，如图 2-30 所示。

④ 单击“确定”按钮。

⑤ 在“页眉和页脚工具/设计”选项卡“关闭”组中单击“关闭页眉和页脚”按钮(或者在正文部分双击鼠标)，退出页眉和页脚的设置。

图 2-30 “页码格式”对话框

3. 给文章加页眉:奇数页页眉为“协作学习”,偶数页页眉为“wiki”。

页眉页脚通常显示文档的附加信息，常用来插入文档名称、时间、日期、页码和单位名称等信息。

操作步骤：

① 在“插入”功能区“页眉和页脚”组中，单击“页眉”按钮，在展开的下拉菜单中选择“编辑页眉”命令。

② 在“页眉和页脚工具/设计”功能区的“选项”组中选择“奇偶页不同”复选框，如图 2-31所示。

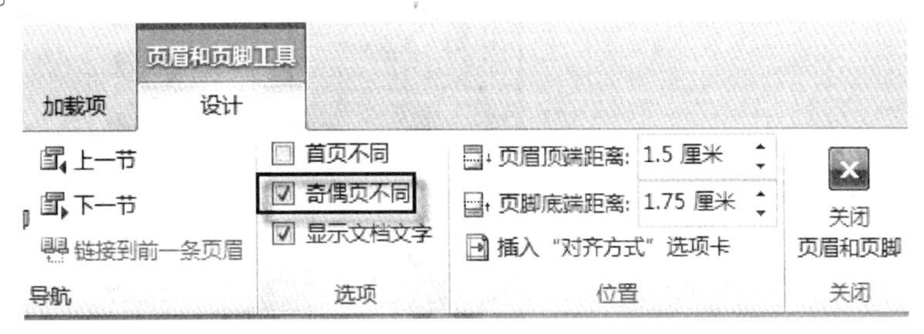

图 2-31　选择“奇偶页不同”复选框

③ 在页面“奇数页页眉”中输入“协作学习”，然后在“页眉和页脚工具/设计”功能区的“导航”组中单击“下一节”按钮 ，在“偶数页页眉”中输入“wiki”。

④ 退出页眉和页脚的设置。

知识拓展：

1. 删除页眉和页脚，可以在页眉和页脚区双击，然后选定内容按【Delete】键，之后单击“关闭页眉和页脚”即可。

2. “自动图文集”是 Microsoft Office 2003 中的功能，2016 Microsoft Office System 程序中不包含该功能。但实际上，“自动图文集”成为构建基块的一个类型，依然可以创建“自动图文集”。下面以“第 X 页共 Y 页”为例介绍，方法如下：

(1) 在文档中输入“第页共页”。

(2) 将光标定位在“第页”中间，单击“插入”功能区的“文档部件”中的“域”，然后在域名中选择“PAGE”。同样的方法，在“共页”间插入域{NUMPAGES}。

(3) 选中这些文本，按【ALT】+【F3】，添加到“构建基块”的自动图文集中，相当于2003 的创建自动图文集，命名为“第 X 页共 Y 页”，如图 2-32 所示。

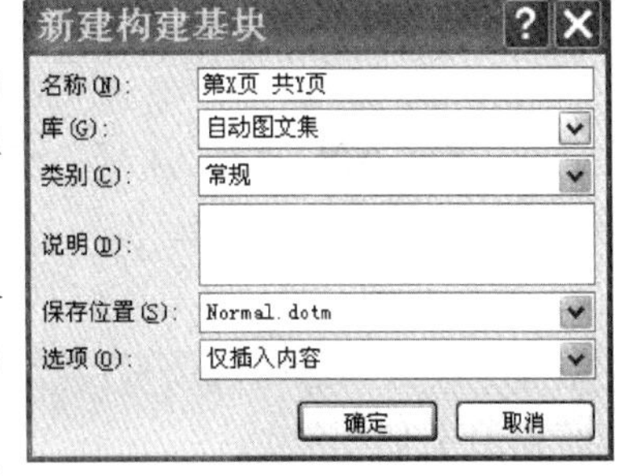

图 2-32　“新建构建基块”对话框

(4) 通过“插入”功能区的“文本”组下的“文档部件”按钮，再单击列表中该自动图文集词条名就可以插入了。

4. 将正文第四段分成等宽三栏，栏间添加分隔线。

操作步骤：

① 选择正文第四段（从“协作学习小组的最理想化规模……”开始）。

② 选择“布局”选项卡，在“页面设置”组中单击“分栏”按钮的下拉三角，在展开的下拉菜单中选择“更多栏”命令，如图 2-33 所示，弹出“分栏”对话框，在“分栏”对话框中，单击“预设”中的“三栏”，选择“分隔线”复选框，如图 2-34 所示。

③ 单击“确定”按钮。

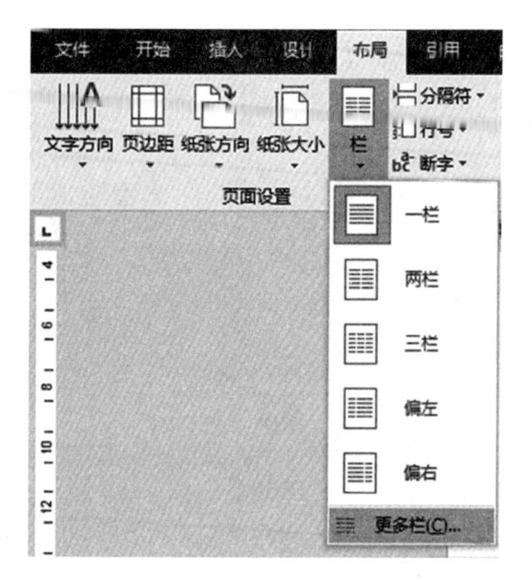

图 2-33　单击“更多分栏”命令

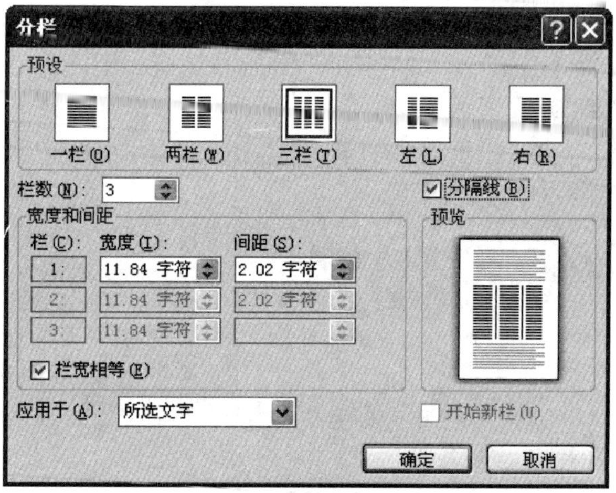

图 2-34　“分栏”对话框

知识拓展：

1. 如果对整篇文档或者最后一段分栏，可以不选择最后一个段落的段落标记符。当然，也可以先在文档结束处插入一个分节符，然后再进行分栏。下面介绍如何设置分节符：

(1) 将插入点移到需分节的位置。

(2) 在“布局”选项卡“页面设置”组中，单击“分隔符”的下拉三角，在展开的下拉菜单中，“分节符”区有四个单选钮，用户可根据需要选择其中任意一个：

- “下一页”：选择此选项，则新节从新页开始。
- “连续”：选择此选项，则新节与其前面一节共存于一页。
- “偶数页”：选择此选项，则分节符后面的文本打印在下一个偶数页上。
- “奇数页”：选择此选项，则分节符后面的文本打印在下一个奇数页上。

2. 删除分节符时，将插入点移到分节符上，然后按【Delete】键即可。

5. 页面设置：选用 A4 纸，上下边距设置为 2.5 厘米，左右边距设置为 3 厘米，设置每行 40 字符，行的跨度为 20 磅。

操作步骤：

① 选择“布局”选项卡，在“页面设置”组中单击“显示‘页面设置’对话框”按钮 按钮，如图 2-35 所示。

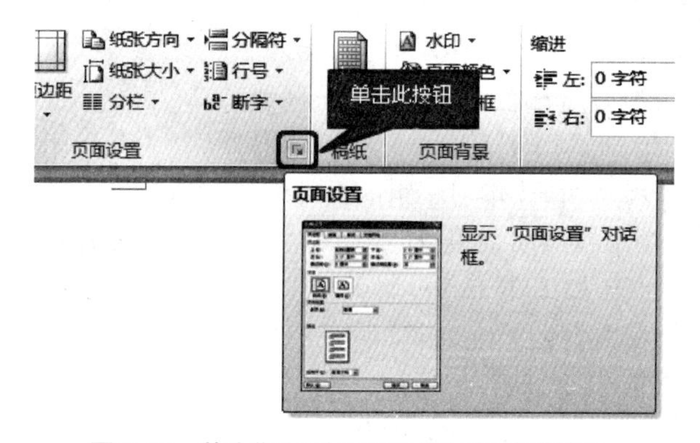

图 2-35　单击“显示‘页面设置’对话框”按钮

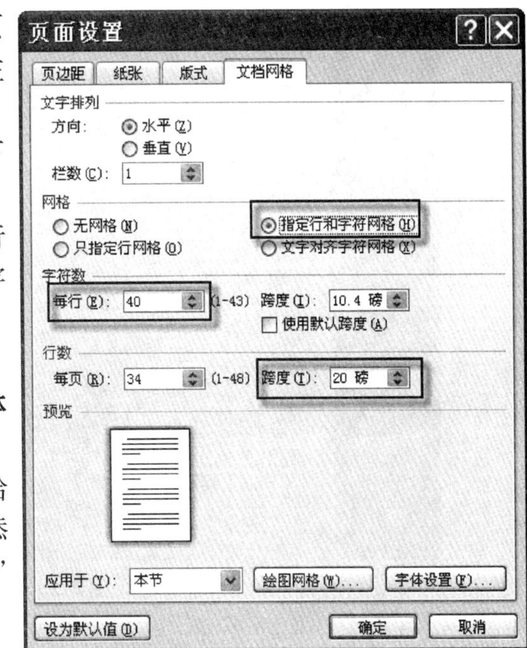

图 2-36　文档网格设置

② 在弹出的“页面设置”对话框中，在“页边距”选项卡中设置上下边距为 2.5 厘米，左右边距为 3 厘米。

③ 单击“纸张”选项卡，在“纸张大小”下拉列表框中选择 A4。

④ 单击“文档网格”选项卡，选定“指定行和字符网格”单选钮，然后设置“每行”40 个字符，行“跨度”为 20 磅，如图 2-36 所示。

⑤ 单击“确定”按钮。

6. 给文档添加文本水印“内部资料”，字体为黑体，版式为水平。

在“设计”功能区的“页面背景”组可以给文档添加背景，“水印”是背景之一。给文档添加“绝密”“机密”“严禁复制”等字样的“水印”效果可以提醒读者对文档做正确处理。

操作步骤：

① 选择“设计”选项卡，在“页面背景”组单击“水印”按钮，单击“自定义水印”命令自定义一个新的水印效果。

② 在“水印”对话框中选择“文字水印”，然后在“文字”文本框中输入“内部资料”，字体选择“黑体”，版式选择“水平”，如图 2-37 所示。

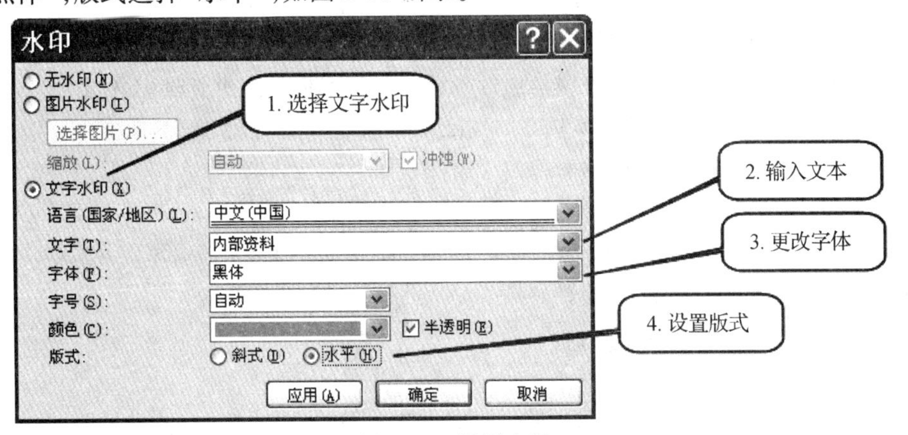

图 2-37　设置水印

③ 单击“确定”按钮。

温馨提示：

除了添加水印效果外，还可以在“设计”选项卡中给文档添加其他背景，如纯色、渐变、图案、图片等；也可以设置文档格式和不同的主题；还可以为页面添加边框。

7. 将该文档打印 3 份。

操作步骤：

① 执行“文件”→“打印”命令，显示“打印”设置页面，在其中的“打印机”中选择合适的打印机，设置“打印所有页”，“打印份数”设置为 3，其他采用默认值，如图 2-38 所示。

② 单击“打印”按钮。

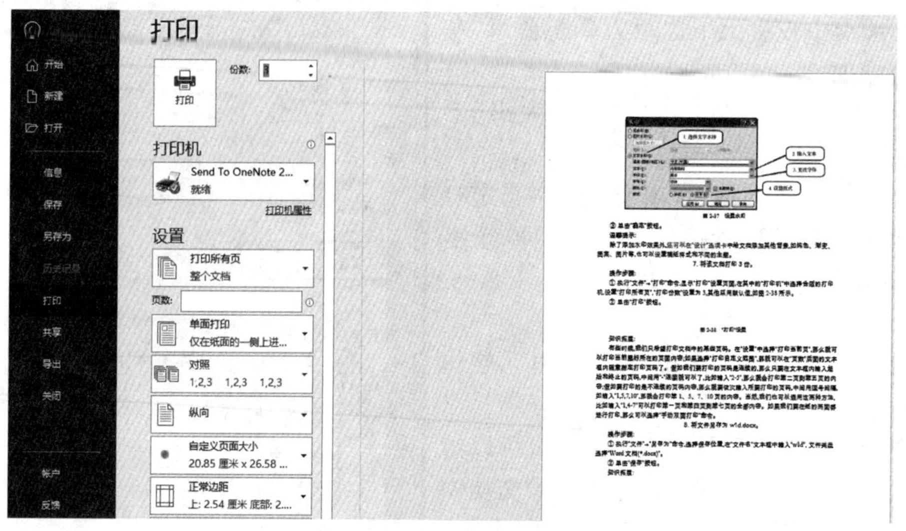

图 2-38 “打印”设置

知识拓展:

有些时候,我们只希望打印文档中的某些页码。在“设置”中选择“打印当前页”,那么就可以打印当前鼠标所在的页面内容;如果选择“打印自定义范围”,那就可以在“页数”后面的文本框内随意指定打印页码了。假如我们要打印的页码是连续的,那么只要在文本框内输入起始和终止的页码,中间用“-”连接就可以了,比如输入“2-5”,那么就会打印第二页到第五页的内容;假如要打印的是不连续的页码内容,那么就要依次输入所要打印的页码,中间用逗号间隔,如输入“1,5,7,10”,那就会打印第1、5、7、10页的内容。当然,我们也可以混用这两种方法,比如输入“1,4-7”可以打印第一页和第四页到第七页的全部内容。如果我们要在纸的两面都进行打印,那么可以选择“手动双面打印”命令。

8. 将文件另存为 w1d.docx。

操作步骤:

① 执行“文件”→“另存为”命令,选择保存位置,在“文件名”文本框中输入“w1d”, 文件类型选择“Word 文档(*.docx)”。

② 单击“保存”按钮。

知识拓展:

对文档进行排版操作时,有时需要从文档的某个位置起强制分页,或者插入一个空白页,或者插入封面等操作。

1. 强制分页选择“插入”选项卡,然后单击“分页”按钮,或者按【Ctrl】+【Enter】组合键。
2. 插入空白页选择“插入”选项卡,然后单击“空白页”按钮。
3. 插入封面页选择“插入”选项卡,然后单击“封面”按钮,选择合适的封面样式。

【自我训练】

页面排版

实训要求:

(1) 打开上一个任务的“简介.docx”。

(2) 按你所在学校毕业论文的格式要求对文本进行排版操作。

(3) 保存文本,以备后用。

任务 5　Word 的表格操作

【任务描述】

- 新建一个 Word 文档,保存文档为 w4. docx,参照如下样表,按要求完成如下操作。

成绩表				
姓名	计算机基础	网络技术	多媒体技术	总分
左名君	90	85	86	261
王华	89	78	86	253
黎明	78	69	79	226
平均分	85.7	77.3	83.7	246.7

1. 插入一个 4 行 4 列的表格,并设置格式。

姓名	计算机基础	网络技术	多媒体技术
王华	89	78	86
左名君	90	85	86
黎明	78	69	79

2. 在最后一列增加一列,在标题单元格输入“总分”,利用公式计算每位同学的总分。

3. 在最后一行增加一行,标题单元格输入“平均分”,利用公式计算每门课程及总分的平均分,保留一位小数。

4. 在第一行前面增加一行,合并该行所有单元格。设置标题文本“成绩表”格式。

5. 根据三位同学的总分按从高到低排序(排序时包括标题行)。

- 打开授课文件夹下的 w41. docx,按要求完成如下操作。

6. 将文本转换成 5 行 3 列的表格;设置表格居中显示,列宽为 3 厘米,表格文字为四号黑体、水平垂直居中。

7. 设置表格外框线、内框线格式。

8. 表格标题行(即第 1 行)设置黄色底纹。

【任务实现】

1. 插入一个 4 行 4 列的表格,并设置格式。

操作步骤:

① 在“插入”选项卡“表格”组中,单击“表格”的下拉三角,在展开的下拉菜单中,选择“插入表格”命令,如图 2-39 所示。在弹出的“插入表格”对话框中,设置“行数”和“列数”均为 4,如图 2-39 所示。或直接在图 2-40 所示的表格中拖选 4 行 4 列的表格进行创建。

图2-39 "插入表格"对话框

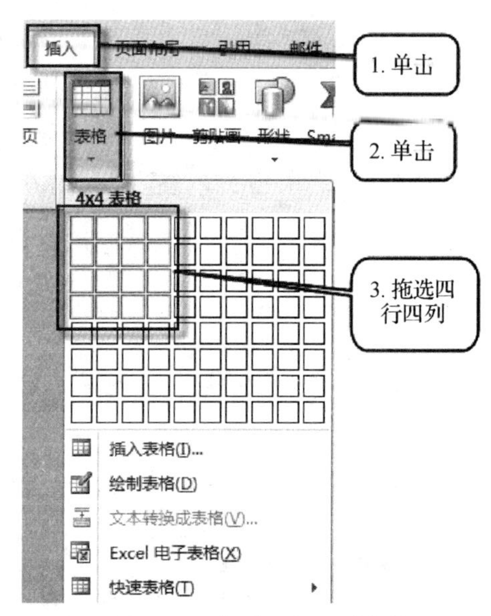

图2-40 拖选4行4列表格

② 选择"表格工具/设计"选项卡,在"表格样式"组中单击"网格表1,浅色-着色5",如图2-41所示。

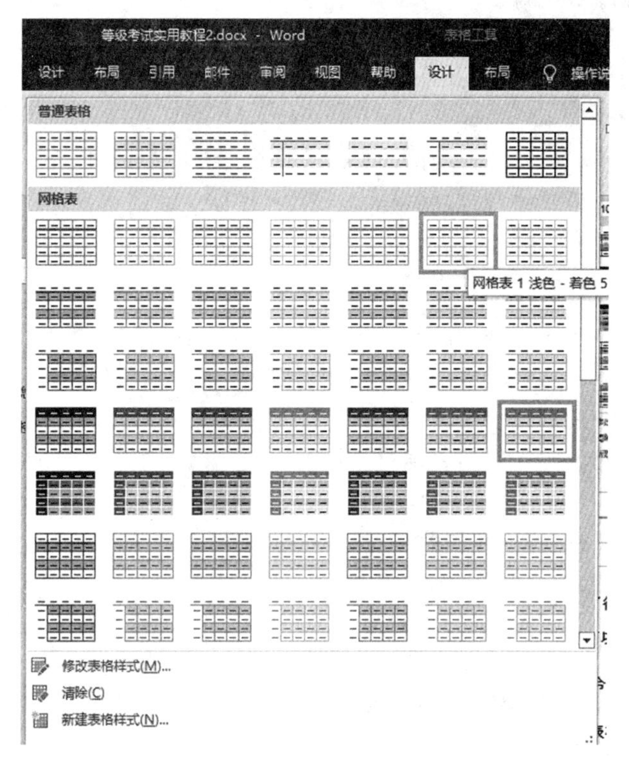

图2-41 表格样式设置

温馨提示:

1."表格样式"提供了很多表格样式,可以根据自己的需要选择。

2. 在制作表格时,可以在"插入"选项卡"表格"组中,单击"表格"下拉三角,在展开的下拉菜单中单击"绘制表格"命令,利用"表格工具/设计"选项卡"绘图边框"组中的工具手动绘制复杂表格。比如，利用“绘制表格”按钮可以绘制表格，也可以给单元格添加对角线。利用“擦除”按钮可以删除表格中的线条，单击相应的边框按钮可以设置所需的边框（如将表格设置成只有横线、没有竖线等）。

③ 单击表格左上角的移动控制点，选择整个表格，在“表格工具/布局”选项卡“单元格大小”组中，将“宽度”设置为 2.8 厘米，如图 2-42 所示。

温馨提示：

粗略调整行高、列宽时，可以直接用鼠标拖曳。表格的行高、列宽除了指定以外，还可以利用“表格工具/布局”选项卡“单元格大小”组“自动调整”中的相关命令，根据表格内容、页边距等做出调整。

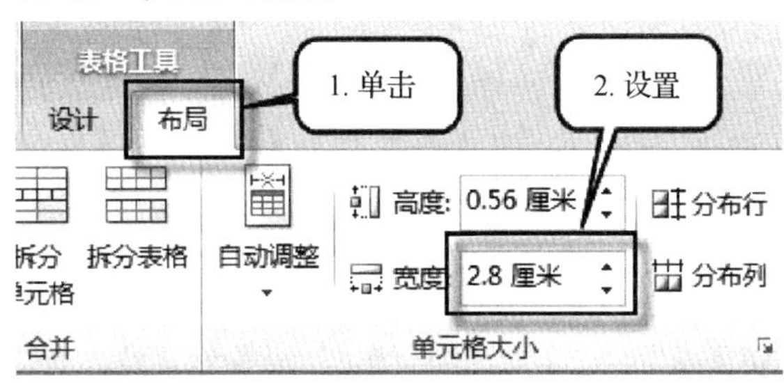

图 2-42　指定列宽

图 2-43　“公式”对话框

④ 在单元格中输入相应内容。

2. 在最后一列增加一列，在标题单元格输入“总分”，利用公式计算每位同学的总分。

操作步骤：

① 将鼠标指针移到表格最上面的边框线上，当鼠标指针由“I”变成“↓”时，单击最后一列，选定整列。

② 在“表格工具/布局”选项卡“行和列”组中，单击“在右侧插入列”按钮，并在新插入列的标题单元格输入“总分”。

③ 将插入点光标移动到存放总分的单元格中，在“表格工具/布局”选项卡“数据”组中，点击“公式”命令，在“公式”文本框中输入“ =SUM(LEFT)”，如图 2-43 所示。

温馨提示：

函数可以利用“粘贴函数”下拉列表框中选择输入，其他常用函数如 AVERAGE( )、COUNT( )、ABS( )等也可以选择输入，常用函数如图 2-44 所示。

名称	功能
ABS	求绝对值
AVERAGE	求平均值
COUNT	数字单元格的个数
INT	求该数的整数部分
MAX,MIN	分别求最大值、最小值
PRODUCT	求连乘积
ROUND	四舍五入
SUM	求和

图 2-44　常用函数

④ 单击“确定”按钮。

⑤ 采用以上方法，依次计算其他总分。

温馨提示：

删除表格、行、列和单元格时，在“表格工具/布局”选项卡“行和列”组中，单击“删除”的下拉三角，在展开的下拉菜单中选择相关命令即可。

3. 在最后一行增加一行，标题单元格输入“平均分”，利用公式计算每门课程及总分的平均分，保留一位小数。

操作步骤：

① 选定最后一行。

② 在“表格工具/布局”选项卡“行和列”组中,单击“在下方插入行”按钮,并在新插入行的标题单元格输入“平均分”。

③ 将插入点光标移动到存放平均分的单元格中,在“表格工具/布局”选项卡“数据”组中,点击“公式”命令,在“公式”文本框中输入“ = AVERAGE(ABOVE)”,在“数据格式”列表框中输入“0.0”。

④ 单击“确定”按钮。

⑤ 采用以上方法,依次计算其他平均分。

知识拓展:

在 Word 表格计算中,除了使用函数外,也可以使用表达式来计算结果。计算时除了利用 LEFT、ABOVE 等参数表示运算对象外,还可以利用单元格地址引用。单元格命名规则为“列标 + 行号”,如第 A 列第 2 行为 A2;区域“C2:C4”表示是 C2 单元格到 C4 单元格(即包含 C2、C3、C4 单元格)。

根据下表,完成如下任务:

(1) 计算货物的现价,保留 2 位小数。

(2) 计算存放在不同仓库的螺丝刀现价的平均,保留 2 位小数。

货物	原价(元)	折扣	仓库号	现价(元)
螺丝刀	7.8	0.9	21#	
螺丝刀	7.8	0.8	22#	
水泵	122	0.85	22#	
螺丝刀现价平均值				

具体操作步骤如下:

(1) 将插入点光标定位到 E2 单元格,在“表格工具/布局”选项卡“数据”组中,点击“公式”命令,在“公式”文本框中输入“ = b2 * c2”,在“数字格式”下拉列表中选择“0.00”,如图 2-45 所示。单击“确定”按钮。

图 2-45　表达式及格式设置

(2) 同样的方法计算其他货物的现价(注意单元格地址的改变)。

(3) 将插入点光标移动到 E5 单元格中,在“表格工具/布局”选项卡“数据”组中,点击“公式”命令,在“公式”文本框中输入“ = AVERAGE(E2:E3)”,在“数据格式”列表框中选择“0.00”,单击“确定”按钮。

此处“ = AVERAGE(E2:E3)”不能用“ = AVERAGE(ABOVE)”,否则会把单元格 E4 也计算在内。

4. 在第一行前面增加一行,合并该行所有单元格。设置标题文本“成绩表”格式。

① 选定第一行。

② 在“表格工具/布局”选项卡“行和列”组中,单击“在上方插入行”按钮。

③ 选定新插入的行,在“表格工具/布局”选项卡的“合并”组中,单击“合并单元格”按钮。

④ 在合并的单元格中,输入“成绩表”,并设置格式为三号黑体、居中,文本效果和版式为“半映像:接触”。

温馨提示:

1. 如果需要拆分单元格,在“表格工具/布局”选项卡的“合并”组中,单击“拆分单元格”按钮,然后在对话框中设置拆分的参数。选择“拆分单元格”按钮可以拆分表格。

2. 单元格文本格式设置时,还有一个考点需要注意。就是关于表格中文本方向设置。首先选择需要设置文本方向的单元格,执行在“表格工具/布局”选项卡“对齐方式”组中,单击“文字方向”按钮进行相应的设置即可。

5. 根据三位同学的总分按从高到低排序(排序时包括标题行)。

操作步骤:

① 选定第二行至第五行,如图 2-46 所示。

成绩表

选中这四行

姓名	计算机基础	网络技术	多媒体技术	总分
王华	89	78	86	253
左名君	90	85	86	261
黎明	78	69	79	226
平均分	85.7	77.3	83.7	246.7

图 2-46　选定排序的行

② 在“表格工具/布局”选项卡“数据”组中,单击“排序”按钮,在“排序”对话框中,在“列表”选项组选择“有标题行”单选钮,在“主要关键字”列表框中选择“总分”,类型为“数字”,单击“降序”单选钮,如图 2-47 所示。

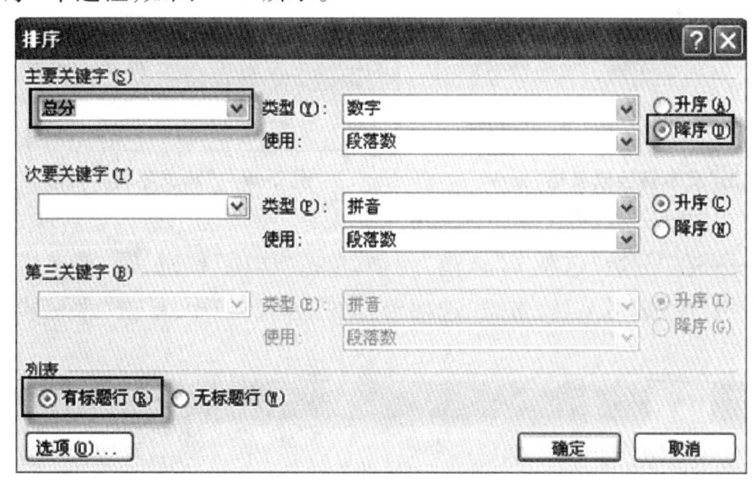

图 2-47　“排序”对话框

③ 单击“确定”按钮。

温馨提示:

1. 如果总分有同分的情况,可以选择其他字段当作次要关键字,作为同分同学的排序依据。

2. 排序关键字的排序类型,通常会由 Word 自动判断,在某些特殊情况下,可能要操作者自己做出选择,如按计算公式得到的结果进行排序时。

6. **将文本转换成5行3列的表格；设置表格居中显示，列宽为3厘米，表格文字为四号黑体、水平垂直居中。**

操作步骤：

① 打开 w41. docx。

② 选中 w41. docx 的文本，在“插入”选项卡“表格”组中，单击“表格”下拉三角，在展开的下拉菜单中单击“文本转换成表格”命令，如图2-48 所示。在弹出的“将文字转换成表格”对话框中，设置“固定列宽”为3 厘米，其他使用默认值，如图 2-49 所示。

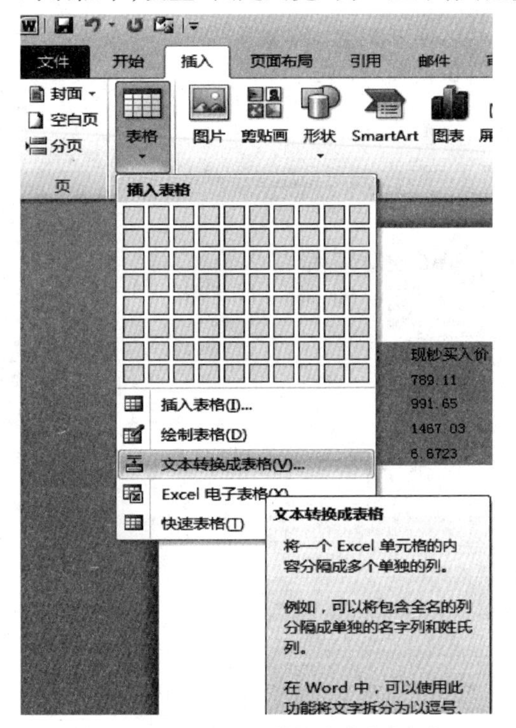

图 2-48 单击“文本转换成表格”命令

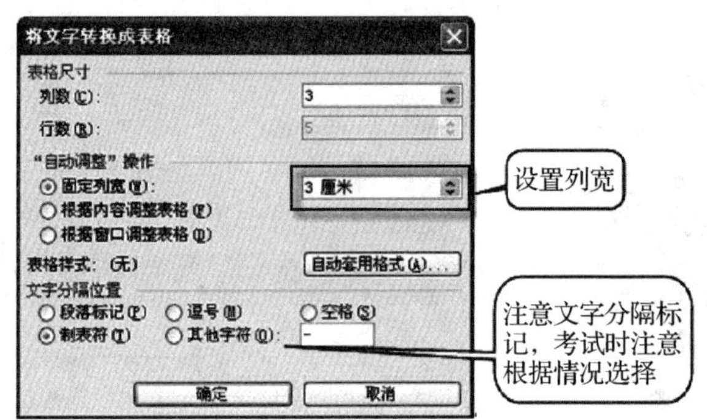

图 2-49 “将文字转换成表格”对话框

③ 选中表格中的文本，将文本字体设置为“黑体”、字号为“四号”。

④ 选中表格，在“开始”选项卡“段落”组中，单击“居中”按钮 ，将表格居中显示。

⑤ 选中表格，在“表格工具/布局”选项卡“对齐方式”组中，单击“水平居中”按钮，如图 2-50 所示。

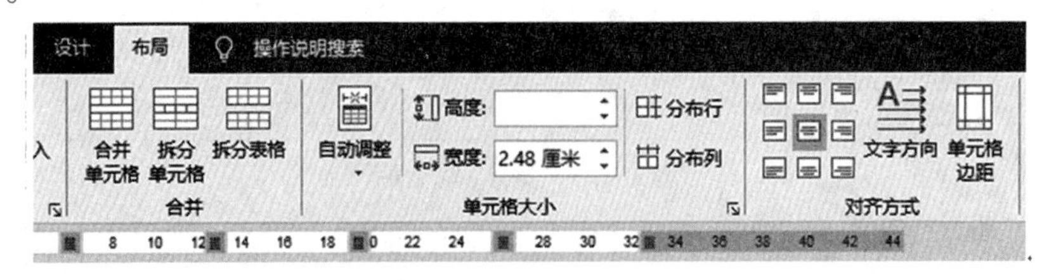

图 2-50 单元格对齐方式

温馨提示：

1. 表格居中也可以在“表格工具/布局”选项卡“表”组中，单击“属性”命令，在弹出的“表格属性”对话框“表格”选项卡的“对齐方式”中选择“居中”选项。

2. 单元格内容的对齐方式设置除了用“单元格对齐方式”外，还可以在选择单元格后，在“表格工具/布局”选项卡“对齐方式”组中，改变其他的对齐方式。

3. “表格属性”对话框中，在“单元格”选项卡中单击右下方的“选项”按钮，可以设置“单元格边距”，即改变单元格内容与表格框线之间的距离。

7. **设置表格外框线、内框线格式**。

操作步骤：

① 选中表格，在“表格工具/设计”选项卡“边框”组中设置。

② 在“边框”组依次设置“笔样式”为“单实线”“笔画粗细”为“1.5 磅”“笔颜色”为“绿色”；单击“边框”的下拉三角，在展开的下拉菜单里单击“外侧框线”命令，如图 2-51 所示。

③ 再次在“边框”组依次设置“笔样式”为“单实线”“笔画粗细”为“1 磅”“笔颜色”为“绿色”；单击“边框”的下拉三角，在展开的下拉菜单里单击“内部框线”命令，如图 2-52 所示。

图 2-51　设置外框线

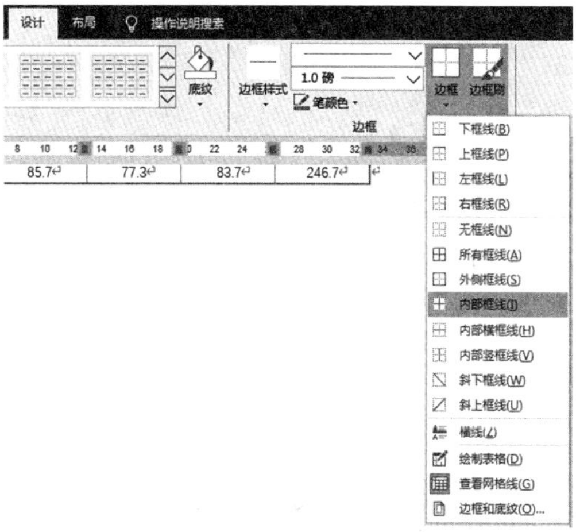

图 2-52 设置内框线

④ 选择表格第一行，在“边框”组依次设置“笔样式”为“双窄线”“笔画粗细”为“0.5 磅”“笔颜色”为“蓝色”；单击“边框”的下拉三角，在展开的下拉菜单里单击“下框线”命令，如图 2-53 所示。

8. **表格标题行（即第 1 行）设置黄色底纹**。

操作步骤：

① 选择表格第一行。

② 在“表格样式”组单击“底纹”的下拉三角，在展开的下拉菜单中选择“黄色”，如图 2-54 所示。

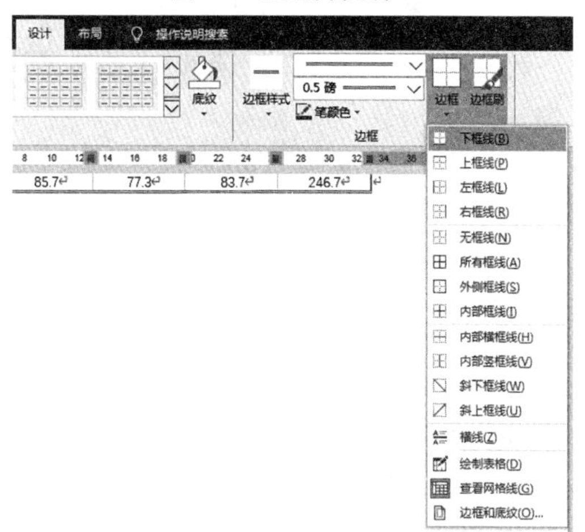

图 2-53　设置下框线

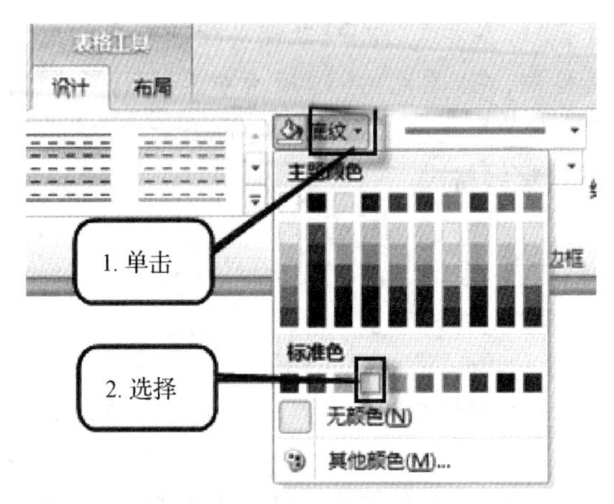

图 2-54　设置底纹颜色

【自我训练】

绘制表格。

实训要求：

(1) 打开上一个任务的"简介. docx"。

(2) 新插入一个空白页面。

(3) 打开 IE，利用"百度"搜索"个人简历"图片，并选择一款自己喜欢的表格样式的个人简历。

(4) 对照该图片，在新建的空白页中设计个人简历表格。

(5) 保存文本，以备后用。

任务 6　Word 的图文混排

【任务描述】

1. 打开"授课文件夹\单元二"文件夹下的 w5. docx，设置标题文字"美丽的花果山"格式。

2. 插入"授课文件夹\单元二"文件夹下的图片"花果山. jpg"，并设置格式。

3. 在第二段右侧位置插入竖排文本框，输入文字"美丽的花果山"，并设置格式。

4. 在文章正文第三段下面利用 SmartArt 插入组织结构图(参考样张)。

5. 在文章最后一段"文明风景区"处添加"思想气泡：云"，并设置格式。

6. 利用 Word 的"屏幕截图"功能截取花果山的风景图片插入到文章末尾，并设置超级链接。

7. 将文件另存为 w5b. docx。

【任务实现】

1. 打开“授课文件夹\单元二”文件夹下的 w5.docx，设置标题文字“美丽的花果山”格式。

操作步骤：

① 打开 w5. docx。

② 将光标定位在第一段前面，选择“插入”选项卡，在“文本”组单击“艺术字”按钮，选择第三行第一列样式，如图 2-55 所示。在提示处输入“美丽的花果山”，设置“字体”为黑体。

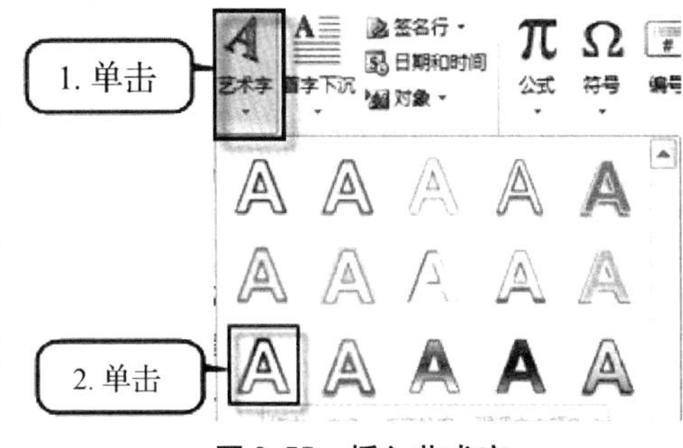

图 2-55　插入艺术字

③ 选择“绘图工具/格式”选项卡，单击“大小”组中的 按钮，弹出“布局”对话框；在“布局”对话框中选择“文字环绕”选项卡，设置“上下型”环绕，选择“位置”选项卡，设置水平对齐方式为“居中”，如图 2-56 所示。

温馨提示：

选中艺术字，可以看到艺术字周围出现 8 个小方块，称为调整句柄，通过这些调整句柄也可以粗略地调整艺术字的大小(后面图片、自选图形等对象的操作相同)。

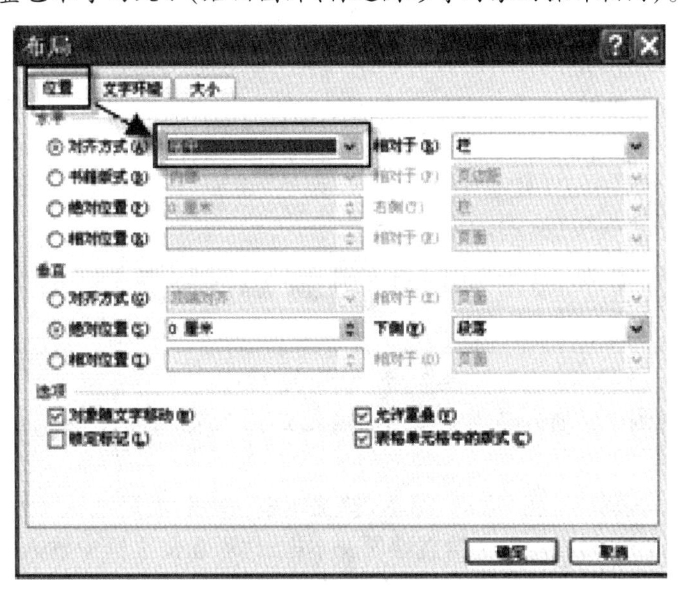

图 2-56　“布局”对话框

④ 在“艺术字样式”项单击“文本效果”按钮，阴影设置为“外部-偏移：上”，在“转换”处设置艺术字形状为“山形：下”，如图 2-57 所示。

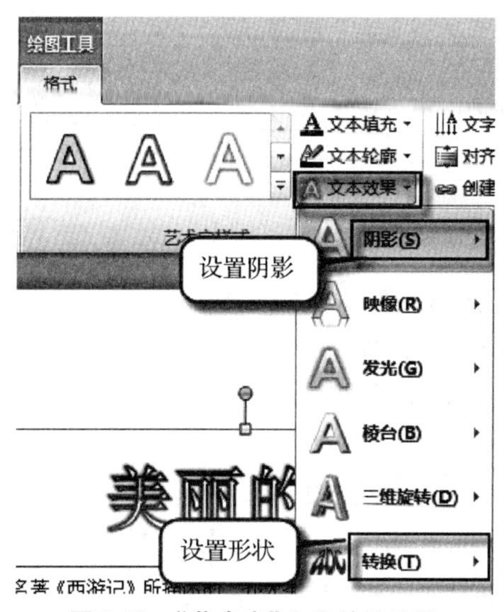

图 2-57 “艺术字”文字效果设置

2. 插入“授课文件夹\单元二”文件夹下的图片“花果山.jpg”，并设置格式。

操作步骤:

① 将插入点光标定位到第二段,选择“插入”选项卡,单击“插图”组的“图片”按钮,在“插入图片”对话框中选择在“授课文件夹\单元二”文件夹中的图片“花果山. jpg”。

② 选定图片,选择“图片工具/格式”选项卡,单击“大小”组下面的按钮,弹出“布局”对话框;在“布局”对话框中选择“文字环绕”选项卡,设置“四周型”环绕,选择“大小”选项卡,比例改为“80%”,然后单击“确定”按钮;单击“调整”组的“删除背景”按钮删除背景,在“图片样式”组选择“金属框架”样式,如图 2-58 所示。

图 2-58 设置图片格式

3. 在第二段右侧位置插入竖排文本框，输入文字“美丽的花果山”，并设置格式。

操作步骤:

① 选择“插入”选项卡,在“文本”组单击“文本框”按钮,然后选择“绘制竖排文本框”命令,如图 2-59 所示。在第二段右侧位置绘制文本框,然后在文本框中输入文本“美丽的花果山”,选中文本,单击“超链接”按钮,在地址栏输入 http://trip. huaguo shan. gov. cn。

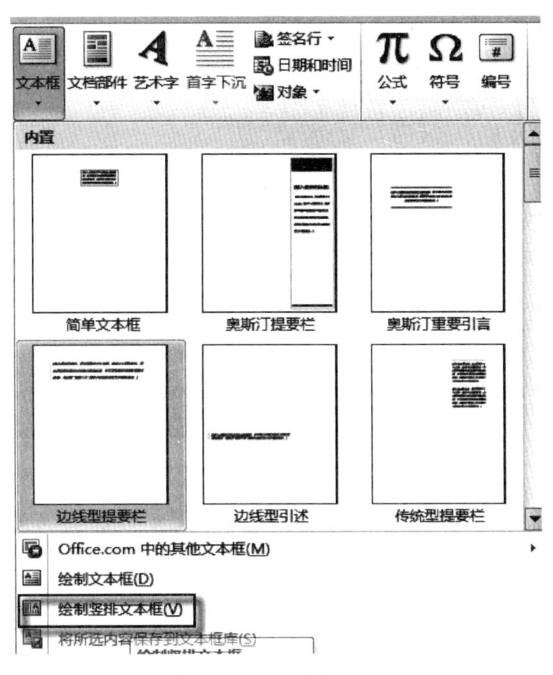

图 2-59　插入竖排文本框

② 选定文本框,选择“绘图工具/格式”选项卡,在“大小”组设置“高度”为 2.8 厘米、“宽度”为 1.2 厘米;在“形状样式”组单击“形状填充”,设置填充颜色为“蓝色”,环绕方式设置为“紧密型”。

4. 在文章正文第三段下面利用 SmartArt 插入组织结构图(参考样张)。

操作步骤:

① 将光标定位在第三段,回车。

② 选择“插入”选项卡,单击“SmartArt”按钮,在“选择 SmartArt 图形”对话框中选择“层次结构”中的“组织结构图”,如图 2-60 所示。

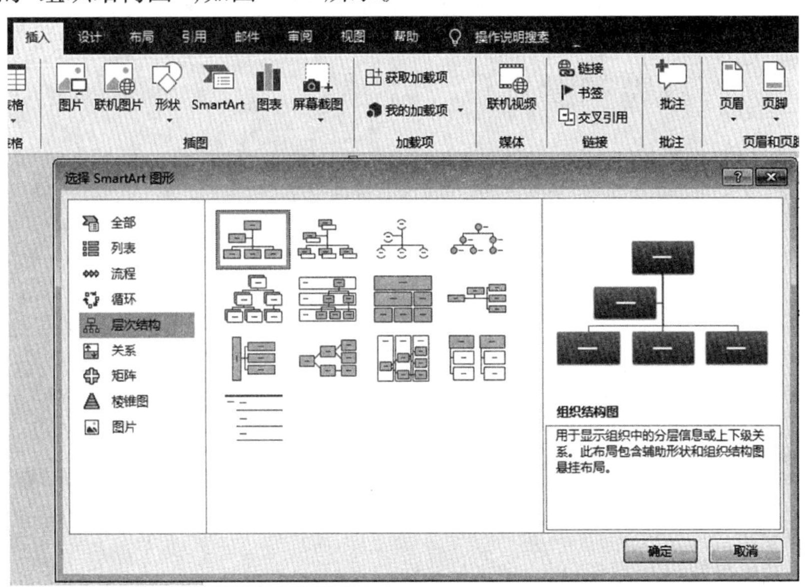

图 2-60　插入组织结构图

③ 选中最后一个矩形,选择"SmartArt 工具/设计"选项卡,在"创建图形"组单击"添加形状"按钮的下拉三角,然后选择"在后面添加形状"命令,如图 2-61 所示,在原来的组织结构图后新插入一个矩形,同样的方法再插入一个矩形。

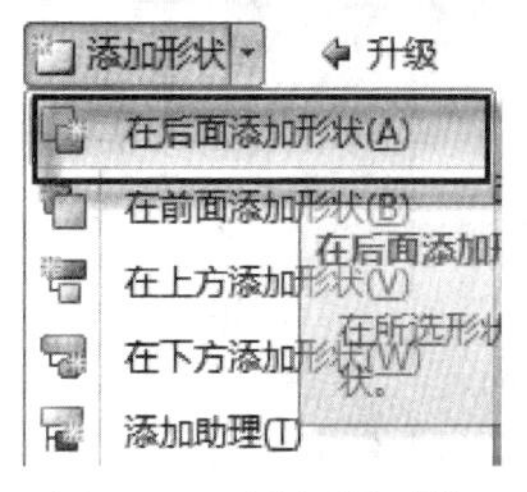

图 2-61　插入新形状

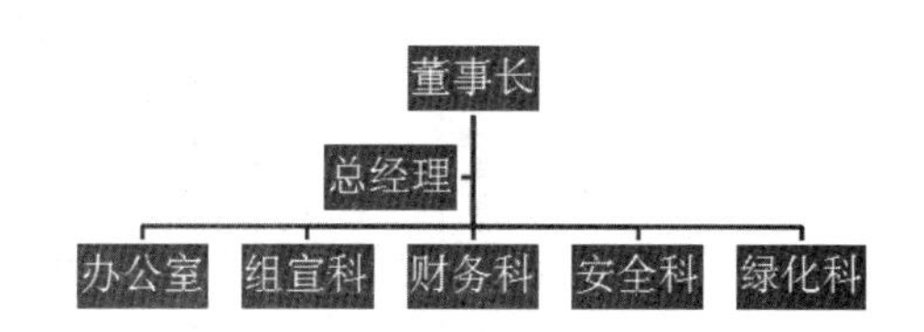

图 2-62　组织结构效果图

④ 在组织结构图中输入文本,然后调整图的大小,如图 2-62 所示。

5. 在文章最后一段"文明风景区"处添加"思想气泡:云",并设置格式。

操作步骤:

① 选择"插入"选项卡,在"插图"组选择"形状"下的"思想气泡:云",在最后一段"文明风景区"位置绘制该标注,并在图形中输入文本"你知道吗?"。

② 选定云型标注,在"形状样式"中选择合适的样式,如图 2-63 所示。

图 2-63　设置合适的样式

③ 为标注设置环绕方式为"穿越型"。

6. 利用 Word 的"屏幕截图"功能截取花果山的风景图片插入到文章末尾,并设置超级链接(www.lyg.cn)。

操作步骤:

① 将光标定位到文章末尾。

② 打开 IE,利用百度搜索"花果山"图片。

③ 选择"插入"选项卡,单击"屏幕截图"按钮下的"屏幕剪辑"命令,如图 2-64 所示。

图 2-64　屏幕截图视窗

④ 界面跳转到网页,在网页中拖到鼠标截取图片。

⑤ 选中图片,选择"插入"选项卡,单击"链接"组的"链接"项,然后在"插入超链接"对话框中的"地址"中输入网址 www. lyg. cn。

温馨提示：

如果需要截取整副图，可以在屏幕“可用视窗”中单击需要截取的视窗。

整个文档最终效果图如图 2-65 所示。

知识拓展：

利用 Word 的“形状”工具，可以绘制出各种图形，绘制出来的图形，可以对其进行相应的调整。

1. 绘制图形。

绘制图形时，只需选择“形状”按钮下的图形，当光标变成“十”字形，按下鼠标并开始拖动即可。正方形和圆形分别是矩形和椭圆的特例，绘制时先单击“矩形”或“椭圆”按钮，按住【Shift】键再绘制即可。

2. 调整图形。

(1) 移动、复制图形：用鼠标选中图形，光标呈现时，按住鼠标左键，就可将图形拖动，利用键盘上的四个箭头键可以微移图形。用鼠标选中图形，按住【Ctrl】键，光标呈现时拖动就可以复制该图形。

(2) 改变图形的大小：选中图形后，在其周围就会出现 8 个控制点，将鼠标光标放在任意控制点上单击并拖动，可改变图形的大小。拖动四个角的控制点可以等比例改变图形的大小。也可以在“大小”组直接键入数值改变大小。

(3) 改变图形的样式：选中图形后，在“形状样式”组可以改变形状的填充、边框、阴影效果、三维效果等。

(4) 排列图形：对于多个图形来说，可以设置它们的排列效果。在“排列”组可以设置图形的组合、对齐、叠放次序等效果。

美丽的花果山

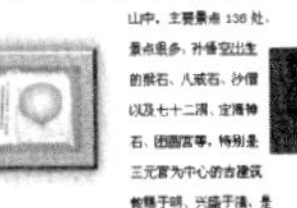

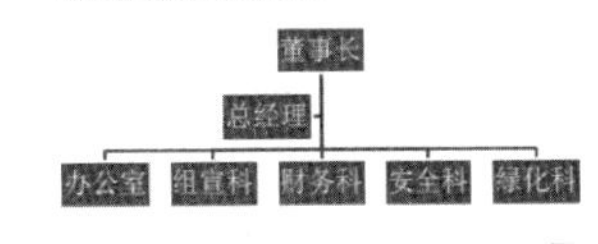

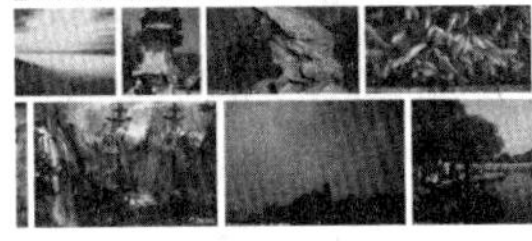

图 2-65　文档效果图

3. 删除图形。

选定要删除的图形，然后按下【Delete】键即可。

7. 将文件另存为 w5b.docx。

操作步骤：

① 执行“文件”→“另存为”命令，设置保存位置，在“文件名”文本框中输入“w5b. docx”，文件类型选择“Word 文档(*. docx)”。

② 单击“保存”按钮。

知识拓展：

有时候我们需要利用 Word 在文档中输入代数、几何、化学和物理等学科中的各种符号和公式，Word 2016 和 Office. com 提供了多种常用的公式供用户直接插入到 Word 2016 文档中，用户可以根据需要直接插入这些内置公式，以提高工作效率，操作步骤如下所述：

(1) 打开 Word 2016 文档窗口，切换到“插入”功能区。

(2) 在“符号”组中单击“公式”下拉三角按钮，在打开的内置公式列表中选择需要的公式(如“二次公式”)即可,如图2-66所示。

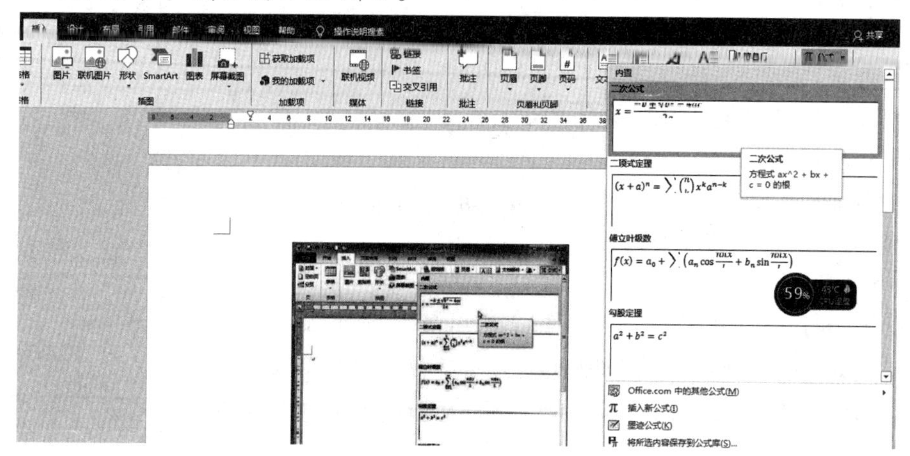

图2-66 插入内置公式

(3) 在当前计算机处于联网状态下,如果在Word 2016提供的内置公式中找不到用户需要的公式,则可以在公式列表中指向“Office. com中的其他公式”选项,并在打开的来自Office. com的更多公式列表中选择所需的公式。

(4) 如果想自己输入公式,可以单击“插入新公式”,然后输入自己需要的公式。

【自我训练】

1. 插入图片等内容。

实训要求:

(1) 打开上一个任务的“简介. docx”。

(2) 打开自己学校的网页,选择一幅校园的图片,将其插入到文档校园介绍部分,环绕方式为“上下型”,设置图片效果为“透视:下”。

(3) 将标题文本转换为“艺术字”样式,居中显示。

(4) 在文章末尾利用“SmartArt”设计学校的组织结构图。

(5) 保存文本。

2. 毕业论文排版(自学)。

在写毕业论文之前,最好先设置好页面布局及样式,全文编辑好以后,再进行页眉、页脚的设置,最后再添加目录。

(1) 页面设置。

每一个学校都会有论文的格式要求,页面设置里面最常用到的就是页边距、装订线与纸张大小的设置,操作步骤略。

(2) 使用样式。

为了更好地排版,可以将论文中涉及的样式全部创建出来,比如正文、摘要、标题、参考文献等,然后分别将这些样式应用于论文中。当然,也可以直接使用Word提供的样式,进行修改应用。

下面我们仅以标题1的样式为例,采用直接修改样式的方法给大家进行讲解。

设置一级标题。选中论文中需要设置一级标题的标题文字,在“开始”功能区的“样式”组中选择“标题1”样式,然后按学校标题样式要求进行修改,比如字体设置为“黑体、小二号、居中对齐”。可以使用“格式刷” 设置论文中其他一级标题文本样式（“格式刷”详细使用见格式复制介绍）。

温馨提示：

中英文摘要、附录、致谢、参考文献等大标题可以套用一级标题样式。

（3）给表格、图片等插入“题注”。

由于论文是需要经常修改的，如果我们的图片、表格等的编号都是人工输入的话，每一次重新插入或者是删除一个，那所有的编号都要再全部重新人工输入一次。只要论文引用了题注，就可以让所有的编号全部都自动变动。

选中需要引用题注的对象，在引用工具栏里选择“插入题注”。在出现的题注设置栏中，首先选择“标签”，也就是你要插入题注的对象是表格，是图片，还是图表；然后“题注”的名称会跟着自动变化；点击“编号”按钮，会出现一个小的“题注编号”栏，把“包含章节号”的复选框勾起来，再点击“确定”就可以了。

题注的交叉引用可以让你无论在文章的哪个位置，只要插入的交叉引用，按住【Ctrl】键，点击如“图表 1-1”的字样，都能让你瞬间找到你的图表位置。首先，光标置于需要交叉引用的地方；然后选择“引用”→“题注”→“交叉引用”命令，“引用类型”选择你插入题注对象的性质，“引用内容”一般都是选择“仅标签和编号”，点击“插入”就可以。

（4）不同部分页眉、页脚的处理。

① 分节。首先将光标定于为需要分节处，比如目录页后面，单击“页面布局”功能区中“页面设置”组中的“分隔符”按钮，选择分节符类型中的“连续”命令，文档被分成两节。分节符在大纲视图和草稿视图中可见。

删除分节符时，在“大纲视图”“草稿”视图将插入点移到分节符上，然后按【Delete】键。

② 页眉设置。

将光标定位于正文中，选择“插入”选项卡，在“页眉和页脚”组中单击“页眉”按钮，选择内置的“页眉”样式，在页眉区正中输入页眉文本。

如果需要实现目录没有页眉，而正文有页眉，可如下操作：首先需要取消节与节之间的链接，单击“页眉和页脚工具/设计”功能区的按钮 链接到前一条页眉，取消节与节之间的链接，表示各节可以单独设置页眉，否则全文都将是同一个页眉，如图 2-67 所示；然后单击“上一节”按钮，删除目录页的页眉即可。

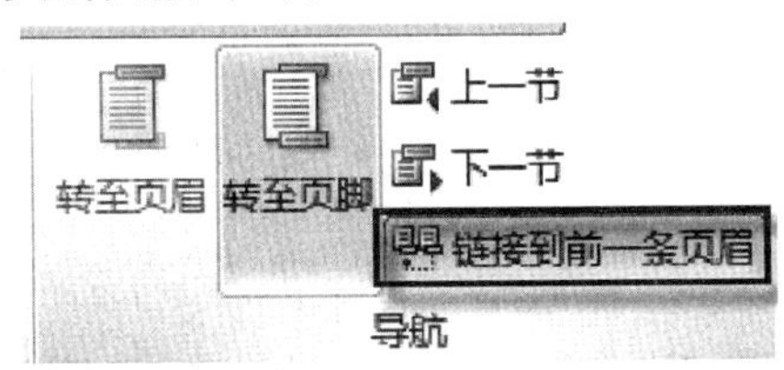

图 2-67　取消链接

页脚的处理方法与页眉相似。

（5）生成目录。

① 将光标定位于文档开始处，单击“插入”功能区中“页面”组中的“分页”按钮，文档前增加一张空白页，在其中输入文字“目录”，并回车，选择居中并设置格式。

② 单击“引用”功能区的“目录”按钮,在下拉框中选择“自定义目录”命令,打开“目录”对话框。选中“显示页码”和“页码右对齐”复选框,在“制表符前导符”下拉列表中选择“小圆点”样式的前导符;在“常规”区域的“格式”下拉列表中选中“来自模板”,“显示级别”设置为3,如图2-68所示。

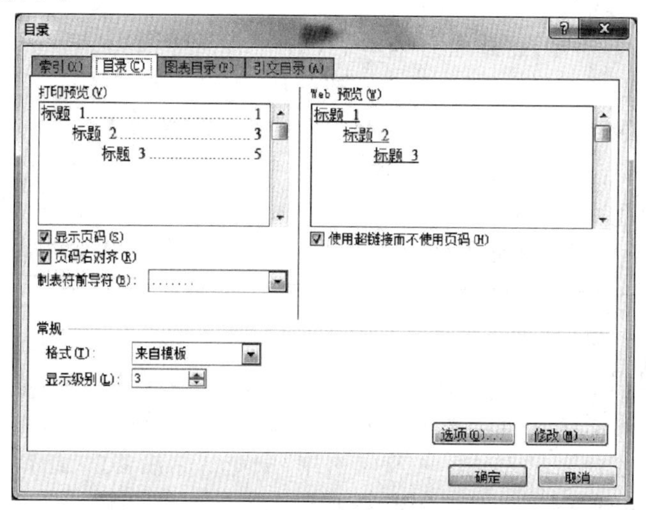

图2-68 “目录”选项卡

当文档目录生成后,如果对文档进行修改,则需要对目录进行更新,以保证目录随着文档的变化而作相应的调整。操作方法是:将光标定位于目录中,右击鼠标,在快捷菜单中选择“更新域”命令,打开“更新目录”对话框;单击“更新整个目录”单选钮;再单击“确定”按钮,完成目录的更新。

温馨提示:

长文档也可以利用大纲视图制作目录。

任务7 实战演练

练习1 按要求完成如下习题:

- 文档操作。

(1) 输入下列文字,并以w1.docx为文件名保存在“考生文件夹\单元二”下。

输入的文字内容如下:

【文档开始】

P2P是一种分布式网络,网络的参与者共享他们所拥有的一部分资源,这些共享资源需要由网络提供服务和内容,能被其他对等节点直接访问而无须经过中间实体。

【文档结束】

(2) 将上面文件(w1.docx)的内容复制四次到一个新文件中,并将前两段连成一个段落;全文字号设置成四号、字体设置成楷体。以w1b.docx为文件名保存在“考生文件夹\单元二”下。

(3) 将上面文件(w1b.docx)的内容复制到一个新文件中,段落格式设置成:对齐方式为左对齐,左缩进 3 厘米、右缩进 2 个字符,行距为两倍行距,段前间距为 30 磅、段后间距为 1 行;将第二段内容分成两栏,栏间距离为 2.7 厘米,页面背景为浅蓝色。以 w1c. docx 为文件名保存在“考生文件夹\单元二”下。

- 参考样式,如图 2-69 所示,制作表格,要求如下:

<table>
<tr><td>分数 课程</td><td></td><td colspan="2"></td><td></td><td></td></tr>
<tr><td></td><td></td><td colspan="2"></td><td></td><td></td></tr>
<tr><td rowspan="3">多媒体</td><td></td><td colspan="2"></td><td></td><td></td></tr>
<tr><td></td><td></td><td></td><td></td><td></td></tr>
<tr><td></td><td></td><td></td><td></td><td></td></tr>
</table>

图 2-69 样式图

(4) 在文章末尾插入一个 5 行 5 列的表格,设置表格列宽为 2.4 厘米,表格居中;设置表格外框线为 1.5 磅绿色单实线、内框线为 1 磅绿色单实线。

(5) 对表格做如下修改:在第 1 行第 1 列添加 0.5 磅绿色单实线对角线并输入文本,第 1 行与第 2 行间的线改为蓝色 0.5 磅的双窄线;将第 1 列 3 至 5 行合并单元格,并输入竖排文本;将第 3 列的 4 至 5 行平均拆分为 2 列。

练习 2 按要求完成如下习题:

- 在“考生文件夹\单元二”中,存有文档 w2. docx,其内容如下:

【文档开始】

多媒体特性

信息媒体的多样性是多媒体的主要特性之一。多媒体扩展和放大了计算机处理的信息空间和种类,不再局限于数值和文本,而是广泛采用图形、图像、音频和视频等信息形式来表达思想,使计算机表达人类的思维不再局限于线性的、单调的、狭小的范围内,而有了更充分、更自由的余地,即计算机变得更加人性化。多媒体可使计算机处理的信息多样化或称多维化,使之在信息交互过程中有更加广阔和更加自由的空间,满足人类感官全方位信息需求。

每一种媒体都有其自身的规律,各种媒体之间必须有机配合、协调一致。多媒体之间的协调,以及在时间和空间上的一致性,称为信息媒体的协同性。

多媒体的集成性包括两方面:一是多媒体信息媒体的集成;另一个是处理这些媒体的设备和系统的集成。

交互性是指向用户提供更加有效的控制和使用信息的手段,交互可以增加对信息的注意和理解,延长信息保留的时间。打开电视机,会显示图像、声音和文字,由于观众只能被动地收看,因此,人与电视节目之间的关系是非交互式的。交互式工作是计算机固有的特点,但是,在引入多媒体概念之前,人机对话只在单一的文本空间中进行,这种交互的效果和作用十分有限,只能“使用”信息,很难做到自由控制和干预信息的处理。

【文档结束】

按要求完成如下操作:

(1) 将正文中所有“多媒体”替换为红色、黑体的“多媒体”;将标题“多媒体特性”设置为三号黑体、绿色、加粗、居中显示并添加黄色底纹,文本效果为“阴影-内部-内部:左上”。

(2) 将正文各段文字设置为四号楷体;各段落首行缩进2个字符,1.5倍行距,段前间距16磅;将正文第三段分为等宽两栏,栏宽7厘米;给第四段添加项目符号■。

(3) 设置页眉为“多媒体”;将上下边距设置为2厘米、A4纸、行跨度为18磅。

(4) 另存文件为w2b.docx。

• 在“考生文件夹\单元二”中,存有文档w21.docx,其内容如下:

【文档开始】

接口	格式	负载能力	速率(b/s)
USB	异步串行	127	1.5M/12M/40M
RS-232	异步串行	2	115.2K
RS-485	异步串行	32	10M
IrDA	红外异步串行	2	115.2K

【文档结束】

按要求完成如下操作:

(5) 打开w21.docx,将文本转换成5行4列的表格;设置表格居中显示,列宽为3厘米,表格内容宋体5号、水平垂直居中。

(6) 按“负载能力”从低到高排序。

练习3　按要求完成如下习题:

• 在“考生文件夹\单元二”中,存有文档w3.docx,其内容如下:

【文档开始】

多媒体技术

近年来,随着计算机技术的飞速发展,多媒体技术得到了广泛应用,人们对多媒体概念的认识进一步加深,已初步形成共识。

媒体在计算机领域有两种含义:一是指用以存储信息的物理介质,如磁带、磁盘、光盘和半导体存储器等;二是指信息的载体,如数字、文字、声音、图形和图像等。多媒体技术中的媒体是指后者。

多媒体本身是计算机技术与音频、视频和通信等技术的集成产物,是把文字、图形、图像、音频、视频和动画等多媒体信息通过计算机进行数字化采集、获取、压缩/解压缩、编辑及存储等加工处理后,再以单独或合成形式表现出来的,多媒体是各种技术集成的产物。

【文档结束】

按要求完成下列操作:

(1) 在“考生文件夹\单元二”下新建文档w3a.docx,插入w3.docx的内容,全文设置为四号楷体;为正文第二段最后一句“多媒体技术中的媒体是指后者”加入脚注,内容为“多媒体主要指多种媒体的集成”。存储文件为w3a.docx。

(2) 将全文设置为两倍行距,除标题段(“多媒体技术”)之外,其他各段加项目符号●。

(3)在页面底端(页脚)居中位置插入页码,格式为“a,b,c,…”,页码起始页为“c”。

• 在“考生文件夹\单元二”中,存有文档w31.docx,其内容如下:

【文档开始】

计算机设计精品课程	课时	学费(元)
Photoshop	120	2200
Illustrator	80	1000
Flash	100	2000
CAD	150	3000
合计		

【文档结束】

按要求完成下列操作：

(4) 在“考生文件夹\单元二”下新建文档 w31a. docx,插入文件 w31. docx 的内容。在第 2、3 列最后 1 行分别计算并填入“课时”“学费”的合计；按学费从高到低排序。存储文件为 w31a. docx。

(5) 在“考生文件夹\单元二”下新建文档 w31b. docx,插入文件 w31. docx 的内容,并设置外边框 1 磅实线、表内线 0. 75 磅,表格标题行(即第 1 行)设置红色底纹。存储文件为 w31b. docx。

练习 4　按要求完成如下习题:

- 在“考生文件夹\单元二”中,存有文档 w4. docx,其内容如下:

【文档开始】

模/数转换

在工业控制和参数测量时,经常遇到有关的参量是一些连续变化的物理量。例如,温度、速度、流量、压力等。这些量有一个共同的特点,即都是连续变化的,这样的物理量称为摹拟量。用计算机处理这些摹拟量时,一般先利用光电元件、压敏元件、热敏元件等把它们变成摹拟电流或电压,然后再将摹拟电流或电压转换为数字量。

为了把摹拟量变为数字量,一般分两步进行。先是对摹拟量采样,得到与此摹拟量相对应的离散脉冲序列,然后用模/数转换器将离散脉冲变为离散的数字信号,这样就完成了摹拟量到数字量的转换。这两个步骤分别称为采样和量化。

【文档结束】

打开 w4. docx,按要求完成下列操作:

(1) 将文中所有错词“摹拟”替换成“模拟”;将标题段设置为蓝色三号黑体、字符间距加宽 2 磅、居中显示、加黄色底纹。

(2) 将正文各段文本设置为四号宋体;各段首行缩进 2 字符,段前间距 0. 5 行;正文第一段设置悬挂缩进 2 字符、距正文 0. 3 厘米。

(3) 将页面纸张设置为 16 开,左右边距为 3 厘米,行跨度为 18 磅;在页面顶端(页眉)右侧插入页码(格式默认),添加“工业机密”的文本水印。

- 在“考生文件夹\单元二”中,存有文档 w41. docx,其内容如下:

【文档开始】

C 语言 int 和 long 型数据的表示范围

数据类型	所占位数	表示范围
int	16	
long	32	

【文档结束】

打开 w41. docx,按要求完成下列操作:

(4) 将表格标题设置为三号宋体、加粗、居中;在表格第2行第3列和3行第3列分别输入 -2^{15} 到 $2^{15}-1$ 和 -2^{30} 到 $2^{30}-1$;设置表格居中、表格内所有内容四号宋体、水平垂直居中。

(5) 设置表格列宽为3厘米、行高0.8厘米、外框线为红色1.5磅双实线、内框线为蓝色0.75磅单实线;设置第1行单元格为黄色底纹。

练习5　按要求完成如下习题:

• 在"考生文件夹\单元二"中,存有文档 w5. docx,其内容如下:

【文档开始】

根据对我国企业申请的关于电子商务的148个专利中的75个专利分析,发现大多数专利是关于电子支付和安全的专利。其他领域的专利技术很少,而且多数被国外企业所申请。我国企业申请的专利覆盖的领域包括:

电子支付

安全认证技术

物流系统

客户端电子商务应用方法和设施

网络传输技术

电子商务经营模式

商业方法

数据库技术

如果和电子商务知识产权框架中的部分来进行比较,每一部分的专利技术都很少,还没有形成完整的电子商务应用体系结构。特别是网络服务器端的核心技术专利很少,电子商务应用层的专利主要是支付。我国的电子商务专利开发都围绕着认证、安全、支付来研究的。

【文档结束】

打开 w5. docx,按要求完成下列操作:

(1) 添加标题"国内企业申请的专利部分",将标题设置为四号蓝色黑体、加粗、居中,绿色边框、边框宽度为3磅、黄色底纹,文本效果为"紧密映像:接触"。

(2) 为第一段("根据对我国企业申请的……覆盖的领域包括:")和最后一段("如果和电子商务知识产权……围绕着认证、安全、支付来研究的。")间的8行设置项目符号"→",该符号位于 wingdirgs 字符集,字符代码为224。

(3) 利用段落的段前分页功能,将最后一段("如果和电子商务知识产权……围绕着认证、安全、支付来研究的。")放在第二页;将最后一段分为三栏,栏宽相等,栏间加分隔线。给文档添加文本水印,内容为 WWW. LYG. CN,版式"水平"。添加页面背景为"水滴"纹理。为标题的"专利"文本设置超链接到 www. zhuanli. cn。

• 在"考生文件夹\单元二"中,存有文档 w51. docx 和图片 tp05. bmp。

打开 w51. docx,按要求完成下列操作:

(4) 在标题行下面,按照 tp05. bmp 中所列表格,制作一个相同的表格,并在"积分"列按公式"积分 = 3 * 胜 + 平"计算并输入相应内容。

(5) 设置表格第2列、第7列、第8列列宽为1.7厘米、其余列列宽为1厘米、行高为

0.6 厘米、表格居中；设置表格中所有文字中部居中；设置表格第一行上方和最后一行下方为 1 磅蓝色双窄线，第一行与第二行之间为 1.5 蓝色单实线，其余行列无表格线。

（6）为页面设置“浅绿”色背景。

（7）在表格后面输入“搜狐网站”四个字，将文本效果设置为“阴影，透视，透视：左上”阴影，并将其链接到 www. sohu. com。

单元三
Excel 2016 的使用

Excel 2016 是微软公司推出的 Microsoft Office 2016 办公套件中的一个组件。该软件广泛应用于统计分析、财务管理、办公事务处理等工作中。Excel 2016 可以通过比以往更多的方法分析、管理和共享信息,从而帮助用户做出更好、更明智的决策。全新的分析和可视化工具可帮助用户跟踪和突出显示重要的数据趋势;可以在移动办公时从几乎所有 Web 浏览器或 Smartphone 访问重要数据;甚至可以将文件上载到网站并与其他人同时在线协作。使用 Excel 2016 处理数据都能够更高效、更灵活。

通过本模块的学习,应该掌握如下内容:

1. 中文 Excel 的启动和退出,Excel 的工作窗口及基本概念。
2. 数据、公式、函数输入和自动填充。(考核重点)
3. 数据及单元格的编辑操作、设置单元格格式及调整行高和列宽。(考核重点)
4. 工作表的命名(考核重点)、插入、删除、移动、复制等。
5. 数据的排序、筛选、分类汇总等。(考核重点)
6. 图表的生成和修改。(考核重点)
7. 页面设置及打印。
8. 保护数据。

任务1 Excel 入门

【任务描述】

1. 启动 Excel。
2. 认识 Excel 的界面。
3. 概念介绍。
4. 退出 Excel。

【任务实现】

1. 启动 Excel。

启动 Excel 常用以下三种方法:

① 选择“开始”→“Excel”命令。

② 双击桌面的 Excel 快捷图标(如果存在)。

③ 在“资源管理器”中找到 Excel 工作簿文件,双击该文件。

2. 认识 Excel 的界面。

Excel 的工作界面与 Word 的工作界面有着类似的标题栏、菜单、工具栏等,也有自己独特的功能界面,如编辑栏、工作表标签、行号、列标等,如图 3-1 所示。

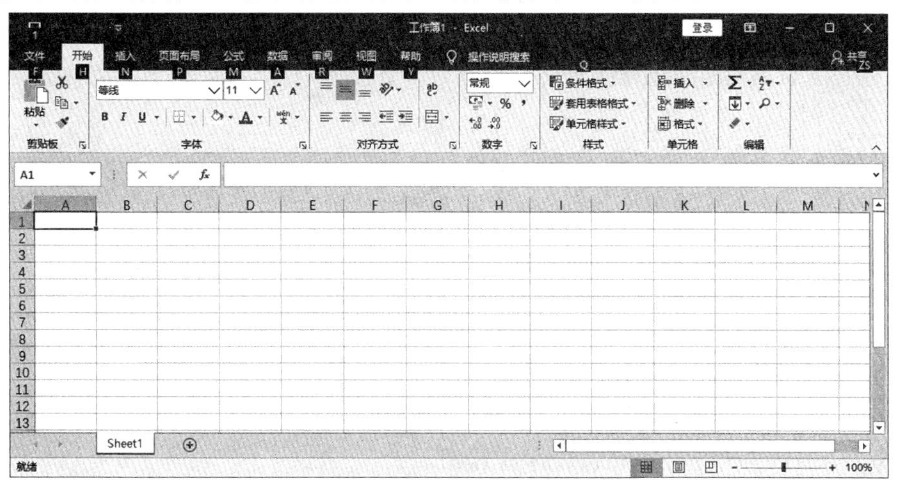

图 3-1　Excel 界面

- 标题栏:位于 Excel 工作界面的右上角,它用于显示文件的名称和程序名称,最右侧的 3 个按钮分别用于对窗口执行最小化、最大化或向下还原和关闭等操作。
- 快速访问工具栏:该工具栏上提供了最常用的“保存”按钮、“撤消”按钮和“恢复”按钮(根据不同的操作该按钮会发生变化),单击对应的按钮可执行相应的操作。如需在快速访问工具栏中添加其他按钮,可单击其后的按钮,在弹出的菜单中选择所需的命令即可。
- “文件”菜单:用于执行 Excel 文档的新建、打开、保存和退出等基本操作。
- 功能选项卡:相当于菜单命令,它将 Excel 2016 的所有命令集成在几个功能选项卡中,选择某个功能选项卡可切换到相应的功能区。
- 功能区:在功能区中有许多自动适应窗口大小的工具栏,不同的工具栏中又放置了与此相关的命令按钮或列表框。
- 编辑栏:编辑栏位于工作窗口的上方,它由单元名称框、工具按钮和编辑框三部分组成。当某个单元格被激活时,其编号(如 A1)就出现在单元格名称框中。用户输入的数据将在该单元格与编辑框中同时显示。编辑栏的工具按钮有“输入确认”按钮、“取消输入”按钮及“插入函数”按钮,用来输入、编辑单元格的内容或计算公式。
- 状态栏:主要用来显示已打开的 Excel 文件当前的状态,用户通过状态栏可以非常方便地了解当前文件的相关信息任务和当前的键盘模式。
- 列标和行号:Excel 使用字母标识列,使用数字标识行。每个单元格通过“列标 + 行号”来表示单元格的位置。如 B1,就表示第 B 列第 1 行的单元格。
- 视图栏:存放视图切换按钮,单击按钮可以进入相应的视图。
- 比例缩放工具:由“缩放级别”和“缩放滑块”组成,用于调节文档的显示比例。
- 智能搜索框:Excel 2016 软件新增的一项功能,通过搜索框,用户可轻松找到相关的操作说明。

0. 概念介绍。

• 单元格:Excel 中的每一张工作表都是由多个长方形的“存储单元”组成,这些长方形的“存储单元”就是单元格,这是 Excel 最小的单位。输入的数据就保存在这些单元格中,这些数据可以是字符串、数学、公式等不同类型的内容。活动单元格指当前可以直接输入内容的单元格,活动单元格的地址显示在名称框中。

• 工作表:工作表由单元格组成,可以通过单击工作表标签在不同的工作表之间进行切换。

• 工作簿:工作簿是处理和存储数据的文件,标题栏上显示的是当前工作簿的名字。Excel 默认的第一个工作簿名称为“工作簿 1”。每个工作簿包含多张工作表,可以根据需要对工作表进行添加、删除、改名等操作。

4. 退出 Excel。

完成所有的操作后,就需要退出 Excel 2016。常用的退出操作有四种。

① 单击“文件”→“关闭”命令,关闭所有的文件,然后退出 Excel。

② 单击 Excel 工作界面右上角的“关闭”按钮。

③ 双击 Excel 窗口左上角的控制菜单按钮。

④ 单击窗口左上角的控制菜单按钮,然后选择“关闭”命令。

⑤ 按【Alt】+【F4】组合键。

【自我训练】

基本操作练习。

实训要求:

(1) 打开 Excel 2016,观察其界面。

(2) 熟悉 Excel 相关概念。

(3) 利用不同的方法关闭 Excel 2016。

任务 2　Excel 的基本操作

【任务描述】

1. 新建 Excel 工作簿。
2. 在 Sheet1 中,按照图 3-2 所示的样张输入数据。
3. 对象的选择。
4. 删除或修改单元格内容。
5. 复制、移动单元格数据。
6. 在 D 列前面插入一列,按照图 3-3 所示样张输入系部信息。
7. 删除张磊和金翔同学的信息。
8. 将该工作表复制 5 份,并改名为“学生信息表”、“条件格式”、“样式”、“套用表格样式”和“自动套用格式”。

9. 窗口拆分与冻结。

10. 将工作簿保存为 student. xlsx。

	A	B	C	D
1	姓名	学号	出生日期	入校成绩
2	李新	20091101	1990-2-3	345.5
3	王文辉	20091102	1989-12-23	342
4	张磊	20091103	1990-1-9	378
5	郝心怡	20091104	1989-7-8	310
6	王力	20091105	1990-11-13	345
7	孙英	20091106	1989-2-23	329.5
8	张在旭	20091107	1988-12-28	350
9	金翔	20091108	1990-2-12	341
10	扬海东	20091109	1989-9-7	328
11	黄立	20091110	1990-8-1	376.5
12	王春晓	20091111	1989-7-2	358

图 3-2　数据样张 1

	A	B	C	D	E
1	姓名	学号	出生日期	系部	入校成绩
2	李新	20091101	1990-2-3	计算机	345.5
3	王文辉	20091102	1989-12-23	计算机	342
4	张磊	20091103	1990-1-9	计算机	378
5	郝心怡	20091104	1989-7-8	外语	310
6	王力	20091105	1990-11-13	外语	345
7	孙英	20091106	1989-2-23	外语	329.5
8	张在旭	20091107	1988-12-28	教育	350
9	金翔	20091108	1990-2-12	教育	341
10	扬海东	20091109	1989-9-7	教育	328
11	黄立	20091110	1990-8-1	化工	376.5
12	王春晓	20091111	1989-7-2	化工	358

图 3-3　数据样张 2

【任务实现】

1. 新建 Excel 工作簿。

操作步骤：

启动 Excel 2016 后，系统即自动打开一个名为“工作簿 1. xlsx”的工作簿。若用户需要建立其他新工作簿，可以使用下面的方法：

- 执行“文件”→“新建”命令，在“可用的模板”栏中单击“空白工作簿”图标，即可创建一个空白工作簿，如图 3-4 所示。
- 启动 Excel 2016 后，按【Ctrl】+【N】组合键可快速新建一个空白工作簿。
- 可以选择模板快速地建立相关的 Excel 文档，比如建立一个“个人月预算”。

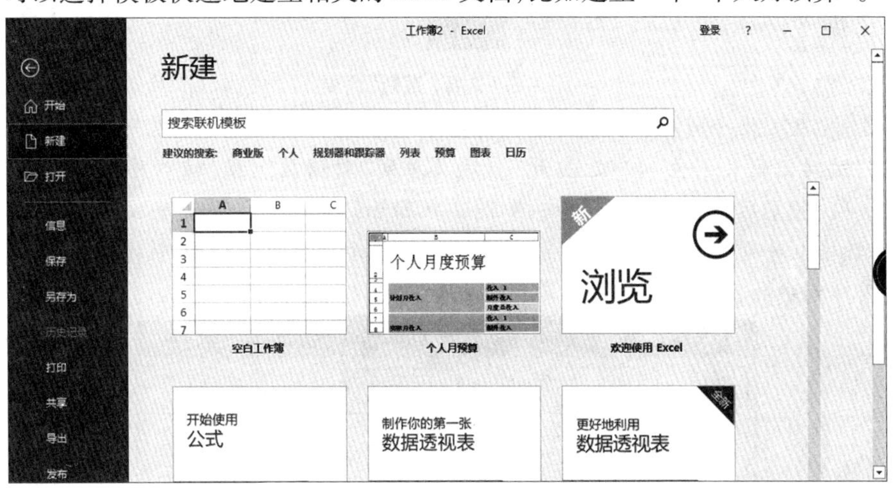

图 3-4　“新建工作簿”窗口

2. 在 Sheet1 中，按照图 3-2 所示的样张输入数据。

操作步骤：

(1) 输入姓名。

文本数据可由汉字、字母、数字、符号和空格等组合而成。首先选定需要输入文本的单元格，然后输入文本内容。如选定 A1 单元格，输入“姓名”，最后按【Enter】键完成文本的输入。同样的方法输入样张中的其他文本。

（2）自动填充方式输入学号。

有的时候，我们需要将数字当作文本来使用，如学号、电话号码、身份证号码等。首先选定单元格，然后输入一个英文的单引号“'”，再输入数字，按【Enter】键。

如输入第一个同学的学号，首先选中B2单元格，输入一个英文的单引号“'”，再输入数字“20091101”，最后按【Enter】键。

对于其他同学的学号，我们采用自动填充的方式实现。方法如下：

选择B2单元格，在右下角会出现一个填充柄，移动鼠标至填充柄时，鼠标变成“+”形状，向下拖动鼠标至B12单元格时松开鼠标，即完成了所有学号的输入。

知识拓展：

1. 当利用该方法填充有规律的数字时，如输入“2,4,6,…,64”序列时，需要先输入2和4，然后同时选中这两个单元格，将鼠标移到第二个单元格右下角填充柄处拖动。

2. 当输入有规律的等差数字序列或等比数字序列时，可以先输入前两个数字，然后同时选中所有要输入数据的单元格，选择“开始”选项卡，在“编辑”组中单击“填充”命令的下拉三角，在展开的下拉菜单中选择“系列”命令，如图3-5所示，打开“系列”对话框进行相应设置即可。

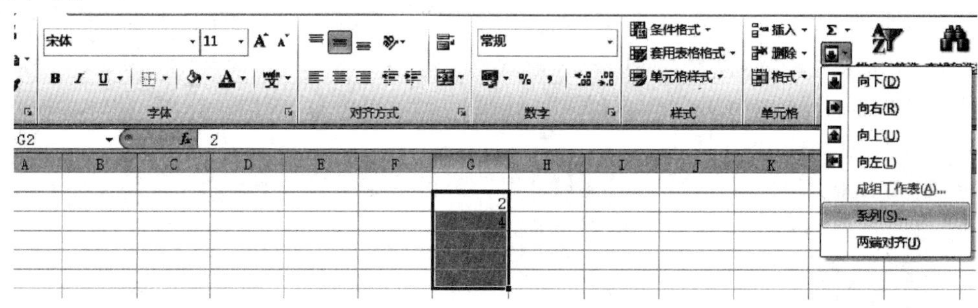

图3-5　选择“系列”命令

3. 利用“自定义序列”对话框也可以填充序列。执行“文件”→“选项”→“高级”命令，然后找到“编辑自定义列表”按钮，打开“自定义序列”对话框。在“输入序列”窗格中输入清单，每行一项，输完后单击“添加”按钮，如图3-6所示。也可以点击“导入”按钮导入工作表里已有的数据。序列建立完毕后，即可在任意一个单元格中输入序列中的任何项，然后拖动填充柄，用序列中的其他项去填充单元格。

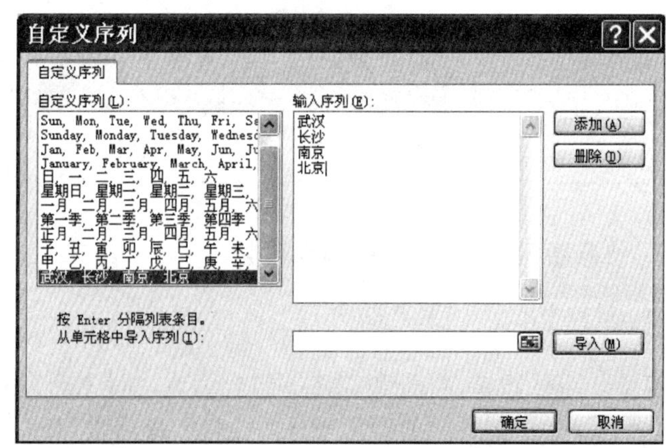

图3-6　“自定义序列”对话框

（3）输入出生日期。

输入日期时，常采用的形式有 2011/5/12 或 2011-5-12。输入时间常采用的形式有 17:30 或 5:30PM。输入日期和时间的组合常用 2011/5/12 17:30。选择同学的出生日期所在的单元格，利用介绍的方法输入日期。如果要输入当天的日期，按【Ctrl】+【;】组合键；如果要输入当前的时间，按【Ctrl】+【Shift】+【:】组合键。

（4）成绩的输入。

输入数值时，如果是正数，可以直接输入；如果是负数，要在负数前加一个“-”号；如果是分数，要在分数前加上“0”和空格，再输入分数。在学生成绩所在单元格输入成绩。

知识拓展：

1. 若想在一个单元格内输入多行资料，可在换行时按下【Alt】+【Enter】键，将插入点移到下一行，便能在同一单元格中继续输入下一行资料。

2. 在输入同一列的资料时，若内容有重复，就可以通过“自动完成”功能快速输入，比如前面输入了“多媒体计算机”，后面再输入“多”字，会自动显示“多媒体计算机”几个字，“自动完成”功能，只适用于文字资料。

3. 如要在多个单元格区域输入相同的数据，可以先选定这些单元格，再输入数据，最后按【Ctrl】+【Enter】组合键。

4. 利用数据菜单中的有效性功能可以控制一个范围内的数据类型、范围等，还可以快速、准确地输入一些数据。比如录入身份证号码、手机号这些数据长，数量多的数据，操作过程中容易出错，数据有效性可以帮助防止、避免错误的发生。在“数据”选项卡的“数据工具”组中通过“数据验证”相关命令进行设置，如图 3-7 所示。

图 3-7　“数据有效性”对话框

3. **对象的选择**。

操作步骤：

在对数据进行操作前，必须选定表格元素，具体操作如下：

（1）单元格区域的选定。

- 选定一个单元格，用鼠标单击该单元格。
- 选定连续的单元格区域，用鼠标拖动该单元格区域。
- 选定不相连的单元格区域，按住【Ctrl】键的同时，选中单元格区域。

（2）行、列的选定。

- 将鼠标指针移动到行号或列标上时，鼠标指针会变成向右、向下的黑色箭头，单击鼠标，则会选中这一行或这一列。
- 如果这时拖动鼠标，还可以选中连续的行或列。
- 如果要选中不连续的行或列，可以在按住【Ctrl】键的同时进行选取。

（3）工作表的选定。

- 选定一个工作表，单击该工作表标签。

• 选定连续的多张工作表，单击第一个工作表标签，按住【Shift】键单击最后一个工作表标签。

• 选定不连续的多张工作表，按住【Ctrl】键的同时单击要选定的工作表标签。

4. 删除或修改单元格内容。

操作步骤：

（1）删除单元格内容。

首先选择需要删除的单元格区域，然后按【Delete】键即可。使用【Delete】键删除时，只删除单元格中的数据，单元格其他属性，如单元格格式等依然保留。如果想删除其他属性，可以选择“开始”选项卡，在“编辑”组中单击“清除”按钮 ，然后在展开的下拉菜单中选择相应的命令即可。

（2）修改单元格内容。

单击需要修改的单元格，输入数据后按【Enter】键即可。如果只想修改单元格中的部分数据，可以双击单元格，或按【F2】键，然后在单元格中进行部分修改或编辑操作。

5. 复制、移动单元格数据。

方法一：

① 选择需要复制的数据区域（如 A2:C4）。

② 选择“开始”选项卡，在“剪贴板”组中单击“复制”按钮（【Ctrl】+【C】）。

③ 选择目的区域的第一个单元格，如 H6。

④ 在“剪贴板”组中单击“粘贴”按钮（【Ctrl】+【V】）。

移动数据时，第②步选择“剪切”按钮【Ctrl】+【X】。

方法二：

① 选择需要复制的数据区域（如 A2:C4）。

② 按住【Ctrl】键，将鼠标指向绿线框，在箭头的右上角会出现一个“+”号，拖动数据到目的区域即可。

移动数据时，第②步不需要按住【Ctrl】键。

温馨提示：

1. 如果粘贴区域已有数据存在，我们直接将复制的数据贴上去，会覆盖掉粘贴区域中原有的资料。想保留原有数据的话，可将单元格改成以插入的方式复制，如图 3-8 所示。

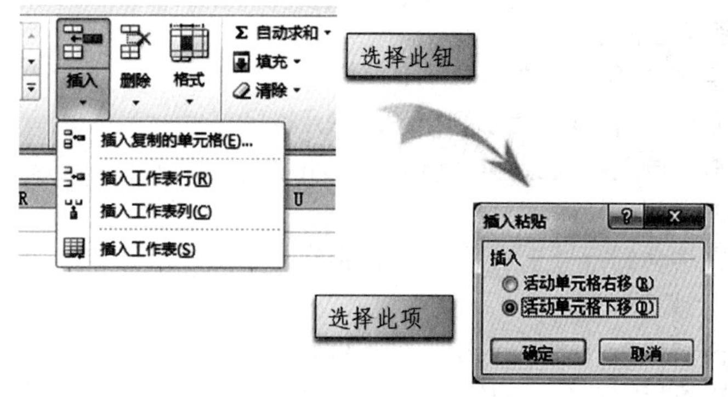

图 3-8　插入活动单元格

2. 单元格含有多种资料。例如，用来建立公式的单元格，其内就含有公式和计算的结果；而单元格也可以只包含单纯的文字或数字资料等，这些我们统称为单元格的属性。在复制或移动包含有公式等单元格数据时，在粘贴时可以单击“粘贴”按钮的下拉三角，从图 3-9 所示的属性中选择需要的属性进行粘贴。

这些都是粘贴钮可以选择的单元格属性

图 3-9　粘贴属性

6. 在 D 列前面插入一列，按照图 3-3 所示的样张输入系部信息。

操作步骤：

① 选择 D 列。

② 选择“开始”选项卡，在“单元格”组中单击“插入”按钮的下拉三角，在展开的下拉菜单中选择“插入工作表列”命令。或者在选中的列上单击鼠标右键，在快捷菜单中选择“插入”命令。

③ 在新插入的列输入系部信息。

温馨提示：

1. 如果插入多列，先选择多列，然后执行“插入工作表列”命令。

2. 行的插入与列的操作相似。

3. 插入单元格时，会弹出“插入”对话框，选择合适的插入方式即可。

7. 删除张磊和金翔同学的信息。

操作步骤：

① 选择张磊同学所在的第 4 行，按住【Ctrl】键的同时单击金翔同学所在的第 9 行。

② 选择“开始”选项卡，在“单元格”组中单击“删除”按钮的下拉三角，在展开的下拉菜单中选择“删除工作表行”命令，如图 3-10 所示。或者在选中的行上单击鼠标右键，在快捷菜单中选择“删除”命令。

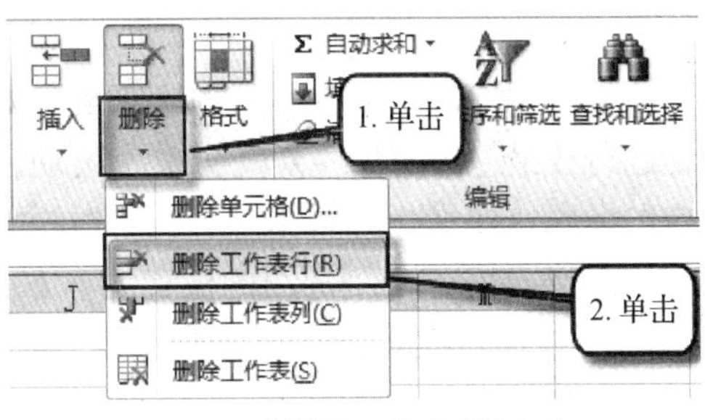

图 3-10　“删除工作表行”命令

温馨提示：

1. 列的删除与行的操作相似。删除单元格时，会弹出“删除”对话框，选择合适的删除方式即可。

2. 电子文档插入。

8. 将该工作表复制 5 份，并改名为“学生信息表”、“条件格式”、“样式”、“套用表格样式”和“自动套用格式”。

操作步骤：

① 单击“Sheet1”工作表标签，按住【Ctrl】键拖动鼠标到新位置，松开鼠标左键，然后放开【Ctrl】键。

② 双击复制的工作表标签，输入“学生信息表”，按【Enter】键确认。

③ 同样的方法复制其他表。

知识拓展：

1. 当把工作表复制到另一个工作簿时，首先同时打开源工作簿和目标工作簿，选择工作表下面的标签，也可以按住【Ctrl】键或【Shift】键同时选择多个，然后在标签上单击右键，在弹出的菜单中选择“移动或复制工作表”，在“移动或复制工作表”对话框中，“工作簿”选择目标工作簿，选择工作表需要复制的位置，并勾选“建立副本”，单击“确定”按钮，就可以把工作表复制到目标工作簿了。

2. 移动工作表时与复制相似，只是不需要按住【Ctrl】键直接拖动。当移动到其他工作簿时，不选择“建立副本”。

3. 插入新的工作表，可以在工作表标签上单击鼠标右键，在弹出的快捷菜单选择“插入”命令。

4. 删除工作表，可以在工作表标签上单击鼠标右键，在弹出的快捷菜单选择“删除”命令。

9. 窗口拆分与冻结。

操作步骤：

（1）拆分窗口。

Excel 的窗口是可以进行拆分的，这样在进行如数据比较、参考等操作时是非常方便的。

选择“视图”选项卡，在“窗口”组中单击“拆分”按钮拆分窗口，可以拖动拆分线改变窗口大小。

取消拆分窗口时依然使用“窗口”组中“拆分”按钮外，还有一个更加快捷的方法，将鼠标指针置于水平拆分或垂直拆分线或双拆分线交点上，双击鼠标即可取消已拆分的窗口。

（2）冻结窗口。

在制作 Excel 表格时，有时会遇到行数和列数都比较多，一旦向下或向右滚屏时，上面的标题行或最左边的那些列就会跟着滚动，这样在处理数据时往往难以分清各行或列数据对应的标题，这时就可以利用 Excel 的“冻结窗格”功能来解决这个问题。操作步骤如下：

① 将光标定位到冻结的位置的下方或右方。

② 选择“视图”选项卡，在“窗口”组中单击“冻结窗格”按钮，在展开的下拉菜单中选择相应命令。

取消窗口冻结时，在“窗口”组中单击“冻结窗格”按钮，然后选择“取消冻结窗格”命令即可。

10. 将工作簿保存为 student.xlsx。

操作步骤：

执行“文件”→“保存”命令，将文件以 student. xlsx 保存。

【自我训练】

实训要求：

（1）打开 Excel 2016，在 sheet1 工作表中输入以下内容。

	A	B	C	D	E	F	G
1	职工代码	姓名	性别	职工类别	基本工资	事假天数	病假天数
2	A001	许振	男	管理人员	3000		
3	A002	徐仁华	女	管理人员	2800	2	
4	A003	张焱	女	管理人员	2600		5
5	B001	郑昂	男	销售员	2000		
6	B002	李帆	男	销售员	2000		
7	B003	吴星	男	销售员	1500	15	
8	B004	唐嘉	男	销售员	1500		
9	B005	孙丽	女	销售员	1500		20
10	C001	许涛	男	工人	1200		2
11	C002	陈苏苏	女	工人	1200		
12	C003	王飞飞	女	工人	1200		16
13							

(2) 将 sheet1 工作表改名为“数据备份”。

(3) 将工作簿保存为“工资. xlsx”,并保存到“E:\Excel 案例”文件夹里,以备后用。

任务 3　工作表的格式化

【任务描述】

1. 打开 student. xlsx,选择“学生信息表”工作表进行操作。
2. 设置第二行的行高为 25,所有列设置为最合适的列宽。
3. 利用条件格式设置单元格格式。
4. 使用“单元格样式”格式化表。
5. 使用“套用表格格式”格式化表。
6. 使用“自动套用格式”格式化表。

【任务实现】

1. 打开 student.xlsx,选择“学生信息表”工作表进行操作。

在第一行前面插入一行,合并 A1:E1 区域,输入文本“学生信息”,设置为黑体、24 磅、红色并居中显示;将所有同学的入校成绩都保留整数位;A2:E2 区域设置图案为 12.5% 的灰色单元格底纹;A1:E11 区域设置样式为蓝色细单实线的内部和外部边框。

操作步骤:

① 打开 student. xlsx,选择“学生信息表”工作表。

② 选择第一行,然后选择“开始”选项卡,在“单元格”组中单击“插入”按钮的下拉三角,在展开的下拉菜单中选择“插入工作表行”命令,如图 3-11 所示。

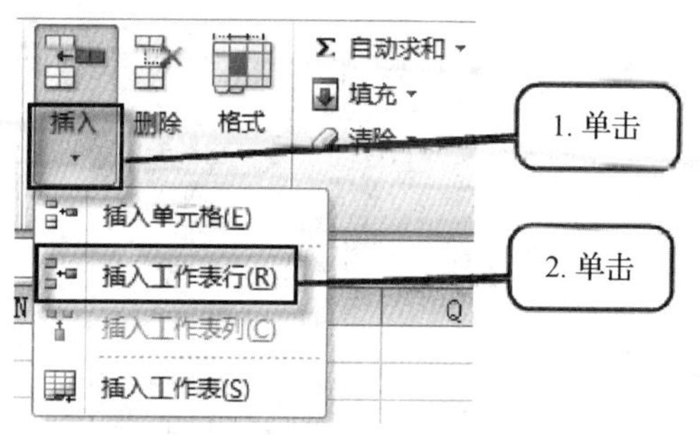

图 3-11 “插入工作表行”命令

③ 选定 A1:E1 单元格区域,选择“开始”选项卡,在“对齐方式”组中单击按钮,如图 3-12所示,打开“设置单元格格式”对话框。

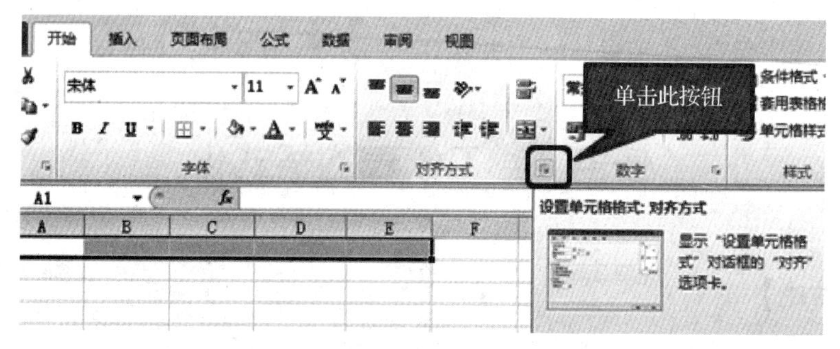

图 3-12 单击“设置单元格格式”按钮

④ 在“设置单元格格式”对话框中选择“对齐”选项卡,在“文本对齐方式”选项组中将“水平对齐”项选择“居中”,在“文本控制”选项组中选择“合并单元格”复选框,单击“确定”按钮,如图 3-13 所示。

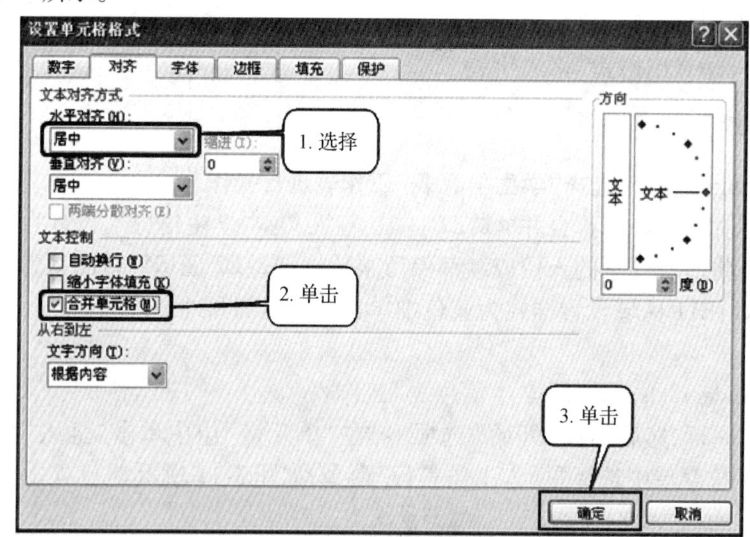

图 3-13 “设置单元格格式”对话框

温馨提示:

该操作也可以选择“开始”选项卡,在“对齐方式”组中直接单击“合并后居中”按钮来完成。

全国计算机等级考试
一级 MS Office 模拟练习卷

第一套

理论部分

1. 二进制数 110000 转换成十六进制数是 ( )
A. 17　B. D7　C. 7　D. 30

2. 下列各组软件中,完全属于应用软件的一组是 ( )
A. AutoCAD、Photoshop、PowerPoint 2010
B. UNIX、WPS、Office 2010、MS-DOS
C. Oracle、FORTRAN 编译系统、系统诊断程序
D. 物流管理程序、sybase、Windows

3. 通常把分布在一座办公大楼中的计算机网络称为 ( )
A. 广域网　B. 专用网　C. 公用网　D. 局域网

4. 在 24×24 点阵字库中,每个汉字的字模信息存储在多少个字节中 ( )
A. 24　B. 48　C. 72　D. 36

5. 下列字符中,其 ASCII 码值最小的是 ( )
A. A　B. a　C. k　D. L

6. 某汉字的区位码是 5448,它的机内码是 ( )
A. D6D0H　B. E5E1H　C. E5D1H　D. D5E0H

7. 不属于图片文件的是 ( )
A. JPG　B. BMP　C. MP3　D. GIF

8. 中国国家标准汉字信息交换编码是 ( )
A. GB2312—80　B. GBK　C. UCS　D. BIG—5

9. 用户用计算机高级语言编写的程序,通常称为 ( )
A. 汇编程序　B. 目标程序　C. 源程序　D. 二进制代码程序

10. 将高级语言编写的程序翻译成机器语言程序,所采用的两种翻译方式是 ( )
A. 编译和解释　B. 编译和汇编　C. 编译和链接　D. 解释和汇编

11. 一条指令必须包括 ( )
A. 操作码和地址码　B. 信息和数据　C. 时间和信息　D. 以上都不是

12. 程序设计语言通常分为 ( )

A. 4类 B. 2类 C. 3类 D. 5类

13. 下列不属于微机主要性能指标的是 ( )

A. 字长 B. 内存容量 C. 软件数量 D. 主频

14. 一个完整的计算机系统包括 ( )

A. 硬件系统和软件系统 B. 计算机与外部设备

C. 主机、键盘和显示 D. 系统软件与应用软件

15. 计算机网络的目标是实现 ( )

A. 数据处理 B. 文献检索

C. 资源共享和信息传输 D. 信息传输

16. 下列叙述错误的是 ( )

A. 计算机要长期使用,不要长期闲置不用

B. 为了延长计算机的寿命,应避免频繁开关机

C. 在计算机附近应避免磁场干扰

D. 计算机使用几小时后,应关机一段时间后再用

17. 计算机内部用于汉字信息的存储、运算的信息代码称为 ( )

A. 汉字输入码 B. 汉字输出码 C. 汉字字形码 D. 汉字内码

18. 下列设备哪个不是外设的是 ( )

A. 打印机 B. 中央处理器 C. 读卡机 D. 绘图机

19. 目前使用的杀毒软件能够 ( )

A. 检查计算机是否感染了某些病毒,如有感染,可以清除其中一些病毒

B. 检查计算机感染的任何病毒,如有感染,可以清除其中一些病毒

C. 检查计算机是否感染病毒,如有感染,可以清除所有的病毒

D. 防止任何病毒再对计算机进行侵害

20. 下列叙述正确的一条是 ( )

A. 显示器既是输入设备又是输出设备 B. 使用杀毒软件可以清除一切病毒

C. 温度是影响计算机正常工作的因素 D. 喷墨打印机属于击打式打印机

操作部分

一、基本操作

1. 在"考生"文件夹下 YUE 文件夹中创建名为 BAK 的文件夹。

2. 将 FUGUI 文件夹中的文件 DOCU. TXT 移动到"考生"文件夹下的 YUE\BAK 文件夹中,并改名为 DFR. EXE。

3. 删除"考生"文件夹下 JKQ 文件夹中的文件 HOU. DBF。

4. 将"考生"文件夹下 ZHA 文件夹设置成"隐藏"和"只读"属性。

5. 在"考生"文件夹下 YUE 文件夹中,为 FUGUI\YA 文件夹创建快捷方式,名为 YA1。

二、字处理

1. 在"考生"文件夹下,打开文档 WORD1. DOCX,按照要求完成下列操作并以该文件名(WORD1. DOCX)保存文档。

(1) 将标题段("调查表明京沪穗网民主导 B2C")设置为:小二号字、黑体、红色、居中、

黄色底纹。文本效果设置为“半映象,4pt 偏移量”。设置段后间距为 1 行。

(2) 将正文各段(“根据蓝田市场研究公司……更长的时间和耐心”)中所有的“互联网”替换为“因特网”。各段落内容设置为:小五号字,宋体,各段落左、右各缩进 0.5 字符,首行缩进 2 字符,行距为 18 磅。

(3) 添加文本水印为“机密文件”。文字设置为:黑体,“蓝色,个性色 1”,水平版式。页面背景设置为“雨后初晴”预设效果。页面左右边距设置为 2.5。

2. 在“考生”文件夹下,打开文档 WORD2. DOCX,按照要求完成下列操作并以该文件名(WORD2. DOCX)保存文档。

(4) 在表格最右边插入一空列,输入列标题“总分”,在这一列下面的各单元格中计算其左边相应 3 个单元格中数据的总和。

(5) 将表格设置为:列宽 2.4 厘米,外围框线为 3 磅单实线,表内线为 1 磅单实线,对齐方式为水平居中,表格样式设置为“网格型”。

三、电子表格

1. 打开 EXCEL. XLSX。

(1) 将 Sheet1 工作表的 A1:I1 单元格合并并居中。

(2) 在 Sheet1 工作表的 A7 单元格中输入“日均能源消费总量”,在 B7:I7 区域中,利用函数 SUM 分别计算各年日均能源消费总量(能源消费总量等于各品种能源消费之和);在 J4:J6 区域中,计算 2006 年各能源日均消费量占 2006 年日均能源消费总量的百分比。

(3) 用“红-白-蓝”色阶标记不同年份煤炭日均消费数据 B4:I4。

(4) 生成一张各年日均能源消费总量的“带数据标志的折线图”,嵌入当前工作表 B9:I24 区域中,图表标题为“近年能源日均消费量”,显示在图表上方,不显示图例。将工作表命名为“消费总表”。

2. 对 Sheet2 中数据建立数据透视表,按列为“出生地”,行为“性别”,数据为“理论成绩”和“操作成绩”求平均值布局,并置于工作表的 B12:J17,工作表名字不变,保存工作表。

四、演示文稿

打开“考生”文件夹下的演示文稿 YSWP. PPTX,按照下列要求完成对此文稿的修饰并保存。

1. 将第一张幻灯片的主标题文字设置为:黑体、44 磅字、黄色(RGB 模式:红色 230,绿色 230,蓝色 10)、加粗、加单线下划线。将第二张幻灯片版式改为“内容与标题”,在幻灯片右边插入“考生”文件夹下的 PIC6. JPG 图片。第二张幻灯片标题的动画设置为“进入-飞入-自顶部”,文本动画设置为“进入-飞入-自底部”,图片的动画设置为“进入-飞入-自右侧”,动画出现顺序为:先标题,后文本,再图片。使第六张幻灯片成为第四张。

2. 使用“框架”主题模板修饰全文,全部幻灯片切换方式为“棋盘”,效果选项为“自顶部”,放映方式为“观众自行浏览(窗口)”。

五、上网

1. 某考试网站的主页地址是 http://www/web/itedu,打开此主页,浏览“证书考试”页面,查找“全国电子商务中、高级职业证书考试”页面内容,并将它以文本文件的格式保存到考生文件夹下,命名为 KS. TXT。

2. 接收并阅读由 wangxq@ mail. neea. edu. cn 发来的 E-mail,并将随信发来的附件以文件名 DQSJ. TXT 保存到“考生”文件夹下。将寄信人信息保存至通讯录,邮箱栏填写 xuexq@mail. neea. edu. cn,姓名栏填写“王经理”,创建“客户”分组,将寄信人置于该分组。

第二套

理论部分

1. 计算机的应用领域可大致分为 6 个方面,下列选项中属于这几项的是 ( )

A. 专家系统、计算机辅助教学、人工智能　B. 工程计算、数据结构、文字处理

C. 实时控制、科学计算、数据处理　D. 数值处理、人工智能、操作系统

2. 十进制数 269 转换为十六进制数为 ( )

A. 10A　B. 10D　C. 10C　D. 10B

3. 计算机之所以能按人们的意志自动进行工作,主要是因为采用了 ( )

A. 二进制数制　B. 存储程序控制

C. 高速电子元件　D. 程序设计语言

4. 微型计算机中,普遍采用的字符编码是 ( )

A. 补码　B. 原码　C. ASCII 码　D. 汉字编码

5. 在 32×32 点阵的字形码需要的存储空间是 ( )

A. 32B　B. 64B　C. 12B　D. 128B

6.《计算机软件保护条例》中所称的计算机软件(简称软件)是指 ( )

A. 计算机程序　B. 源程序和目标程序

C. 源程序　D. 计算机程序及其有关文档

7. 下列关于系统软件的四条叙述正确的一条是 ( )

A. 系统软件的核心是操作系统

B. 系统软件是与具体硬件逻辑功能无关的软件

C. 系统软件是使用应用软件开发的软件

D. 系统软件并不具体提供人机界面

8. 下列 Word 中的视图方式中可以显示页眉页脚的是 ( )

A. 普通视图　B. Web 视图　C. 大纲视图　D. 页面视图

9. “针对不同专业用户的需要所编制的大量的应用程序,进而把它们逐步实现标准化、模块化所形成的解决各种典型问题的应用程序的组合”描述的是 ( )

A. 软件包　B. 软件集　C. 系列软件　D. 以上都不是

10. 下面列出的 4 种存储器中,易失性存储器是 ( )

A. RAM　B. ROM　C. FROM　D. CD-ROM

11. 将汇编语言转换成机器语言程序的过程称为 ( )

A. 压缩过程　B. 解释过程　C. 汇编过程　D. 链接过程

12. 下列 4 种软件中不属于应用软件的是 ( )

A. Excel 2000　B. WPS 2010　C. 财务管理系统　D. Pascal 编译程序

13. 在 Excel 中,下列地址为相对地址的是 ( )

A. $D5　　B. $E$7　　C. C $3　　D. F8

14. 最著名的国产文字处理软件是　　(　　)

A. MS Word　　B. 金山 WPS　　C. 写字板　　D. 方正排版

15. 硬盘工作时应特别注意避免　　(　　)

A. 噪声　　B. 震动　　C. 潮湿　　D. 日光

16. 下列只能作为输入单元的是　　(　　)

A. 扫描仪　　B. 打印机　　C. 显示器　　D. 磁带机

17. 所谓计算机病毒是指　　(　　)

A. 能够破坏计算机各种资源的小程序或操作命令

B. 特制的破坏计算机内信息且自我复制的程序

C. 计算机内存放的、被破坏的程序

D. 能感染计算机操作者的生物病毒

18. 下列等式正确的是　　(　　)

A. 1KB = 1024 × 1024B　　B. 1MB = 1024B

C. 1KB = 1024MB　　D. 1MB = 1024 × 1024B

19. 鼠标是微机的一种　　(　　)

A. 输出设备　　B. 输入设备　　C. 存储设备　　D. 运算设备

20. 已知汉字"中"的十六进制的机内码是 D6D0H,那么它的国标码是　　(　　)

A. 5650H　　B. 4640H　　C. 5750H　　D. C750H

操作部分

一、基本操作

1. 将"考生"文件夹下 SEED 文件夹中的文件 SETI. TXT 设置成"隐藏"属性,并撤消"存档"属性。

2. 将"考生"文件夹下 CHALEE 文件夹移动到"考生"文件夹下 BB0WN 文件夹中,并改名为 TOHIC。

3. 将"考生"文件下 FXP\VUE 文件夹中的文件 JOIN. CDX 移动到"考生"文件夹下 AUTUMN 文件夹中,并改名为 ENJOY. BPX。

4. 将"考生"文件夹下 GATS\IOS 文件夹中的文件 JEEN. BAK 删除。

5. 在"考生"文件夹下建立一个名为 RUMPE 的文件夹。

二、字处理

1. 在"考生"文件夹下,打开文档 WORDl. DOCX,按照要求完成下列操作,并以该文件名(WORDl. DOCX)保存文档。

(1) 将文中所有错词"月秋"替换为"月球";为页面添加内容为"科普"的文字水印;设置页面上、下边距各为 4 厘米;页面背景设置为"新闻纸"。

(2) 将标题段文字("为什么铁在月球上不生锈?")设置为:小二号字、红色(标准色)、黑体、居中。添加文本效果为"阴影-外部-偏移:上"。

(3) 将正文各段文字("众所周知……不生锈了吗?")设置为:五号字、仿宋。设置正文各段落左右各缩进 1.5 字符、段前间距 0.5 行。设置正文第一段("众所周知……不生锈的方法。")为:首字下沉两行、距正文 0.1 厘米。设置其余各段落("可是……不生锈了吗?")

为首行缩进 2 字符。将正文第四段(“这件事……不生锈的方法。”)分为等宽两栏,栏间添加分隔线。

2. 在“考生”文件夹下,打开文档 WORD2. DOCX,按照要求完成下列操作,并以文件名 WORD2. DOCX 保存文档。

(4) 设置表格样式为“网格表 4,着色 2”。

(5) 设置每列为 2.2 厘米。设置外框线为:1.5 磅、红色(标准色)、单线。设置内框线为:1 磅、蓝色、单线。在第一行前面插入新行,合并单元格,输入“奥运会申请”,居中显示该文本。

三、电子表格

1. 打开 EXCEL. XLSX。

(1) 将 Sheet1 工作表中的 A1:C1 合并单元格并居中。

(2) 引用“离婚数据”工作表中的数据,在 Sheet1 工作表的 C4:C22 各单元格中,利用公式分别计算相应年份离婚率,结果设置为百分比格式,保留 2 位小数(离婚率 = 离婚数/结婚登记数)。

(3) 在 Sheet1 工作表中,设置区域 A3:C22 外边框为“最粗单线”、内边框为“最细单线”。

(4) 在 Sheet1 工作表中,根据 1985 年到 2006 年的离婚率数据生成一张“簇状柱形图”,嵌入当前工作表中,图表标题为“近几十年的离婚率统计图”,数据标签外显示值,不显示图例。保存 EXCEL. XLSX 文件。

2. 打开工作簿文件 EXC. XLSX,对工作表“产品销售情况表”内数据清单的内容进行筛选,条件为“各销售部第 1 季度和第 2 季度、A 型保温杯和 B 型保温杯的销售情况”,工作表名不变,保存 EXC. XLSX 文件。

四、演示文稿

打开“考生”文件夹下的演示文稿 YSWP. PPTX,按照下列要求完成对此文稿的修饰并保存。

1. 将第三张幻灯片的背景填充设置为“球体”图案。利用幻灯片母版修改所有幻灯片的标题格式为:华文新魏、44 号字、加粗、倾斜。在第六张幻灯片前插入版式为“标题和内容”的新幻灯片,标题为“桌体式笔记本”,内容区插入“考生”文件夹下的图片 DESCOM. JPG,并设置该图片的动画效果为“飞入-自左侧”。移动第二张幻灯片,使其成为第四张。将第一张幻灯片的副标题“你能想到吗”设置为艺术字样式,样式为“渐变填充,灰色”,文本效果为“转换-弯曲-停止”。

2. 设置全部幻灯片切换效果为“切出”,效果选项为“全黑”,放映方式为“观众自行浏览(窗口)”。

五、上网

1. 向公司人力资源部分发一个 E-mail,提出招聘要求,并抄送主管人事的李副经理。具体内容如下:

【收件人】hr@ mail. abc. com. cn

【抄送】lijiang@ mail. abc. com. cn

【主题】招聘申请

【函件内容】“我部门需招聘业务员 10 名，请及时安排。”

2. 打开 http://www/web/itedu. htm，点击链接“新话题”，找到“百年北大”网页，将其中任一图片以“BD. BMP”为名保存在“考生”文件夹内。

第三套

理论部分

1. 十六进制数 CDH 对应的十进制数是 ( )

A. 204　B. 205　C. 202　D. 203

2. 电子邮箱的地址组成是 ( )

A. 主机域名和用户名两部分组成，它们之间用符号“. ”分隔

B. 主机域名和用户名两部分组成，它们之间用符号“@ ”分隔

C. 用户名和主机域名两部分组成，它们之间用符号“@ ”分隔

D. 用户名和主机域名两部分组成，它们之间用符号“. ”分隔

3. 下列字符中，其 ASCII 码值最大的是 ( )

A. P　B. B　C. g　D. p

4. 网络的传输速率是 10Mbps，其含义是 ( )

A. 每秒可以传输 10M 个字符　B. 每秒传输 10M 二进制位

C. 每秒传输 10M 字节　D. 每秒传输 10000000 二进制位

5. 7 位 ASCII 码共有多少个不同的编码值 ( )

A. 126　B. 125　C. 127　D. 128

6. 计算机主机采用的电子器件的发展顺序是 ( )

A. 电子管、晶体管、中小规模集成电路、大规模和超大规模集成电路

B. 晶体管、电子管、中小规模集成电路、大规模和超大规模集成电路

C. 晶体管、电子管、集成电路、芯片

D. 电子管、晶体管、集成电路、芯片

7. 以下属于高级语言的有 ( )

A. 机器语言　B. C 语言　C. 汇编语言　D. 以上都是

8. 以下关于汇编语言的描述错误的是 ( )

A. 汇编语言诞生于 20 世纪 50 年代初期

B. 汇编语言不再使用难以记忆的二进制代码

C. 汇编语言使用的是助记符号

D. 汇编程序是一种不再依赖于机器的语言

9. 下列不属于系统软件的是 ( )

A. UNIX　B. QBASIC　C. Excel　D. FoxPro

10. 下列关于硬盘的说法错误的是 ( )

A. 硬盘中的数据断电后不会丢失

B. 每个计算机主机有且只能有一块硬盘

C. 硬盘可以进行格式化处理

D. CPU 不能够直接访问硬盘中的数据

11. MIPS 是表示计算机哪项性能的单位 ( )

A. 字长 B. 主频 C. 运算速度 D. 存储容量

12. 下列不是通用软件的是 ( )

A. 文字处理软件 B. 电子表格软件 C. 专家系统 D. 数据库系统

13. 下列有关计算机性能的描述不正确的是 ( )

A. 一般而言,主频越高,速度越快

B. 内存容量越大,处理能力就越强

C. 计算机的性能好不好,主要看主频是不是高

D. 内存的存取周期也是计算机性能的一个指标

14. 微型计算机的内存储器是 ( )

A. 按二进制数编址 B. 按字节编址

C. 按字长编址 D. 根据微处理器不同而编址不同

15. 下列属于击打式打印机的有 ( )

A. 喷墨打印机 B. 针式打印机 C. 静电式打印机 D. 激光打印机

16. RAM 具有的特点是 ( )

A. 海量存储

B. 存储的信息可以永久保存

C. 一旦断电,存储在其上的信息将全部消失且无法恢复

D. 存储在其中的数据不能改写

17. 网络操作系统除了具有通常操作系统的 4 大功能外,还具有的功能是 ( )

A. 网络通信和网络资源共享 B. 分时为多个用户服务

C. 文件传输和远程键盘操作 D. 远程源程序开发

18. 将 CPU、存储器、I/O 设备连接起来的是 ( )

A. 接口 B. 系统文件 C. 总线 D. 控制线

19. 巨型机指的是 ( )

A. 体积大 B. 重量大 C. 功能强 D. 耗电量大

20. “32 位微型计算机”中的 32 指的是 ( )

A. 微型机号 B. 机器字长 C. 内存容量 D. 存储单位

操作部分

一、基本操作

1. 在“考生”文件夹下创建名为 TAK. DOCX 的文件。

2. 将“考生”文件夹下 XING\RUI 文件夹中的文件 SHU. EXE 设置成“只读”属性,并撤消“存档”属性。

3. 搜索“考生”文件夹中的 GE. XLSX 文件,然后将其复制到“考生”文件夹下的 WEN 文件夹中。

4. 删除“考生”文件夹下 ISO 文件夹中的 MEN 文件夹。

5. 为“考生”文件夹下 PLUS 文件夹中的 GUN. EXE 文件建立名为 GUN 的快捷方式,存

放在“考生”文件夹下。

二、字处理

打开 WD. DOCX，完成如下题目：

1. 设置页眉为“污染来源”，均居中显示；设置纸张大小为 A4，页面边距为“左右 3.5 厘米”；页面背景设置为“水滴”纹理，边框设置为“红色、1 磅、单线”；页面底端插入“滚动”型页码，页码为“a，b，c，…”，起始页码为“b”。

2. 给文章加标题“室内环境污染治理”，居中显示。设置标题文字为：隶书、一号字、红色。设置文本效果为“填充-蓝色，主题色 1，阴影”。

3. 为正文中的粗体字段落添加项目编号，编号样式为“1，2，3，…”，并设置编号和文字的字体格式均为：红色、四号字。

4. 将文章最后 6 行文字转换成 6 行 5 列表格；设置表格居中，所有文字居中。

5. 设置列宽为 3 厘米，行高为 0.8 厘米；设置表格样式为“网格表 1，浅色”；在表格最后一列插入新的列，输入“日照总和”，并分别计算五个城市的日照时数总和。

三、电子表格

1. 打开 EXCEL. XLSX。

(1) 复制 Sheet1 工作表，并改名为“备份”。

(2) 在 Sheet1 工作表的 N4:N26 单元格中，利用公式分别计算相应城市的全年日照时数。

(3) 在 Sheet1 工作表中，利用自动筛选功能，筛选出全年日照时数不少于 2500 小时的城市。

(4) 在“备份”工作表中将 A3:M17 数据区域设置为套用表格格式“蓝色，表样式中等深浅 9”，取消数据筛选功能。

2. 打开 EXC. XLSX 工作簿，建立数据透视表，显示不同籍贯的男女同学成绩的总分汇总信息（行标签为“籍贯”，列标签为“性别”），置于本表的 E10:H14 区域。

四、演示文稿

打开“考生”文件夹下的演示文稿 YSWP. PPTX，按照下列要求完成对此文稿的修饰并保存。

1. 给第一张幻灯片插入备注“光化学烟雾指的是一系列对环境和健康有害的化学品。它们称之为光化学烟雾是因为它们由最初的污染物质光解而产生的。光化学烟雾是一种淡蓝色烟雾，属于大气中的二次污染物。”。为第一张张幻灯片中带项目符号的文字创建超链接，分别指向具有相应标题的幻灯片。设置所有幻灯片显示自动更新的日期（样式为“××××年××月××日”）及幻灯片编号。利用幻灯片母版为所有幻灯片的右下角插入一个“第一张”动作按钮，超链接指向第一张幻灯片，并设置按钮的动画效果为“自左侧飞入、伴有风声”。

2. 使用“积分”主题模板修饰全文，所有幻灯片的切换效果为“随机线条”。

五、上网

1. 某考试网站的主页地址是 http://jsjks/1.jks/index.html。打开此主页，浏览“计算机考试”页面，查找“JSJKS 三级介绍”页面内容，并将文中的第三段和第四段以文本文件的格式保存到“考生”文件夹下，命名为“三级介绍.txt”。

2．同时向下列两个 E-mail 地址发送一个电子邮件（注：不准用抄送），并将“考试”文件夹下的 WD.DOCX 作为附件一起发出去。

具体内容如下：

【收件人】hwurj@bj163.com 和 kuohq@163.net.cn

【主题】数据表

【函件内容】“发去一个数据表，具体见附件。”

第四套

理论部分

1．16 个二进制位可表示整数的范围是（　　）

A．0～65535　　B．－32768～32768

C．－32767～32768　　D．－32768～32767 或 0～65535

2．存储 400 个 24×24 点阵汉字字形所需的存储容量是（　　）

A．25.5KB　　B．28.125KB　　C．37.5KB　　D．75KB

3．下列字符中，其 ASCII 码值最大的是（　　）

A．A　　B．Y　　C．a　　D．y

4．某汉字的机内码是 B1A1H，它的国标码是（　　）

A．3121H　　B．3021H　　C．2131H　　D．2031H

5．操作系统的功能是（　　）

A．负责诊断机器的故障

B．将源程序编译成目标程序

C．控制和管理计算机系统的各种硬件和软件资源的使用

D．负责外设与主机之间的信息交换

6．QQ 是一种流行的网上聊天软件，该软件主要体现了计算机网络的哪种功能（　　）

A．资源共享　　B．数据通信　　C．文件服务　　D．提高系统可靠性

7．接入局域网的每台计算机都必须安装（　　）

A．调制解调器　　B．网络接口卡　　C．声卡　　D．视频

8．某汉字的国标码是 1112H，它的机内码是（　　）

A．3132H　　B．5152H　　C．8182H　　D．9192H

9．以下关于高级语言的描述正确的是（　　）

A．高级语言诞生于 20 世纪 60 年代中期

B．高级语言的“高级”是指所设计的程序非常高级

C．C++语言采用的是“编译”的方法

D．高级语言可以直接被计算机执行

10．目前最广泛采用的局域网技术是（　　）

A．以太网　　B．令牌环　　C．ARC 网　　D．FDDI

11．在计算机网络系统中，一般要求误码率低于（　　）

A. 10^{-2}　B. 10^{6}　C. 10^{-6}　D. 10^{-3}

12. 计算机能直接识别和执行的语言是　(　　)

A. 机器语言　B. 高级语言　C. 数据库语言　D. 汇编语言

13. 以下不属于高级语言的有　(　　)

A. FORTRAN　B. Pascal　C. C　D. UNIX

14. 下面四条常用术语的叙述错误的是　(　　)

A. 计算机能直接执行用汇编语言编写的程序

B. 光标是显示屏上指示位置的标志

C. 总线是计算机系统中各部件之间传输信息的公共通路

D. 读写磁头是既能从磁表面存储器读出信息,又能把信息写入磁表面存储器的装置

15. 下列 4 种软件中属于系统软件的是　(　　)

A. Word 2000　B. Win 7　C. 财务管理系统　D. QQ

16. 在广域网中,计算机需要在网上传送的信息必须预先划分成若干　(　　)

A. 比特　B. 字节　C. 比特率　D. 分组

17. 为解决某一特定问题而设计的指令序列称为　(　　)

A. 文件　B. 语言　C. 程序　D. 软件

18. ASCII 码的字符数是　(　　)

A. 126　B. 127　C. 128　D. 129

19. 冯·诺依曼体系结构计算机的基本思想之一是　(　　)

A. 计算精度高　B. 存储程序控制　C. 处理速度块　D. 可靠性高

20. 输入/输出设备必须通过 I/O 接口电路才能连接　(　　)

A. 地址总线　B. 数据总线　C. 控制总线　D. 系统总线

操作部分

一、基本操作

1. 在“考生”文件夹下 MING 文件夹中创建名为 HE 的文件夹。

2. 搜索“考生”文件夹下所有.DOC 文件,将其移动到“考生”文件夹下的 MING\HE 文件夹中。

3. 删除“考生”文件夹下 QIAO 文件夹中的 WIN.TXT 文件。

4. 将“考生”文件夹下 BENA 文件夹设置成“隐藏”和“只读”属性。

5. 将“考生”文件夹下 XANG\TAN 文件夹复制到“考生”文件夹下 MING 文件夹中。

二、字处理

打开 WD.DOCX,完成如下题目:

1. 设置页眉为“垃圾处理”,纸张大小为 16K;添加文本水印“重要内容”,设置版式为“水平”;设置页面背景为“蓝色,个性色 1”。

2. 添加标题为“垃圾处理”。设置标题段文字为:华文新魏、一号字、居中对齐、字符间距缩放 120%、黄色文字底纹。将前两段合并为一个段落。

3. 将合并后的第一段文本设置为:首字下沉 2 行,距离正文 0.2 厘米。第二段设置为:2 栏,添加分隔线。

4. 将文中最后 7 行文字转换成一个 7 行 3 列的表格。

5. 设置表格列宽为2.5厘米、表格居中;设置单元格对齐方式为"水平居中";将表格第1列中的第2行和第3行、第4行和第5行、第6行和第7行的单元格分别合并;设置表格外框线为"蓝色、1.5磅、单线",设置内框线为"红色、0.5磅、单线"。

三、电子表格

1. 打开EXCEL. XLSX。

(1) 在Sheet1工作表的A1单元格中,输入标题"图书期刊报纸出版情况",设置其字体格式为:黑体、14磅字、蓝色;在A1到E1范围合并及居中。

(2) 在Sheet1工作表的E5:E19各单元格中,利用公式分别计算各年报纸增长率,结果以百分比格式显示,保留2位小数[报纸增长率=(当年报纸种数-上年报纸种数)/上年报纸种数]。

(3) 用实心填充绿色数据条标记图书种数。

(4) 将1991—1994年4年的报纸种数添加到"三维簇状柱形图",无图例,图标区背景为"白色大理石"纹理,图表放置于H20:M35。

2. 打开EXC. XLSX,对工作表"销售情况表"内数据清单的内容按主要关键字"图书名称"的升序和次要关键字"单价"的降序进行排序,对排序后的数据进行分类汇总(汇总结果显示在数据下方),计算各类图书的平均价格。

四、演示文稿

打开"考生"文件夹下的演示文稿YSWP. PPTX,按照下列要求完成对此文稿的修饰并保存。

1. 设置第一张幻灯片的标题文字为:楷体、40磅字。设置第一张幻灯片中的副标题部分动画效果成"飞入-自右上部"。在第一张幻灯片后添加一张版式为空白的幻灯片,插入图片FESTIVAL. JPG,并设置图片的动画效果为"自左侧切入、中速,并伴有鼓掌声"。为第三张幻灯片带项目符号的文字创建超链接,分别指向具有相应标题的幻灯片。将第四张幻灯片背景设置为"水滴",并忽略背景图形,并移动使之成为第六张幻灯片。

2. 将整个演示文稿设置为"回顾"主题模板,全部幻灯片的切换效果设置为"推进、自右侧"。

五、上网

1. 接收来自班主任的邮件,主题为"参加竞赛前的准备",转发给同学陈丽和柳岩,她们的E-mail地址分别是zhenglili@mail. neeae. cn,liulijun @ yanhoo. com;并在正文内容中加上"请按通知的时间准时到场,收到请回复!",保存来信内容到"考生"文件夹的NR. TXT文件中。

2. 打开网址http://localhost/index. html,查找"李白"的页面,查找"李白生平"页面,保存该页面到"考生"文件夹,文件名为"李白. txt"。

第五套

理论部分

1. 计算机在现代教育中的主要应用有:计算机辅助教学、计算机模拟、多媒体教室和 ( )

A. 网上教学和电子大学　　B. 家庭娱乐

C. 电子试卷　　D. 以上都不是

2. 与十六进制数 26CE 等值的二进制数是 ( )

A. 011100110110010　　B. 0010011011011110

C. 10011011001110　　D. 1100111000100110

3. 下列 4 种不同数制表示的数中,数值最小的一个是 ( )

A. 八进制数 52　　B. 十进制数 44　　C. 十六进制数 2B　　D. 二进制数 101001

4. 下列关于电子邮件的说法错误的是 ( )

A. 发件人必须有自己的 E-mail 帐户

B. 必须知道收件人的 E-mail 地址

C. 可使用 Outlook Express 管理联系人信息

D. 收件人必须有自己的邮政编码

5. 某汉字的区位码是 3721,它的国标码是 ( )

A. 5445H　　B. 4535H　　C. 6554H　　D. 3555H

6. 网络中提供了共享硬盘、共享打印机及电子邮件服务等功能的设备称为 ( )

A. 网络协议　　B. 网络服务器　　C. 网络拓扑结构　　D. 网络终端

7. 下列叙述正确的是 ( )

A. 编译程序、解释程序和汇编程序不是系统软件

B. 故障诊断程序、排错程序、人事管理系统属于应用软件

C. 操作系统、财务管理程序、系统服务程序都不是应用软件

D. 操作系统和各种程序设计语言的处理程序都是系统软件

8. 把高级语言编写的源程序变成目标程序,需要经过的步骤是 ( )

A. 汇编　　B. 解释　　C. 编译　　D. 编辑

9. MIPS 是表示计算机哪项性能的单位 ( )

A. 字长　　B. 主频　　C. 运算速度　　D. 存储容量

10. 下列各项不是通用软件的是 ( )

A. 文字处理软件　　B. 电子表格软件　　C. 专家系统　　D. 数据库系统

11. 计算机中所有信息的存储都采用 ( )

A. 二进制　　B. 八进制　　C. 十进制　　D. 十六进制

12. 100 个 24×24 点阵的汉字字模信息所占用的字节数是 ( )

A. 2400　　B. 7200　　C. 57600　　D. 73728

13. 已知英文大写字母 D 的 ASCII 码值是 44H,那么英文大写字母 F 的 ASCII 码值用十

进制数表示为 ( )

A. 46 B. 68 C. 70 D. 15

14. 下列4个选项正确的是 ( )

A. 存储一个汉字和存储一个英文字符占用的存储容量是相同的

B. 微型计算机只能进行数值计算

C. 计算机中数据的存储和处理都使用二进制

D. 计算机中数据的输出和输入都使用二进制

15. 计算机能够直接执行的计算机语言是 ( )

A. 汇编语言 B. 机器语言 C. 高级语言 D. 自然语言

16. 用于数据传输速率的单位是 ( )

A. 位/秒 B. 字长/秒 C. 帧/秒 D. 米/秒

17. 下列有关总线的描述不正确的是 ( )

A. 总线分为内部总线和外部总线 B. 内部总线也称为片总线

C. 总线的英文表示就是Bus D. 总线体现在硬件上就是计算机主板

18. 在Windows环境中,最常用的输入设备是 ( )

A. 摄像机 B. 鼠标 C. 扫描仪 D. 手写设备

19. 下列叙述正确的是 ( )

A. 计算机的体积越大,其功能越强

B. CD-ROM的容量比硬盘的容量大

C. 存储器具有记忆功能,故其中的信息任何时候都不会丢失

D. CPU是中央处理器的简称

20. 已知双面高密软磁盘格式化后的容量为1.2MB,每面有80个磁道,每个磁道有15个扇区,那么每个扇区的字节数是(容量=面数×磁道数×扇区数×每个扇区字节数) ( )

A. 256B B. 512B C. 1024B D. 128B

操作部分

一、基本操作

1. 将"考生"文件夹下MUNLO文件夹中的文件KUB.DOCX删除。

2. 在"考生"文件夹下LOICE文件夹中建立一个名为WEN.DIR的新文件。

3. 将"考生"文件夹下JIE文件夹中的文件BMP.BAS设置为"隐藏"和"存档"属性。

4. 将"考生"文件夹下MICRO文件夹中的文件GUIST.WPS移动到"考生"文件夹下MING文件夹中。

5. 将"考生"文件夹下HYR文件夹中的文件MUOUT.PQR在本文件夹下再复制一份,并将新复制的文件改名为BASE.VUE。

二、字处理

1. 在"考生"文件夹下,打开文档WORDl.DOCX,按照要求完成下列操作并以该文件名WORDl.DOCX保存文档。

(1) 给文章加标题"臭氧层的作用",并将标题设置为:华文新魏、一号字、字符缩放120%、居中对齐。设置文本效果为"紧密映像,接触"。

(2) 设置页眉为"臭氧层危机",居中显示;在页面底端插入页码,样式为"普通数字1",

并设置起始页码为“Ⅲ”；页面设置为：1 磅、红色（标准色）、阴影边框。

（3）在正文第一段“由此将其命名为 OZEIN（臭氧）”后插入脚注，脚注文本为“来源于科普杂志”；将第三段分 2 栏，添加分隔线。

2. 在“考生”文件夹下，打开文档 WORD2. DOCX，按照要求完成下列操作并以该文件名（WORD2. DOCX）保存文档。

（4）将文本转换成表格，并对表格样式设置如下：网格 5，深色-着色 3。

（5）设置表格居中，列宽为 1.8 厘米，行高为 1 厘米，单元格对齐方式为“水平居中”（垂直、水平均居中）。设置标题段为：四号字、蓝色、楷体、加粗、居中。设置表格外框线为：1.5 磅、红色、双实线。设置内框线为：0.5 磅、蓝色、单实线。按“历时”列（依据“日期”类型）升序排列表格内容。

三、电子表格

1. 打开 EXCEL. XLSX。

（1）将 Sheet1 工作表中的 A1：N1 合并单元格并居中。

（2）在 Sheet1 工作表的 N4：N22 各单元格中，利用公式分别计算相应城市的全年降雨总量。

（3）在 Sheet1 工作表中，按全年降雨总量升序排序。

（4）在 Sheet1 工作表中，根据全年降雨量最少的 5 个城市的年降雨总量数据，生成一张“三维簇状柱形图”，嵌入 Sheet1 工作表中，图表标题为“2006 年降雨最少的 5 个城市”，要求数据标志显示值，不显示图例。

2. 打开 EXC. XLSX。对工作表“人力资源情况表”内数据清单的内容按主要关键字“组别”的降序和次要关键字“部门”的升序进行排序。对排序后的数据进行自动筛选，条件为“职称为工程师并且学历为硕士”，工作表名不变，保存在 EXC. XLSX 文件中。

四、演示文稿

打开“考生”文件夹下的演示文稿 YSWP. PPTX，按照下列要求完成对此文稿的修饰并保存。

1. 将第一张幻灯片的标题文字设置为：楷体、63 磅字、加粗、红色（红色：255、绿色：0、蓝色：0）。副标题文字设置为：宋体、37 磅字。将最后一张幻灯片的版式设置为“两栏内容”，图片放在右侧栏的剪贴画区域，设置图片动画为“飞入-自顶部”。在第六张幻灯片后添加一张“空白”幻灯片，并插入第二行第三列样式的艺术字“葡萄酒”，艺术字效果设置为“转换-弯曲-正方形”。移动第四张幻灯片使之成为第三张，并删除第二张幻灯片。

2. 使用“环保”主题模板修饰全文，全部幻灯片切换效果为“切出”，放映方式设置为“在展台浏览”。

五、上网

1. 打开 http：// www. web. itedu 页面，浏览网页，打开“四大发明”栏目，并将该网页网址保存到一个新建文本文档中，并以“古代文明”为名保存该文档至“考生”文件夹下。

2. 向公司部门经理汪某发送一个 E-mail 报告生产情况，并抄送给总经理刘某。具体内容如下：

【收件人】WangXiao@ mail. pchome. com. cn

【抄送】Liuqiang@ mail. pchome. com. cn

【主题】报告生产情况

【函件内容】“本厂超额10%完成一月份生产任务。”

第六套

理论部分

1. 十进制数75用二进制数表示是 （ ）

A. 1100001 B. 1101001 C. 0011001 D. 1001011

2. 一个非零无符号二进制整数后加两个零形成一个新数，新数的值是原数值的（ ）

A. 四倍 B. 二倍 C. 四分之一 D. 二分之一

3. 下列选项中两个软件都属于系统软件的是 （ ）

A. Win 7 和 Excel B. Win 7 和 UNIX C. UNIX 和 WPS D. Word 和 Linux

4. 下列字符中，其ASCII码值最小的是 （ ）

A. S B. J C. b D. T

5. 下列4种叙述有错误的是 （ ）

A. 通过自动（如扫描）或人工（如击键、语音）方法将汉字信息（图形、编码或语音）转换为计算机内部表示汉字的机内码并存储起来的过程，称为汉字输入

B. 将计算机内存储的汉字内码恢复成汉字并在计算机外部设备上显示或通过某种介质保存下来的过程，称为汉字输出

C. 将汉字信息处理软件固化，构成一块插件板，这种插件板称为汉卡

D. 汉字国标码就是汉字拼音码

6. UNIX 系统属于 （ ）

A. 网络操作系统 B. 分时操作系统

C. 批处理操作系统 D. 实时操作系统

7. 具有多媒体功能的微型计算机系统中，常用的CD-ROM是 （ ）

A. 只读型大容量软盘 B. 只读型光盘

C. 只读型硬盘 D. 半导体只读存储器

8. 微型计算机硬件系统中最核心的部件是 （ ）

A. 主板 B. CPU C. 内存储器 D. I/O 设备

9. 下列4种叙述正确的是 （ ）

A. 计算机系统是由主机、外设和系统软件组成的

B. 计算机系统是由硬件系统和应用软件组成的

C. 计算机系统是由硬件系统和软件系统组成的

D. 计算机系统是由微处理器、外设和软件系统组成的

10. 微型计算机中的ROM是 （ ）

A. 顺序存储器 B. 高速缓冲存储器 C. 随机存储器 D. 只读存储器

11. 计算机内部采用二进制表示数据信息，二进制的主要优点是 （ ）

A. 容易实现 B. 方便记忆 C. 书写简单 D. 符合使用的习惯

12. 国际上对计算机进行分类的依据是 (　　)

A. 计算机的型号　B. 计算机的速度　C. 计算机的性能　D. 计算机生产厂家

13. 在微型计算机中,应用最普遍的字符编码是 (　　)

A. ASCII 码　B. BCD 码　C. 汉字编码　D. 补码

14. 下列属于计算机病毒特征的是 (　　)

A. 模糊性　B. 高速性　C. 传染性　D. 危急性

15. 下列字符中,其 ASCII 码值最大的是 (　　)

A. T　B. 6　C. t　D. w

16. SRAM 存储器是 (　　)

A. 静态随机存储器　B. 静态只读存储器

C. 动态随机存储器　D. 动态只读存储器

17. 磁盘格式化时,被划分为一定数量的同心圆磁道,软盘最外圈的磁道是 (　　)

A. 0 磁道　B. 39 磁道　C. 1 磁道　D. 80 磁道

18. USBl.1 和 USB2.0 的区别之一在于传输率不同,USBl.1 的传输率是 (　　)

A. 12MB/s　B. 150KB/s　C. 480MB/s　D. 48MB/s

19. 计算机病毒可以使整个计算机瘫痪,危害极大。计算机病毒本质是 (　　)

A. 一种芯片　B. 一段特制的程序　C. 一种生物病毒　D. 一条命令

20. 下列关于计算机的叙述不正确的一条是 (　　)

A. 软件就是程序、关联数据和文档的总和

B. [Alt]键又称为控制键

C. 断电后,信息会丢失的是 RAM

D. MIPS 是表示计算机运算速度的单位

操作部分

一、基本操作

1. 将“考生”文件夹下 DAY 文件夹中的 MORNING.TXT 文件移动到“考生”文件夹下 NIGHT 文件夹中,并改名为 EVENING.WRI 。

2. 在“考生”文件夹下创建文件 WATER.WRI ,并撤消“存档”属性设置属性为“隐藏”。

3. 将“考生”文件夹下 FACTORY 文件夹中的 WORKER.BAS 文件复制到“考生”文件夹下 SHOP 文件夹中。

4. 将“考生”文件夹下 FAMILY 文件夹中的 FATHER.FAM 文件删除。

5. 为“考生”文件夹下 SCHOOL 文件夹中的 BOY.EXE 文件建立名为 BOY 的快捷方式。

二、字处理

1. 在“考生”文件夹下,打开文档 WORDl.DOCX,按照要求完成下列操作并以该文件名(WORDl.DOCX)保存文档。

(1) 添加标题“金融交易介绍”,居中显示,设置字体颜色为“红色”(R(200),G(10),B(20));正文第三段设置为:1 磅蓝色方框、蓝色底纹。

(2) 将正文中所有的“金融中介”设置为:红色、双波浪下划线。设置自定义页面大小为:19 厘米宽、27 厘米高。为“金融介绍”文本添加水印。页面背景设置为“羊皮纸预设”。

(3) 在正文第一段首个“金融交易”后插入脚注,编号格式为“①,②,③,…”,注释内容为“financial transactions”。

2. 在“考生”文件夹下,打开文档 WORD2. DOCX,按照要求完成下列操作并以该文件名(WORD2. DOCX)保存文档。

(4) 将文中 4 行文字转换成一个 4 行 6 列的表格,并以“根据内容调整表格”选项自动调整表格。

(5) 设置表格居中,设置单元格对齐方式为“水平居中”;设置表格外框线为“1 磅、红色、双实线”,设置内框线为“0.5 磅、蓝色、单实线;设置表格第一行底纹为“黄色”;设置表格所有单元格上、下边距各为 0.2 厘米。

三、电子表格

1. 打开 EXCEL. XLSX。

(1) 在 Sheet1 工作表 的 A1 单元格中加标题“我国摄制影片产量”,设置其字体格式为:楷体、20 磅字、蓝色;在 A1 到 G1 范围跨列居中。

(2) 在 Sheet1 工作表的 G4:G36 各单元格中,利用公式分别计算相应年份我国电影厂影片平均产量,结果只显示整数(我国电影厂影片平均产量 = 各类影片数量之和/电影厂数量)。

(3) 生成一张反映 2000 至 2006 年我国电影厂影片平均产量的“堆积折线图”,嵌入当前工作表中,不显示图例,数据标志显示值,图表标题为“2000 至 2006 年我国电影厂年均影片数量”,设置标题文字为:楷体、蓝色。

2. 打开 EXC. XLSX,对工作表“垃圾处理”内数据清单的内容建立数据透视表,行标签为“省市”,列标签为“地区”,求和项为“卫生填埋厂数”,并置于工作表的 H8:O41 单元格区域,工作表名不变,保存 EXC. XLSX 工作簿。

四、演示文稿

打开“考生”文件夹下的演示文稿 YSWP. PPTX,按照下列要求完成对此文稿的修饰并保存。

1. 为第一张幻灯片添加副标题“民以食为天”,并设置其动画效果为:单击鼠标时从右侧飞入。把第二张幻灯片版式改为“两栏内容”,原图片放在左侧栏,原文本内容放右侧栏。删除第六张幻灯片,使第五张幻灯片成为最后一张幻灯片。在最后一张幻灯片的右下角插入一个“第一张”动作按钮,超链接指向首张幻灯片。

2. 整个演示文稿设置成“基础”主题模板,全部幻灯片的切换效果都设置成“溶解”。将第一张幻灯片背景设置为“渐变填充”,预设为“浅色渐变-个性色 4”,隐藏背景图形。

五、上网

1. 给老李发邮件,以附件的方式报名参加“攀登云蒙山”活动。老李的 E-mail 地址是:luzili@163 .com 。主题为:报名统计表。正文内容为:“老李,您好! 附件里是本次报名的报名统计表,请将参加活动的人员名单和手机号码填写完整,谢谢。”将“考生”文件夹下的 TRIP. XLS 文件添加到邮件附件中发送。

2. 打开 http:// www. web. itedu 页面,找到名为“汽车 02”的汽车照片,将该照片保存至“考生”文件夹下,重命名为“汽车 02. jpg”。

第七套

理论部分

1. 计算机的特点是处理速度快、计算精度高、存储容量大、可靠性高、工作全自动以及（　　）

A. 造价低廉　B. 便于大规模生产　C. 适用范围广　D. 体积小巧

2. 1983 年，我国第一台亿次级巨型电子计算机诞生了，它的名称是（　　）

A. 东方红　B. 神威　C. 曙光　D. 银河

3. 十进制数 215 用二进制数表示是（　　）

A. 1100001　B. 11011101　C. 0011001　D. 11010111

4. 有一个数是 123，它与十六进制数 53 相等，那么该数值是（　　）

A. 八进制数　B. 十进制数　C. 五进制数　D. 二进制数

5. 下列 4 条叙述正确是（　　）

A. 二进制正数原码的补码就是原码本身

B. 所有十进制小数都能准确地转换为有限位的二进制小数

C. 存储器中存储的信息即使断电也不会丢失

D. 汉字的机内码就是汉字的输入码

6. 下列的英文缩写和中文名字的对照错误的是（　　）

A. CAD——计算机辅助设计　B. CAM——计算机辅助制造

C. CIMS——计算机辅助技术　D. CAI——计算机辅助教育

7. 专门为某种用途而设计的计算机称为（　　）

A. 数字　B. 通用　C. 专用　D. 模拟

8. 计算机的发展趋势是巨型化、微型化、网络化和（　　）

A. 大型化　B. 小型化　C. 精巧化　D. 智能化

9. 某汉字的国标码是 5650H，它的机内码是（　　）

A. D6D0H　B. E5E0H　C. E5D0H　D. D5E0H

10. 五笔型输入法是（　　）

A. 音码　B. 形码　C. 混合码　D. 音形码

11. 下列 4 种设备中，属于计算机输入设备的是（　　）

A. UPS　B. 服务器　C. 绘图仪　D. 光笔

12. 把用高级语言编写的程序转换为可执行程序，要经过的过程叫作（　　）

A. 汇编和解释　B. 编辑和链接

C. 编译和链接装配　D. 解释和编译

13. 以下关于病毒的描述不正确的是（　　）

A. 对于病毒，最好的方法是采取“预防为主”的方针

B. 杀毒软件可以抵御或清除所有病毒

C. 恶意传播计算机病毒可能会是犯罪

D. 计算机病毒都是人为制造的

14. 在 ENIAC 的研制过程中,首次提出存储程序计算机体系结构的是 ( )

A. 冯·诺依曼　　B. 阿兰·图灵　　C. 古德·摩尔　　D. 以上都不是

15. Internet 上一台主机的域名由几部分组成 ( )

A. 3　　B. 4　　C. 5　　D. 若干(不限)

16. 中国的域名是 ( )

A. .com　　B. .cn　　C. .net　　D. .jp

17. 微型计算机硬件系统中最核心的部件是 ( )

A. 主板　　B. CPU　　C. 内存储器　　D. I/O 设备

18. 宏病毒是利用什么语言编制而成的 ( )

A. Word 提供的 Basic 宏语言　　B. 汇编语言

C. JAVA 语言　　D. 机器语言

19. 微型计算机中,ROM 是 ( )

A. 顺序存储器　　B. 高速缓冲存储器

C. 随机存储器　　D. 只读存储器

20. 下列比较著名的国外杀毒软件是 ( )

A. 瑞星杀毒　　B. KV3000　　C. 金山毒霸　　D. 诺顿

操作部分

一、基本操作

1. 在"考生"文件夹下新建一个名为 ABC. TXT 的文件,并将其属性设置为"只读"和"存档"。

2. 将 ZOOM 文件夹下名为 GONG. C 的文件复制到本文件夹下的 QWE 文件夹中。

3. 删除"考生"文件夹下 BUS1 文件夹中的 DONG. RRM 文件。

4. 为"考生"文件夹下 PEOPLE 文件夹中的 BOOK. EXE 文件建立名为 FOOT 的快捷方式,并保存在"考生"文件夹下。

5. 将"考生"文件夹下 ZOOM 文件夹中的 HONG. TXT 文件移动到"考生"文件夹中,并改名为 JUN. BAK。

二、字处理

1. 在"考生"文件夹下,打开文档 WORD1. DOCX,按照要求完成下列操作并以原文件名保存文档。

(1) 将标题段文字设置为:蓝色、小三号字、宋体、加粗、居中。文本效果设置为:渐变填充,灰色。

(2) 设置正文段落:左右各缩进 1 字符、断后间距 1 行。将正文第一段分为等宽的两栏、栏间距为 0.2 厘米。将正文最后一段"从与来自月球的引力相比……"处分为两段。将正文第二段中的"万有引力"文本超链接到 www. yijnli. com。

(3) 设置页面左右边距为 2 厘米;设置页面背景为"浅绿色";添加文本水印"星星连珠",字体为"楷体",方向为"水平"。

2. 在"考生"文件夹下,打开文档 WORD2. DOCX,按照要求完成下列操作并以原文件名保存文档。

(4) 在表格最右边插入一列,输入列标题“实发工资”,利用公式计算出各职工的实发工资(实发工资 = 基本工资 + 职务工资 + 岗位津贴)。

(5) 设置表格居中、表格列宽为 2 厘米、行高为 1 厘米;设置表格所有内容“水平居中”,表格样式为“无格式表格 1”。

三、电子表格

1. 打开 EXCEL. XLSX。

(1) 将 Sheet1 工作表中的 A1:F1 单元格合并为一个单元格,对齐方式设置为“水平居中”。

(2) 计算“总计”行的内容和“季度平均值”列的内容,“季度平均值”单元格格式的数字分类为数值(小数位数为 2)。

(3) 将工作表重新命名为“销售数量情况表”,选取 A2:E5 单元格区域内容,建立“折线图”,X 轴为季度名称,标题为“销售数据情况图”,网格线为 X 轴和 Y 轴,显示主要网格线,图例位置靠上。

2. 打开 Sheet2 表,筛选出“第一季度 >300”或“第三季度 >500”的数据,条件区域自行设定,筛选结果复制到 b13: f15。

四、演示文稿

在“考生”文件夹下打开 yswg. pptx 文件,按照要求完成下列操作并以原文件名保存文档。

1. 在第二张幻灯片副标题处键入“唐诗部分”文字,设置成“倾斜,40 磅”,并将第二张幻灯片移至演示文稿的第一张幻灯片。在第二张幻灯片后插入版式为“空白”的新幻灯片,并插入艺术字“谢谢观赏”,设置为第三行第二列样式,文本效果为“转换-弯曲-形:V”。第二张幻灯片的文本部分动画设置为“飞入-自底部”。

2. 使用“环保”主题模板修饰全文,全部幻灯片切换效果设置为“随机线条、水平”。将最后一张幻灯片背景设置为“小网格”图案。

五、上网

1. 同时向下列两个 E-mail 地址发送一个电子邮件(注:不准用抄送),并将“考生”文件夹下的附件 zoom. zip 作为附件一起发出去。具体内容如下:

收件人:hwurj@ bj163. com 和 kuohq@ 163. net. cn;主题:数据表;函件内容:“发去一个数据表,具体见附件。”

2. 设置 IE 主页为 www. sohu. com,保存历史记录 20 天。

第八套

理论部分

1. 微机上广泛使用的 Windows 7 是 (　　)

A. 多用户多任务操作系统　　B. 多用户分时操作系统

C. 实时操作系统　　D. 单用户多任务操作系统

2. 与十进制 254 等值的二进制数是 (　　)

A. 11111110　　B. 11101111　　C. 11111011　　D. 11101110

3. 下列4种不同数制表示的数中,数值最小的一个是　　(　　)

A. 八进制数36　　B. 十进制数32

C. 十六进制数22　　D. 二进制数10101100

4. 计算机病毒是一种人为编制的程序,许多厂家提供专门的杀毒软件产品,下列产品不属于这类产品的是　　(　　)

A. 金山毒霸　　B. 卡巴斯基　　C. PCTools　　D. KV3000

5. 世界上第一台电子计算机诞生于哪一年?它的主要逻辑元器件是　　(　　)

A. 1941年 继电器　　B. 1946年 电子管

C. 1949年 晶体管　　D. 1950年 光电管

6. 中文标点符号"。"在计算机中存储时占用的字节数是　　(　　)

A. 1　　B. 2　　C. 3　　D. 4

7. 下列4种表示方法中,用来表示计算机局域网的是　　(　　)

A. LAN　　B. MAN　　C. WWW　　D. WAN

8. 关于防火墙,以下说法不正确的是　　(　　)

A. 防火墙对计算机网络具有保护作用

B. 防火墙能控制、检测进出内网的信息流向和信息包

C. 防火墙可以用软件实现

D. 防火墙能阻止来自网络内部的威胁

9. 在Internet服务中,FTP用于实现的功能是　　(　　)

A. 网页浏览　　B. 文件传输　　C. 匿名登录　　D. 实时通信

10. 下列不属于网络应用的是　　(　　)

A. Word　　B. FTP　　C. E-mail　　D. WWW

11. 一台计算机的基本配置包括有　　(　　)

A. 主机、键盘和显示器　　B. 计算机与外部设备

C. 硬件系统和软件系统　　D. 系统软件与应用软件

12. 把计算机与通信介质相连并实现局域网络通信协议的关键设备是　　(　　)

A. 串行输入口　　B. 多功能卡　　C. 电话线　　D. 网卡(网络适配器)

13. 下列几种存储器中,存取周期最短的是　　(　　)

A. 内存储器　　B. 光盘存储器　　C. 硬盘存储器　　D. 软盘存储器

14. CPU、存储器、I/O设备是通过什么设备连接起来的　　(　　)

A. 接口　　B. 总线　　C. 系统文件　　D. 控制线

15. CPU能够直接访问的存储器是　　(　　)

A. 软盘　　B. 硬盘　　C. RAM　　D. CD-ROM

16. 使用Pentium III 500的微型计算机,其CPU的输入时钟频率是　　(　　)

A. 500kHz　　B. 500MHz　　C. 250kHz　　D. 250MHz

17. 静态RAM的特点是　　(　　)

A. 在不断电的条件下,信息在静态RAM中保持不变,故而不必定期刷新就能永久保存信息

B. 在不断电的条件下,信息在静态 RAM 中不能永久无条件保持,必须定期刷新才不致丢失信息

C. 在静态 RAM 中的信息只能读不能写

D. 在静态 RAM 中的信息断电后也不会丢失

18. CPU 的主要组成是运算器和 ( )

A. 控制器　B. 存储器　C. 寄存器　D. 编辑器

19. 高速缓冲存储器是为了解决 ( )

A. 内存与辅助存储器之间速度不匹配问题

B. CPU 与辅助存储器之间速度不匹配问题

C. CPU 与内存储器之间速度不匹配问题

D. 主机与外设之间速度不匹配问题

20. 以下是点阵打印机的是 ( )

A. 激光打印机　B. 喷墨打印机　C. 静电打印机　D. 针式打印机

操作部分

一、基本操作

1. 将“考生”文件夹下 ME\Y0 文件夹中的文件 HE. EXE 移动到“考生”文件夹下的 HE 文件夹中,并将该文件改名为 H. PRC。

2. 将“考生”文件夹下 RE 文件夹中后缀为. TMP 的文件删除。

3. 将“考生”文件夹下 MEEST 文件夹中的文件 TOG. FOR 复制到“考生”文件夹下 ENG 文件夹中。

4. 在“考生”文件夹下 AOG 文件夹中建立一个新文件夹 KING 。

5. 将“考生”文件夹下 D\SENG 文件夹中的文件 OW. DBF 设置为“隐藏”和“存档”属性。

二、字处理

打开“考生”文件夹下的文件 WD. DOCX,完成如下题目:

1. 将文中所有错词“BLOGE”替换为“blog”。

2. 将标题段文字设置为:小二号字、红色、楷体、加粗、居中,并添加蓝色双波浪下划线。设置文本效果为“发光:8 磅,红色,主题色 2”。

3. 设置正文各段落:左、右各缩进 1 个字符,1.2 倍行距,段前间距 0.5 行。正文第二段首字下沉 2 行,距离正文 0.3 厘米。

4. 设置左、右页边距各为 3 厘米,添加文本水印为“BLOG”。文字设置为:华文新魏,红色。设置页面背景为“羊皮纸”纹理。

5. 将文中后 10 行文字转换成一个 10 行 3 列的表格,格式设置为:表格居中,表格第一列列宽为 2 厘米,其余各列列宽为 4 厘米,表格行高为 1 厘米,表格中单元格对齐方式为“水平居中”(垂直、水平均居中)。设置表格外框线和第一行与第二行间的内框线为“0.75 磅、蓝色、双实线”,其余内框线为“0.5 磅、红色、单实线”。

三、电子表格

1. 打开 EXCEL. XLSX。

(1) 将 Sheetl 工作表的 A1:G1 单元格合并为一个单元格,内容水平居中。

（2）计算“总成绩”列的内容和按“总成绩”降序排名（利用 RANK. EQ 函数），如果总成绩大于或等于 200，在备注栏内给出信息“有资格”，否则给出信息“无资格”（利用 IF 函数）。

（3）选取“考试成绩表”工作表的 A2:D12 单元格区域，建立“簇状柱形图”（数据系列产生在“列”），在图表上方插入图表标题为“考试成绩图”，图例位置靠上，将图插入到表的 A14:G28 单元格区域内，保存 EXCEL. XLSX 文件。

2. 打开工作簿文件 EXC. XLSX，对工作表“教材销售情况表”内数据清单的内容按“分店”升序排序，以分类字段为“分店”、汇总方式为“求和”、汇总项为“销售额（元）”进行分类汇总，汇总结果显示在数据下方，工作表名不变，保存为 EXC. XLSX。

四、演示文稿

打开“考生”文件夹下的演示文稿 YSWP. PPTX，按照下列要求完成对此文稿的修饰并保存。

1. 使用“剪切”主题模板修饰全文，全部幻灯片切换效果为“溶解”。

2. 第二张幻灯片的版式改为“两栏内容”，将第三张幻灯片中的图片插入到第二张幻灯片的剪贴画区域，文本部分设置字体为“楷体”，字号为“27 磅”，颜色为“红色”（请用自定义标签的红色 250、绿色 0、蓝色 0），图片动画设置为“飞入-自右侧”。移动第二张幻灯片，使之成为第一张幻灯片，删除第三张幻灯片。将第一张幻灯片设置“花束“纹理；在第一张幻灯片前面插入“仅标题”的新幻灯片，标题为“蔬菜知识”；在位置（水平:2 厘米，垂直:10 厘米，自:左上角）插入第四行第三列样式的艺术字“蔬菜美味”，艺术字效果为“转换-跟随路径—拱形”。

五、上网

1. 打开 http://www/web/itedu 页面，单击链接“动画片”，找到“动画片放映时间”的内容，将其记录在文本文件 DH. TXT 中，放置在考生文件夹内。

2. 接收来自班长的邮件，主题为“通知”，并同时回复给同学小王和小刘。他们的 E-mail 地址分别是 SweetWang@ sina. com，Liu@ sina. com。在正文内容中加上“请务必按时到场，收到请回复！”

第九套

理论部分

1. 目前制造计算机所用的电子元件是　（　　）

A. 电子管　B. 晶体管　C. 集成电路　D. 超大规模集成电路

2. 在 7 位 ASCII 码中，除了表示数字、英文大小写字母外，其他字符的个数是　（　　）

A. 63　B. 66　C. 80　D. 32

3. 将十进制数 26 转换成二进制数是　（　　）

A. 01011B　B. 11010B　C. 11100B　D. 10011B

4. 二进制数 100100111 转换成十六进制数是　（　　）

A. 234　B. 124　C. 456　D. 127

5. 因特网电子公告栏的缩写名是（　　）
A. FTP　B. BBS　C. WWW　D. IP

6. 如果删除一个非零无符号二进制偶整数后的一个 0，则此数的值为原数的（　　）
A. 4 倍　B. 1/2　C. 2 倍　D. 1/4

7. 一个汉字的机内码是 B0A1H，那么它的国标码是（　　）
A. 3121H　B. 3021H　C. 2131H　D. 2130H

8. 计算机内部采用二进制表示数据信息，二进制的主要优点是（　　）
A. 容易实现　B. 方便记忆　C. 书写简单　D. 符合使用的习惯

9. 国际上对计算机进行分类的依据是（　　）
A. 计算机的型号　B. 计算机的速度　C. 计算机的性能　D. 计算机生产厂家

10. 在微型计算机中，应用最普遍的字符编码是（　　）
A. ASCII 码　B. BCD 码　C. 汉字编码　D. 补码

11. 在计算机领域中通常用 MIPS 来描述（　　）
A. 计算机的运算速度　B. 计算机的可靠性
C. 计算机的运行性　D. 计算机的可扩充性

12. Windows 7 是一种（　　）
A. 单用户单任务系统　B. 单用户多任务系统
C. 多用户单任务系统　D. 以上都不是

13. 下列设备中，既可做输入设备又可做输出设备的是（　　）
A. 图形扫描仪　B. 磁盘驱动器　C. 绘图仪　D. 显示器

14. SRAM 存储器是（　　）
A. 静态随机存储器　B. 静态只读存储器
C. 动态随机存储器　D. 动态只读存储器

15. 磁盘格式化时，被划分为一定数量的同心圆磁道，软盘最外圈的磁道是（　　）
A. 0 磁道　B. 39 磁道　C. 1 磁道　D. 80 磁道

16. 硬盘的一个主要性能指标是容量，硬盘容量的计算公式是（　　）
A. 磁道数×面数×扇区数×盘片数×512 字节
B. 磁道数×面数×扇区数×盘片数×128 字节
C. 磁道数×面数×扇区数×盘片数×80×512 字节
D. 磁道数×面数×扇区数×盘片数×15×128 字节

17. 一般情况下，外存储器中存储的信息在断电后会（　　）
A. 局部丢失　B. 大部分丢失　C. 全部丢失　D. 不会丢失

18. 微机中 1KB 表示的二进制位数是（　　）
A. 1000　B. 8×1000　C. 1024　D. 8×1024

19. 以下哪一项不是预防计算机病毒的措施（　　）
A. 建立备份　B. 专机专用　C. 不上网　D. 定期检查

20. CPU 主要性能指标是（　　）
A. 耗电量和效率　B. 可靠性
C. 字长和时钟主频　D. 发热量和冷却效率

操作部分

一、基本操作

1. 在“考生”文件夹下 WU 文件夹中创建名为 BAK 的文件夹。

2. 删除“考生”文件夹下 JQB 文件夹中的 HU.DBF 文件。

3. 将“考生”文件夹下 WHA 文件夹中的 LU.DOC 设置成“隐藏”和“只读”属性,并取消“存档”属性。

4. 将“考生”文件夹下 BUG\YA 文件夹复制到“考生”文件夹下 WU 文件夹中。

5. 搜索“考生”文件夹下第三个字母是 B 的所有文本文件,将其移动到“考生”文件夹下的 DAH\TXT 文件夹中。

二、字处理

打开 WD.DOCX,完成如下题目:

1. 自定义页面大小为 19 厘米(宽)×27 厘米(高);为页面添加“家电”文字水印;设置页面背景颜色为“蓝色,个性色 1,淡色 80%”。

2. 将标题段文字设置为:三号字、蓝色、黑体、居中,加红色文字底纹。将正文各段落中的文字设置为:中文五号字、宋体,西文文字设置为五号字、Arial 字体。将正文第一段首字下沉 3 行,其余各段落首行缩进 2 字符。

3. 在页面底端中插入页码(普通数字 2),并设置起始页码为“Ⅱ”;为正文第二段的文本“CRT 电视”添加超链接“www.sohu.com”。

4. 将文中后 11 行文字转换为一个 11 行 4 列的表格;设置表格居中,表格第一列列宽为 2 厘米、其余各列列宽为 3 厘米、行高为 0.7 厘米,表格中单元格对齐方式为“水平居中”(垂直、水平均居中);设置表格外框线为“0.5 磅、蓝色、双实线”,内框线为“0.5 磅、红色、单实线”。

5. 按“销售台数列”(依据“数字”类型)降序排列表格内容。

三、电子表格

1. 打开 EXCEL.XLSX。

(1) 将工作表 Sheetl 的 A1:D1 单元格合并为一个单元格,内容水平居中。

(2) 计算“金额”列的内容(金额 = 数量 × 单价)和“总计”行。

(3) 用“40% -强调文字颜色 1”显示表格数据。

(4) 选取三门教材的单价数据,建立“三维饼图”,在图表上方插入图表标题为“单价”,图例位置靠上,设置背景格式为“图案填充”,填充样式为“虚线网络”,将图插入到表的 J10:P25 单元格区域内。保存 EXCEL.XLSX 文件。

2. 打开工作簿文件 EXC.XLSX ,对工作表“成绩单”内的数据清单的内容进行自动筛选,条件为“面试成绩大于或等于 80 ”,筛选后的工作表还保存在 EXC.XLSX 工作簿文件中,工作表名不变。

四、演示文稿

打开“考生”文件夹下的演示文稿 YSWP.PPTX,按照下列要求完成对此文稿的修饰并保存。

1. 在演示文稿最后插入一张“仅标题”幻灯片,输入标题为“春节商城淘宝攻略”。文字设置为:64 磅字、蓝色。位置设置为:水平 2 厘米,自左上角,垂直 7 厘米,自左上角。将这张幻灯片移动为演示文稿的第一张幻灯片。第三张幻灯片版式改变为“竖排标题与文本”。在第三张幻灯片前面插入一张版式为空白的幻灯片，插入 2 ×4 的表格，将“考生”文件下的文件“单价. txt”中的文本复制到表格相应单元格中；设置表格样式为“中度样式 2”。

2. 整个演示文稿设置成“积分”主题模板，全部幻灯片的切换效果都设置成“擦除”。

五、上网

1. 打开 http://www/web/itedu. htm 页面，打开“操作系统”栏，找到“声明”的介绍，新建文本文件 XP. TXT，并将网页中的介绍内容复制到文件 XP. TXT 中，并保存在“考生”文件夹下。

2. 编辑电子邮件：

收信地址：tiudisu@ 163. com；主题：交稿；将考生文件夹下的 gaojian. txt 作为附件一起发送。信件正文为：“您好！ 附件是稿件，请查阅，收到请回信”。

第十套

理论部分

1. 将计算机分为大型机、超级机、小型机、微型机和 ( )

A. 异型机　　B. 工作站　　C. 特大型机　　D. 特殊机

2. 十进制数 45 用二进制数表示是 ( )

A. 1100001　　B. 1101001　　C. 0011001　　D. 101101

3. 十六进制数 5BB 对应的十进制数是 ( )

A. 2345　　B. 1467　　C. 5434　　D. 2345

4. 第四代计算机的 CPU 采用的超大规模集成电路，其英文名是 ( )

A. SSI　　B. VLSI　　C. LSI　　D. MSI

5. 关于电子邮件 E-mail，下列叙述错误的是 ( )

A. 每个用户只能拥有一个邮箱

B. LYGSF@ hotmail. com 是一个合法的电子邮件地址

C. 电子邮箱一般是电子邮件服务器中的一块磁盘区域。

D. 每个电子邮箱拥有唯一的邮件地址。

6. 二进制数 1110001010 转换成十六进制数是 ( )

A. 34E　　B. 38A　　C. E45　　D. DF5

7. 采样频率为 22. 05kHz、量化精度为 16 位、持续时间为两分钟的双声道声音，未压缩时数据量是 ( )

A. 16　　B. 10　　C. 22　　D. 5

8. 一种计算机所能识别并能运行的全部指令的集合，称为该种计算机的 ( )

A. 程序　　B. 二进制代码　　C. 软件　　D. 指令系统

9. 计算机内部存放一个 7 位 ASCII 码需用的字节数是 ( )

A. 1　　B. 2　　C. 3　　D. 4

10. 下列字符中,其 ASCII 码值最大的是 ( )
A. 5 B. W C. K D. x

11. 下列 4 种叙述正确的是 ( )
A. 计算机系统是由主机、外设和系统软件组成的
B. 计算机系统是由硬件系统和应用软件组成的
C. 计算机系统是由硬件系统和软件系统组成的
D. 计算机系统是由微处理器、外设和软件系统组成的

12. 通过电话线和专线将不同的局域网连接在一起的网络被称为 ( )
A. 局域网 B. 网际网 C. 广域网 D. 互联网

13. 数据传输速率的单位是 ( )
A. 位/秒 B. 字长/秒 C. 帧/秒 D. 米/秒

14. 世界上第一台计算机的名字是 ( )
A. ENIAC B. APPLE C. UNIVAC-I D. IBM-7000

15. 下面列出的 4 种存储器中,易失性存储器是 ( )
A. RAM B. ROM C. FROM D. CD - ROM

16. 目前计算机病毒对计算机造成的主要危害是通过 ( )
A. 破坏计算机的总线 B. 破坏计算机软件或硬件
C. 破坏计算机的 CPU D. 破坏计算机的存储器

17. "32 位微型计算机"中的 32 指的是 ( )
A. 微型机号 B. 机器字长 C. 内存容量 D. 存储单位

18. 银行打印存折和票据,应选择 ( )
A. 针式打印机 B. 激光打印机 C. 喷墨打印机 D. 绘图仪

19. 下列关于 USB 的叙述错误的是 ( )
A. USB 2.0 的数据传输速度要比 USB 1.1 快得多
B. USB 具有热插拔和即插即用功能
C. 主机不能通过 USB 连接器向外围设备供电
D. 从外观上看,USB 连接器要比 PC 的串行口连接器小

20. 下列说法不正确的是 ( )
A. 大多数软件都必须运用安装程序安装后才能使用
B. 应用软件的卸载只要直接删除文件即可
C. Office 软件安装过程中需要在系统注册表中设置一些参数
D. Office 软件运行不正常需要重新安装时,必须先要卸载该软件

操作部分

一、基本操作

1. 在"考生"文件夹下创建名为 FANG 的文件夹。
2. 将"考生"文件夹下的 JAN 文件夹复制到"考生"文件夹下的 FTF 文件夹中。
3. 将"考生"文件夹下的 WZ\FEB 文件夹设置成"隐藏"和"只读"属性。
4. 删除"考生"文件夹下 BAD 文件夹中的 HOU. DBF 文件。
5. 搜索"考生"文件夹下的 ART. PPT 文件,将其移动到"考生"文件夹下的 FANG 文件

夹中。

二、字处理

1. 在“考生”文件夹下，打开文档 WORD1. DOCX，按照要求完成下列操作并以该文件名（WORD1. DOCX）保存文档。

（1）将标题段文字设置为：二号字、黑体、加粗、居中，字符间距加宽 1 磅，文本效果为“阴影 - 内部 - 内部：左上”。将正文第一段设置为：悬挂缩进 2 字符，段后间距 0.3 行。

（2）将正文第四段分为带分隔线的等宽两栏，栏间距为 3 字符。为正文第二、三段添加项目符号“→”，该符号位于 wingdings 字符集，字符代码为 224。

（3）设置页面左右边距为 3 厘米；为页面添加“手机”图片水印（“考生”文件夹下图片手机. JPG），缩放 50%；为正文第一段的文本“诺基亚”设置超链接“https://www. nokia. com/zh_int”。

2. 在“考生”文件夹下，打开文档 WORD1. DOCX，按照要求完成下列操作并以该文件名（WORD1. DOCX）保存文档。

（4）将文中后 5 行文字转换为一个 5 行 5 列的表格。

（5）格式设置为：表格居中、表格列宽为 2.2 厘米、行高为 0.6 厘米，单元格对齐方式为“水平居中”（垂直、水平均居中）。设置表格外框线为：0.75 磅、蓝色、单实线。设置内框线为：0.5 磅、红色、单实线。按“价格”列根据“数字”升序排列表格内容。

三、电子表格

1. 在“考生”文件夹下打开 EXCEL. XLSX 文件。

（1）将 Sheet1 工作表的 A1 ：G1 单元格合并为一个单元格，内容水平居中。

（2）计算“总成绩”列的内容和按“总成绩”递减排名（利用 RANK. EQ 函数），如果“计算机原理”“程序设计”的成绩均大于或等于 80，在备注栏内给出信息“有资格”，否则给出信息“无资格”（利用 IF 函数实现）。

（3）选取 A2：A5 和 E2：E5 数据，建立“三维簇状柱形图”，在图表上方插入图表标题为“高校成绩表”，图例位置靠下，设置背景格式为“图案填充”，填充样式为“草皮”，将图插入到表的 K15 ：Q30 单元格区域内。保存 EXCEL. XLSX 文件。

2. 打开工作簿文件 EXC. XLSX，对工作表“图书销售情况表”内数据清单的内容按“经销部门”递增排序，以分类字段为“经销部门”、汇总方式为“求和”、汇总项为“销售额”进行分类汇总，汇总结果显示在数据下方，工作表名不变。

四、演示文稿

打开“考生”文件夹下的演示文稿 YSWG. PPTX ，按照下列要求完成对此文稿的修饰并保存。

1. 将最后一张幻灯片向前移动，作为演示文稿的第一张幻灯片，并在副标题处键入“销售统计”文字，字体设置成：宋体、加粗、倾斜、50 磅、浅绿色（红色 146、绿色 208、蓝色 80）。将第二张幻灯片的版式更换为“两栏内容”。将第三张幻灯片背景设置成“水滴”，忽略背景图形。在最后一张幻灯片后面插入“标题与内容”幻灯片，将第一张幻灯片标题文本复制到标题处，在内容处插入三行两列的表格，表格样式为“中度样式 2 -强调 4”，第一个单元格输入内容“销售”，设置字体为“黑体、28 磅字”。

2. 使用“水滴”主题模板修饰全文，全文幻灯片切换效果设置为“切出”。

五、上网

1. 打开网址 http://localhost/index. html,查找“王羲之”的页面,保存王羲之的图片到“考生”文件,名为 wang. jpg;查找“王羲之生平”页面,保存该页面到“考生”文件夹,名为 wang. txt。

2. 向张国强同学发一个 E-mail,祝贺他考入北京大学。具体内容如下:

【收件人】zhanggq@ mail. home. com

【主题】祝贺

【函件内容】“由衷地祝贺你考上北京大学数学系,真为未来的数学家而高兴。”

将收件人 zhanggq@ mail. home. com 保存至通讯录,“联系人姓名”列填写“张同学”。

选择题参考答案

【第一套】

题号	1	2	3	4	5	6	7	8	9	10
答案	D	A	D	C	A	A	C	A	C	A
题号	11	12	13	14	15	16	17	18	19	20
答案	A	C	C	A	C	D	D	B	A	C

【第二套】

题号	1	2	3	4	5	6	7	8	9	10
答案	C	B	B	C	D	D	A	D	A	A
题号	11	12	13	14	15	16	17	18	19	20
答案	C	D	D	B	B	A	B	D	B	A

【第三套】

题号	1	2	3	4	5	6	7	8	9	10
答案	B	C	D	C	D	A	B	D	C	B
题号	11	12	13	14	15	16	17	18	19	20
答案	C	D	C	B	B	C	A	C	C	B

【第四套】

题号	1	2	3	4	5	6	7	8	9	10
答案	D	B	D	A	C	B	B	D	A	A
题号	11	12	13	14	15	16	17	18	19	20
答案	C	A	D	A	B	D	C	C	B	D

【第五套】

题号	1	2	3	4	5	6	7	8	9	10
答案	A	C	D	A	B	B	D	C	C	D
题号	11	12	13	14	15	16	17	18	19	20
答案	A	B	C	C	B	A	A	B	D	B

【第六套】

题号	1	2	3	4	5	6	7	8	9	10
答案	D	A	B	C	D	B	B	B	C	D
题号	11	12	13	14	15	16	17	18	19	20
答案	A	C	A	C	D	A	A	A	B	B

【第七套】

题号	1	2	3	4	5	6	7	8	9	10
答案	C	D	D	A	A	C	C	D	A	B
题号	11	12	13	14	15	16	17	18	19	20
答案	D	C	B	A	B	B	B	A	D	D

【第八套】

题号	1	2	3	4	5	6	7	8	9	10
答案	D	A	A	C	B	B	A	D	B	A
题号	11	12	13	14	15	16	17	18	19	20
答案	C	D	A	B	C	B	A	A	C	D

【第九套】

题号	1	2	3	4	5	6	7	8	9	10
答案	D	B	B	D	B	B	B	A	C	A
题号	11	12	13	14	15	16	17	18	19	20
答案	A	A	B	A	A	A	D	D	C	C

【第十套】

题号	1	2	3	4	5	6	7	8	9	10
答案	B	D	B	B	A	B	B	D	A	D
题号	11	12	13	14	15	16	17	18	19	20
答案	C	C	A	A	A	B	B	A	C	B

⑤ 在合并后的单元格中输入文本“学生信息”,在“设置单元格格式”对话框中选择“字体”选项卡,设置字体格式。或利用“开始”选项卡“字体”组中的相应功能按钮进行字体设置。

⑥ 选中 E3:E11 区域,在“设置单元格格式”对话框中选择“数字”选项卡,在“分类”列表框中选择“数值”,然后在“小数位数”数值框输入“0”,单击“确定”按钮。

⑦ 选中 A2:E2 区域,在“设置单元格格式”对话框中选择“填充”选项卡,选择“背景色”为无颜色,“图案样式”为“12.5% 灰色”,单击“确定”按钮。

⑧ 选中 A1:E11 区域,在“设置单元格格式”对话框中选择“边框”选项卡,在“线条”选项组选择“样式”为细单实线、“颜色”为蓝色。在“预置”选项组选择“外边框”和“内部”,单击“确定”按钮。

	A	B	C	D	E
1	学生信息				
2	姓名	学号	出生日期	系部	入校成绩
3	李新	20091101	1990-2-3	计算机	346
4	王文辉	20091102	1989-12-23	计算机	342
5	郝心怡	20091104	1989-7-8	外语	310
6	王力	20091105	1990-11-13	外语	345
7	孙英	20091106	1989-2-23	外语	330
8	张在旭	20091107	1988-12-28	教育	350
9	扬海东	20091109	1989-9-7	教育	328
10	黄立	20091110	1990-8-1	化工	377
11	王春晓	20091111	1989-7-2	化工	358

图 3-14 设置格式后的效果图

格式设置后的效果如图 3-14 所示。

2. 设置第二行的行高为 25,所有列设置为最合适的列宽。

操作步骤:

① 选中第二行,选择“开始”选项卡,在“单元格”组中单击“格式”按钮,然后选择“行高”命令,在弹出的“行高”对话框中设置行高为 25,单击“确定”按钮。

② 选中 A 至 E 列,选择“开始”选项卡,在“单元格”组中单击“格式”按钮,然后选择“自动调整列宽”命令。

温馨提示:

除了精确设置行高、列宽外,还可以利用鼠标进行粗略设置。将鼠标指针指向要改变行高的行号之间的分隔线上,鼠标变成垂直双箭头形状,按住鼠标左键拖动,直至调整到合适大小,松开鼠标即可。鼠标双击行号之间的分隔线,可以按该行的内容自动调整为最适合的行高。改变列宽的操作方法相似。

3. 利用条件格式设置单元格格式。

条件格式可以对含有数值或其他内容的单元格或者含有公式的单元格应用某种条件来决定数值的显示格式。

(1) 选择“条件格式”表,将学生的入学成绩大于 350 分的设置为红色文本。

操作步骤:

① 选择“条件格式”表。

② 选择成绩所在的单元格区域 E2:E10,选择“开始”选项卡,在“样式”组中单击“条件格式”按钮,然后选择“突出显示单元格规则”中的“大于”命令,打开“大于”对话框。在数值文本框中输入“350”,在“设置为”列表框选择“红色文本”选项,如图 3-15 所示,单击“确定”按钮退出“大于”对话框。

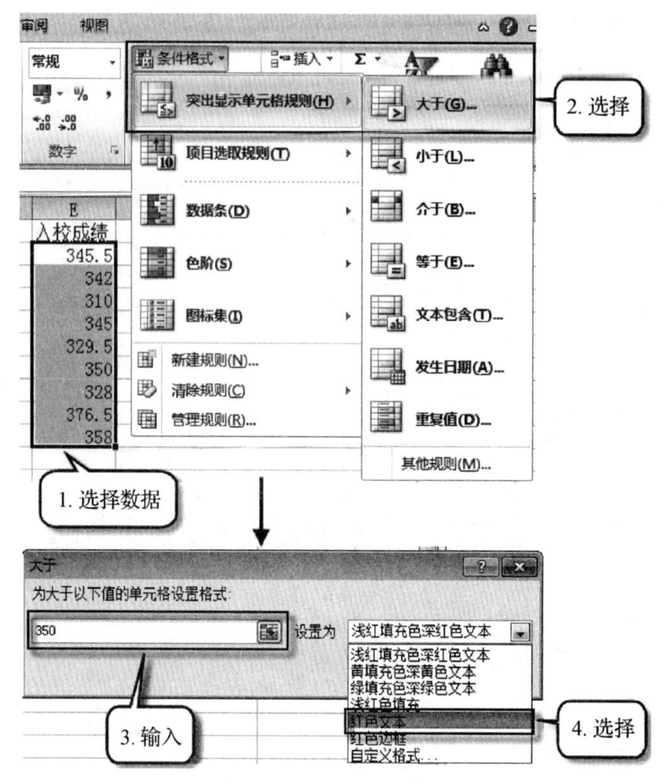

图 3-15　设置条件格式

(2) 将年龄最小的三位同学的出生日期设置为浅红色。

操作步骤:

① 选择出生日期所在的单元格区域 C2:C10,选择“开始”选项卡,在“样式”组中单击“条件格式”按钮,然后选择“项目选取规则”中的“值最大的 10 项”命令,打开“10 个最大的项”对话框。

② 在对话框中设置如图 3-16 所示,单击“确定”按钮。

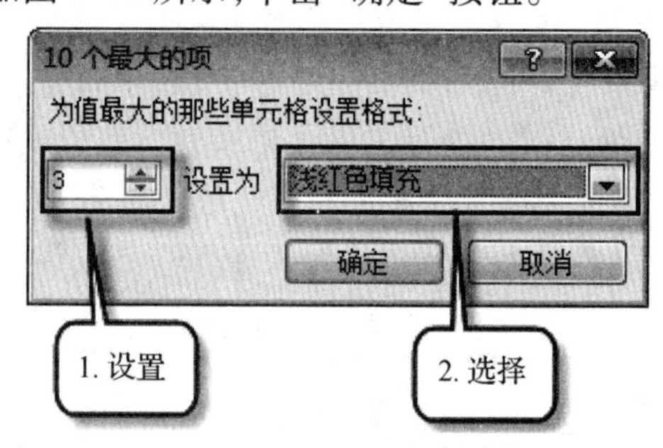

图 3-16　“10 个最大的项”对话框

(3) 将学生的成绩利用“绿-白-红色阶”表示。

操作步骤:

① 选择学生成绩所在单元格区域 E2:E10。

② 选择“开始”选项卡,在“样式”组中单击“条件格式”按钮,然后选择“色阶”中的“绿-白-红色阶”按钮,如图 3-17 所示。

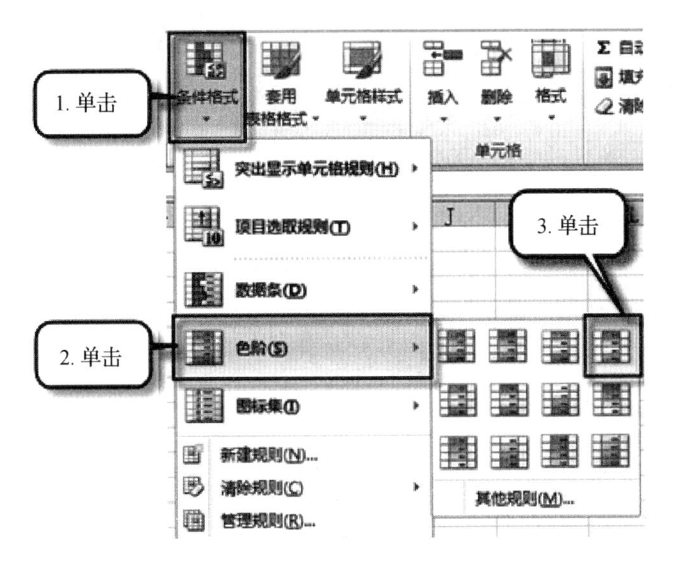

图 3-17　设置条件格式

温馨提示：

1. 条件格式功能中，增加了“数据条”、“色阶”及“图标集”功能，三者的使用方法基本一致。

2. 如果想取消“条件格式”，选择单元格，单击“条件格式”按钮，然后选择“清除规则”下的相应命令即可。

4. 使用“单元格样式”格式化表。

选择“样式”表，利用“样式”对话框自定义名为“表标题”的样式，设置格式包括：“数字”为常规格式，“对齐”为水平居中和垂直居中，“字体”为黑体 14、蓝色，“边框”为黑色的单线，“填充”为黄色，设置字段标题（A1：E1）为新定义的“表标题”样式；利用“浅黄，20% - 着色 4”样式设置 A2：E10 单元格区域。

样式是单元格字体、字号、对齐、边框和图案等一个或多个设置特性的组合，将这样的组合加以命名并保存以供用户使用。应用样式即应用样式名的所有格式设置。样式包括内置样式和自定义样式。

操作步骤：

（1）选择“样式”表。

（2）自定义样式：选择“开始”选项卡，在“样式”组单击“单元格样式”按钮，选择“新建单元格样式”命令，如图 3-18 所示，弹出“样式”对话框。在“样式”对话框的样式名文本框内输入“表标题”，单击“格式”按钮，弹出“设置单元格格式”对话框。单击“设置单元格格式”对话框中“数字”、“对齐”、“字体”、“边框”及“填充”选择卡，完成题目要求的设置，单击“确定”按钮返回“样式”对话框，如图 3-19 所示。

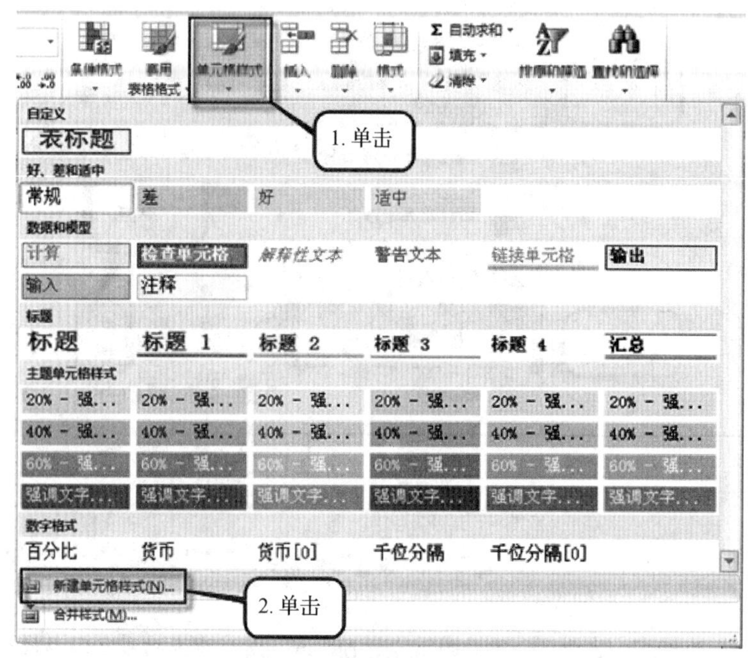

图 3-18　选择“新建单元格样式”

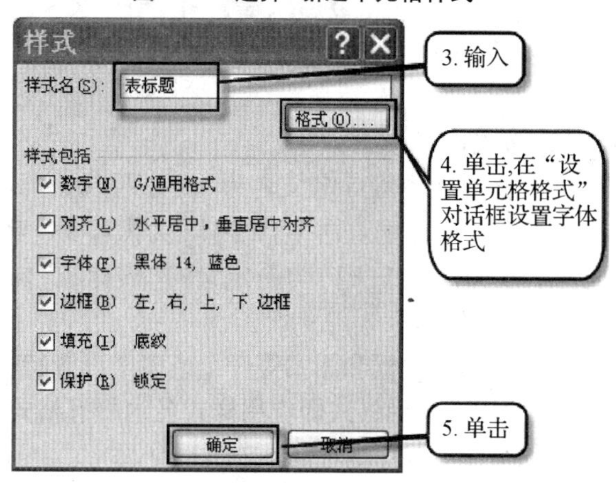

图 3-19　利用“样式”对话框设置样式

（3）应用样式:选择“样式”工作表的 A1:E1 区域,选择“开始”选项卡,单击“样式”组的“单元格样式”按钮,然后选择自定义组中的“表标题”;选定 A2:E10 单元格区域,然后选择“主题单元格样式”组中的“浅黄,20%-着色 4”。如图 3-20 所示。

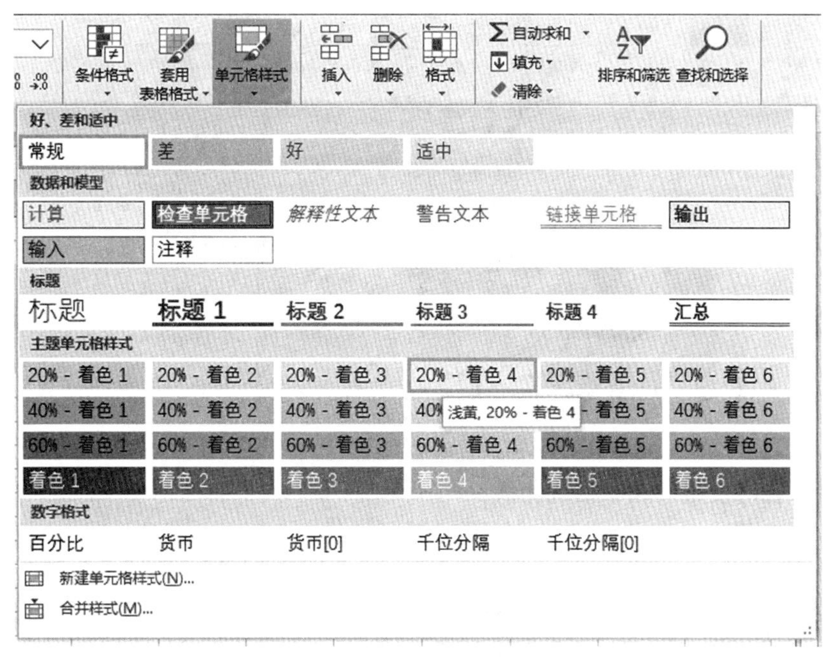

图 3-20 利用样式设置格式

温馨提示：

选择“单元格样式”中的“常规”可以取消单元格样式设置。

5. 使用“套用表格格式”格式化表。

操作步骤：

① 选择“套用表格格式”项。

② 选择 A1:E10 区域，选择“开始”选项卡，单击“样式”组的“套用表格格式”按钮，然后选择“橙色，表样式中等深浅 3”项，如图 3-21 所示。

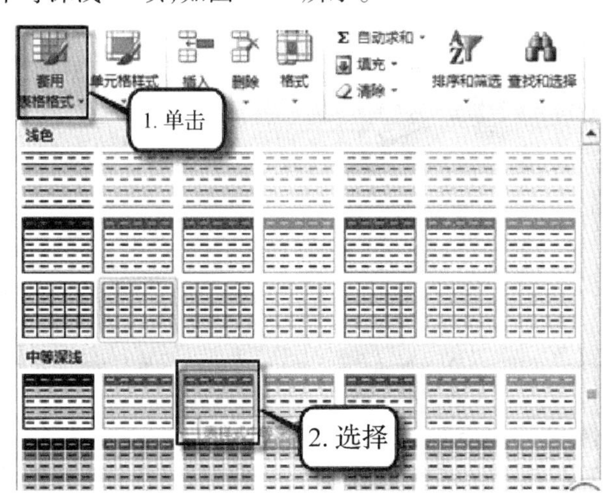

图 3-21 选择“表样式中等深浅 3”

③ 此时数据在筛选状态，选择“数据”选项卡，然后单击“筛选”按钮取消筛选，如图 3-22 所示。

图 3-22　单击"筛选"按钮

6. 使用"自动套用格式"格式化表。

操作步骤如下：

① 选择"自动套用格式"表。

② 因为"自动套用格式"不在功能区，所以要先调出来。单击"文件"→"选项"命令，弹出"Excel 选项"对话框。在"Excel 选项"对话框中单击"快速访问工具栏"按钮，然后进行如图 3-23 所示的设置。

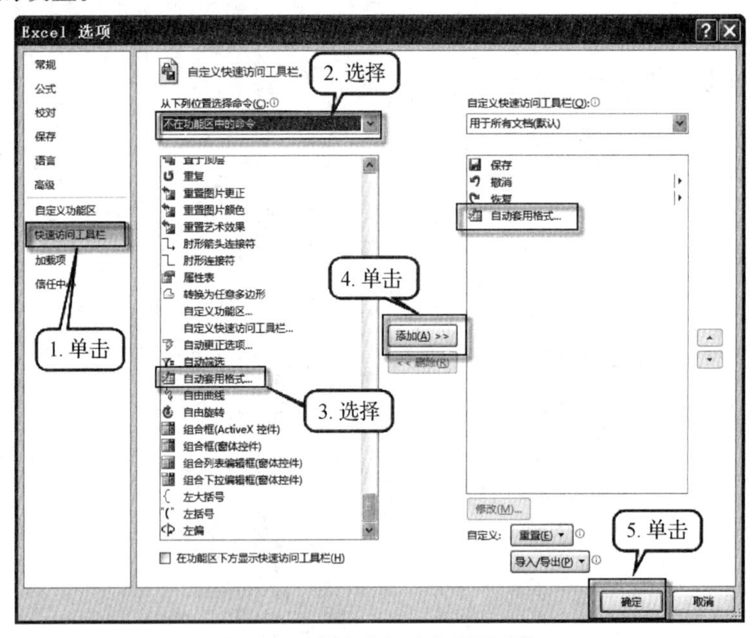

图 3-23　添加"自动套用格式"

③ 选定需要套用格式的工作表范围 A1:E10。

④ 单击"快速访问工具栏"的"自动套用格式"命令，弹出"自动套用格式"对话框，选择"古典 3"样式，单击"确定"按钮，如图 3-24 所示。

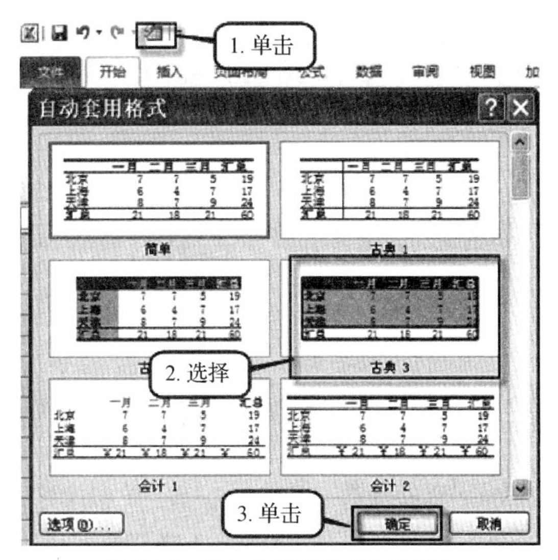

图 3-24　“自动套用格式”对话框

【自我训练】

单元格格式化。

实训要求：

(1) 打开上一任务的“工资. xlsx”。

(2) 复制“数据备份”工作表，新工作表改名为“员工事假情况表”。

(3) 选择“员工事假情况表”工作表，合并 A1:F1 区域，在 A1 单元格输入文本“员工事假情况一览表”，设置为楷体、24 磅、蓝色并居中显示。

(4) 将事假的员工单元格设置为“浅红色填充色深红色文本”，没请假的员工设置为“绿色填充色深绿色文本”。

(5) 保存所做的操作，以便后续使用。

任务 4　公式与函数

【任务描述】

1. 打开“授课文件夹\单元三”文件夹下的 grade. xlsx，复制“原始数据表”工作表，并重命名为“成绩分析表”。

2. 设置“成绩分析表”工作表标题。

3. 利用公式求出每位同学的“总分”。

4. 利用函数分别求出每门课程的“平均分”(结果保留两位小数)、“最高分”和“最低分”。

5. 利用函数求学生的排名(以总分)。

6. 利用 IF 函数计算学生成绩评语 1。

7. 利用 IF 函数计算学生成绩总评等第。

8. 利用 IF 函数计算学生成绩评语 2。

9. 利用 COUNTIF 函数求出各科成绩的分数段统计情况。

10. 打开其中的"学生信息表",利用 COUNTIF、SUMIF、AVERAGEIF 函数统计出各系学生人数、总分及平均分。

【任务实现】

1. 打开"授课文件夹\单元三"文件夹下的 grade.xlsx,复制"原始数据表"工作表,并重命名为"成绩分析表"。

操作步骤:

① 打开 grade. xlsx。

② 选择"原始数据表"工作表标签,按住【Ctrl】键拖至新位置复制一份新表,双击该新表标签,改名为"成绩分析表"。

2. 设置 "成绩分析表" 工作表标题。

在"成绩分析表"工作表中,G2 至 K2 单元格依次输入总分、名次、总评、成绩评语 1、成绩评语 2 等 5 个列标题;合并 A13 和 B13 单元格并输入"平均分",居中显示;合并 A14 和 B14 单元格并输入"最高分",居中显示;合并 A15 和 B15 单元格并输入"最低分",居中显示;合并 A16:A19,输入"分段统计"并水平垂直居中显示;B16 至 B19 单元格依次输入" > = 90""80 ~ 89""70 ~ 79""60 ~ 69"四个列标题。

操作步骤:略。

3. 利用公式求出每位同学的 "总分"。

Excel 可以使用公式对工作表中的数据进行各种计算,如算术运算、关系运算和字符串运算等。公式的表达形式是" = <表达式>",表达式可以是算术表达式、关系表达式和字符串表达式等,可以由运算符、常量、单元格地址、函数及括号等组成,但是不能包含空格。使用公式有一定的规则,即必须以" = "开始。为单元格设置公式,应在单元格中或编辑栏中输入" = ",然后输入所设置的公式。对公式中包含的单元格,可以单击要引用的单元格或输入引用单元格地址;如果是单元格区域的引用,可以直接用鼠标拖动进行选定或者直接输入该区域地址(以下操作都可以使用这两种方法实现,不再累述)。公式可以进行复制。

操作步骤:

① 选择结果单元格 G3,输入公式:" = C3 + D3 + E3 + F3",按【Enter】键。

② 利用填充柄自动求出其他学生的总分。

温馨提示:

1. 使用公式有一定的规则,即必须以" = "开始。为单元格设置公式,应在单元格中或编辑栏中输入" = ",然后输入所设置的公式。对公式中包含的单元格或单元格区域的引用,可以直接用鼠标拖动进行选定,或单击要引用的单元格或输入引用单元格地址,最后按【Enter】键。

2. 若使用函数进行求总分,可用函数 SUM( )。

知识拓展:

1. 常用运算符如表 3-1 所示。

表 3-1　常用运算符

运算符	功能	举例
-	负号	-8
%	百分数	6%
^	乘方	6^3
*,/	乘,除	6*9,9/3
+,-	加,减	5+3,5-2
&	字符串连接	“China”&“2011”(即 China2011)
=,< > >,>= <,<=	等于,不等于 大于,大于等于 小于,小于等于	得到逻辑值,如 3>1 的值为真, 6<=4 的值为假

2. 在公式复制时,单元格地址的正确引用相当重要,介绍如下:

(1) 相对地址。

相对地址形式为 D3、F7 等,相对地址复制公式时,系统并非简单地把单元格中的公式原样照搬,而是根据公式的原来位置和复制位置推算公式中单元格地址相对原位置的变化。随公式复制的单元格位置变化而变化的单元格地址称为相对地址引用,也就是引用时直接使用列标行号的地址表示。例如,在单元格 D3 输入“=C3+C4+C5”,将其从单元格 D3 复制到单元格 D5 时,变为“=C5+C6+C7”。

(2) 绝对地址。

绝对地址形式为 $D$3、$F$7等,被绝对引用的单元格位置是绝对的,无论这个公式被复制到哪个位置,公式被绝对引用的单元格不变。例如,在单元格 D3 输入“= $C$3+$C$4”,将其复制到单元格 D5 时,公式仍然是“= $C$3+$C$4”。

(3) 混合地址。

混合地址形式为 $D3、F$7 等,表示在复制公式时,相对部分会根据公式位置发生变化,但是绝对部分地址永远不变。

(4) 跨工作表的单元格地址引用。

单元格的地址一般形式为:[工作簿文件名]工作表名! 单元格地址,如:[Book1.xlsx]sheet1! B2,当前工作簿可以省略“[工作簿文件名]”,如:Sheet1! B2,当前工作表可以省略“工作表名!”,如:B2。

4. 利用函数分别求出每门课程的“平均分”(结果保留两位小数)、“最高分”和“最低分”。

Excel 函数提供了强大的函数功能,包括财务函数、逻辑函数、文本函数、日期和时间函数、查找与引用函数、数学与三角函数等。函数表现形式为“函数名(参数表)”,函数名由 Excel 提供,大小写等价,参数表由逗号分隔的参数组成,参数可以是常数、单元格地址、单元格区域或函数等组成。如果一个函数是另外一个函数的参数,我们称为函数嵌套。

输入函数时,一种方法是直接在单元格中输入公式“=SUM(A2:A8)”;一种方法是在函数功能区中找到该函数 SUM(),然后在“函数参数”对话框中输入参数。

(1) 利用函数求平均分。

操作步骤:

① 选择结果单元格 C13。

② 选择“公式”选项卡，在“函数库”组中单击“最近使用的函数”命令，在弹出的下拉列表中选择“AVERAGE”函数，弹出“函数参数”对话框。

③ 在“函数参数”对话框观察 Number1 参数的数据区域，如果符合要求，则单击“确定”按钮；如果不符合题目要求，则在 Number1 后的文本框直接输入 C3:C12。或者单击文本框旁的折叠按钮 ，然后在表中拖选正确的数据区域 C3:C12。

操作过程如图 3-25 所示（以下操作同此）。

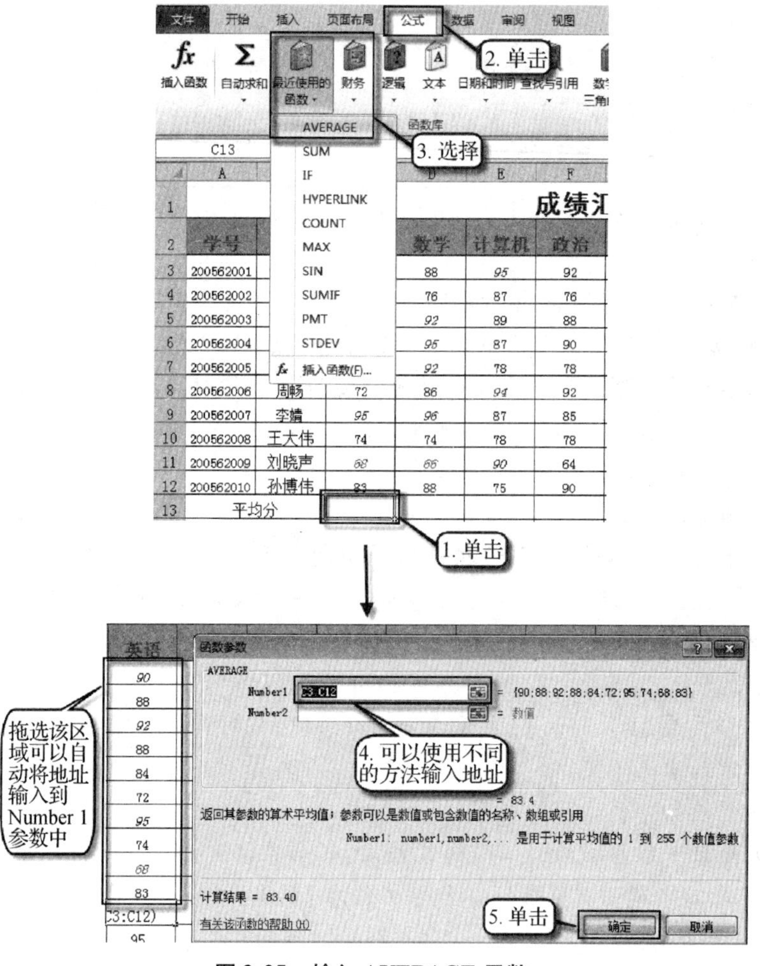

图 3-25　输入 AVERAGE 函数

④ 选择 C13 单元格，选择“开始”选项卡，在“数字”组中单击 按钮，弹出“设置单元格格式”对话框。在“设置单元格格式”对话框中，单击“数字”选项卡，在“分类”列表选择“数值”，“小数位数”设置为“2”，单击“确定”按钮。也可以通过“开始”功能区“数字”组的“增加小数位数”按钮 完成。

⑤ 利用填充柄自动求出其他课程的平均分。

知识拓展：

1. 使用函数时，会自动识别数据区域，如果自动填入的数据符合要求，则不需要更改。

2. 该操作也可以利用工具栏的“自动求和”的下拉三角按钮求出，利用“自动求和”还可以计算求和、最大值、最小值、计数等，使用时单击工具栏中“自动求和”按钮的下拉三角，在菜单中选择相应的函数即可，如图3-26所示。

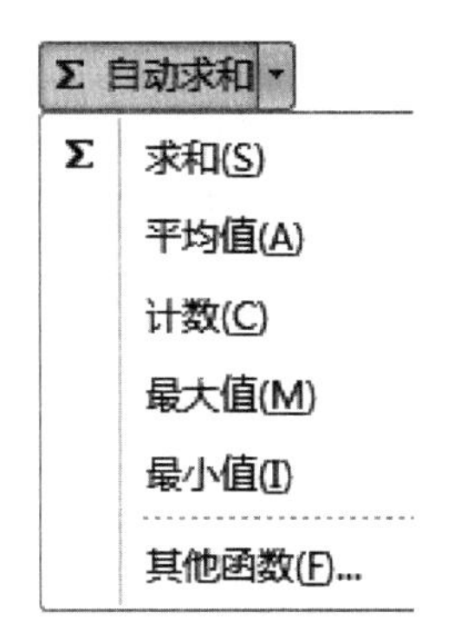

图 3-26 “自动求和”菜单

3. 若已经知道要使用哪一个函数，或是函数的名称很长，我们还有更方便的输入方法。直接在单元格内输入“=”，再输入函数的第1个字母，如“S”，单元格下方就会列出S开头的函数，如果还没出现要用的函数，再继续输入第2个字母，如“U”，出现要用的函数后，用鼠标双击函数就会自动输入单元格了。

4. 搜索函数：用户在使用函数进行计算时，可以使用“插入函数”对话框中的“搜索函数”功能来查找要使用的函数。例如，要查找条件判断函数，可以在“插入函数”对话框的“搜索函数”文本框中输入“条件判断”，然后单击“转到”按钮，即可自动搜索与描述问题相关的函数，并显示在“选择函数”列表框中。

(2) 利用函数求最高分。

单击单元格C14，利用最大值函数(MAX)求最高分，其他操作与求平均分操作相似。

(3) 利用函数求最低分。

单击单元格C15，利用最小函数(MIN)求最低分，其他操作与求平均分操作相似。

5. 利用函数求学生的排名（以总分）。

操作步骤：

① 选择结果单元格H3，选择“公式”选项卡，在“函数库”组中单击“其他函数”按钮，选择在“统计”类别下的“RANK. EQ”函数。

② 在弹出的“函数参数”对话框中，在“Number”框中直接输入G3，指定要排位的单元格，在“Ref”框中输入G3:G12，指定排位范围。

③ 编辑RANK. EQ ( )函数参数，将光标插入“Ref”框，选中G3:G12，按【F4】键将其转换成绝对单元格地址引用，对话框设置如图3-27所示。单击“确定”按钮。

④ 利用填充柄自动求出该列其他学生的名次。

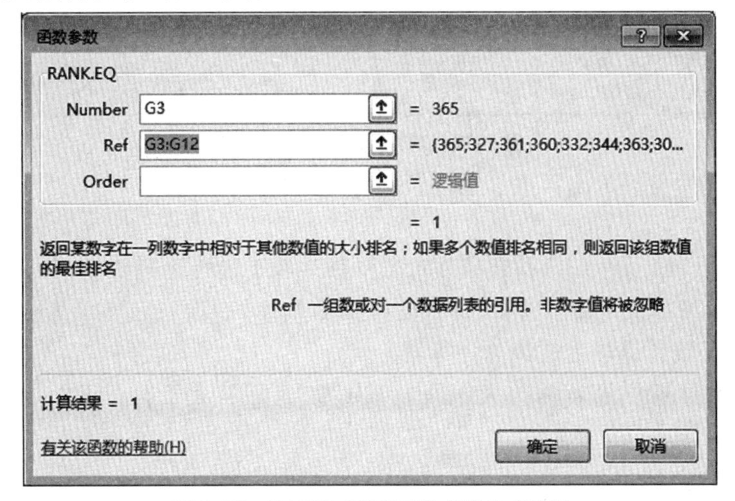

图 3-27 RANK. EQ“函数参数”对话框

温馨提示：

1 RANK(Number,ref,order),Number 代表需要排序的数值;ref 代表排序数值所处的单元格区域;order 代表排序方式参数(如果为“0”或者忽略,则按降序排名,即数值越大,排名结果数值越小;如果为非“0”值,则按升序排名,即数值越大,排名结果数值越大)。

2. RANK. EQ 中的 G3:G12 一定要使用单元格的绝对引用地址,列标和行号前带有“ $ ”。

3. RANK. EQ 与早期版本中的 RANK 函数等价。RANK. AVG 函数可以对多个相同数值返回其平均排位。而 RANK 函数则被归入到兼容性函数类别,保留该函数是为了保持与 Excel 早期版本的兼容性。函数区别如图 3-28 所示。

排序内容	RANK.AVG	RANK.EQ	RANK
200	2	2	2
100	3.5	3	3
100	3.5	3	3
500	1	1	1
80	5	5	5

结果与RANK.EQ相同

传回3、4的平均等级3.5

传回最高等级，所以会有2个3，没有4

图 3-28 函数区别

4. 关于绝对地址引用是公式与函数部分特别重要的内容,在考试时经常会出错,大家要多加练习。比如素材 grade 工作簿中的“奖牌”工作表中,计算每个国家获得奖牌在总奖牌中的比例,可以输入“ =SUM(B2:D2)/SUM($B$2:$D$4)”,每个国家的总奖牌使用相对地址引用,而总的奖牌数在我们复制公式时是需要永远保持不变的数,所以必须使用绝对地址引用。

6. 利用 IF 函数计算学生成绩评语 1。

总分大于等于 340 为“前五名”,小于 340 为“非前五名”。

操作步骤:

① 选择结果单元格 J3,选择“公式”选项卡,单击“逻辑”按钮选择“IF”函数,输入如图 3-29所示的数据。或者直接在编辑栏输入公式:“ =IF(G3 >=340,"前五名","非前五名")”。

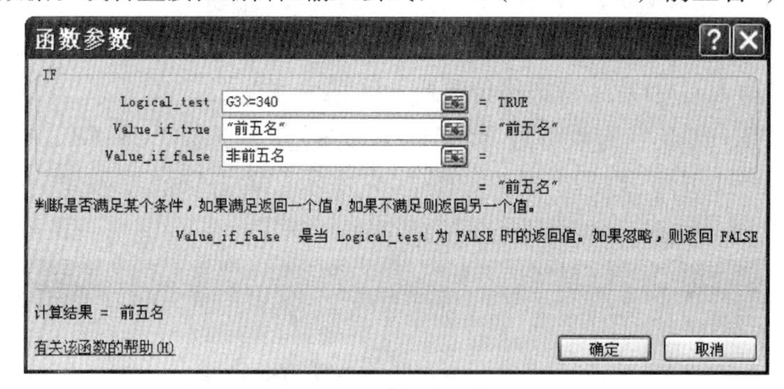

图 3-29 IF“函数参数”对话框

② 利用填充柄自动求出其他学生评语。

温馨提示:

IF(参数 1,参数 2,参数 3)函数的作用是根据参数 1 进行逻辑评价,参数 1 的值为真,函数返回值为参数 2;参数 1 的值为假,函数返回值为参数 3。

7. 利用 IF 函数计算学生成绩总评等第。

总分大于等于 360 为“优秀”,大于等于 320 为“良好”,大于等于 300 为“合格”,否则为“不合格”。

操作步骤:

① 选择结果单元格 I3,在编辑栏输入公式:“ = IF(G3 > =360,"优秀",IF(G3 > =

320,"良好",IF(G3 > =300,"合格","不合格")))”。

② 利用填充柄自动求出其他学生等第。

8. 利用 IF 函数计算学生成绩评语 2。

各门课程成绩均在 80 分及以上的为“继续保持”,否则为“尚需努力”。

操作步骤:

① 选择结果单元格 K3,在编辑栏输入公式:“ =IF(AND(C3 > =80,D3 > =80,E3 > =80,F3 > =80),"继续保持","尚需努力")”。

② 利用填充柄自动求出其他学生评语。

温馨提示:

用 IF 函数计算时,根据参数 1 进行逻辑评价,当有来自不同列的多个判断条件,需要将条件用括号括起来,并用逗点分隔各个条件,在括号前用 AND 表示条件之间是“与”的关系,用 OR 表示条件之间是“或”的关系。

9. 利用 COUNTIF 函数求出各科成绩的分数段统计情况。

操作步骤:

① 选择结果单元格 C16,在编辑栏输入公式:“ =COUNTIF(C3:C12," > =90")”,按【Enter】键。

② 选择结果单元格 C17,在编辑栏输入公式:“ =COUNTIF(C3:C12," <90") - COUNTIF(C3:C12," <80")”, 按【Enter】键。

③ 选择结果单元格 C18,在编辑栏输入公式:“ =COUNTIF(C3:C12," <80") - COUNTIF(C3:C12," <70")” , 按【Enter】键。

④ 选择结果单元格 C19,在编辑栏输入公式:“ =COUNTIF(C3:C12," <70") - COUNTIF(C3:C12," <60")”, 按【Enter】键,求出英语科目的分数段分布情况。

⑤ 利用填充柄自动求出其他各科分数段分布情况。

10. 打开学生信息表,利用 COUNTIF、SUMIF 函数统计出各系学生人数、总分及平均分。

(1) 统计各系学生人数。

操作步骤:

① 选择“学生信息表”。

② 选择单元格 H4,选择“公式”选项卡,在“函数库”组中单击“插入函数”命令,在弹出的“插入函数”对话框中的“统计”类别选择 “COUNTIF”函数,单击“确定”按钮。

③ 在弹出的“函数参数”对话框中填入数据,如图 3-30 所示,单击“确定”按钮。

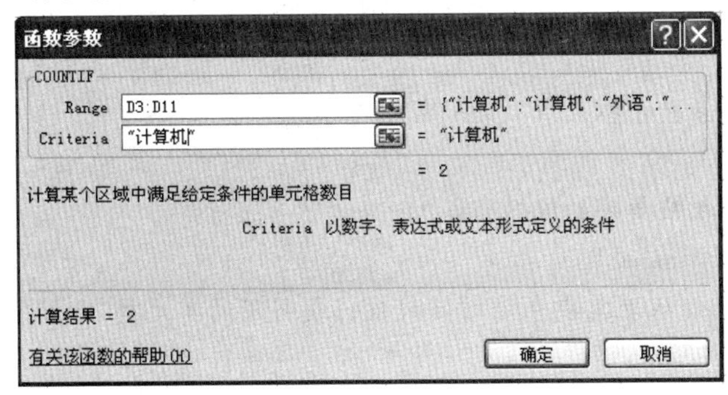

图 3-30 COUNTIF“函数参数”对话框

④ 用同样的方法求出其他系的人数。

(2) 统计各系学生总分。

操作步骤:

① 选择单元格 I4,选择“公式”选项卡,在“函数库”组中单击“数学和三角函数”按钮,然后选择“SUMIF”函数,单击“确定”按钮。

② 在弹出的“函数参数”对话框中填入数据,如图 3-31 所示,单击“确定”按钮。

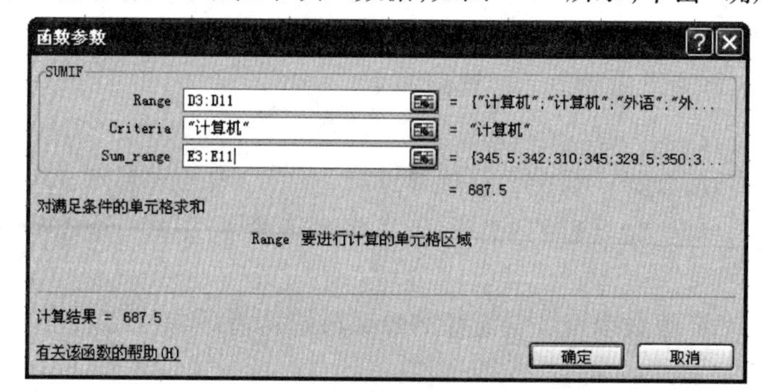

图 3-31 SUMIF“函数参数”对话框

③ 同样的方法求出其他系的总分。

(3) 统计各系学生平均分(利用 SUMIF、COUNTIF 或 AVERAGEIF 函数)。

操作步骤:

① 选择结果单元格 J4,在编辑栏输入公式:“ = SUMIF(D3:D11,"计算机",E3:E11)/COUNTIF(D3:D11,"计算机")”,按【Enter】键。也可用 AVERAGEIF 函数。

② 用同样的方法求出其他系的平均分。

温馨提示:

可以尝试使用 AVERAGEIF( )函数求平均分。

本任务最终结果如图 3-32 所示。

学生信息									
							统计		
姓名	学号	出生日期	系部	入校成绩			系部人数	系部总分	系部平均分
李新	20091101	1990-2-3	计算机	345.5			2	687.5	343.75
王文辉	20091102	1989-12-23	计算机	342.0			3	984.5	328.17
郝心怡	20091104	1989-7-8	外语	310.0			2	678	339
王力	20091105	1990-11-13	外语	345.0			2	734.5	367.25
孙英	20091106	1989-2-23	外语	329.5					
张在旭	20091107	1988-12-28	教育	350.0					
扬海东	20091109	1989-9-7	教育	328.0					
黄立	20091110	1990-8-1	化工	376.5					
王春晓	20091111	1989-7-2	化工	358.0					

图 3-32 任务效果图

知识拓展:

(1) Excel 常用函数介绍。

1) ABS 函数。

主要功能:求出相应数字的绝对值。

使用格式:ABS(Number)

参数说明:Number 代表需要求绝对值的数值或引用的单元格。

2) SUM 函数。

主要功能:计算所有参数数值的和。

使用格式:SUM(Number1,Number2, …)

参数说明:Number1,Number2, …代表需要计算的值,可以是具体的数值、引用的单元格(区域)、逻辑值等。

3) AVERAGE 函数。

主要功能:求出所有参数的算术平均值。

使用格式:AVERAGE(Number1,Number2, …)

参数说明:Number1,Number2,…代表需要求平均值的数值或引用单元格(区域)。

4) MAX 函数。

主要功能:求出一组数中的最大值。

使用格式:MIN(Number1,Number2,…)

参数说明:Number1,Number2,…代表需要求最大值的数值或引用单元格(区域)。

5) MIN 函数。

主要功能:求出一组数中的最小值。

使用格式:MIN(Number1,Number2,…)

参数说明:Number1,Number2,…代表需要求最小值的数值或引用单元格(区域)。

6) ROUND 函数。

主要功能:将数字舍入到指定位数。

使用格式:ROUND (Number,n)

参数说明:Number 代表需要四舍五入的数值型数字,n 代表需要四舍五入的位数。

7) MODE 函数。

主要功能:返回数据集中出现最多的值。

使用格式:MODE(Number1,Number2,…)

参数说明:Number1,Number2,…代表数据集中的数字。

8) RANK 函数。

主要功能:返回某一数值在一列数值中的相对于其他数值的排位。

使用格式:RANK(Number,Ref,Order)

参数说明:Number 代表需要排序的数值;Ref 代表排序数值所处的单元格区域;Order 代表排序方式参数(如果为“0”或者忽略,则按降序排名,即数值越大,排名结果数值越小;如果为非“0”值,则按升序排名,即数值越大,排名结果数值越大)。

9) COUNT 函数。

主要功能:计算参数列表中数字的个数。

使用格式:COUNT(Number1,Number2,…)

参数说明:Number1,Number2,…代表包含数字的单元格及参数列表中的数字。

另外,还有 COUNTA 函数求“非空”单元格个数;COUNTBLANK 函数求“空”单元格个数。

10) IF 函数。

主要功能:根据对指定条件的逻辑判断的真假结果,返回相对应的内容。

使用格式:IF(Logical,Value_if_true,Value_if_false)

参数说明:Logical 代表逻辑判断表达式;Value_if_true 表示当判断条件为逻辑“真(TRUE)”时的显示内容,如果忽略返回“TRUE”;Value_if_false 表示当判断条件为逻辑“假

(FALSE)”时的显示内容,如果忽略返回“FALSE”。

11) COUNTIF 函数。

主要功能:统计某个单元格区域中符合指定条件的单元格数目。

使用格式:COUNTIF(Range,Criteria)

参数说明:Range 代表要统计的单元格区域;Criteria 表示指定的条件表达式。

12) SUMIF 函数。

主要功能:计算符合指定条件的单元格区域内的数值和。

使用格式:SUMIF(Range,Criteria,Sum_Range)

参数说明:Range 代表条件判断的单元格区域;Criteria 为指定条件表达式;Sum_Range 代表需要计算的数值所在的单元格区域。

其他函数及其详细应用请参考帮助信息。

(2) 函数的嵌套引用。

函数的嵌套是指一个函数可以作为另一个函数的参数使用。

如:ROUND(AVERAGE(A2:E2),1)

其中 ROUND 作为一级函数,AVERAGE 作为二级函数。先执行 AVERAGE 函数,再执行 ROUND 函数。Excel 嵌套最多可以嵌套七级。

(3) 常见的公式和函数出错信息。

① “####!”:不代表公式出错,表示数据太长,单元格无法容纳,修改宽度。

② “#DIV/0!”:公式中除数为 0,也可能在公式中的除数引用了零值单元格或空白单元格(空白单元格的值解释为零值)。

③ “#VALUE”:运算符与操作符类型不匹配。

④ “#N/A”:在函数或公式中没有可用的数值时,会出现这种错误信息。

⑤ “#NAME?”:在公式中使用了 Excel 不能识别的文本信息。

⑥ “#NUM!”:在公式或函数中某个数值有问题时产生的错误信息。

⑦ “#REF!”:引用了无效的结果。

⑧ “#NULL!”:试图为两个并不相交的区域指定交叉点,如:使用了不正确的区域运算符或不正确的单元格引用等。

【自我训练】

公式的应用。

实训要求:

(1) 打开上一个任务的“工资.xlsx”。

(2) 复制“数据备份”工作表并改名为“员工工资表”。在 G1:L1 单元格内分别输入文本“岗位工资”、“应发合计”、“养老金”、“医疗金”、“公积金”和“应发工资”。

(3) 计算“岗位工资”和“应发合计”。按照下表要求,先用 IF 函数计算岗位工资,然后用公式“应发合计 = 基本工资 + 岗位工资”计算应发合计。

职工类别	岗位工资
管理人员	500
工人	200
销售员	300

(4) 计算“应发工资”。应发工资 = 应发合计 - 养老金 - 医疗金 - 公积金。其中，养老金按应发合计的 8% 扣除，医疗金按应发合计的 2% 扣除，公积金按应发合计的 10% 扣除。先分别计算“养老金”、“医疗金”和“公积金”，然后再用上述公式计算应发工资。

(5) M1:O1 区域分别输入文本“事假扣款”、“实发工资”和“排名”。按照下表要求，先利用 IF 函数计算事假扣款，然后用公式“实发工资 = 应发工资 - 事假扣款”计算实发工资。(提示：= IF(F3 = 0,0,IF(F3 < 15,IF(D3 = "工人",200,300),IF(D3 = "工人",400,500))))

事假天数	应扣款金额(元)	
	事假	
	工人	其他人员
< 15	200	300
> = 15	400	500

(6) 利用 RANK. EQ 函数求实发工资排名。

(7) 保存所做的操作，以便后续使用。

任务 5　工作表中的数据库操作

【任务描述】

1. 打开“授课文件夹\单元三”文件夹下的 grade1. xlsx。

2. 数据排序。

(1) 选择“排序”工作表，按“英语成绩”升序排序。

(2) 选择“排序”工作表，按“计算机成绩”降序排序，如果计算机成绩相同，按英语成绩降序排序。

3. 数据筛选。

(1) 选择“筛选”工作表，利用自动筛选功能，筛选出计算机成绩不高于 90 但大于 80 的同学，并保存文件。

(2) 选择“高级筛选”工作表，英语、数学成绩都为 92 或计算机、政治成绩都不低于 90 的同学筛选出来，并将筛选结果复制到 A30 开始的单元格区域中。

4. 分类汇总。

选择“分类汇总”工作表，对数据清单的内容进行分类汇总，汇总计算男女同学各门功课的平均值，并统计不同性别学生人数，汇总结果显示在数据下方。

5. 数据透视表。

选择"数据透视表"工作表,根据数据清单的内容,建立数据透视表,显示不同籍贯的男女同学的各科成绩的平均分以及汇总信息。

6. 数据合并。

在 Grade1. xlsx 中有"期中成绩"和"期末成绩"工作表,现新建工作表,计算出每位同学各门成绩的平均分。

【任务实现】

1. 打开"授课文件夹\单元三"文件夹下的 grade1.xlsx。

操作步骤:略。

2. 数据排序。

数据排序是指按照一定的规则对数据进行重新排列,便于浏览或为进一步处理做准备(如分类汇总)。

(1) 选择"排序"工作表,按"英语成绩"升序排序。

操作步骤:

① 选择"排序"工作表。

② 单击"英语"字段,然后选择"数据"选项卡,在"排序和筛选"组中单击"升序"按钮,如图 3-33 所示。

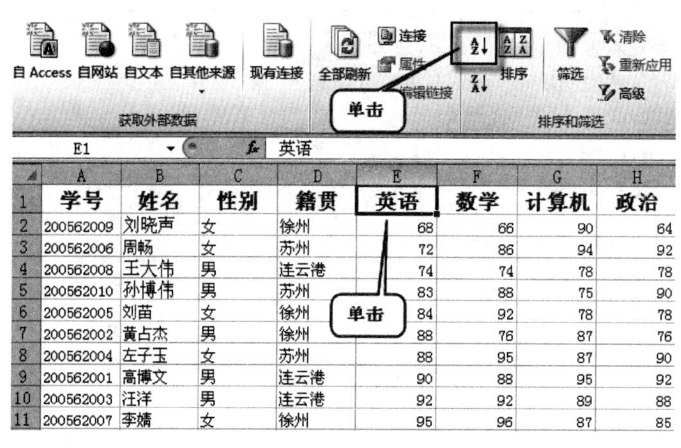

	A	B	C	D	E	F	G	H
1	学号	姓名	性别	籍贯	英语	数学	计算机	政治
2	200562009	刘晓声	女	徐州	68	66	90	64
3	200562006	周畅	女	苏州	72	86	94	92
4	200562008	王大伟	男	连云港	74	74	78	78
5	200562010	孙博伟	男	苏州	83	88	75	90
6	200562005	刘苗	女	徐州	84	92	78	78
7	200562002	黄占杰	男	徐州	88	76	87	76
8	200562004	左子玉	女	苏州	88	95	87	90
9	200562001	高博文	男	连云港	90	88	95	92
10	200562003	汪洋	男	连云港	92	92	89	88
11	200562007	李婧	女	徐州	95	96	87	85

图 3-33　进行单字段排序

(2) 按"计算机成绩"降序排序,如果计算机成绩相同,按英语成绩降序排序。

操作步骤:

① 选中 A1:H11 数据区域。

② 选择"数据"选项卡,在"排序和筛选"组中单击"排序"按钮,在弹出的"排序"对话框中,选择主要关键字为"计算机",排序依据单选项为"数值",次序为"降序";单击"添加条件"按钮,选择次要关键字为"英语",排序依据为"数值",次序为"降序",如图 3-34 所示。

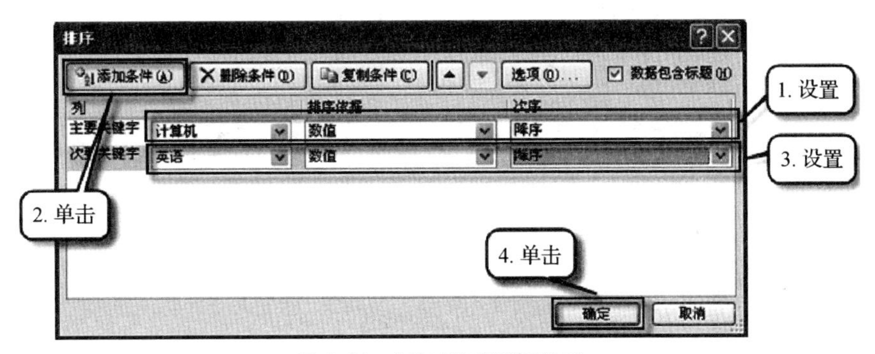

图 3-34　“排序”对话框设置

③ 单击“确定”按钮。

知识拓展：

1. 一般情况下，排序是对整个数据清单（数据表）进行，因此不可选择作为排序关键字的列，而应当选择整个数据清单（数据表）。

2. 选择“数据”选项卡，在“排序和筛选”组中单击“排序”按钮，打开“排序”对话框后，单击关键字的下拉箭头，会出现数据清单（数据表）的标题行（字段名）内容，如果没有出现，请勾选对话框右上角的“数据包含标题行”即可。

3. 在默认情况下，排序方向是“按列排序”、排序方法是“按字母”排序，如有特殊排序要求，可单击“选项”按钮，选择“按行排序”“按笔画排序”项。

4. 用户还可以用一个序列对一个工作表中的数据排序（如何自定义序列请参考本单元中任务2中“自定义序列”操作），在“排序”对话框中，选择包含序列项的列标题为关键字，次序选择“自定义序列”；然后在弹出的“自定义序列”对话框中的“自定义序列”列表中选择自定义的序列即可。

3. 数据筛选。

数据筛选是指在工作表的数据清单中快速查找具有特定条件的记录，筛选后数据清单中只包含符合筛选条件的记录，便于浏览。

（1）选择“筛选”工作表，利用自动筛选功能，筛选出计算机成绩不高于90但大于80的同学，并保存文件。

操作步骤：

① 选择“筛选”工作表，选择数据区域“A1:H11”单元格。

② 选择“数据”选项卡，在“排序和筛选”组中单击“筛选”按钮。

③ 单击计算机（G1）单元格右侧下拉列表框，选择“数字筛选”展开菜单中的“自定义筛选”命令，如图3-35所示。

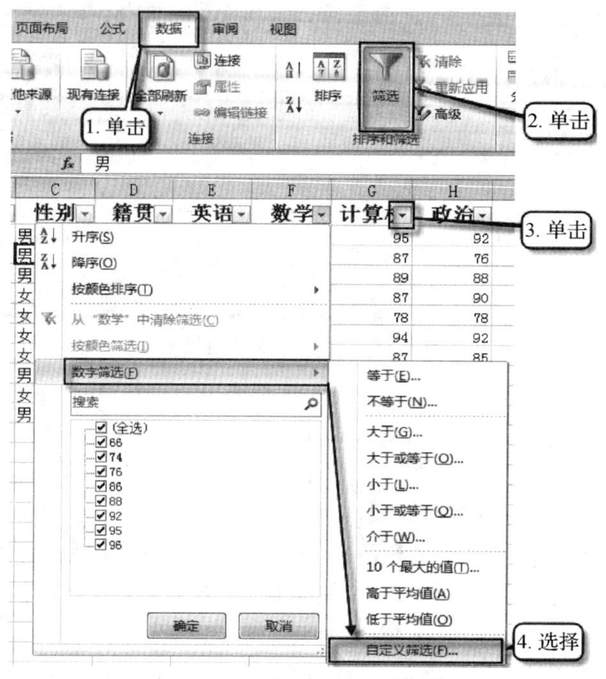

图 3-35　“自定义筛选”命令

④ 弹出“自定义自动筛选方式”对话框，在“计算机”的第一个下拉列表框选择“小于或等于”，右侧输入框中输入“90”；选择“与”单选按钮；在“计算机”的第二个下拉列表框选择“大于”，右侧输入框输入“80”，如图 3-36 所示。

⑤ 设置好后，单击“确定”按钮。

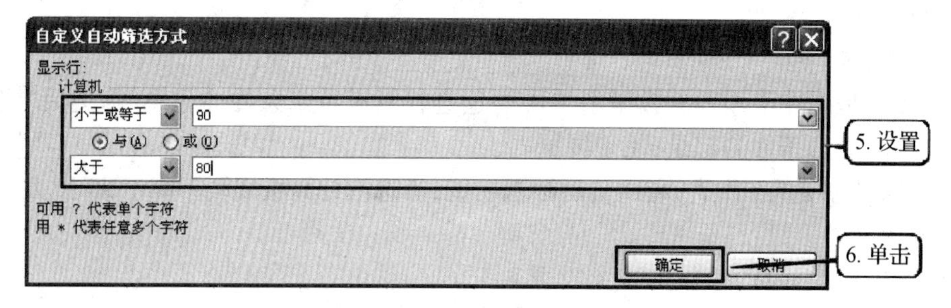

图 3-36　“自定义自动筛选方式”对话框

温馨提示：

1. 如果需要对多个字段进行筛选，可以依次进行筛选条件的设置。如在上面的基础上再筛选数学成绩大于 90 的同学，就可以在前面筛选出的数据清单内，打开“数学”下拉列表框，设置筛选条件。

2. 若要取消所有的筛选条件，选择“数据”选项卡，在“排序和筛选”组中单击“筛选”按钮即可。

(2) 选择“高级筛选”工作表，将英语、数学成绩都为 92 或计算机、政治成绩都不低于 90 的同学筛选出来，并将筛选结果复制到 A20 开始的单元格区域中。

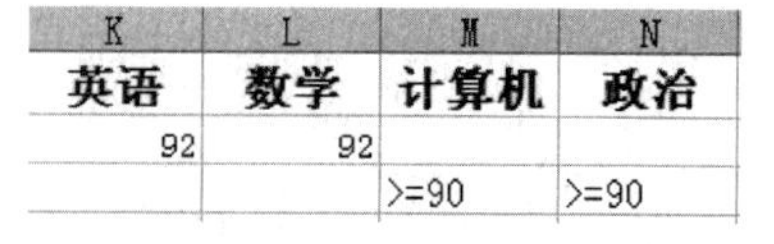

K	L	M	N
英语	数学	计算机	政治
92	92		
		>=90	>=90

图 3-37　条件区域

操作步骤：

① 在“高级筛选”工作表中的 K1:N3 区域编辑条件,如图 3-37 所示。

温馨提示:

定义条件表达式时,条件是“与”(并且)的关系,放在同一行上;条件是“或”的关系,放在不同行上,而且条件区域尽量不要和原始数据紧贴。

② 选择 A1:H11,选择“数据”选项卡,在“排序和筛选”组中单击“高级”按钮。在弹出的“高级筛选”对话框中,设置“方式”为“将筛选结果复制到其他位置”。利用“切换”按钮 在数据表中确定“列表区域”为“高级筛选! $A$1: $H$11”,“条件区域”为“高级筛选! $K$1: $N$3”,然后单击“复制到”框内的“切换”按钮 ,在数据表中的 A20 单元格单击鼠标,确定“复制到”的开始单元格,设置如图 3-38 所示。

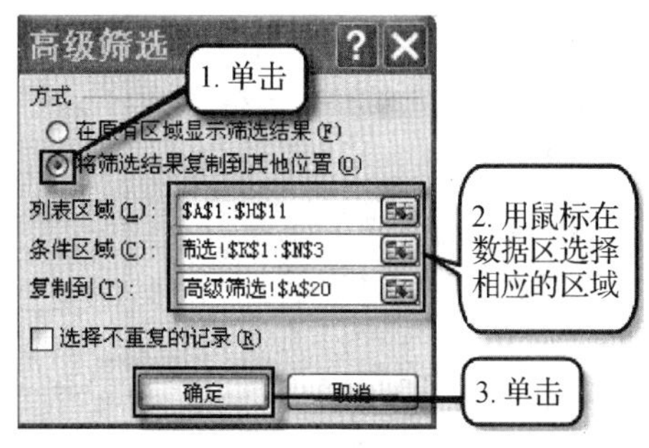

图 3-38 “高级筛选”对话框

③ 单击“确定”按钮。

温馨提示:

数据筛选时用自动筛选还是用高级筛选取决于筛选条件,只有筛选条件是针对不同字段的数据,并且条件之间是“或”的关系,才一定要用高级筛选的方法实现数据的筛选。

4. 分类汇总。

选择“分类汇总”工作表,对数据清单的内容进行分类汇总,汇总计算男女同学各门功课的平均值,并统计不同性别学生的人数,汇总结果显示在数据下方。

分类汇总是对数据内容进行分析的一种方法,指对工作表中的数据清单的内容进行分类,然后统计同类记录的相关信息,包括求和、计数、平均值、最大值、最小值等。分类汇总前必须对数据清单进行排序。

操作步骤:

① 选择“分类汇总”工作表。

② 以“性别”为主要关键字对表格进行排序。

③ 选择 A1:H11 单元格区域,选择“数据”选项卡,在“分级显示”组中单击“分类汇总”按钮,弹出“分类汇总”对话框中。

④ 在“分类汇总”对话框中,在“分类字段”选择“性别”,“汇总方式”选择“平均值”,“选定汇总项”选择“英语”“数学”“计算机”“政治”,选择“汇总结果显示在数据下方”,单击“确定”按钮。如图 3-39(a)所示。

⑤ 再次选择“数据”选项卡,在“分级显示”组中单击“分类汇总”按钮,在弹出的“分类汇总”对话框中,“分类字段”选择“性别”,“汇总方式”选择“计数”,“选定汇总项”选择“学号”,选择“汇总结果显示在数据下方”,将“替换当前分类汇总”复选框清除。单击“确定”按钮。如图 3-39(b)所示。

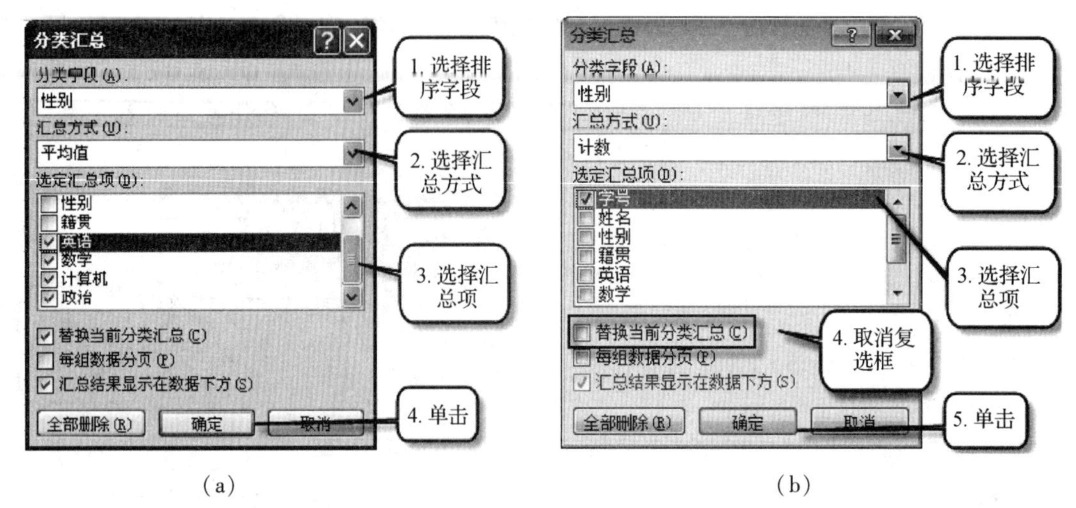

(a)　　　　　　　　(b)

图 3-39　“分类汇总”对话框

知识拓展：

1. 在执行“分类汇总”操作前，一定要先对分类字段排序。如果希望汇总结果显示在数据上方，取消复选框“汇总结果显示在数据下方”即可。

2. 如果要删除已经创建的分类汇总，可在“分类汇总”对话框中单击“全部删除”按钮。

3. 为方便查看数据，可用将分类汇总后暂时不需要的数据隐藏起来，当需要查看时再显示出来。单击工作表左边列表树的“-”号可以隐藏数据记录，只留下汇总信息，此时，“-”号变成“+”号；单击“+”号可用把隐藏的数据记录显示出来。

5. **数据透视表**。

选择“数据透视表”工作表的数据清单，建立数据透视表，显示不同籍贯的男女同学的各科成绩的平均分以及汇总信息。

数据透视表可以对数据清单进行重新布局和分类汇总，还能立即计算出结果。

操作步骤：

① 选择“数据透视表”工作表，选择 A1:H11 区域，然后选择“插入”选项卡，在“表格”组中单击“数据透视表”按钮，选择“数据透视表”命令，弹出如图 3-40 所示的“创建数据透视表”对话框。选择“选择一个表或区域”单选项，观察并确定“表/区域”为“数据透视表! \$A\$1: \$H\$11”（如果不对请修改正确区域）。位置选择“现有工作表”，并在表中 D18 单元格单击。

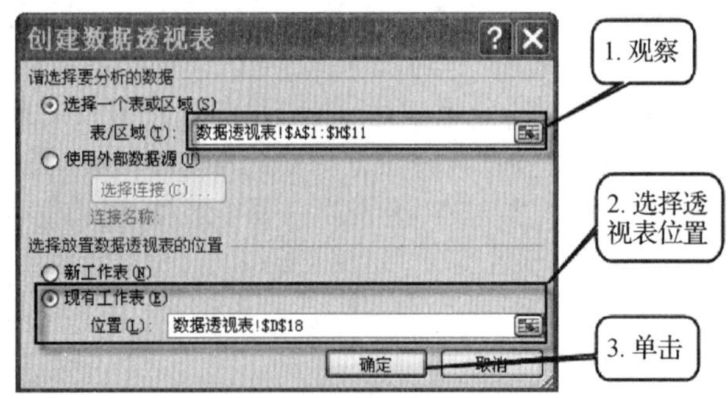

图 3-40　“创建数据透视表”对话框

② 单击“确定”按钮后，出现如图 3-41 所示的界面。

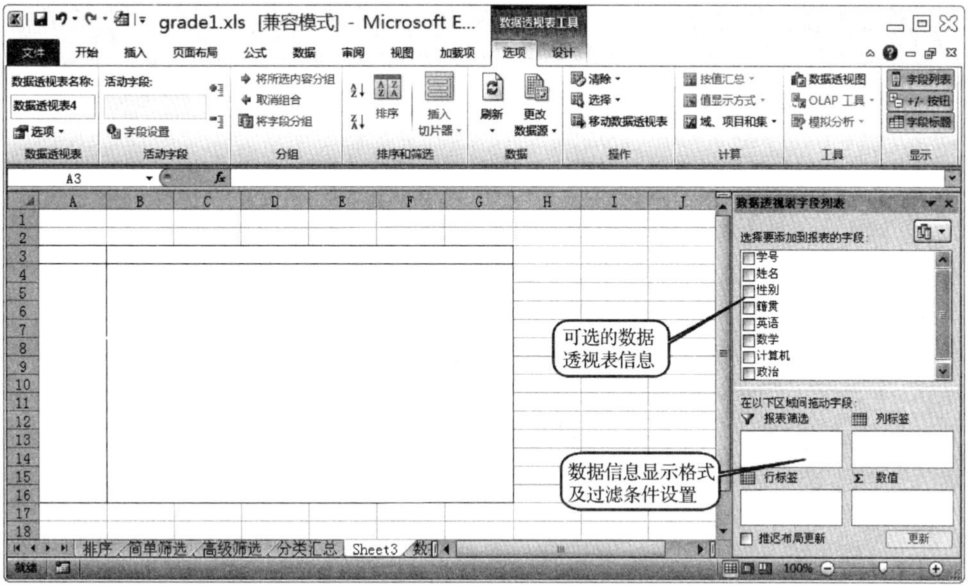

图 3-41　空白数据透视表

③ 把表中的“性别”字段拖动到“行标签”，“籍贯”字段拖动到“列标签”，“英语”字段拖动到“数值”，然后单击“英语”后的下拉三角，在弹出的“值字段设置”对话框设置“计算类型”为平均值，单击“确定”按钮，如图 3-42 所示。用同样的方法把“数学”、“计算机”和“政治”放入“数值”区并设置为平均值。

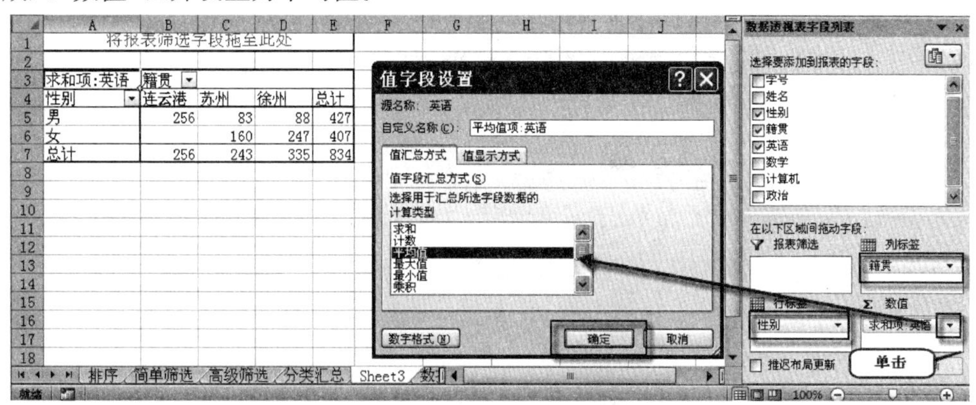

图 3-42　设定数据透视表的数据布局

温馨提示：

分类汇总和数据透视表都可用于分类统计。不同的是，分类汇总操作时必须先按分类关键字进行排序，而数据透视表操作时则不必进行排序；分类汇总操作只能按一个类别进行分类统计，而数据透视表操作则可按多个类别（分别将分类字段放在“行”“列”“数值”位置）进行分类统计。

6. 数据合并。

选择“期中成绩”和“期末成绩”工作表，现新建工作表，计算出每位同学各门成绩的平均分。

数据合并可以把来自不同数据区域的数据进行汇总，并进行合并计算，不同数据源区包括同一工作表中、同一工作簿的不同工作表中、不同工作簿中的数据区域。数据合并是通过建立合并表的方式来进行的。其中，合并表可以建立在某源数据区域所在的工作表中，也可以建立在同一个工作簿或不同的工作簿中。

操作步骤：

① 在本工作簿新建工作表“总评成绩”数据清单，数据清单字段名与源数据清单相同。

② 选定用于存放合并计算结果的单元格区域 E3:H12，如图 3-43 所示。

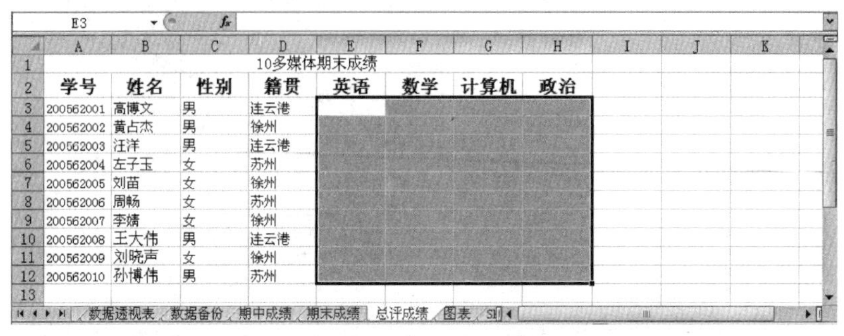

	A	B	C	D	E	F	G	H
1				10多媒体期末成绩				
2	学号	姓名	性别	籍贯	英语	数学	计算机	政治
3	200562001	高博文	男	连云港				
4	200562002	黄占杰	男	徐州				
5	200562003	汪洋	男	连云港				
6	200562004	左子玉	女	苏州				
7	200562005	刘苗	女	徐州				
8	200562006	周畅	女	苏州				
9	200562007	李婧	女	徐州				
10	200562008	王大伟	男	连云港				
11	200562009	刘晓声	女	徐州				
12	200562010	孙博伟	男	苏州				

图 3-43 选定合并后的工作表的数据区域

③ 选择“数据”选项卡，在“数据工具”组中单击“合并计算”命令，弹出“合并计算”对话框。在“函数”下拉列表选择“平均分”，单击“引用位置”的“切换”按钮，选取“期中成绩”的 E3:H12 单元格区域，单击“添加”，再单击“引用位置”的“切换”按钮，选取“期末成绩”的 E3:H12 单元格区域，单击“添加”按钮。勾选“创建连至源数据的连接”复选框(当源数据变化时，合并计算结果也随之变化)，如图 3-44 所示，计算结果如图 3-45 所示。

图 3-44 利用“合并计算”对话框进行合并计算

E5 =AVERAGE(E3:E4)

	A	B	C	D	E	F	G	H
1				10多媒体期末成绩				
2	学号	姓名	性别	籍贯	英语	数学	计算机	政治
5	200562001	高博文	男	连云港	84	83.5	92.5	84
8	200562002	黄占杰	男	徐州	84	76	87	81.5
11	200562003	汪洋	男	连云港	91	92	87	88
14	200562004	左子玉	女	苏州	86.5	95	87	90
17	200562005	刘苗	女	徐州	83.5	89	77	78
20	200562006	周畅	女	苏州	72	86	93	91.5
23	200562007	李婧	女	徐州	95	96	87	82.5
26	200562008	王大伟	男	连云港	74	81	81.5	78
29	200562009	刘晓声	女	徐州	68	66	90	64
32	200562010	孙博伟	男	苏州	83	86.5	75	82.5

数据透视表 数据备份 期中成绩 期末成绩 总评成绩 图表

图 3-45 合并计算后的工作表

知识拓展：

1. 除了上面介绍的同一个工作簿中的不同工作表的合并计算外，还可以在不同工作簿的工作表间进行合并计算。操作时，可以先把需要合并计算的工作簿都打开（也可以在“合并计算”对话框中单击“浏览”按钮选择工作簿），然后在不同工作簿中的表中选取“引用位置”，其他操作与上面操作相似，读者可以打开素材文件夹的“期中成绩. xlsx”和“期末成绩. xlsx”进行练习。

2. 合并计算还能与分类汇总一样对一张工作表的数据进行分类统计。如上例中可以分别在期中成绩和期末成绩工作表中，按“性别”或“籍贯”分类计算平均分等。下面以按“籍贯”合并计算期中成绩平均分为例，简要介绍一下操作方法。

① 选择目标单元格（用于存放合并计算结果），如 C14。

② 选择“数据”选项卡，在“数据工具”组中单击“合并计算”命令，在“合并计算”对话框中选择“函数”为“平均分”，单击“引用位置”的折叠按钮后选取“期中成绩”的 D2:H12 单元格区域，选中“标签位置”的“首行”“最左列”，如图 3-46 所示，单击“确定”按钮。计算结果如图 3-47 所示。

图 3-46 “合并计算”对话框

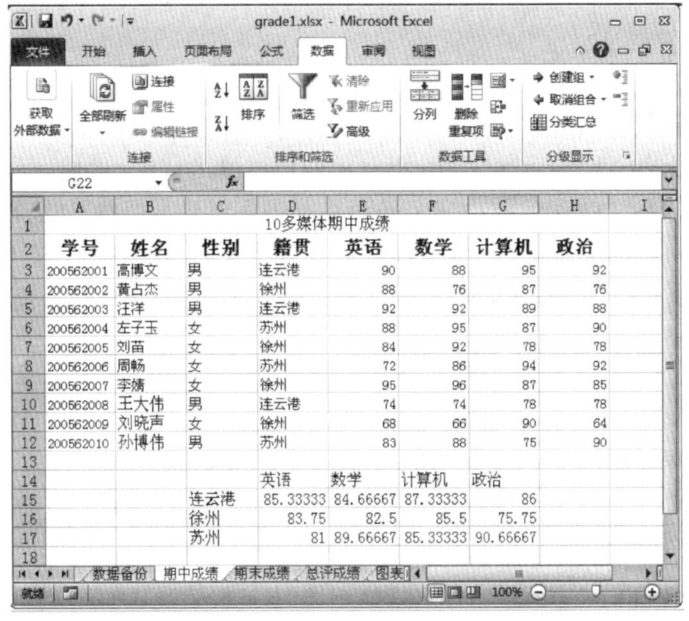

	A	B	C	D	E	F	G	H
1				10多媒体期中成绩				
2	学号	姓名	性别	籍贯	英语	数学	计算机	政治
3	200562001	高博文	男	连云港	90	88	95	92
4	200562002	黄占杰	男	徐州	88	76	87	76
5	200562003	汪洋	男	连云港	92	92	89	88
6	200562004	左子玉	女	苏州	88	95	87	90
7	200562005	刘苗	女	徐州	84	92	78	78
8	200562006	周畅	女	苏州	72	86	94	92
9	200562007	李婧	女	徐州	95	96	87	85
10	200562008	王大伟	男	连云港	74	74	78	78
11	200562009	刘晓声	女	徐州	68	66	90	64
12	200562010	孙博伟	男	苏州	83	88	75	90
13								
14				英语	数学	计算机	政治	
15			连云港	85.33333	84.66667	87.33333	86	
16			徐州	83.75	82.5	85.5	75.75	
17			苏州	81	89.66667	85.33333	90.66667	
18								

图 3-47 按“籍贯”合并计算平均分的结果

读者可以按同样方法尝试对期末成绩进行分类统计式的合并计算，并仔细体会选择“标签位置”中“首行”“最左列”选项的意义所在。

【自我训练】

数据库操作。

实训要求：

（1）打开上一个任务的“工资. xlsx”。

（2）复制“员工工资表”工作表，新表改名为“工资分析排序”。选择“工资分析排序”工作表，按“实发工资”降序排序，如果实发工资相同，则按“应发工资”降序排序。

（3）复制“员工工资表”工作表，新表改名为“工资分析筛选”。选择“工资分析筛选”工作表，筛选出实发工资大于2500或小于1500的员工。

（4）复制“员工工资表”工作表，新表改名为“工资分类汇总”。选择“工资分类汇总”工作表，汇总计算男女员工实发工资的平均值，并统计不同性别员工的人数，汇总结果显示在数据下方。

（5）保存操作，以便后续使用。

任务6　图表制作及工作表打印

【任务描述】

1. 生成三维簇状柱形图。
2. 修改图表。
3. 页面设置。

【任务实现】

1. 生成三维簇状柱形图。

在grade1. xlsx的“图表”工作表中，根据前四位同学的成绩，生成一张“三维簇状柱形图”，嵌入该工作表中。图表布局为“布局9”；在图表底部显示图例；图表标题为“四位同学的成绩”且颜色为红色，字号为20；分类轴标题为“姓名”，设置为红色12号；数值轴标题为“分数”（竖排标题），设置为红色12号；要求数据标志显示值；更改坐标轴设置。将该图表插入到C23：J40单元格区域内。

操作步骤：

（1）打开grade1. xlsx，选择“图表”工作表。

（2）选择数据区域。

先选择“图表”工作表中B1：B5单元格区域，再按住【Ctrl】键的同时选择E1：H5单元格区域。

（3）确定图表类型。

选择“插入”选项卡，在“图表”组中单击“插入柱形图或条形图”的下拉三角，选择“三维簇状柱形图”，如图3-48所示。

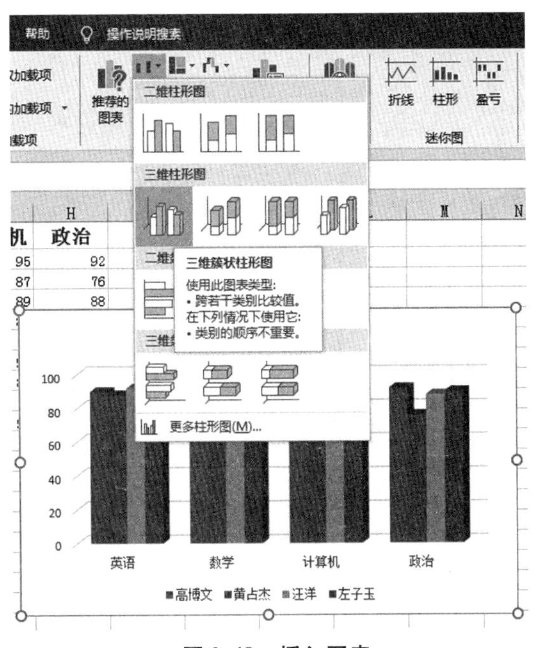

图 3-48　插入图表

温馨提示：

数据系列取得的方向有循行及循列两种，如果需要更改，切换到“图表工具/设计”选项卡，在“数据”组单击“切换行/列”按钮即可。

(4) 图表布局。

选择“图表工具/设计”选项卡，选中图表，在“图表布局”组选择“快速布局”中的“布局9”，此布局包含了图表标题、坐标轴标题及图例（靠右）等。

(5) 更改图例位置。

选中图表，单击“图表元素”按钮，然后依次选择“图例”“底部”即可，如图 3-49 所示。

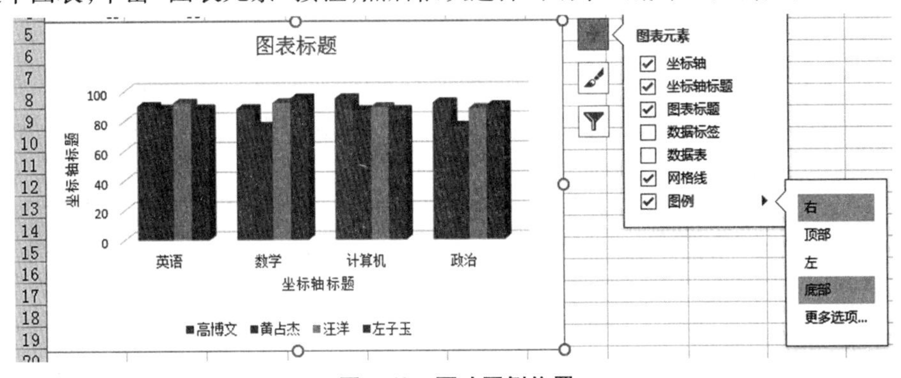

图 3-49　更改图例位置

(6) 图表标签设置。

① 回到图表工作区，将原来的“图表标题”更改为“四位同学的成绩”，选择图表标题，设置文本颜色为红色、字号为 20。

② 将横坐标轴的“坐标轴标题”更改为“姓名”，选择标题，设置文本颜色为红色、字号为 12。

③ 将纵坐标轴的“坐标轴标题”更改为“分数”，选择标题，设置文本颜色为红色、字号

为 12。

(7) 数据标志设置。

继续在所示图 3-49 中单击“图表元素”按钮,单击“数据标签”复选框。

(8) 更改坐标轴。

首先选择坐标轴数据,然后单击“坐标轴选项”按钮,接下来在下面进行相应设置,比如把刻度设为 20,主要刻度线为“交叉”等,如图 3-50 所示。

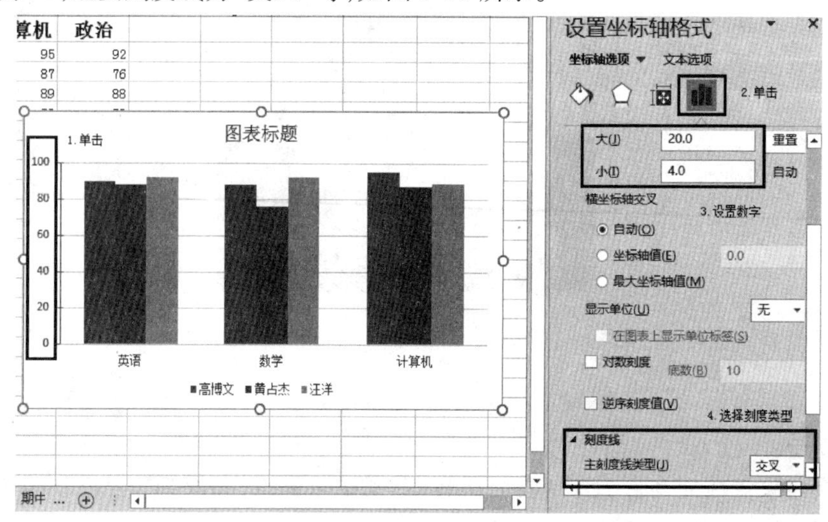

图 3-50　设置坐标轴格式

(9) 调整图表。

调整图表大小,将其放置在 C23:J40 单元格区域内。

2. **修改图表**。

(1) 修改图表类型。

单击图表,选择“图表工具/设计”选项卡,在“类型”组中单击 “选择数据”按钮,在弹出的“更改图表类型”对话框中更改图表类型。

(2) 修改图表源数据。

① 单击图表,选择“图表工具/设计”选项卡,在“数据”组中单击“选择数据”按钮,在弹出的“选择数据源”对话框中进行数据的修改。

② 如果同时删除工作表和图表中的数据,只需删除工作表中的数据,图表会自动更新。如果只从图表中删除数据,在图表上单击所要删除的图表系列,按右键选择“删除”命令即可。

(3) 修改图表位置。

如果需要将图表置于其他位置,可以切换到“图表工具/设计”,在“位置”组中单击“移动图表”按钮,弹出“移动图表”对话框,选择“对象位于”单选框,在右侧文本框中选择需要放置的工作表(如果选择“新工作表”,则图表将建立在一张新生成的工作表中)。

(4) 删除图表。

选定图表时,单击图表,则在图表的四周会出现 8 个黑色的小方块,称为控点;选定图表后,选择“开始”选项卡,在“编辑”组中单击“清除”按钮,然后选择“全部清除”命令可删除图表。

3. 页面设置。

将页面设置为 A4 纸，上下边距为 3 厘米、左右边距为 2 厘米；将“图表”工作表打印两份。

操作步骤：

① 选择“图表”工作表。

② 执行“文件”→“打印”命令，单击“页面设置”按钮，如图 3-51 所示。弹出“页面设置”对话框，如图 3-52 所示。在“页面”选项卡中设置“纸张大小”为 A4，单击“页边距”选项卡，设置好页边距。单击“确定”按钮退出“页面设置”对话框。

③ 选择合适的打印机，并设置“打印份数”为“2”，其他采用默认值。

④ 单击“打印”按钮。

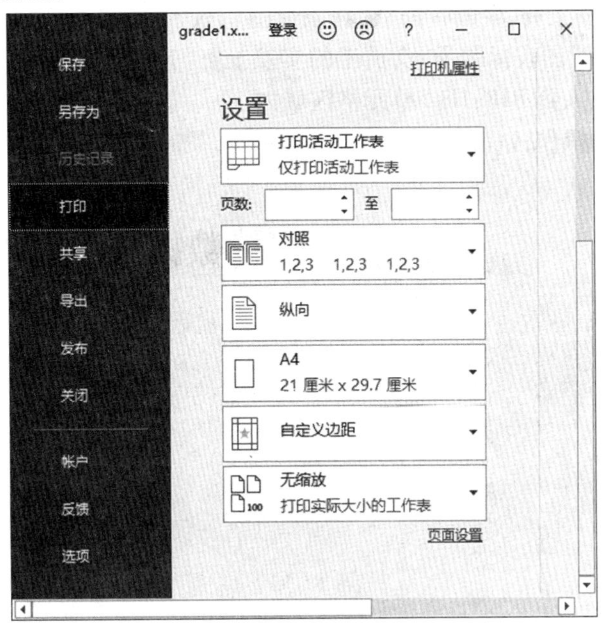

图 3-51 “页面设置”按钮

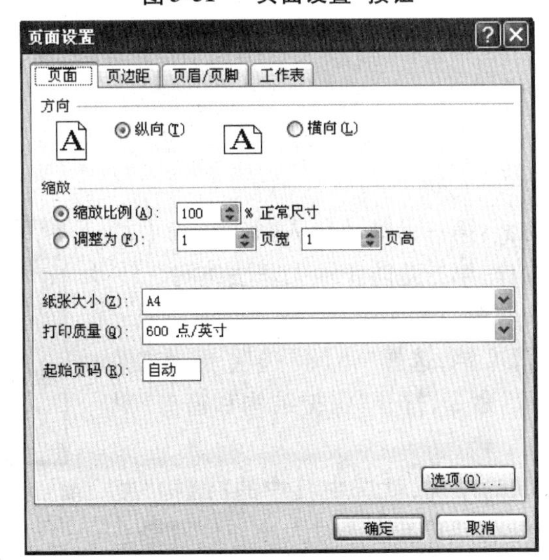

图 3-52 “页面设置”对话框

温馨提示：

在“页面设置”对话框中，可以用“页边距”选项卡，设置页面的页边距；用“页眉/页脚”选项卡，为打印的工作表添加页眉、页脚内容；用“工作表”选项卡，设置“打印区域”、设置多页打印的工作表，使每页都出现“顶端标题行”或“左端标题列”。

【自我训练】

图表及打印操作。

实训要求：

（1）打开上一个任务的“工资.xlsx”。

（2）复制“员工工资表”工作表，新表改名为“图表”。选择“图表”工作表，按性别降序排序，根据女员工实发工资，生成一张“簇状条形图”，嵌入该工作表中。要求系列产生在列，图表布局为“布局5”，图表标题为“女员工的实发工资”且颜色为蓝色，字号为20，要求有数据标志。将该图表插入到B18:H32单元格区域内。

（3）保存所做的操作，以便后续使用。

任务7　保护数据

【任务描述】

1. 保护工作簿。
2. 保护工作表。
3. 保护单元格。
4. 隐藏工作簿。
5. 隐藏工作表。
6. 隐藏行与列。
7. 隐藏单元格的内容。
8. 超链接。

【任务实现】

1. 保护工作簿。

保护工作簿有两个方面：第一是禁止他人对工作簿中的工作表或工作簿的非法操作；第二是防止他人非法访问。

（1）对工作簿工作表和窗口的保护。

① 打开相应的工作簿文档，选择“审阅”选项卡，在“保护”组中单击“保护工作簿”命令，打开“保护结构和窗口”对话框，如图3-53所示。

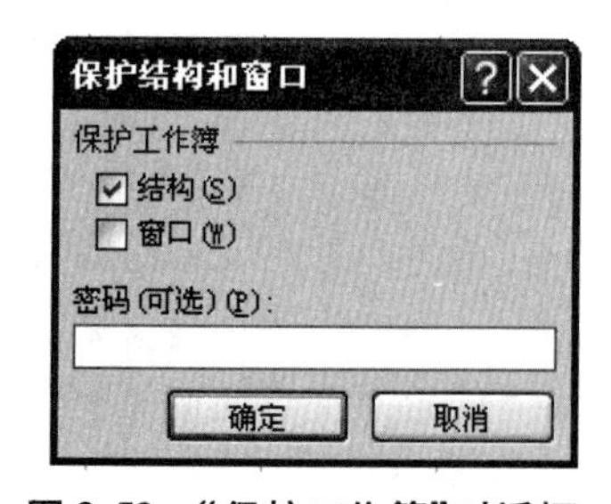

图3-53　“保护工作簿”对话框

② 如果要保护工作簿的结构，就选中其中的“结构”复选框；如果工作簿窗口在每次打开工作簿时大小和位置都一

样，就选中“窗口”复选框。

③ 根据需要决定是否添加密码。设置完成后单击“确定”返回。保护了结构后，不能对工作簿文档中的工作表进行添加、删除、移动和复制操作；保护了窗口后，相应工作表的窗口大小、位置等不能调整。

(2) 加密工作簿。

打开相应的工作簿文档，执行“文件”→“另存为”命令，在打开的“另存为”对话框中单击“工具”按钮，在随后出现的下拉菜单中选择“常规选项”选项，打开“常规选项”对话框，如图 3-54 所示。设置“打开权限密码”或“修改权限密码”后，单击“确定”按钮，在打开的“确认密码”对话框中重新输入密码确认。当前后密码一致时单击“确定”按钮，即可为工作簿成功加密。

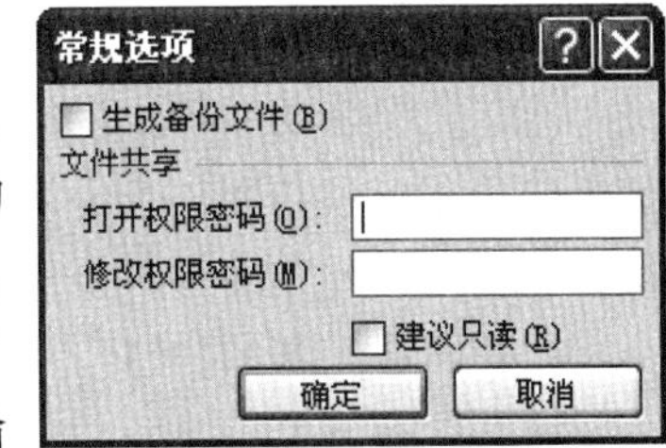

图 3-54　“常规选项”对话框

2. 保护工作表。

除了保护整个工作簿外，也可以保护工作簿中指定的工作表，具体操作如下：

① 选择需要保护的工作表，选择“审阅”选项卡，在“保护”组中单击“保护工作表”命令，打开“保护工作表”对话框，如图 3-55 所示。

② 在“保护工作表”对话框进行相应设置，单击“确定”按钮。

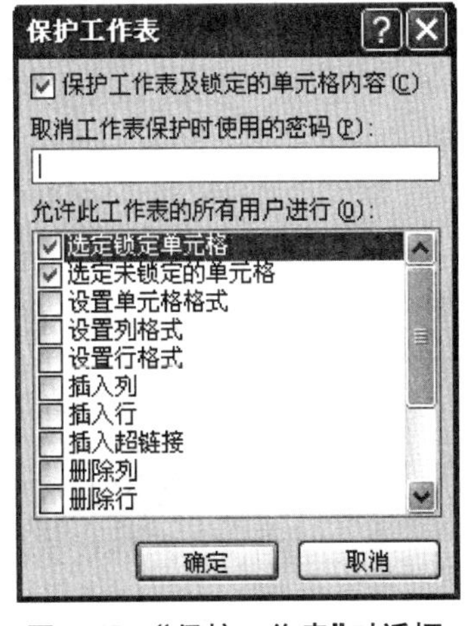

图 3-55　“保护工作表”对话框

3. 保护单元格。

有时候我们只需要保护重要数据所在的单元格，其他单元格允许修改。为了解除某些单元格的锁定，使其能够修改，具体操作如下：

① 选择所有要保护的单元格区域，选择“开始”选项卡，在“单元格”组中单击“格式”命令的下拉三角，在展开的菜单中选择“设置单元格格式”命令，在弹出的“设置单元格格式”对话框中，选择“保护”选项卡，选中“锁定”复选框，单击“确定”按钮。

② 选择所有允许修改的单元格区域，重复选择前一次的操作，将“锁定”的复选框不选中，即不锁定单元格。

③ 选择“审阅”选项卡，在“保护”组中单击“保护工作表”命令，弹出“保护工作表”对话框，如果有必要，还可加密码，然后单击“确定”按钮。

这样，就既把不允许修改的数据保护起来，又不妨碍允许修改部分的数据输入了。

4. 隐藏工作簿。

打开需要隐藏的工作簿，选择“视图”选项卡，在“窗口”组中单击“隐藏”命令。退出 Excel 时系统会弹出信息提示框，询问是否保存对隐藏工作簿的改变，单击“是”按钮，那么在下次打开该工作簿时，它的窗口仍然处于隐藏状态。

取消隐藏时，选择“视图”选项卡，在“窗口”组中单击“取消隐藏”命令，打开“取消隐藏”对话框，然后选择相应的工作簿，单击“确定”即可。

5. 隐藏工作表。

选定要隐藏的工作表，单击右键选择“隐藏”命令，则该工作表被隐藏。单击“取消隐藏”命令，出现“取消隐藏”对话框，从中选择要取消隐藏的工作表，单击“确定”按钮，恢复显示。

6. 隐藏行与列。

选定要隐藏的一行或多行，在行标上单击右键，在弹出的快捷菜单中选择“隐藏”命令，则选定的几行被隐藏。选定被隐藏的行后，在弹出的快捷菜单中选择“取消隐藏”命令可以取消隐藏。列的方法与行相似。

7. 隐藏单元格的内容。

工作表部分单元格中的内容不想让浏览者查阅，可以将它隐藏起来。

① 选中需要隐藏内容的单元格(区域)，选择“开始”选项卡，在“数字”组中单击按钮，打开“设置单元格格式”对话框，在“数字”选项卡的“分类”下面选中“自定义”选项，然后在右边“类型”下面的方框中输入“;;;”(三个英文状态下的分号)。

② 再切换到“保护”选项卡下，选中其中的“隐藏”选项，按“确定”按钮退出。

③ 选择“审阅”选项卡，在“保护”组中单击“保护工作表”命令，打开“保护工作表”对话框，设置好密码后，单击“确定”按钮返回。

要取消隐藏，选择“审阅”选项卡，在“保护”组中单击“取消保护工作表”命令；然后再从“设置单元格格式”对话框中选择相应数值格式；或者选中单元格区域，选择“开始”选项卡，在“编辑”组中单击“清除”命令的下拉三角，在展开的下拉菜单中单击“清除格式”命令即可恢复显示。

8. 超链接。

在制作 excel 表格时，我们常常会添加一些超链接，让表格内容更丰富。

首先选中需要添加超链接的单元格，单击右键，在弹出的快捷菜单中选中“链接”选项。打开“插入超链接”对话框，可以输入网站地址，也可以选择本地的文件等，选择完成后单击“确定”按钮。

【自我训练】

保护数据操作。

实训要求：

(1) 打开上一个任务的“工资. xlsx”。

(2) 设置保护工作簿。选择“员工实发工资表”工作表，隐藏排名数据列。

(3) 保存工作表。

任务8 实战演练

练习1 按要求完成如下习题：

(1) 打开“考生文件夹\单元三”下的工作簿文件 table1. xlsx。将下列已知数据建立一张抗洪救灾捐献统计表(存放在 A1:D5 的区域内)，将当前工作表 Sheet1 更名为“救灾统计表”。

单位	捐款(万元)	实物(件)	折合人民币(万元)
第一部门	1.95	89	2.45
第二部门	1.2	87	1.67
第三部门	0.95	52	1.30
总计			

(2) 计算各项捐献的总计,分别填入“总计”行的各相应列中。(结果的数字格式为默认样式)

(3) 对折合人民币的数据列以“绿色数据条”渐变填充表示。

(4) 选“单位”和“折合人民币”两列数据(不包含总计),绘制部门捐款的三维饼图,要求有图例并显示各部门捐款总数的百分比,图表标题为“各部门捐款总数百分比图”。嵌入在数据表格下方(存放在 A8:E18 的区域内)。

(5) 将当前工作表 Sheet1 更名为“救灾统计表”。

练习 2　按要求完成如下习题:

(1) 打开“考生文件夹\单元三”下的工作簿文件 table2. xlsx。将下列已知数据建立一张数据表格(存放在 A1:E6 的区域内)。

全球通移动电话

公司	型号	裸机价(元)	入网费(元)	全套价(元)
诺基亚	N6110	1,367.00	890.00	
摩托罗拉	CD928	2,019.00	900.00	
爱立信	GH398	1,860.00	980.00	
西门子	S1088	1,730.00	870.00	

(2) 在 E 列中求出各款手机的全套价;(公式为:全套价 = 裸机价 + 入网费或使用 SUM()函数,结果保留两位小数)在 C7 单元格中利用 MIN()函数求出各款裸机的最低价。

(3) 绘制各公司手机全套价的簇状柱形图,要求有图例显示,图表标题为“全球通移动电话全套价柱形图(元)”,分类轴名称为“公司名称”(即 X 轴),数值轴名称为“全套价格”(即 Y 轴)。嵌入在数据表格下方(存放在 A9:F20 的区域内)。

(4) 按全套价升序排序。

(5) 用“红色文本”显示入网费大于 900 的数据。

练习 3　按要求完成如下习题:

(1) 打开“考生文件夹\单元三”下的 ex3. xlsx 工作簿。将 A1:D1 单元格区域合并及居中,并设置其中文字格式为:楷体、20 号字、红色。

(2) 在 A42 单元格输入“合计”,并在 B42、C42 单元格中,利用函数分别计算相应列的总和,在 D4:D41 各单元格中,利用函数分别计算各国天然气占所有国家天然气总和的比例(要求使用绝对地址引用合计值),并按百分比样式显示,保留 3 位小数。

(3) 将各国油气储量按“比例”从大到小排序。

(4) 根据排列在前 5 位的国家和地区的天然气数据,生成一张“三维簇状柱形图”,嵌入当前工作表中,图表标题为“天然气储量前五名”,无图例。

(5) 复制该工作表,并命名为"备份"。

练习 4　按要求完成如下习题:

(1) 打开"考生文件夹\单元三"下的 ex4. xlsx 工作簿。在 Sheet1 工作表的 A1 单元格输入"学生成绩",内容"跨列合并"显示,将工作表命名为"课程成绩表"。

(2) 计算所有学生的平均成绩(保留小数点后 1 位),在 I3 和 J3 单元格内计算男生人数和女生人数(利用 COUNTIF 函数),在 K3 和 L3 单元格内计算男生平均成绩和女生平均成绩(先利用 SUMIF 函数分别求总成绩,保留小数点后 1 位)。

(3) 对工作表"汇总"内数据清单的内容按主要关键字"系部"的递增次序、次要关键字"性别"的递减次序进行排序,对排序后的数据进行分类汇总,分类字段为"性别",汇总方式为"平均分",汇总项为"英语"、"数学"、"计算机"和"政治",汇总结果显示在数据下方,工作表名不变。

(4) 将工作表命名为"课程成绩表"。

(5) 选择"汇总"工作表,利用"红色,表样式深色 3"套用表格样式。

练习 5　按要求完成如下习题:

(1) 打开"考生文件夹\单元三"下的 ex51. xlsx 工作簿。将 Sheet1 工作表的 A1:G1 单元格合并为一个单元格,内容水平居中;计算"总成绩"列的内容和按"总成绩"递减次序的排名(利用 RANK 函数);如果高等数学、大学英语成绩均大于或等于 75 在备注栏内给出信息"有资格",否则给出信息"无资格"(利用 IF 函数实现);将 A2:G12 区域格式设置为自动套用格式"序列 1",将工作表命名为"成绩统计表"。

(2) 选取"成绩统计表"的 A2:A12,E2:E12 数据区域,建立"带数据标记的折线图",图表标题为"学生总成绩比较图",图例位置靠上,设置 Y 轴刻度最小值为 190,主要刻度单位为 20,分类(X 轴)交叉;绘图区背景区域纹理为"新闻纸",将图插入到表的 A13:G25 单元格区域内,保存 ex51. xls 工作簿文件。

(3) 打开"考生文件夹\单元三"下的 ex52. xlsx 工作簿。建立数据透视表,显示不同籍贯的男女同学成绩的总分汇总信息(行标签为"籍贯",列标签为"性别"),置于本表的 E10:H14 区域。

(4) 打开"考生文件夹\单元三"下的 ex5. xlsx 工作簿。现有"1 分店"和"2 分店"4 种型号的产品一月、二月、三月的"销售量统计表"数据清单,位于工作表"销售单 1"和"销售单 2"中。在 Sheet3 工作表的 A1 单元格输入"合计销售数量统计表",将 A1:D1 单元格合并为一个单元格;在 A2:A6 单元格输入型号,在 B2:D2 单元格输入月份;计算出两个分店 4 种型号的产品一月、二月、三月每月销售量总和,置 B3:D6 单元格(使用"合并计算"),创建连至源数据的连接;将工作表命名为"合计销售单"。

(5) 对工作表"合计销售单"内的数据清单,利用"样式"对话框自定义名为"表标题"的样式,包括:"数字"为通用格式,"对齐"为水平居中和垂直居中,"字体"为黑体、11,"边框"为左右上下边框,"图案"为绿色底纹,设置 A1 单元格应用"表标题"样式;利用"货币"样式设置 C3:D6 单元格区域的数值。保存 ex5. xlsx 工作簿文件。

单元四
PowerPoint 2016 的使用

PowerPoint 2016 是微软公司推出的 Microsoft Office 2016 办公套件中的一个组件，专门用于制作演示文稿（也称幻灯片）。利用 PowerPoint 2016，能够制作出集文字、图形、图像、声音以及视频剪辑等多媒体对象于一体的演示文稿，把所要表达的信息组织在一组图文并茂的画面中。PowerPoint 2016 与以前的版本相比，在功能上有了非常明显的改进和更新，新增和改进的图像编辑和艺术过滤器使得图像变得更加鲜艳，引人注目；可以同时与不同地域的人共同合作演示同一个文稿；增加了全新的动态切换，通过改进的功能区，可以快速访问常用命令，创建自定义选项卡，体验个性化的工作风格。此外，还改进了图表、绘图、图片、文本等方面的功能，从而使演示文稿的制作和演示更加方便、美观。PowerPoint 制作的演示文稿可以通过计算机屏幕、投影仪、Web 浏览器等多种途径进行播放，随着办公自动化的普及，PowerPoint 的应用将越来越广。

通过本模块的学习，应该掌握如下内容：

1. PowerPoint 的启动和退出，PowerPoint 的工作窗口及视图。
2. 演示文稿的基本制作方法。（考核重点）
3. 演示文稿的设计与修饰。（考核重点）
4. 演示文稿的动态展示。（考核重点）
5. 演示文稿的放映（考核重点）、打印和打包。

任务1 PowerPoint 入门

【任务描述】

1. 启动 PowerPoint。
2. 认识 PowerPoint 的界面。
3. 了解 PowerPoint 的视图。
4. 退出 PowerPoint。

【任务实现】

1. 启动 PowerPoint。

启动 PowerPoint 常用以下三种方法：

① 选择“开始”→“PowerPoint”命令。

② 双击桌面的 PowerPoint 2016 快捷图标(如果存在)。

③ 在“资源管理器”中找到扩展名为. pptx 的文件,双击该文件。

2. 认识 PowerPoint 的界面。

要想用 PowerPoint 2016 制作出好的演示文稿,我们先要熟悉它的工作界面。PowerPoint 2016 工作界面是由快速访问工具栏、标题栏、“文件”菜单、功能选项卡、功能区、“幻灯片/大纲”窗格、幻灯片编辑区、备注窗格和状态栏等部分组成的,如图 4-1 所示。

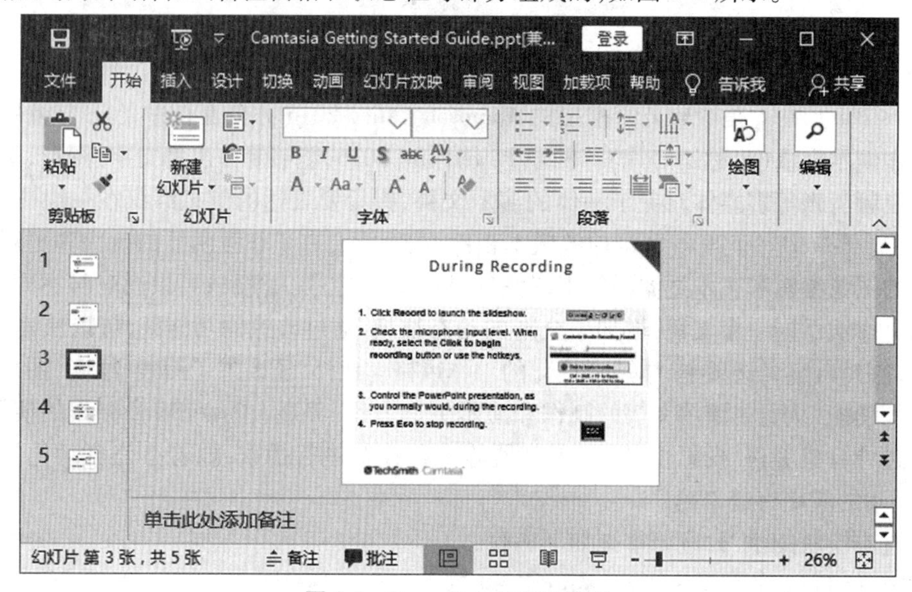

图 4-1 PowerPoint 2016 界面

PowerPoint 2016 工作界面各部分的组成及作用介绍如下:

- 标题栏:位于 PowerPoint 工作界面的右上角,它用于显示演示文稿名称和程序名称,最右侧的 3 个按钮分别用于对窗口执行最小化、最大化(或向下还原)和关闭等操作。
- 快速访问工具栏:该工具栏上提供了最常用的“保存”按钮、“撤消”按钮和“恢复”按钮(根据不同的操作该按钮会发生变化),单击对应的按钮可执行相应的操作。如需在快速访问工具栏中添加其他按钮,可单击其后的按钮,在弹出的菜单中选择所需的命令即可。
- “文件”菜单:用于执行 PowerPoint 演示文稿的新建、打开、保存和退出等基本操作,该菜单右侧列出了用户经常使用的演示文档名称。
- 功能选项卡:相当于 PowerPoint 的菜单命令,它将 PowerPoint 2016 的所有命令集成在几个功能选项卡中,选择某个功能选项卡可切换到相应的功能区。
- 功能区:在功能区中有许多自动适应窗口大小的工具栏,不同的工具栏中又放置了与此相关的命令按钮或列表框。
- “幻灯片/大纲”窗格:用于显示演示文稿的幻灯片数量及位置,通过它可更加方便地掌握整个演示文稿的结构。在“幻灯片”窗格下,将显示整个演示文稿中幻灯片的编号及缩略图;在“大纲”窗格下,将列出当前演示文稿中各张幻灯片中的文本内容。
- 幻灯片编辑区:这是整个工作界面的核心区域,用于显示和编辑幻灯片,在其中可输入文字内容、插入图片、设置背景和设置动画效果等,是使用 PowerPoint 制作演示文稿的操作平台。

• 备注窗格:位于幻灯片编辑区下方,可供幻灯片制作者或幻灯片演讲者查阅该幻灯片信息,在播放演示文稿时对需要的幻灯片添加说明和注释。

• 状态栏:位于工作界面最下方,用于显示演示文稿中所选的当前幻灯片以及幻灯片总张数、幻灯片采用的模板类型、视图切换按钮以及页面显示比例等。

• 视图栏:存放视图切换按钮,单击按钮可以进入相应的视图。

• 缩放工具比例:由“缩放级别”和“缩放滑块”组成,用于调节文档的显示比例。

• 智能搜索框:新增的一项功能,通过该搜索框,用户可轻松找到相关的操作说明。

3. 了解 PowerPoint 的视图。

为满足用户不同的需求,PowerPoint 2016 提供了多种视图模式以编辑查看幻灯片,在工作界面下方,单击视图切换按钮中的任意一个按钮,即可切换到相应的视图模式下;或者选择“视图”选项卡的“演示文稿视图”组,在其中单击相应的按钮也可切换到对应的视图模式下。

视图介绍如下:

• 普通视图:PowerPoint 2016 默认显示普通视图,在该视图中可以同时显示幻灯片编辑区、“幻灯片/大纲”窗格以及备注窗格。它主要用于调整演示文稿的结构及编辑单张幻灯片中的内容。

• 幻灯片浏览视图:幻灯片浏览视图侧重于演示文稿的全部幻灯片的显示,它将幻灯片按照顺序排列在窗口中,在幻灯片浏览视图模式下可浏览幻灯片在演示文稿中的整体结构和效果。此时,在该模式下也可以改变幻灯片的版式和结构,如更换演示文稿的背景、移动或复制幻灯片等。

• 阅读视图:该视图仅显示标题栏、阅读区和状态栏,主要用于浏览幻灯片的内容。在该模式下,演示文稿中的幻灯片将以窗口大小进行放映。

• 幻灯片放映视图:幻灯片放映视图用来真实地显示演示文稿的内容,在该视图模式下,演示文稿中的幻灯片将以全屏动态放映。该模式主要用于预览幻灯片在制作完成后的放映效果,以便及时对在放映过程中不满意的地方进行修改,测试插入的动画、更改声音等效果,还可以在放映过程中标注出重点,观察每张幻灯片的切换效果等。

• 备注视图:备注视图与普通视图相似,只是没有“幻灯片/大纲”窗格,在此视图下幻灯片编辑区中完全显示当前幻灯片的备注信息。

4. 退出 PowerPoint。

常用的退出操作有五种:

① 单击“文件”→“关闭”菜单命令。

② 单击工作界面右上角的“关闭”按钮。

③ 双击窗口左上角的控制菜单按钮。

④ 单击窗口左上角的控制菜单按钮,然后选择“关闭”命令。

⑤ 按【Alt】+【F4】组合键。

【自我训练】

基本操作练习。

实训要求:

(1) 打开 PowerPoint 2016,观察其界面。

(2) 熟悉 PowerPoint 2016 的视图。

(3) 利用不同的方法关闭 PowerPoint 2016。

任务 2　演示文稿的基本制作

【任务描述】

1. 创建《大美连云港》的演示文稿。

2. 幻灯片的制作(插入文本、艺术字、表格、图形、SmartArt、图表、图片、声音、视频及添加备注信息等)。

3. 幻灯片的编辑(如插入、复制、移动、删除、幻灯片副本等)。

4. 保存演示文稿为 jsj. pptx。

【任务实现】

1. 创建《大美连云港》的演示文稿。

(1) 使用“设计模板”创建演示文稿。

对于时间不宽裕或是不知如何制作演示文稿的用户来说,可利用 PowerPoint 2016 提供的模板来进行创建。启动 PowerPoint 2016,选择“文件”→“新建”命令,在打开的页面中选择所需的模板选项,根据提示创建演示文稿,如图 4-2 所示。

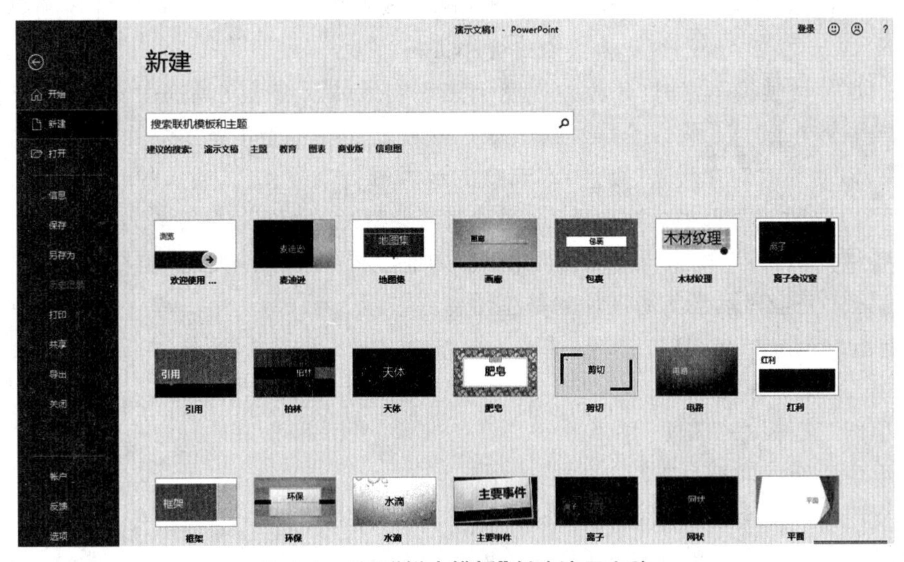

图 4-2　利用“样本模板”创建演示文稿

(2) 创建空白演示文稿。

启动 PowerPoint 2016 后,选择“文件”→“新建”命令,单击“空白演示文稿”图标,即可创建一个空白演示文稿,如图 4-3 所示。实际上,在打开 PowerPoint 时,程序已经自动地新建了一个空的演示文稿。空演示文稿是一种形式最简单的演示文稿,它没有应用设计模板、配色方案以及动画方案,然而空演示文稿留给用户的设计空间是最大的。在设计时,用户可根据演示文稿的内容对其进行修饰，从而设计出完美的具有个性的演示文稿。

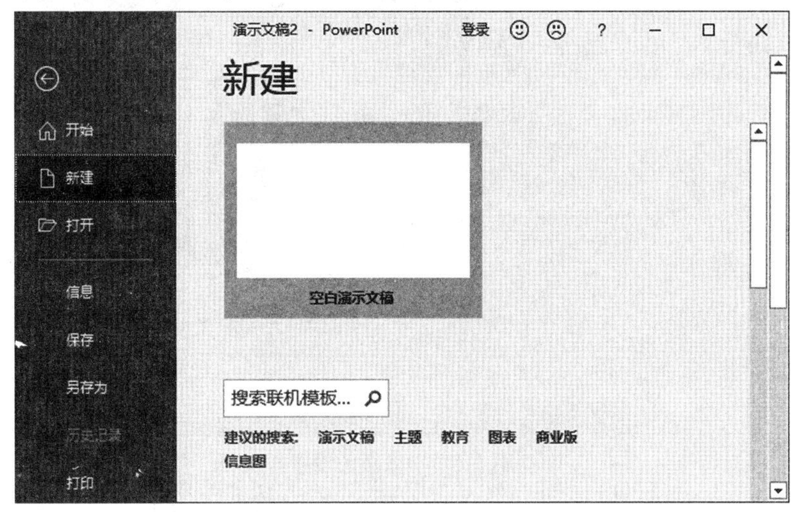

图 4-3　“新建演示文稿”窗口

温馨提示：

启动 PowerPoint 2016 后，按【Ctrl】+【N】组合键可快速新建一个空白演示文稿。

本次任务采用“空白演示文稿的方式”创建一个新的演示文稿。文件创建后，选择“设计”选项卡，在“自定义组”中选择“幻灯片大小”下的“宽屏(16∶9)”。

2. **幻灯片的制作**。

操作步骤：

(1) 制作标题幻灯片。

① 在上面新建的空白“标题幻灯片”中，在标题文本框中输入标题“美丽富饶的江苏”，在“开始”选项卡的“字体”组选择合适的“字体”、“字号”、字体“样式”和字体“颜色”，对文本进行格式化操作，如图 4-4 所示。

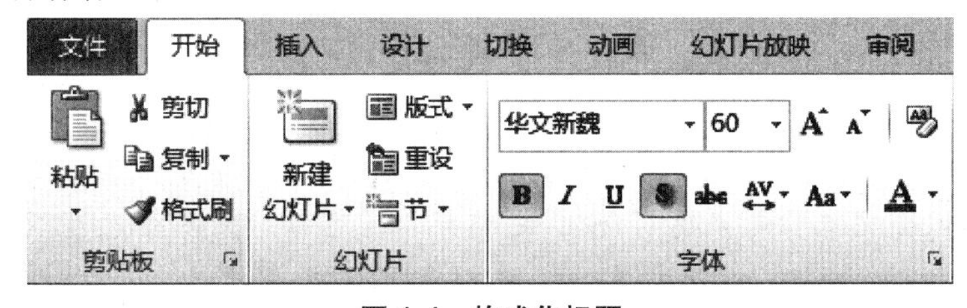

图 4-4　格式化标题

② 在副标题文本框中输入副标题“之连云港篇”，并设置如图 4-5 所示的格式，其中字体颜色的 RGB 为(180,100,150)。

③ 单击“备注”窗格，输入文本“连云港，简称连，古称海州，江苏省省辖市。因面向连岛，背倚云台山，又是港口，得名连云港”。

温馨提示：备注的主要用途是把一些幻灯片中不显示的重要内容加以文字注释，起到辅助演示者的作用。

知识拓展：

1. 文本的添加。

(1) 在占位符中添加文本。

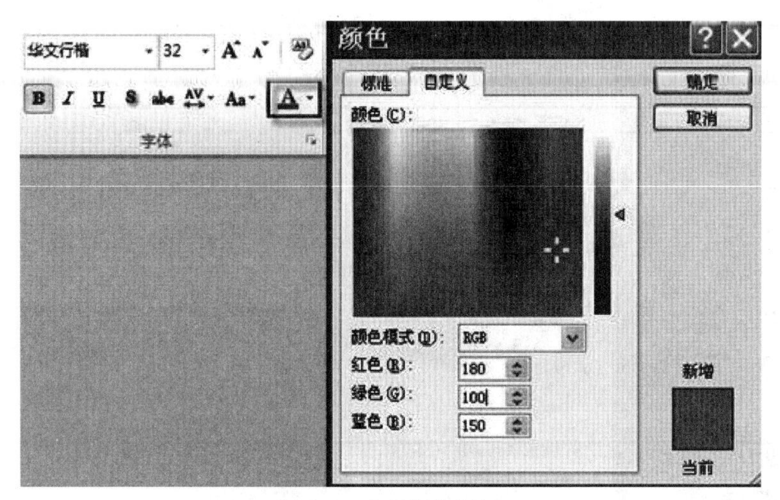

图 4-5　字体颜色设置

使用自动版式创建的新幻灯片中，有一些虚线方框，它们是各种对象的占位符，其中幻灯片标题和文本的占位符内，可添加文字内容。

(2) 使用文本框添加文本。

如果希望自己设置幻灯片的布局，在创建新幻灯片时可选择空白幻灯片，或者要在幻灯片的占位符之外添加文本，可以利用“插入”选项卡中的“文本”组，选择“绘制横排文本框或垂直文本框”进行添加。

(3) 自选图形中添加文本。

在 PowerPoint 2016 中，使用“开始”选项卡的“绘图”组，绘制和插入图形很方便。可以根据需要选择绘制线条、基本形状、箭头、公式形状、流程图以及标注等不同类型的图形工具，然后可以在插入的自选图形中添加文本。

2. 文本的编辑修改。

文字处理的最基本编辑技术是删除、复制和移动等操作，在介绍文字处理软件、表格处理软件中均有提及，在此不再重复。

3. 文本的格式化。

在 PowerPoint 2016 中，可以给文本设置各种属性，如字体、字号、字形、颜色和阴影等，或者设置项目符号，使文本看起来更有条理、更整齐。还可以给文本框设置不同效果，在“开始”选项卡中找到“绘图”项，选中需要设置的文本框，根据形状填充、形状轮廓和形状效果对选中的文本框进行修改。除了可以设置字符的格式外，还可以设置段落的格式，设置段落的对齐方式、设置段落缩进和进行行距调整等。

(2) 制作导航界面幻灯片。

1) 新建空白版式幻灯片。

在“开始”功能区的“幻灯片”组中，单击“新建幻灯片”的下拉三角，然后选择幻灯片布局中的“空白”版式，如图 4-6 所示。

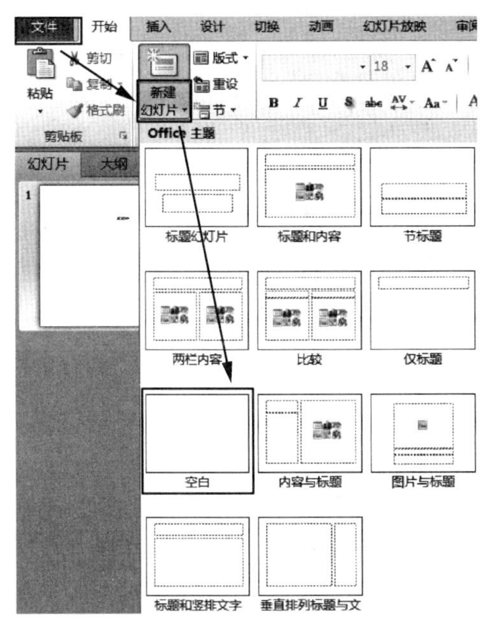

图 4-6　插入空白幻灯片

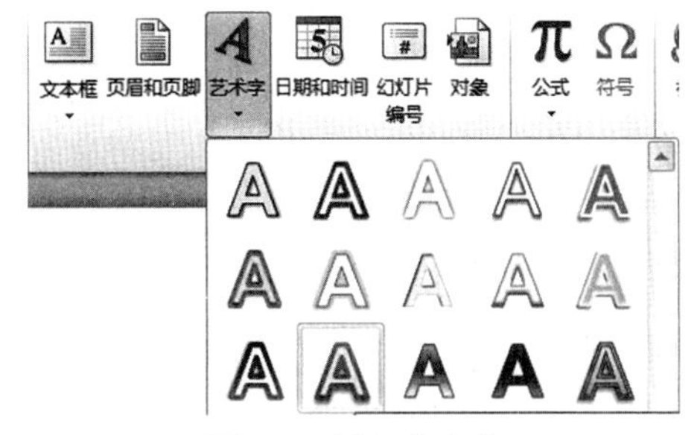

图 4-7　插入艺术字

2）艺术字标题制作。

① 插入艺术字:在“插入”功能区的“文本”组中单击“艺术字”按钮,选择合适的艺术字样式(自选,考试时根据题目要求选择),如图 4-7 所示,然后输入“目录”文本。

② 设置艺术字位置和大小:在“绘图工具/格式”功能区的“大小”组中设置艺术字的高度和宽度分别为 2 厘米和 4 厘米。单击“大小和位置”按钮 ,在弹出的“设置形状格式”框中选择“位置”,然后设置“水平 15 厘米,自左上角”“垂直 1 厘米,自左上角”,如图4-8 所示。此操作也可以在艺术字占位符上单击右键,选择“大小和位置”,然后在“设置形状格式”对话框中进行设置。

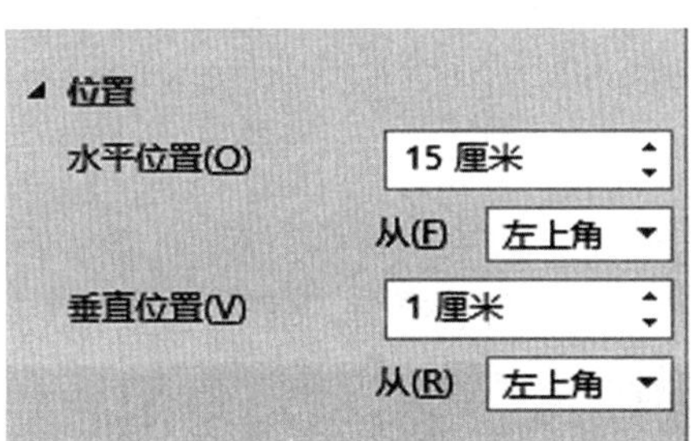

图 4-8　位置设置

③ 样式设置:在“绘图工具/格式”功能区“艺术字样式”组可以设置艺术字的样式,特别是“文本效果”是考试重点,可以设置“阴影”“映像”“发光”“棱台”“三维旋转”“转换”。比如给艺术字设置“转换-弯曲-三角:正”,可以按如图 4-9 所示操作,其他效果请自行练习。

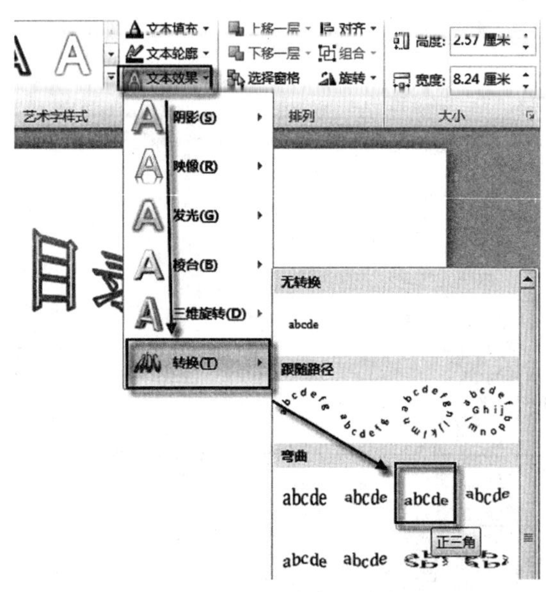

图 4-9　设置艺术字样式

3）导航内容制作。

① 在“开始”功能区的“绘图”组中选择“矩形:圆角”;或者使用“插入”功能区中“插图”组的“形状”,如图 4-10 所示。在空白版式中绘制一个圆角矩形,拖动圆角矩形的黄色调整点到如图 4-11 所示位置。

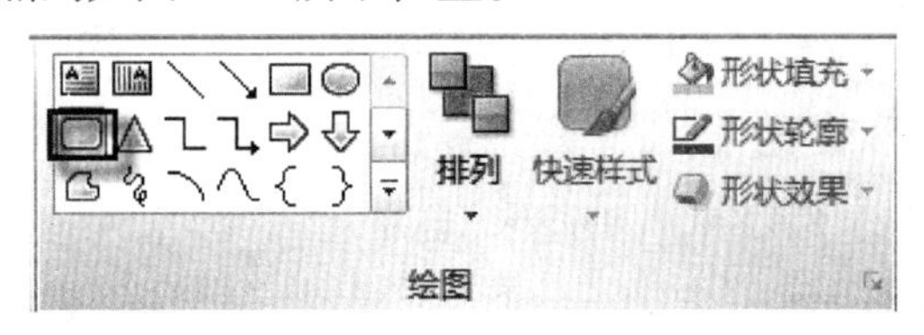

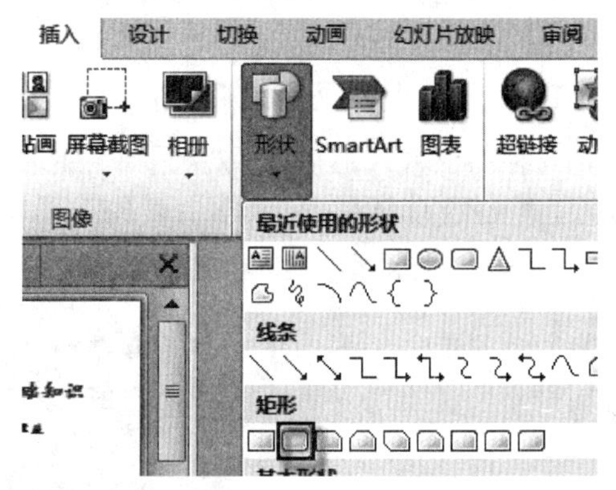

图 4-10　两种方法选择“圆角矩形”自选图形

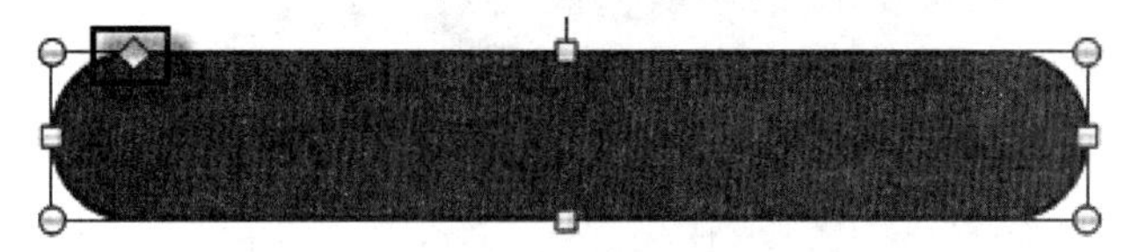

图 4-11　拖到调整点

② 选择“绘图工具/格式”选项卡,设置圆角矩形的格式。在“形状样式”组中选择样式为“强烈效果,橙色-强调颜色 6”。单击“形状效果”的下拉箭头,选择“棱台”中的“图样”命令,如图 4-12 所示。在“大小”组设置形状的高度为 2.2 厘米,宽度为 14 厘米。

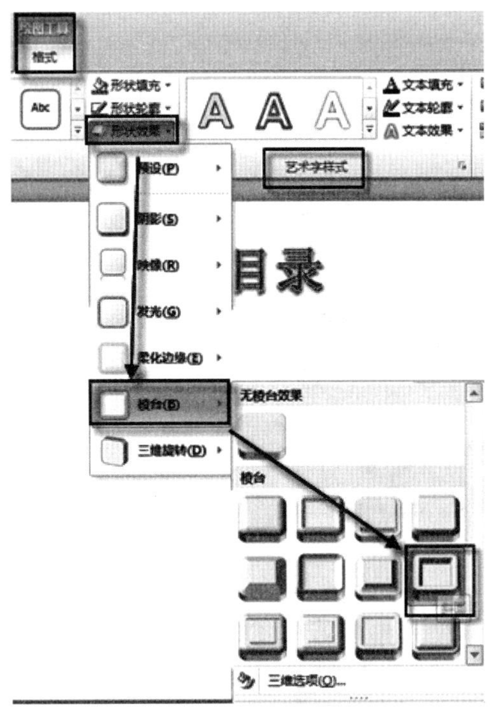

图 4-12　设置形状效果

③ 在圆角矩形上单击右键,在弹出的快捷菜单中选择“编辑文字”命令,输入文本“基本情况”,选中文本,在“艺术字样式”组中选择合适的样式。选中文本,设置合适的格式并水平居中显示,如图 4-13 所示。

图 4-13　输入文本并设置格式

④ 选择圆角矩形,复制两次,然后排好三个对象的位置,更改文本框的内容(图 4-14)。用鼠标框选所有的对象(标题文本除外),在“绘图工具/格式”功能区中选择“排列”组,单击“对齐”按钮,在展开的菜单中选择“左对齐”和“纵向分布”,如图 4-15 所示,调整对象的排列方式。

图 4-14　导航界面最终版式

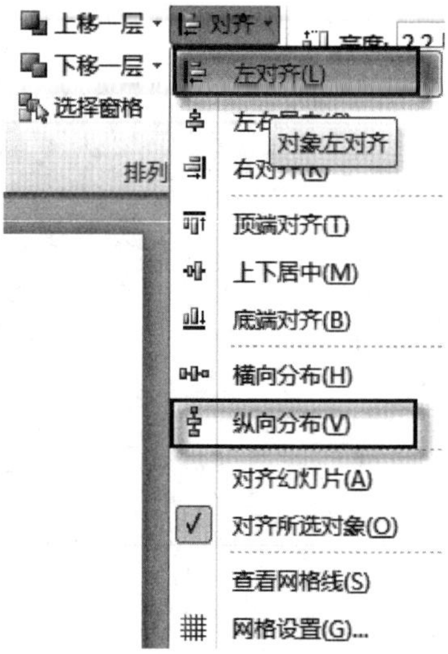

图 4-15　对齐设置

(3) 制作“基本情况”幻灯片。

1) 新插入一个“标题和内容”版式的幻灯片。

2) 在标题处输入标题文本“基本情况”,并对其进行格式化操作(自选格式)。

3) 表格的制作与修饰:

① 在内容处单击“插入表格”图标,插入一个 3 行 5 列的表格。

② 选择表格,在“表格工具/设计”功能区的“表格样式”组中选择“无样式,网格型”样式;单击“绘图边框”组的“绘制表格”按钮,然后在第一个单元格绘制斜线;最后在单元格中输入如图 4-16 所示的文本内容。

内容 \ 区县	市区	东海	灌南	灌云
面　积	3010	2037	1028	1538
人　口	210	97	64	81

图 4-16　表格效果

③ 为表格中的文本设置合适的格式(格式请自行设定)。

④ 选中所有的单元格,在“表格工具/布局”功能区的“对齐方式”组中,做如图 4-17 所示的操作。

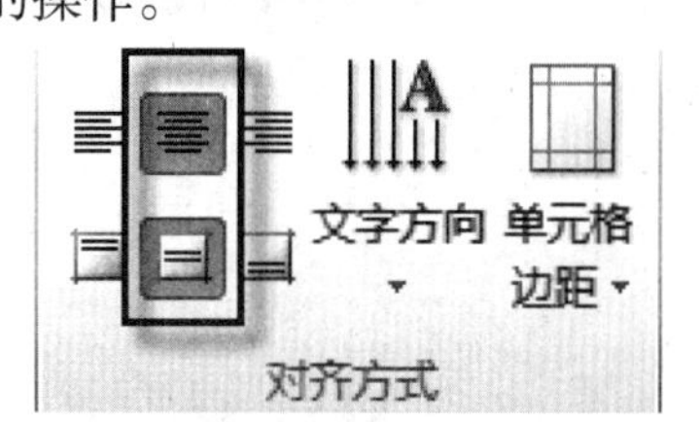

图 4-17　对齐设置

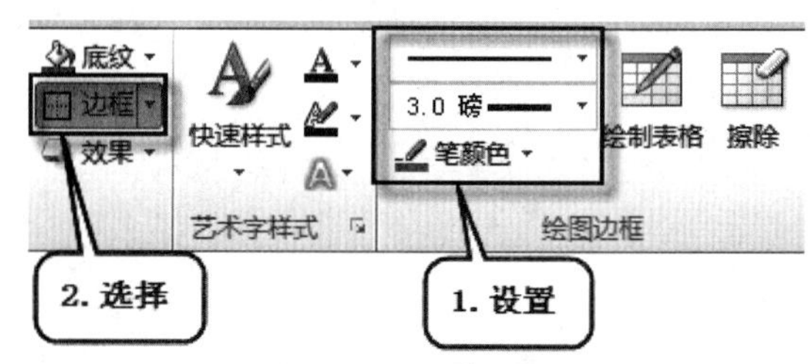

图 4-18　设置外框线样式

⑤ 选中表格，切换到“表格工具/设计”，在“绘图边框”组设置边框为红色、3 磅单实线，然后在“表格样式”组中选择边框为“外侧框线”，如图 4-18 所示。

⑥ 选择表格的第一行，为其设置“黄色”底纹（读者也可以尝试用其他方法填充底纹），如图 4-19 所示。

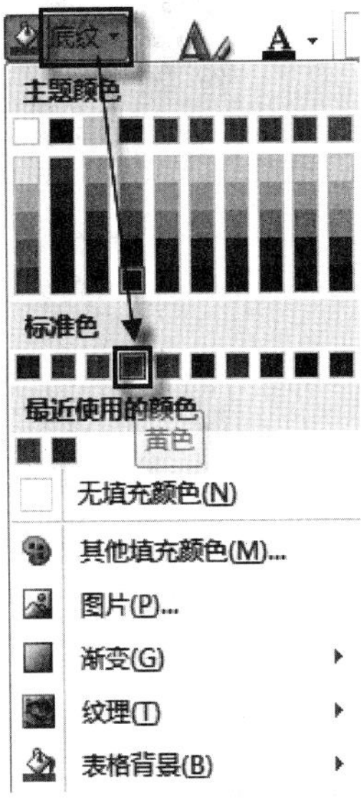

温馨提示：

插入内容对象时，也可以选择“插入”选项卡，然后在“功能区”选择相应的对象插入，如在“表格”组中单击“表格”按钮同样可以插入表格，下面插入图表、SmartArt、图片、联机图片及视频文件时操作同样如此。

（4）制作“GDP 对比”幻灯片。

1）新插入一个“标题和内容”版式的幻灯片。

2）在标题处输入标题文本“GDP 对比”，并对其进行格式化操作（自选格式）。

3）插入图表：

图 4-19　设置底纹

① 在内容处单击“插入图表”图标，打开“插入图表”对话框，选择合适的图表类型，如“三维簇状柱形图”，如图 4-20 所示，单击“确定”。

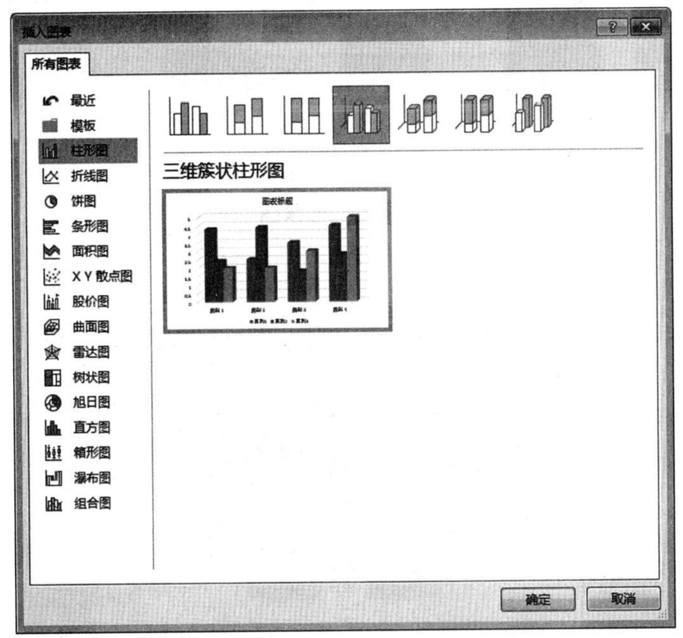

图 4-20　“插入图表”对话框

② 插入该图表的同时，PowerPoint 2016 的界面会多出一个名为“Microsoft PowerPoint 中的图表”的工作簿。在 sheet1 工作表中根据需要添加或者删除行与列，输入横轴和纵轴的类别以及相应的数值后（如图 4-21 所示），关闭 Excel 表格即可。效果如图 4-22 所示。

图 4-21　输入数据

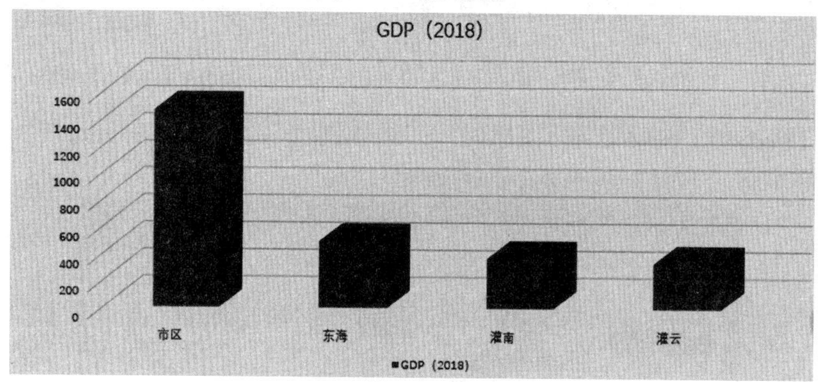

图 4-22　效果图

（5）制作“典型景区”幻灯片。

1）新插入一个“标题和内容”版式的幻灯片。

2）在标题处输入标题文本“典型景区”，并对其进行格式化操作（自选格式）。

3）插入 SmartArt 图形：

① 在内容处单击“插入 SmartArt 图形”图标，然后选择如图 4-23 所示的图形。

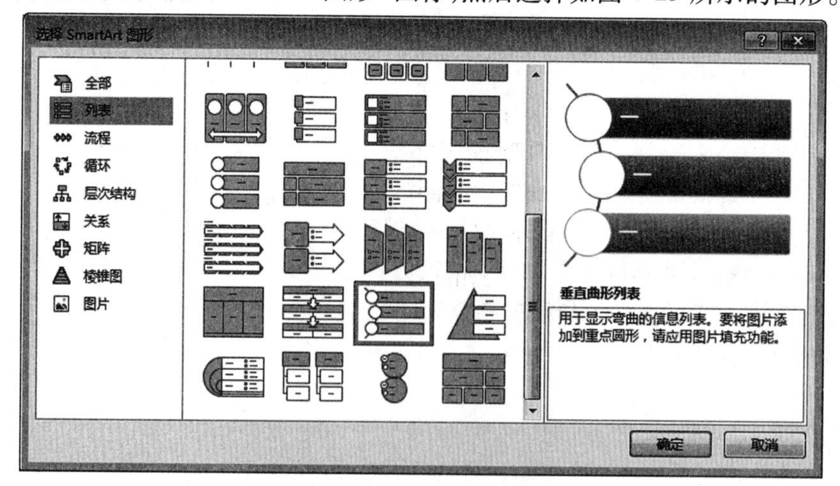

图 4-23　选择 SmartArt 图形

② 选择 SmartArt 图形，在“SmartArt 工具/设计”功能区的“SmartArt 样式”组中首先单击“细微效果”按钮设置图形样式；然后单击“更改颜色”按钮，对图形设置“彩色，个性色”，如图 4-24 所示。

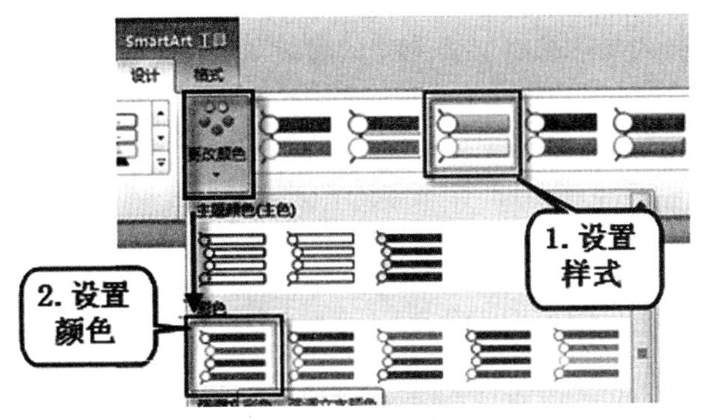

图 4-24　设计图形

③ 在图形中输入如图 4-25 所示的文本，格式化文本使其更美观（自选，可以设置艺术字效果，本例采用艺术字样式）。

图 4-25　输入文本

④ 选中第一个圆形，选择“SmartArt 工具/格式”，在“形状样式”组单击“形状填充”按钮，为该圆形填充设置“水滴”纹理，“形状效果”选择为“柔圆”棱台样式（读者也可以自行设计，也可以将一副花果山的图片填充在此）。同理设置其他两个圆形。

（6）制作“典型景区之花果山”幻灯片。

1）新插入一个“比较”版式的幻灯片。

2）在标题处输入标题文本“典型景区之花果山”。在左侧上方占位符处输入“水帘洞”，右侧上方占位符处输入“玉女峰”。分别单击“水帘洞”“玉女峰”文本占位符，然后选择“开始”选项卡，在“绘图”组单击“快速样式”按钮，从中选择合适的样式，单击“段落”组中的“居中”按钮，设置两部分文字的效果，如图 4-26 所示。

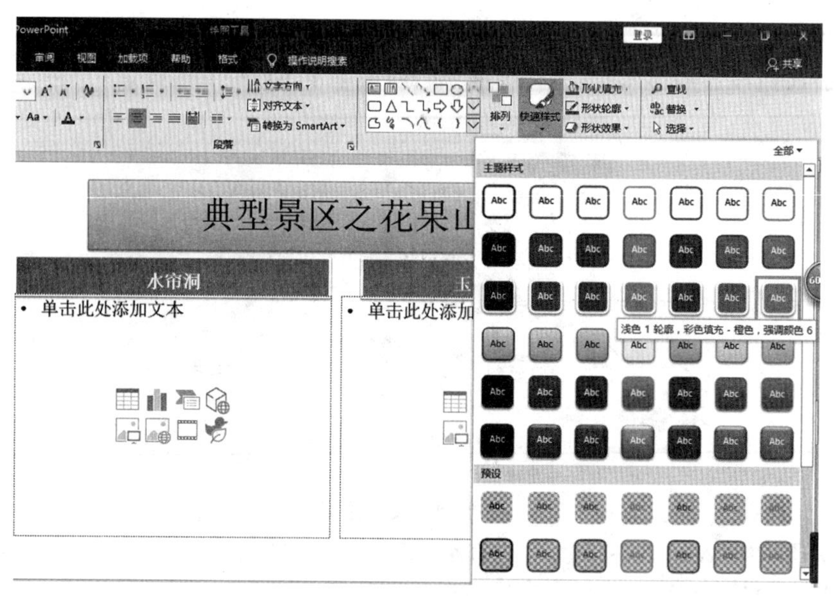

图 4-26　设置两栏文本的格式

3）插入图片。

① 单击左侧下方占位符中的“图片”图标，如图 4-27 所示，在弹出的“插入图片”对话框中选择“授课文件夹\单元四\水帘洞.jpg”。

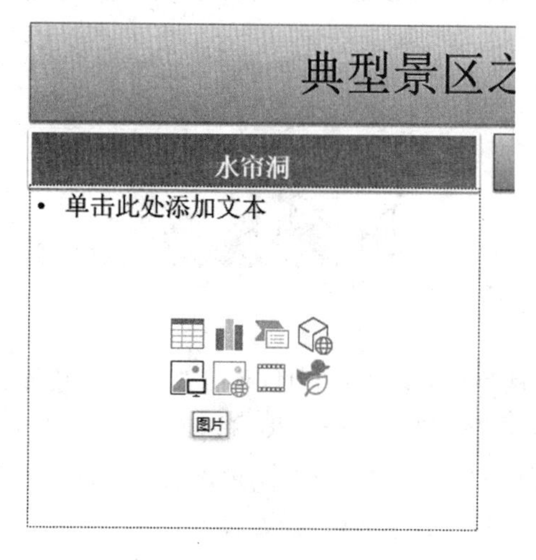

图 4-27　插入图片占位符

② 考试的时候经常会需要考生在空白版式插入图片，所以我们这里采用第二种方法插入“玉女峰”的图片。单击“插入”选项卡，在“图像”组单击“图片”按钮，弹出“插入图片”对话框，选择“授课文件夹\单元四\玉女峰.jpg”插入。

温馨提示：

考试时，一定要注意图片文件所在路径。

③ 分别选择插入的两幅图片，单击“图片工具/格式”选项卡，在“图片样式”组选择“圆形对角，白色”样式，在“大小”组设置图片高度为 8 厘米（宽度自选），移动图片到合适的位置，同时调整“水帘洞”和“玉女峰”图片的宽度一致，如图 4-28 所示。

典型景区之花果山

水帘洞 玉女峰

图 4-28 插入图片效果

温馨提示：

1. 图片移动时，按住【Ctrl】键，再按方向键，可以实现图片的微量移动。

2. 考试时，需要考生将其他幻灯片中的文本或图片移入另一张幻灯片的内容区，可以采用先剪切后粘贴的方式(考试重点)。

知识拓展：

1. 在此功能区可以对图片进行背景删除、艺术效果、颜色及图片效果等设置，特别是删除背景功能是很实用的功能。删除背景操作如下：

(1) 新建一个幻灯片，然后插入“授课文件夹\单元四\pic. jpg”。

(2) 选中图片，调整图片大小，然后复制该图片，移动其中一幅图片到合适位置。

(3) 选择第二幅图片，选择“图片工具/格式”项，在“调整”组单击“删除背景”按钮，可以删除图片背景，效果如图 4-29 所示。

(4) 同样，可以在该功能区设置图片其他格式，请读者自行练习。

图 4-29 删除背景效果

2. 在制作演示文稿时，我们经常需要抓取桌面上的一些图片，如程序窗口、电影画面等，在以前我们需要安装一个图像截取工具才能完成。利用 PowerPoint 2016 中的屏幕截图功能，这样可轻松截取、导入桌面图片。操作如下：

(1) 打开需要截取的屏幕窗口。

(2) 选择“插入”选项卡，在“图像”组单击“屏幕截图”按钮，选择需要截取的窗口即可。也可以利用“屏幕剪辑”功能，拖动鼠标截取屏幕的一部分图片插入到幻灯片中。如图 4-30 所示。

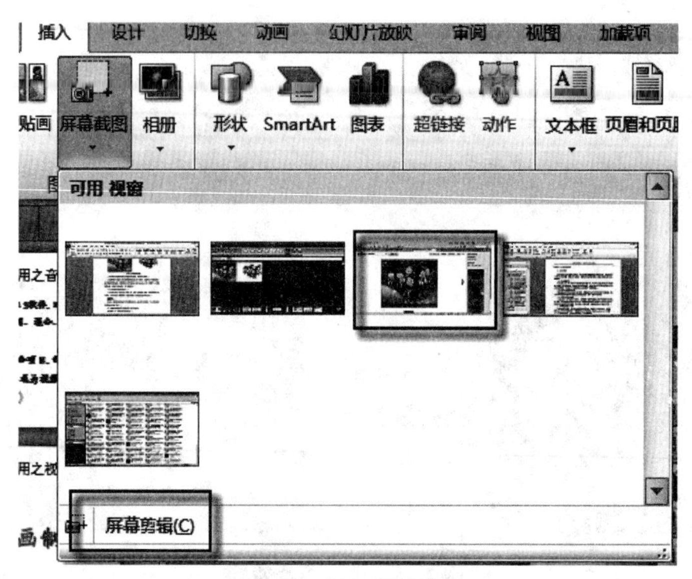

图 4-30　插入屏幕截图

(7) 制作“典型景区之在海一方”幻灯片。

1）新插入一个“仅标题”版式的幻灯片。

2）在标题处输入标题文本“典型景区之在海一方”。

3）段落文本的应用。

① 选择“插入”选项卡，在“文本”组中单击“文本框”按钮，选择“绘制横排文本框”命令，在幻灯片合适的位置单击，输入如图 4-31 所示的两段文本。

在海一方公园是一座开放式的公园，位于江苏省连云港市连云区墟沟，东至海域，西至海棠北路，南至海滨大道，北至西大堤，面积26公顷。

图 4-31　输入文本

② 利用前面介绍的方法设置好合适的文本格式（请自行设置）。

③ 选择两段文本，通过“开始”选项卡的“段落”组进行设置，如图 4-32 所示。

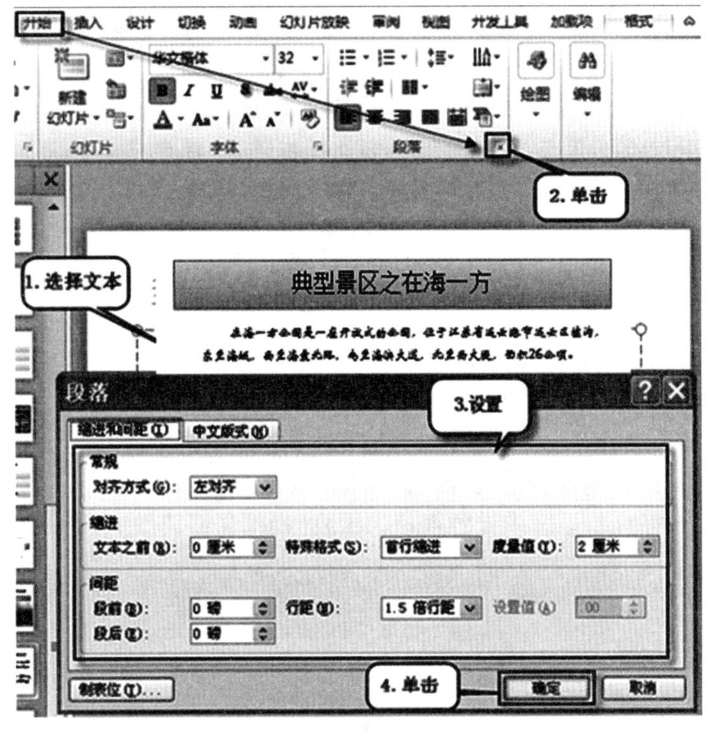

图 4-32　设置段落格式

4）插入音频。

① 选择“插入”选项卡，在“媒体”组单击“音频”按钮，然后选择“PC 上的音频”命令，在“插入音频”对话框中选择“授课文件夹\单元四\片头音乐. mp3”。

温馨提示：

插入音频后，会在幻灯片中显示小喇叭图标，在演示文稿放映时，通常会显示在画面上，为了不影响播放效果，通常将该图标拖动到边缘处。当然，也可以根据需要将其设置为播放时隐藏图标。

② 可以在“音频工具/播放”功能区中设置音频的播放，如图 4-33 所示。

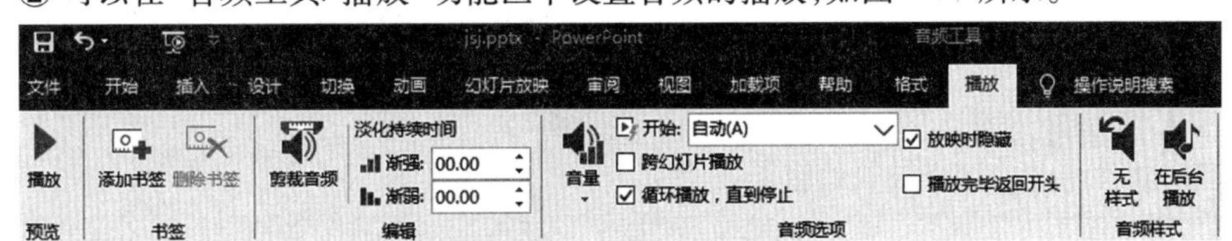

图 4-33　音频播放设置

5）在文本下方插入“授课文件夹\单元四\在海一方. jpg”，设置合适的样式，调整大小和位置。

知识拓展：

在演示文稿中还可以插入“剪辑库”中的声音或者自己录制的声音等。如我们可以为幻灯片录制旁白，操作如下：

（1）在电脑上安装并设置好麦克风。

（2）在普通视图下，选择第三张幻灯片，然后选择“幻灯片放映”选项卡下的“录制幻灯片演示”选项，此时需选择“从当前幻灯片开始录制”，出现对话框如图 4-34 所示。选择好想要录制的内容后，单击“开始录制”按钮，则进入幻灯片放映方式，此时可以开始录制旁白。

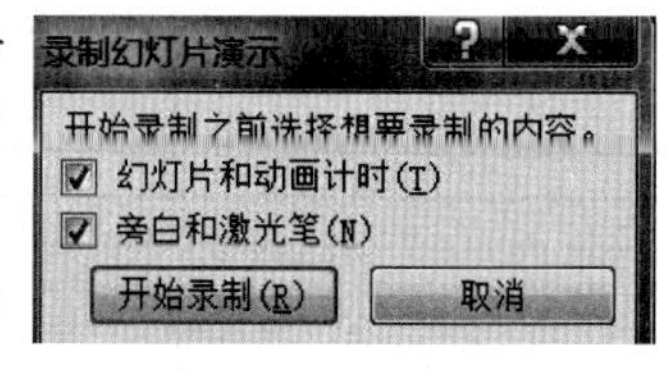

图 4-34　录制旁白

（3）在录制旁白的过程中，可以通过单击鼠标右键，在弹出的快捷菜单中选择“暂停录制”或“结束放映”，可以暂停或退出录制状态。

（4）退出后视图状态变化为幻灯片视图。

（8）制作“典型景区之连岛大海”幻灯片。

1）新插入一个“标题和内容”版式的幻灯片。

2）在标题处输入标题文本“典型景区之连岛大海”。在内容处单击“插入视频文件”图标，在弹出的“插入视频文件”对话框中选择“授课文件夹\单元四\大海. avi”，调整视频的大小和位置，在视频样式中选择合适的样式，如图 4-35 所示。

3）可以在视频播放功能区中设置视频的播放（操作与音频类似）。

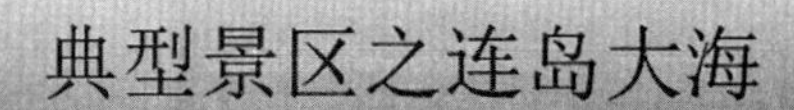

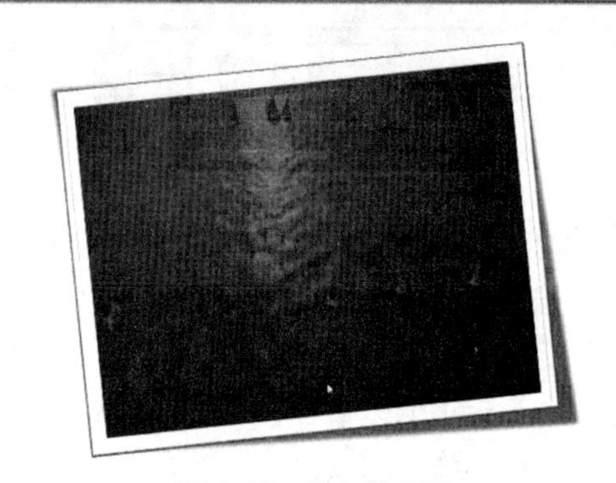

图 4-35　插入的视频

温馨提示：

PowerPoint 2016 新增加了屏幕录制的功能，可以将屏幕和音频录制下来以视频的形式插入到幻灯片中。先打开需要录制的界面，然后单击“插入”下的“屏幕录制”命令，可以进行屏幕录制。

最终制作好的幻灯片版面如图 4-36 所示。

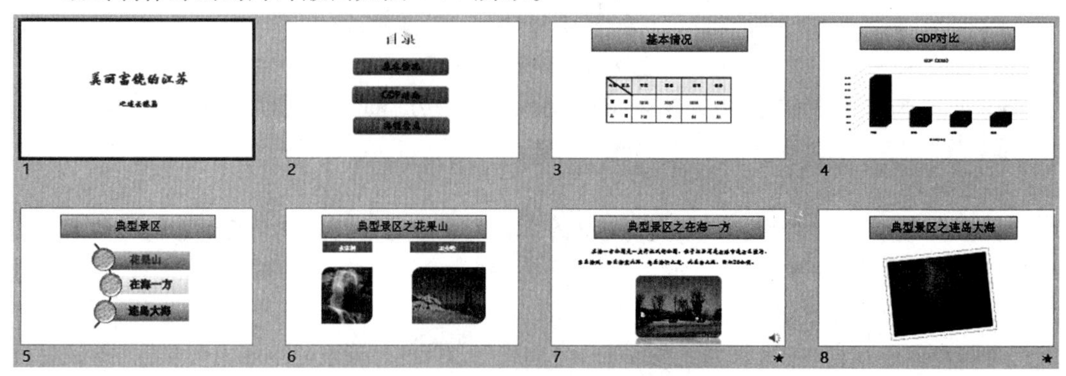

图 4-36　演示文稿版面内容

3. 幻灯片的编辑。

(1) 幻灯片内容的修改。

幻灯片中内容的修改,同 Word 文本类似。

(2) 幻灯片的删除。

在“幻灯片/大纲”窗格中选中需要删除的幻灯片,直接按【Delete】键。

(3) 幻灯片的移动。

在“幻灯片视图”或“大纲视图”中,选中要移动的某张幻灯片(或多张幻灯片),然后按住鼠标左键拖拉至适当位置松开鼠标即可。

也可以选中要移动的某张幻灯片(或多张幻灯片),单击“开始”选项卡的“剪切”按钮(或按【Ctrl】+【X】组合键),然后移动光标至适当位置,单击“开始”选项卡的“粘贴”按钮(或按【Ctrl】+【V】组合键),即完成幻灯片的移动。

(4) 幻灯片的复制。

选定要复制的幻灯片,单击“开始”选项卡的“复制”按钮(或按【Ctrl】+【C】组合键),然后选定另一张幻灯片使其成为当前幻灯片,执行“开始”选项卡的“粘贴”按钮(或按【Ctrl】+【V】组合键),插入其后。

(5) 插入幻灯片副本。

首先选中需要复制的幻灯片(也可以多张),按【Ctrl】+【D】组合键,这样就可以在原来的幻灯片之后插入该幻灯片的副本了。

(6) 幻灯片内容的复制与移动。

首先选中源幻灯片的文本或图片,复制后在目标幻灯片合适的位置粘贴。(常考题型)

(7) 幻灯片版式修改。

右键单击需要修改版式的幻灯片(空白区),在弹出的快捷菜单中选择“版式”,然后选择需要修改的版式类型就可以了。也可以直接在“开始”功能区单击“幻灯片”组的“版式”按钮进行修改。(常考题型)

温馨提示:

1. 多张幻灯片的选中方法,首先选中第一张幻灯片,按住【Shift】键不放,再单击其他幻灯片。

2. 若演示文稿进行了插入和删除、移动和复制等操作,如果想撤消,均可单击“快速工具访问栏”的“撤消”按钮。

4. 保存演示文稿 jsj.pptx。

操作步骤:

① 执行“文件”→“保存”命令,弹出“另存为”对话框,设置保存位置和文件名。

② 单击“保存”按钮。

温馨提示:

为了提高工作效率,可根据需要将制作好的演示文稿保存为模板,以备以后制作同类演示文稿时使用。其方法是:选择“文件”→“保存”命令,打开“另存为”对话框,在“保存类型”下拉列表框中选择“PowerPoint 模板”选项,单击“保存”按钮。为了与其他版本兼容,在“另存为”对话框中“保存类型”也可选择“PowerPoint 97-2003 演示文稿”。

【自我实训】

个人简历的制作。

实训要求：

(1) 建立以“个人简历.pptx”为名称的演示文稿，并保存到“E:\ppt案例”(文件夹自行建立)文件夹里。

(2) 在“标题”幻灯片输入“有梦就飞翔——**学院**学生”。

(3) 设置第二张幻灯片为“标题和内容”版式，在此输入目录，从“基本信息”、“教育背景”、“专业特长”及“求职意向”等方面进行(内容可以自己设计)。

(4) 设置第三张幻灯片的版式为“图片与标题”，在此可以放入自己的生活照片，简述自己的情况。

(5) 再插入三张空白幻灯片，版式可任选。

(6) 在那三张幻灯片中输入“教育背景”、“专业特长”及“求职意向”的内容，充分考虑前面所学内容的合理应用。

(7) 保存所做的操作，以便后续使用。

任务3　演示文稿的修饰

【任务描述】

1. 打开演示文稿 jsj.pptx。
2. 页眉/页脚设置。
3. 主题的应用。
4. 背景的设置。
5. 幻灯片母版的设置。
6. 另存演示文稿为 jsj1.pptx。

【任务实现】

1. 打开演示文稿 jsj.pptx。

操作步骤：

① 执行“文件”→“打开”命令，弹出“打开”对话框，选择需要打开的文件 jsj.pptx。

② 单击“打开”按钮。

2. 页眉/页脚设置。

操作步骤：

① 选择“插入”选项卡，在“文本”组单击“页眉和页脚”按钮。在“页眉和页脚”对话框中选中“日期和时间”复选框，并选择“自动更新”项；选择“幻灯片编号”复选框；在页脚处输入“计算机系计算机基础教研室”；选择“标题幻灯片中不显示”单选项。效果如图4-37所示。

② 单击“全部应用”按钮。

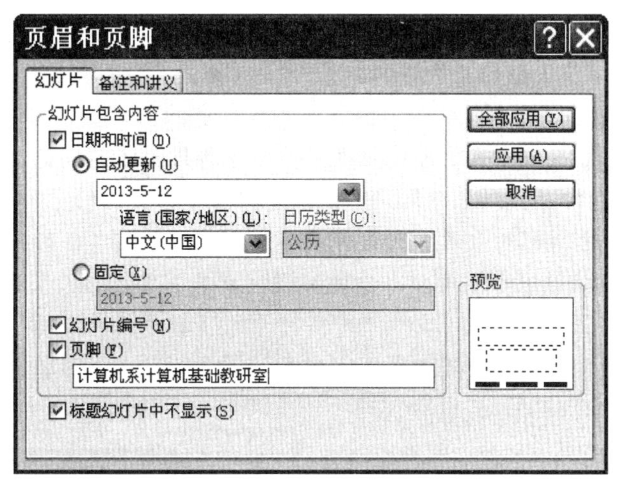

图 4-37 “页眉和页脚”对话框

3. **主题的应用**。

PowerPoint 中提供了很多模板,它们将幻灯片的配色方案、背景和格式组合成各种主题,这些模板称为“幻灯片主题”。通过选择“幻灯片主题”并将其应用到演示文稿,可以制作所有幻灯片均与相同主题保持一致的设计。

操作步骤:

① 选择“设计”选项卡,在“主题”组中选择合适的幻灯片主题,此处我们选择“水滴”(读者可以自行选择合适的主题),如图 4-38 所示。

② 根据需要可以在“变体”组中更改主题的颜色、字体和效果。比如设置效果为“发光边缘”。

图 4-38 应用主题

温馨提示:

整个演示文稿应用指定的其他主题时,可以在“主题”组中选择“浏览主题”命令,在弹出的对话框中找到并选择所要应用的设计主题。

PowerPoint 2016 为预设的主题样式提供了多种主题的颜色方案，用户可以直接选择所需的颜色方案，对幻灯片主题的颜色搭配效果进行调整。在“变体”组中单击右下角的下拉按钮，在打开的下拉列表中选择“颜色”选项，可以选择相应的调整方案。

PowerPoint 2016 为不同的主题样式提供了多种字体搭配方案。在“变体”组中单击右下角的下拉按钮，在打开的下拉列表中选择“字体”选项，再在打开的子列表中选择一种选项，即可将字体方案应用于所有幻灯片。在打开的下拉列表中选择“自定义字体”选项，在打开的“新建主题字体”对话框中可对幻灯片中的标题和正文字体进行自定义设置。

在“变体”组中单击右下角的下拉按钮，在打开的下拉列表中选择“效果”选项，在打开的下拉列表中选择一种效果，可以快速更改图表、SmartArt 图形、形状、图片、表格和艺术字等幻灯片对象的外观。

4. 背景的设置。

幻灯片的背景对幻灯片的放映非常重要，PowerPoint2016 专门提供了对背景格式的设置方法。我们可以通过更改幻灯片的颜色、阴影、图案或者纹理，改变幻灯片的背景格式。当然我们也可以通过使用图片或剪贴画作为幻灯片的背景，不过在幻灯片或者母版上只能使用一种背景类型。

(1) 渐变填充。

① 选择第一张幻灯片，在幻灯片页面上(占位符以外的位置)单击右键，从弹出的快捷菜单中选择“设置背景格式”，打开该对话框，选择其中的“填充”项，然后选择“渐变填充”单选按钮，在“预设渐变”中选择“浅色渐变，个性色 3”效果，如图 4-39 所示。并且可以根据需要调整预设的类型、方向、角度、颜色、亮度及透明度等参数。

② 在“填充”项下可以看到“隐藏背景图形”选项复选框，选中该选项则可以忽略所选背景的母版图形(考试时常考的地方)。

③ 单击“关闭”按钮。如全部幻灯片更改背景则选择“全部应用”按钮。

(2) 纹理填充。

选择第二张幻灯片，在幻灯片页面上(占位符以外的位置)单击右键，从弹出的快捷菜单中选择“设置背景格式”，打开该对话框，选择其中的“填充”项，然后选择“图片或纹理填充”单选按钮，单击“纹理”按钮选择“花束”效果。

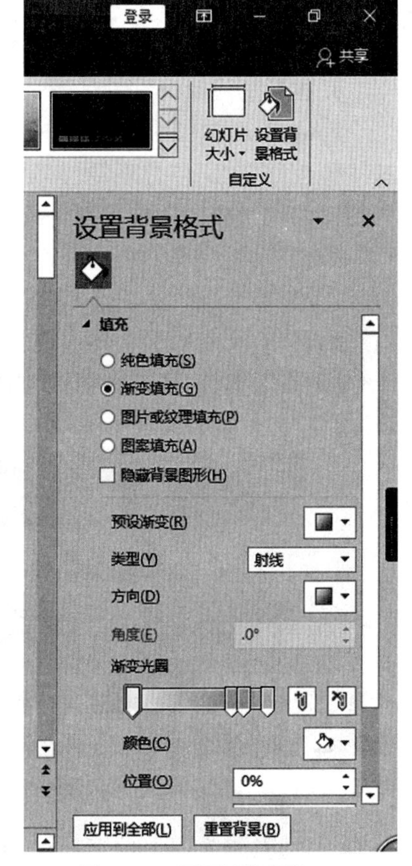

图 4-39 设置预设颜色

(3) 图片填充。

选择第七张幻灯片，在幻灯片页面上(占位符以外的位置)单击右键，从弹出的快捷菜单中选择“设置背景格式”，打开该对话框，选择其中的“填充”项，然后选择“图片或纹理填充”单选按钮，单击“插入”按钮，在“插入图片”对话框中选择“授课文件夹\单元四\背景.jpg”。也可以单击“剪贴板”将复制到剪贴板的图片当背景。

（4）图案填充。

选择第八张幻灯片，在幻灯片页面上（占位符以外的位置）单击右键，从弹出的快捷菜单中选择“设置背景格式”打开该对话框，选择其中的“填充”项，然后选择“图案填充”单选按钮，选择“波浪线”效果。

上述操作也可以在工具栏中选择“设计”选项卡，利用“自定义”组中的“设置背景格式”完成，或利用“变体”下的“背景样式”完成，如图 4-40 所示。

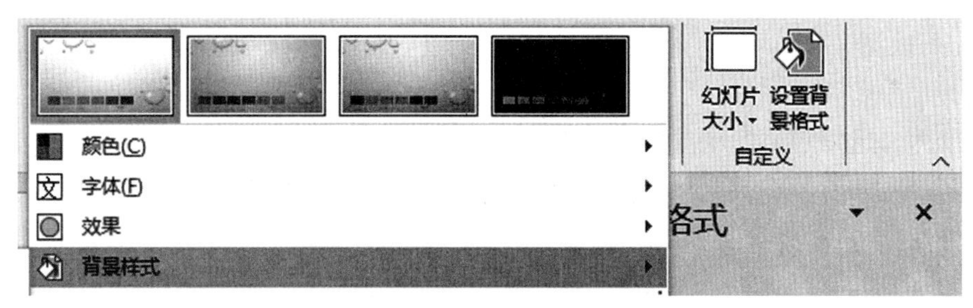

图 4-40 “背景”设置其他方法

5. 幻灯片母版的设置。

母版是可以由用户自己定义模板和版式的一种工具，PowerPoint 2016 演示文稿中的每一个关键组件都拥有一个母版，如幻灯片、备注和讲义。幻灯片版式中的文字的最初格式是自动套用母版的格式，如果母版的格式改变了，则所有幻灯片上的文字格式将随之改变。如果我们希望修改演示文稿中所有幻灯片的外观，那么只需要在相应的幻灯片母版上做一次修改即可，而不必对每一张幻灯片都进行修改。

幻灯片母版：在“视图”下的“母版视图”组中单击“幻灯片母版”按钮，即可进入幻灯片母版视图。幻灯片母版视图是编辑幻灯片母版样式的主要场所，在幻灯片母版视图中，左侧为“幻灯片版式选择”窗格，右侧为“幻灯片母版编辑”窗口。

讲义母版：单击“讲义母版”按钮，即可进入讲义母版视图。在讲义母版视图中可查看页面上显示的多张幻灯片，也可设置页眉和页脚的内容，以及改变幻灯片的放置方向等。

备注母版：单击“备注母版”按钮，即可进入备注母版视图。备注母版主要用于对幻灯片备注窗格中的内容格式进行设置，选择各级标题文本后即可对其字体格式等进行设置。

操作步骤：

① 选择“视图”选项卡，在“母版视图”组中选择“幻灯片母版”按钮，切换到幻灯片母版视图，如图 4-41 所示。此时会发现所有版式都出现在幻灯片窗口中，根据需要进行修改。

② 选择 Office 主题幻灯片母板，插入图片，选择“授课文件夹\单元四\欧亚桥.jpg”，调整图片大小，移到左上角，如图 4-42 所示。

③ 同样的方法选择其他版式的母版进行设置，比如更改文字格式、改变背景等。

④ 选择“幻灯片母版”选项卡，单击“关闭母版视图”按钮退出母版设计。

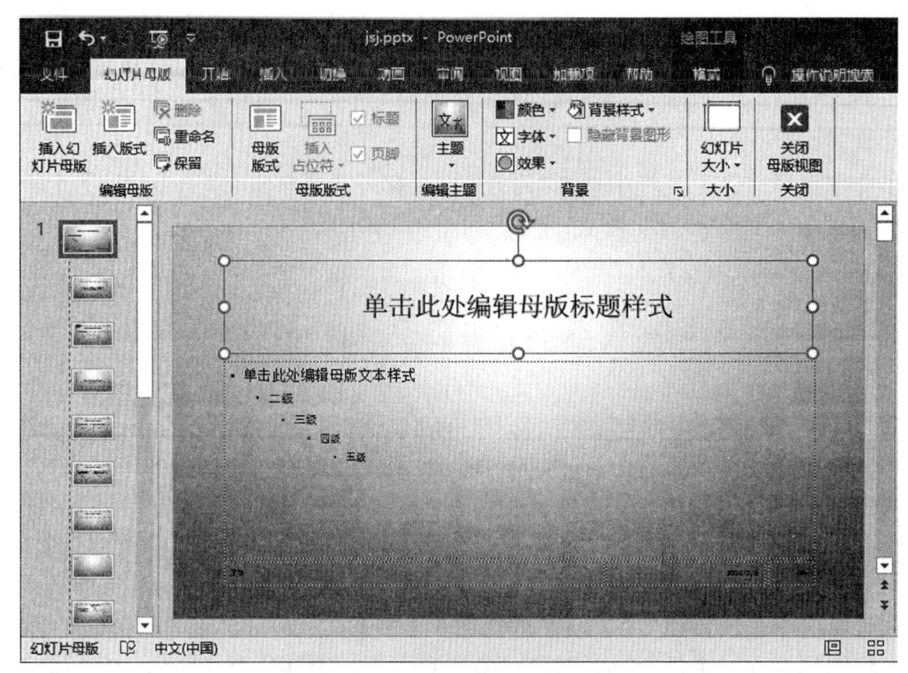

图 4-41　幻灯片母版设计窗口

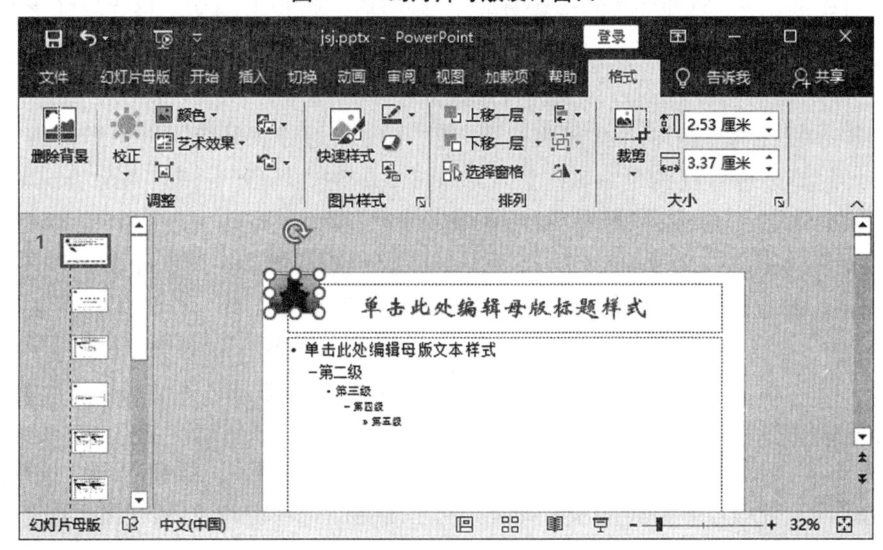

图 4-42　母版视图

6. **另存演示文稿为** jsj2.pptx。

操作步骤：

① 执行“文件”→“另存为”命令，弹出“另存为”对话框，设置保存位置和文件名。

② 单击“保存”按钮。

【自我实训】

个人简历的美化。

实训要求：

(1) 打开前面建立的“个人简历. pptx”为名称的演示文稿。

(2) 在页脚处插入时间和日期并自动更新,插入页码,标题幻灯片不显示。

(3) 选择符合自己简历的主题。

(4) 利用母版设计“标题和内容”版式母版的标题格式(自选),并将你所在学校的校标图片插入在左上角位置。

(5) 保存所做的操作,以便后续使用。

任务 4　演示文稿的动态展示

【任务描述】

1. 打开演示文稿 jsj2. pptx。
2. 自定义动画的制作。
3. 幻灯片切换。
4. 超级链接。
5. 另存演示文稿为 jsj3. pptx。

【任务实现】

1. 打开演示文稿 jsj2.pptx。

操作步骤:

① 执行“文件”→“打开”命令,弹出“打开”对话框,选择需要打开的文件 jsj2. pptx。

② 单击“打开”按钮。

2. 自定义动画的制作。

当需要控制动画效果的各个方面时,比如,设置动画的声音和定时功能、调整对象的进入和退出效果、设置对象的动画显示路径等,就需要使用自定义动画功能。PowerPoint 2016 中有以下四种不同类型的动画效果:

① “进入”效果。例如,可以使对象逐渐淡入焦点、从边缘飞入幻灯片或者跳入视图中。

② “退出”效果。这些效果包括使对象飞出幻灯片、从视图中消失或者从幻灯片旋出。

③ “强调”效果。这些效果的示例包括使对象缩小或放大、更改颜色或沿着其中心旋转。

④ “动作路径”效果。使用这些效果可以使对象上下移动、左右移动或者沿着星形或圆形图案移动。

这四种动画除了默认显示的几种常见动画方式外,还可以在下方选择更多的动画方式,如图 4-43 所示。

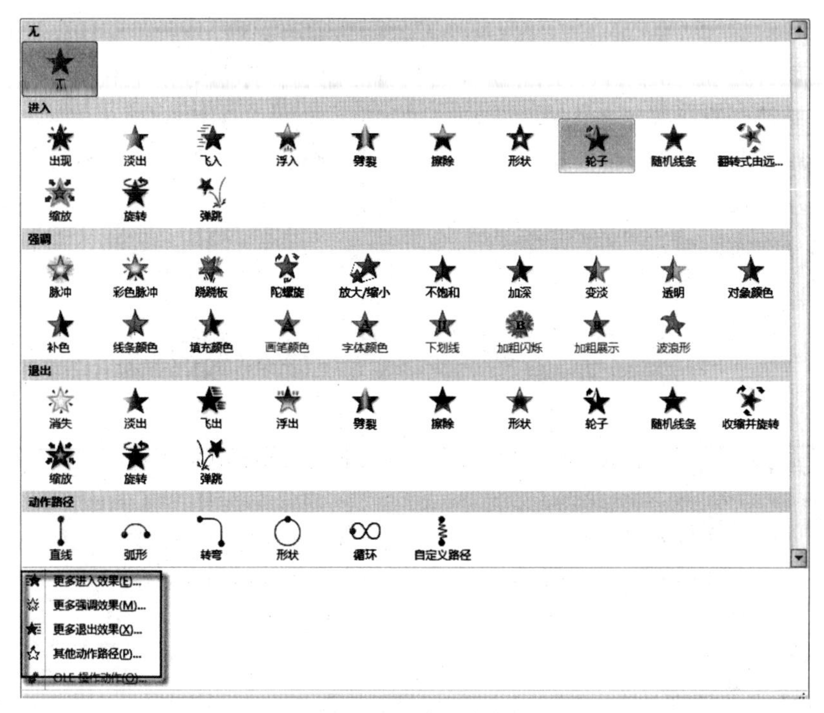

图 4-43 动画方式

以上四种动画,可以单独使用任何一种动画,也可以将多种效果组合在一起。例如,可以对一行文本应用“飞入”进入效果及“陀螺旋”强调效果,使它旋转起来;也可以对动画设置出现的顺序、开始时间、延时或者动画持续时间等。

动画制作根据需要选择,下面我们仅以一张幻灯片为例介绍。

操作步骤:

① 选定第六张幻灯片。

②单动画制作。

选择左侧图片,单击“动画”选项卡,在“动画”组选择“随机线条”进入动画,然后可以预览该效果。单击“效果选项”按钮,选择“垂直”命令,然后在“计时”组设置动画播放的时间为“单击时”,如图 4-44 所示。单击“动画”组的“显示其他效果选项”按钮,在弹出的“随机线条”对话框中设置“声音”为风铃,如图 4-45 所示。

图 4-44 动画设置

图 4-45 设置动画声音效果

③ 多动画制作。

继续选择左侧图片，单击“动画”选项卡，在“高级动画”组单击“添加动画”按钮，然后设置“脉冲”强调动画，在“计时”组选择动画播放的时间为“上一动画之后”，如图 4-46 所示。

温馨提示：

动画开始方式有三种：“单击时”、“与上一动画同时”和“上一动画之后”。“单击时”表示单击鼠标时开始动画播放；“与上一动画同时”播放前面动画的同时播放该动画；“上一动画之后”表示前面动画播放完毕后播放该动画。

④ 动画设计完后，可以在“动画窗格”中预览动画，调整动画的播放次序，还可以单击动画效果后的下拉三角更改动画的开始时间、效果选项、计时及删除动画等，如图 4-47 所示。

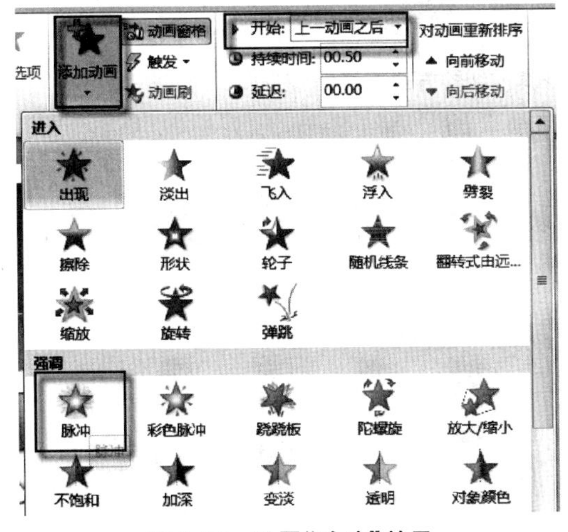

图 4-46 设置“脉冲”效果

图 4-47 动画窗格

温馨提示：

如果“动画窗格”没有显示，可单击“高级动画”组中的“动画窗格”按钮，再单击此按钮，可使“动画窗格”不显示。

⑤ 同样的方法为该幻灯片中的第二幅图片设置其他的动画效果，比如进入、动作路径

等(动画效果读者自行设计)。

同样的方法为其他幻灯片制作动画效果。

温馨提示:

如果有多个对象需要设置相同的动画效果,选择要添加多个动画效果的文本或对象。在“动画”选项卡上的“高级动画”组中,单击“添加动画”按钮。使用“动画刷”按钮也可以给多个对象添加同样的动画(操作类似 Word 格式刷的使用)。

3. 幻灯片切换。

在演示文稿播放过程中,幻灯片的切换方式是指演示文稿播放过程中的幻灯片进入和退出屏幕时产生的视觉效果,也就是让幻灯片以动画方式放映的特殊效果。PowerPoint 提供了多种切换效果,比如出现、棋盘、随机水平线等。在演示文稿制作过程中,可以为一张幻灯片设计切换效果,也可以为一组幻灯片设计相同的切换效果。

操作步骤:

① 选定第一张幻灯片。

② 选择“切换”选项卡,在“切换到此幻灯片”组中单击显示“其他”的下拉三角,如图 4-48 所示。在展开的菜单中选择“轨道”切换方式,如图 4-49 所示。单击“效果选项”按钮,在展开的菜单中选择“自底部”,“声音”选择“激光”,“换片方式”为“单击鼠标时”,如图 4-50 所示。

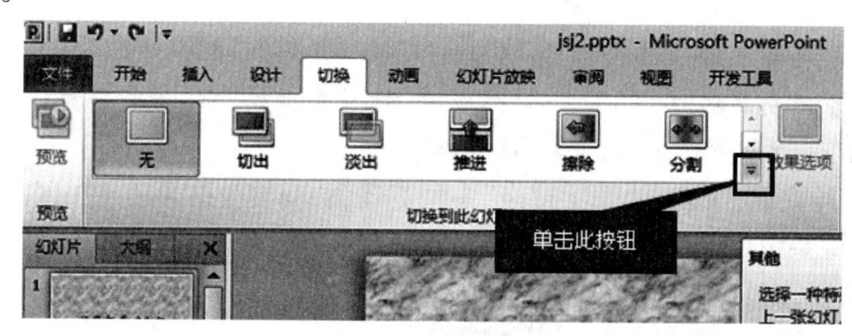

图 4-48 打开其他切换方式的按钮

图 4-49 选择“轨道”切换方式

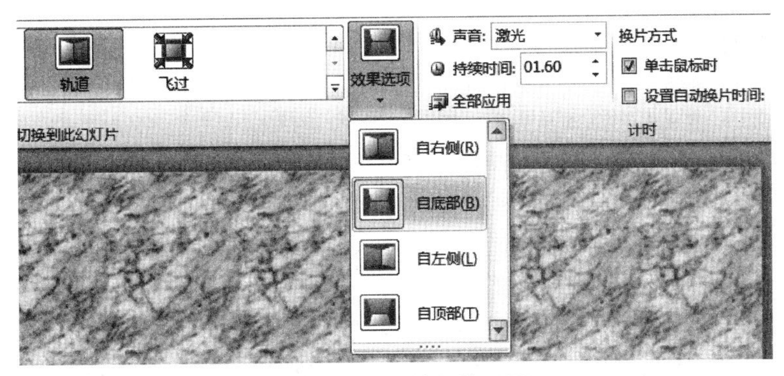

图 4-50　幻灯片切换设置

③ 如果希望每张幻灯片采用不同的切换方式，请选择其他幻灯片设置不同的切换方式；单击“全部应用”按钮，则可以将切换效果添加到所有幻灯片上。

4. 超链接。

超链接是控制演示文稿播放的一种重要手段，使用超链接可以制作出具有交互功能的演示文稿。在播放演示文稿时使用者可以根据自己的需要单击某个超链接，进行相应内容的跳转。超链接本身可能是文本或其他对象，如图片、图形、艺术字和动作按钮等。

操作步骤：

（1）目录文本超链接。

① 选中目录幻灯片（此例为第二张幻灯片），选择“基本情况”文本，选择“插入”选项卡的“链接”按钮（或按【Ctrl】+【k】组合键），弹出“插入超链接”对话框，在“链接到”列表中选择“本文档中的位置”，然后在右侧选择幻灯片标题为“3. 基本情况”的幻灯片，如图 4-51 所示。单击“确定”按钮。

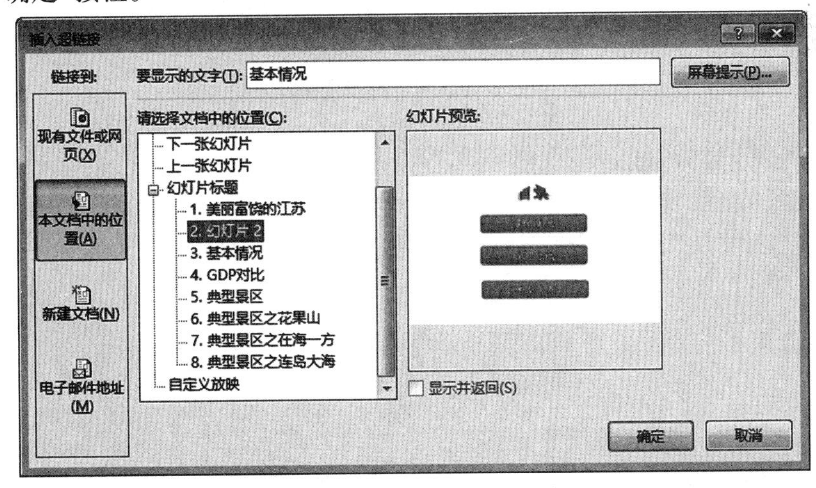

图 4-51　“插入超链接”对话框

② 同样的方法为其他文本设置超链接。

温馨提示：

在“插入超链接”对话框，还可以为对象设置超级链接到 Web 页或电子邮箱，读者自行练习。

（2）动作按钮超链接。

① 进入“幻灯片母版”视图，选择“OFFICE 主题幻灯片母版-由幻灯片 1-8 使用”版式的母版。

② 选择“插入”选项卡的“插图”组，单击“形状”按钮，在下方的动作按钮中选择“转到主页”动作按钮，如图 4-52 所示。在幻灯片母版右下角拖动鼠标，在弹出的“动作设置”对话框中选择“超链接到”单选按钮，在其下拉列表框中选择“幻灯片…”，弹出“超链接到幻灯片”对话框，在对话框中选择“目录”幻灯片，如图 4-53 所示。单击“确定”按钮，然后调整动作按钮至合适大小。同样的方法，再添加“后退”“前进”按钮，并设置好相应的超链接，将这三个按钮排好位置。

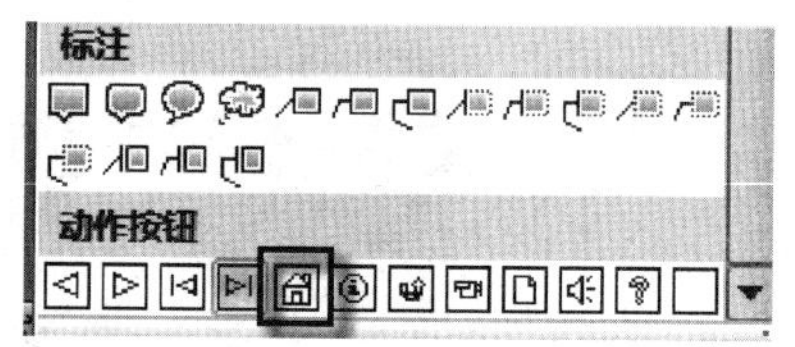

图 4-52　插入动作按钮

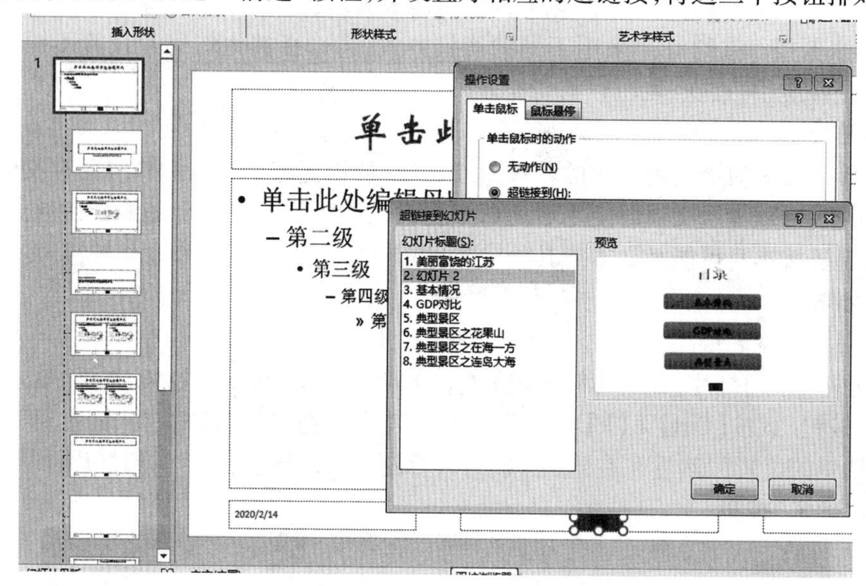

图 4-53　设置超级链接

③ 关闭母版视图。

5. 另存演示文稿为 jsj3.pptx。

操作步骤：

① 执行“文件”→“另存为”命令，弹出“另存为”对话框，设置保存位置和文件名。

② 单击“保存”按钮。

【自我实训】

个人简历的美化。

实训要求：

(1) 为幻灯片的图片设置动画(自选)。

(2) 为每张幻灯片设计切换方式(自选)。

(3) 为“目录”页设置超链接，链接到所在页面，同时在目录页输入“我的学校”，将其链接到你所在学校的主页。

(4) 保存所做的操作，以便后续使用。

任务 5 演示文稿的放映、打印和打包

【任务描述】

1. 演示文稿的放映。
2. 演示文稿的打印。
3. 演示文稿的打包。

【任务实现】

1. 演示文稿的放映。

演示文稿制作完毕后,在放映之前还需要根据放映环境设置放映的方式。

(1) 设置放映方式。

幻灯片有多种放映方式,用户根据演示文稿的用途和放映环境,设置放映类型,具体操作步骤如下:

1) 选择“幻灯片放映”选项卡,在“设置”组单击“设置幻灯片放映”按钮,弹出“设置放映方式”对话框,如图 4-54 所示。

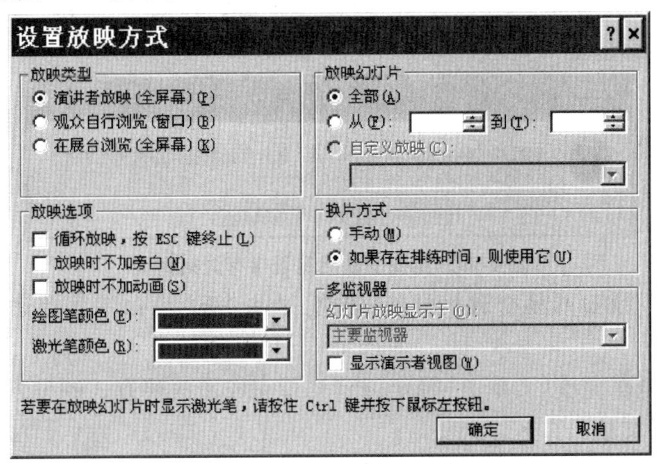

图 4-54 “设置放映方式”对话框

2) 在“设置放映方式”对话框中进行设置,设置选项如下:

① 在“放映类型”中选择以下一种:

- 演讲者放映(全屏幕):演讲者具有完整的控制权,并可采用自动或人工方式进行放映。需要将幻灯片放映投射到大屏幕上时,通常使用此方式。
- 观众自行浏览(窗口):可进行小规模的演示,演示文稿出现在窗口内,可以使用滚动条从一张幻灯片移到另一张幻灯片,并可在放映时编辑、复制和打印幻灯片。
- 在展台浏览(全屏幕):可自动运行演示文稿。在放映过程中,除了使用鼠标外,大多数控制都失效。

② “放映选项”设置:

- 选中“循环放映,按【Esc】键终止”复选框,即最后一张幻灯片放映结束后,自动转到

第一张继续播放，直至按【Esc】键才能终止。

- 选中“放映时不加旁白”可以忽略旁白。
- 选中“放映时不加动画”复选框，则在放映幻灯片时，原先设定的动画效果失去作用，但动画效果的设置参数依然有效。

同时，可以设置绘图笔和激光笔的颜色。

③ “放映幻灯片”设置：

在“放映幻灯片”中可以设定幻灯片播放的范围。

- “全部”即默认为播放所有幻灯片。
- “从……到……”可播放指定的位置连续的幻灯片。
- “自定义放映”可播放预先建立的“自定义放映”方案中选定的幻灯片。

④ “换片方式”设置：

- “人工”选项是在幻灯片放映时必须由人为干预才能切换幻灯片。
- “如果存在排练时间，则使用它”选项是指预先做过“排练计时”并保存了各张幻灯片的放映时间，或在“幻灯片切换”对话框中设置了换页时间，幻灯片播放时可以按设置的时间自动切换。

知识拓展：

“排练计时”操作如下：

（1）选择“幻灯片放映”选项卡下的“排练计时”选项，进入幻灯片播放并计时状态，播放幻灯片，结束放映时会出现如图 4-55 所示的对话框。

图 4-55　结束放映后是否保存计时时间

（2）单击“是”按钮则接受放映时间；否则，单击“否”按钮不接受该时间，再重新排练一次。

3）上述设置全部完成后，单击“确定”按钮，即完成了放映方式的设置。

（2）放映演示文稿。

通过以下几种方法，可以放映演示文稿。

① 选择“幻灯片放映”选择卡，在“开始放映幻灯片”组中选择按钮，如图 4-56 所示。

图 4-56　幻灯片放映类型

② 按【F5】键。

在放映需要讲解和介绍的演示文稿时，如课件类、会议类演示文稿，经常需要切换到上一张或下一张幻灯片，此时就需要使用幻灯片放映的切换功能。

切换到上一张幻灯片：按【Page Up】键、按【←】键或按【Backspace】键。

切换到下一张幻灯片：单击鼠标左键、按空格键、按【Enter】键或按【→】键。

放映时，在屏幕上单击右键，将弹出快捷菜单，如图 4-57 所示。利用快捷菜单，可以控制幻灯片的播放，如“上一张”、“下一张”或“结束放映”。幻灯片放映时，屏幕上保留鼠标箭头。如在快捷菜单中选择一种“绘图笔”，放映屏幕上会出现一支笔，在放映过程中可对幻灯片上需要强调部分进行临时性标注。

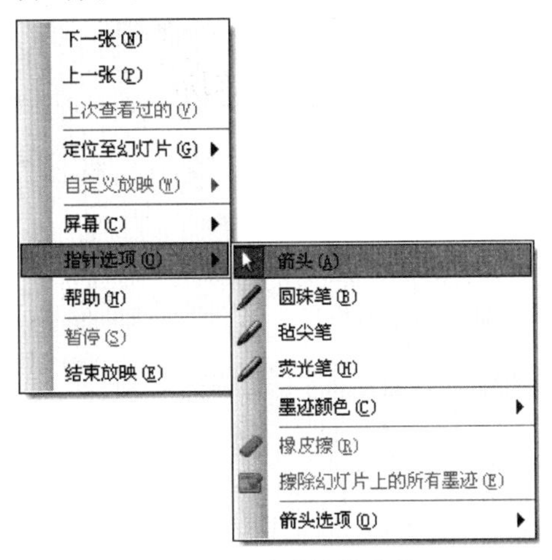

图 4-57 放映快捷菜单

2. **演示文稿的打印**。

制作完成的演示文稿不仅可以放映，还可以打印，也可以打印在投影胶片上，通过投影机放映。

（1）页面设置。

幻灯片的页面设置决定了幻灯片、备注页、讲义以及大纲在打印纸上的尺寸和放置方向，用户可以任意改变这些设置。具体操作步骤如下：

① 打开要设置页面的演示文稿。

② 选择“设计”选项卡，在“自定义”组单击“幻灯片大小”按钮，单击“自定义幻灯片大小”，弹出“页面设置”对话框，如图 4-58 所示。

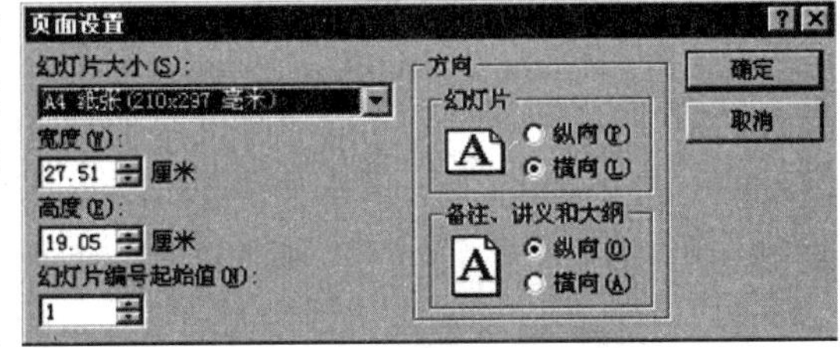

图 4-58 “页面设置”对话框

③ 在“页面设置”对话框中进行设置，如设置纸张大小、幻灯片起始编号及幻灯片打印方向等。

④ 设置完成后，单击“确定”按钮。

（2）设置打印选项。

设置好幻灯片打印参数后，就可以打印了。执行“文件”→“打印”命令，可以设置打印的内容、每页打印的幻灯片数目、打印范围、打印份数以及其他一些特殊要求等，如图 4-59 所示。设置好后，单击“确定”按钮开始打印。

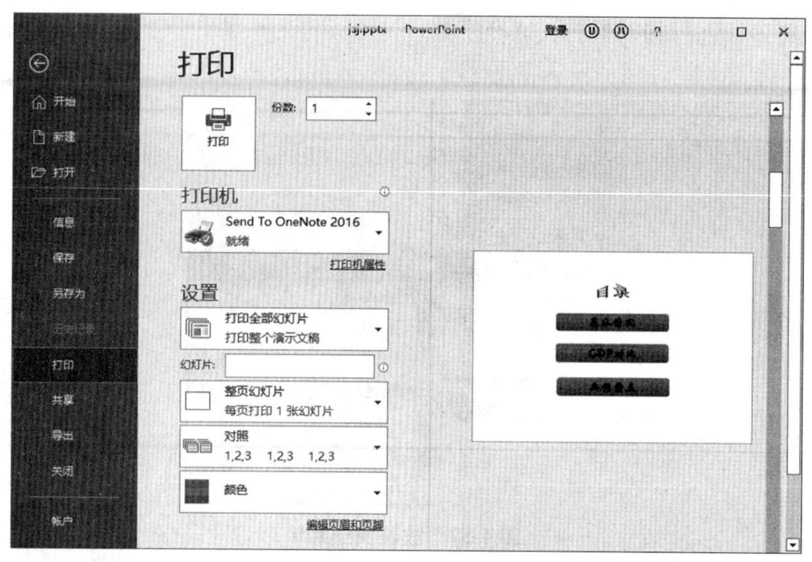

图 4-59 打印设置

3. **演示文稿的打包**。

有时我们需要把幻灯片拿到其他计算机上运行或者是把我们的作品刻录成 CD 保存起来,有时我们希望自己的 PPT 以 PDF 格式保存,这时我们可以使用 PowerPoint 2016“文件类型”功能。

打包演示文稿的步骤如下:

① 打开需打包的演示文稿,执行“文件”→“导出”命令,如图 4-60 所示。

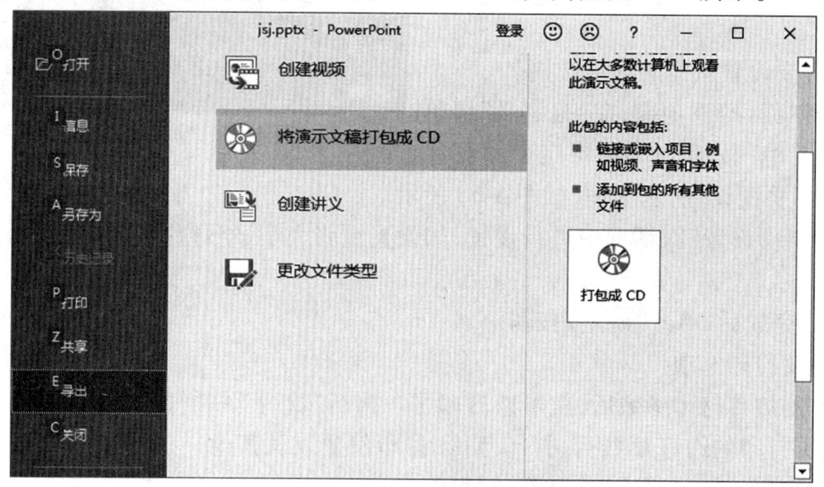

图 4-60 “保存并发送”窗口

② 选择“将演示文稿打包成 CD”命令,然后单击“打包成 CD”命令,弹出如图 4-61 所示的“打包成 CD”向导对话框。

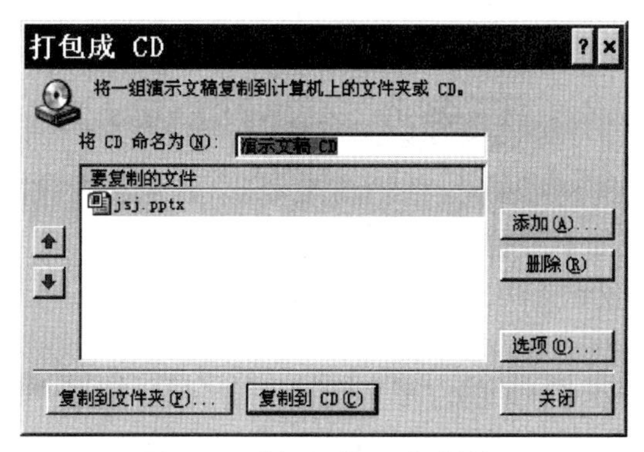

图 4-61 “打包成 CD”对话框

③ 此时可以给 CD 重新命名,同时可以设置要复制的文件,单击“添加”命令按钮,打开“添加文件”对话框,从中选择要一起包含进 CD 的幻灯片文件。单击“选项”按钮可以进行相应的设置。

④ 选择好需要打包成 CD 的内容后,单击“打包成 CD”对话框中的“复制到文件夹”按钮,在弹出的“复制到文件夹”对话框中设定文件夹的名称为“MYPPT”、保存位置为“我的文档”,单击“确定”按钮, PowerPoint 2016 就会将文件保存到相应的文件夹中。

图 4-62 “复制到文件夹”对话框

⑤ 若计算机配有刻录机,则单击“复制到 CD”按钮,否则单击“复制到文件夹”按钮,弹出如图 4-62 所示的“复制到文件夹”对话框。

⑥ 单击“浏览”按钮,弹出“选择位置”对话框。在对话框中选择存放的位置,然后单击“选择”按钮,回到“复制到文件夹”对话框,单击“确定”按钮,程序开始打包。

⑦ 单击“关闭”按钮,退出打包程序。

温馨提示:

1. 在保存演示文稿时,可以选择保存类型为 PowerPoint 放映(.ppsx),这样双击该文件即可快速进入放映状态了,或者保存为 MP4 视频文件。

2. 另外,还可以将文稿保存为 PDF 文件、图片及其他版本的 PowerPoint 文件等多种文件格式。

【自我实训】

个人简历的美化。

实训要求:

(1) 打开前面建立的“个人简历.pptx”为名称的演示文稿。

(2) 设置放映方式从第 2 页开始浏览并播放幻灯片。

(3) 将幻灯片保存为放映文件(.ppsx)。

(4) 保存所做的操作。

任务6 实战演练

练习1 按要求完成如下习题:

打开“考生文件夹\单元四”文件夹下的演示文稿 yswg1. pptx，按照下列要求完成对此文稿的修饰并保存。

(1) 设置母版,使每张幻灯片的左下角出现文字“携带流感病毒动物”(在占位符中添加),这个文字所在的文本框的位置是“水平:3 厘米,度量依据:左上角，垂直:17.4 厘米,度量依据:左上角,文字设置为13 磅字”。第一张幻灯片前插入一张版式为“标题幻灯片”的新幻灯片,主标题输入:“哪些动物将流感病毒传染给人?”,副标题区域输入:“携带流感病毒的动物”,主标题设置为“楷体”,39 磅字,黄色(请用自定义选项卡的红色 240、绿色 230、蓝色 0)。将第二张幻灯片左侧的两张图片移到第三张幻灯片中。将第四张幻灯片的版式改为“竖排标题与文本”,文本设置为21 磅字。第三张幻灯片的文本动画设置为“飞入”“自左侧”。删除第二张幻灯片。

(2) 使第四张幻灯片成为第二张幻灯片。全部幻灯片切换效果设为“圆形”。

练习2 按要求完成如下习题:

打开“考生文件夹\单元四”文件夹下的演示文稿 yswg2. pptx，按照下列要求完成对此文稿的修饰并保存。

(1) 使用“切片”主题修饰全文,设置放映方式为“观众自行浏览”。

(2) 将第三张幻灯片移到第一张幻灯片前面,并将此张幻灯片的主标题设置为“黑体,61 磅,蓝色”(请用自定义选项卡的红色 0、绿色 0、蓝色 245),副标题设置为“隶书,34 磅”。在第一张幻灯片后插入一版式为“空白”的新幻灯片,插入 4 行 2 列的表格。第一列的第 1 ~4行依次录入“好处”、“补充水分”、“防止便秘”和“冲刷肠胃”。第二列的第 1 行录入“原因”,将第三张幻灯片的文本第 1 ~3 段依次复制到表格第二列的第 2 ~4 行,表格文字全部设置为 24 磅字,第一行文字居中。请将表格框调进幻灯片内。将第三张幻灯片的版式改为“标题和内容”,将第四张幻灯片的图片复制到第三张,图片动画设置为“轮子”。删除第四张幻灯片。

练习3 按要求完成如下习题:

打开“考生文件夹\单元四”文件夹下的演示文稿 yswg3. pptx，按照下列要求完成对此文稿的修饰并保存。

(1) 在第一张幻灯片前插入一张版式为“标题幻灯片”的新幻灯片,主标题区域输入“中国雷达研制接近世界先进水平”,设置该占位符样式为“强烈效果,红色,强调颜色 2”,副标题区域输入“空军雷达学院五十七年春华秋实”,在忽略母版背景图形的情况下,其背景设置为“花岗石”纹理。第四张幻灯片文本设置为 19 磅字,将第三张幻灯片的图片移到第四张幻灯片。移动第二张幻灯片,使之成为第五张幻灯片。

(2) 在第三张幻灯片的文本“三到一长期”上设置超链接,链接对象是本文档的第五张幻灯片。删除第二张幻灯片。

练习 4　按要求完成如下习题:

打开“考生文件夹\单元四”文件夹下的演示文稿 yswg4. pptx，按照下列要求完成对此文稿的修饰并保存。

(1) 在第一张幻灯片前插入一张版式为“标题幻灯片”的新幻灯片,主标题输入“国庆60 周年阅兵”，并设置为“黑体,65 磅,红色”(请用自定义选项卡的红色 230、绿色 0、蓝色 0),副标题输入“代表委员揭秘新中国成立 60 周年大庆”,并设置为“黑体,35 磅”。第二张幻灯片文本设置为 23 磅字。删除第三张幻灯片。移动第三张幻灯片,使之成为第四张幻灯片。在第四张幻灯片备注区插入文本“阅兵的功效”。

(2) 在第二张幻灯片的文本“庆典式阅兵的功效”上设置超链接,链接对象是第四张幻灯片。在忽略母版的背景图形的情况下,将第一张幻灯片背景设置为“中等渐变,个性色 4”预设颜色、“从中心矩形”渐变形式。全部幻灯片切换效果认为“分割”。

练习 5　按要求完成如下习题:

打开“考生文件夹\单元四”文件夹下的演示文稿 yswg5. pptx，按照下列要求完成对此文稿的修饰并保存。

(1) 设置第一张幻灯片标题为“中国迈向太空文明新时代”,字体为“隶书,54 磅”;为第一张幻灯片的文字“神舟五号”设置从顶部飞入的动画效果。

(2) 将“考生文件夹\单元四”文件夹下的声音文件“Music. mid”插入到第一张幻灯片中,要求单击时播放声音。

(3) 在第二张幻灯片中,为目录文字“飞天”“中国成就”“历史标志” 分别创建超级链接,链接到第三、四、五张幻灯片。

(4) 在第四张幻灯片的右下角插入“心形”图形,并为该图形创建超级链接,链接到第二张幻灯片,在第五张幻灯片右下角建立“空白”动作按钮,单击该按钮可以结束放映。

(5) 为所有幻灯片应用主题“框架”,设置全部幻灯片切换效果为“立方体”。

(6) 在第二张幻灯片插入“渐变填空,灰色”样式的艺术字“历史时刻”,位置为“水平 9 厘米,自左上角”“垂直 13 厘米,自左上角”,艺术字效果为“转换-弯曲-停止”。

(7) 在最后一张幻灯片前面新插入“标题和内容”幻灯片,在标题区输入文本“航天飞机”,在内容区插入“考生文件夹\单元四”文件夹下的 ppt1. jpg 图片。为标题文本设置“弹跳”动画,图片设置“菱形形状”动画,要求图片动画在前。

(8) 为第二张幻灯片设置“水滴”纹理背景。

单元五
因特网的简单应用

因特网(Internet)的出现和发展给人类的学习、工作、生活方式带来了极大的影响。WWW 是基于超文本方式、融合信息检索技术与超文本技术而形成的最先进、交互性最好、应用最广泛、功能最强大的全球信息检索工具。WWW 包括了文本、声音、图像、视频等各类信息。由于 WWW 采用了超文本技术,只要用鼠标在页面关键字或图片上一点,就可以看到通过超文本链接的详细资料。网络浏览工具 Netscape 的发表和 Internet Explorer(简称 IE)浏览器的出现,以及 WWW 服务器的增加,掀起了 Internet 应用的新高潮。

通过本模块的学习,应该掌握如下内容:

1. 浏览器的使用。(考核重点)
2. 信息检索与文件下载。(自学)
3. Webmail 电子邮箱基本操作。(自学)
4. Outlook 2016 基本操作。(考核重点)

任务1　浏览器基本操作

在 Windows 10 系统中,不仅内置了传统的 Internet Explore(以下简称 IE)浏览器,另外还有全新的 Edge 浏览器。下面以 IE 11 浏览器为例介绍,Edge 浏览器功能上略有差别,但基本操作方法相似。

【任务描述】

1. 启动并认识 IE 11 浏览器。
2. 键入地址,浏览网页,保存网页内容。

具体要求如下:

(1) 在浏览器地址栏中输入“http://www.sohu.com”,查看搜狐主页的内容。

(2) 将该网页保存到“D:\授课文件夹\单元五”文件夹中,文件名为“sohu”,文件类型为:网页,全部(*.HTML,*.HTM)。

(3) 浏览 SOHU 首页新闻栏目的第一条新闻,将该页面的 URL 地址保存到“D:\授课文件夹\单元五”文件夹中 url.txt 中。

(4) 浏览 SOHU 首页的体育栏目,打开 CBA 页面的第一个新闻,将该页面的第一段文本保存到“D:\授课文件夹\单元五”文件夹中的 cba.docx 中。

(5) 将该网页上的任意一幅图片以文件名“LOGO. bmp”保存到“D:\授课文件夹\单元五”文件夹中。

3. 设置 Internet 选项。

设置其主页为“http://www. chinaedu. edu. cn”,设置网页保存在历史记录中的天数为“30”天。

4. 将中国教育(www. chinaedu. edu. cn)首页添加到收藏夹中新建的“教育”文件夹中。

【任务实现】

浏览器是指可以显示网页服务器或者文件系统的 HTML 文件内容,并让用户与这些文件交互的一种软件。浏览器是最经常使用到的客户端程序,个人计算机上常见的网页浏览器包括 Internet Explorer、Firefox、Google Chrome、360 安全浏览器、腾讯 TT、傲游浏览器、百度浏览器、腾讯 QQ 浏览器等。

1. 启动并认识 IE 浏览器。

操作步骤:

(1) 启动 IE 浏览器。

选择“开始”→“Windows 附件”→“Internet Explorer”项,启动 IE。如果桌面有 IE 图标,则双击图标启动。

(2) 认识 IE 浏览器。

IE 启动后的界面如图 5-1 所示:

图 5-1　IE 窗口组成

- 标题栏:显示当前正在浏览的网页名称或当前浏览网页的地址。标题栏的最右端是这个窗口的“最小化”、“最大化”(“还原”)和“关闭”按钮。
- 命令栏:列出了常用命令的工具按钮,使用户可以不用打开菜单,而是单击相应的按钮来快捷地执行命令。
- 地址栏:输入网址的地方,可以在地址栏中输入网址直接到达需要进入的网站。

- 收藏栏:存放收藏网站链接的地方,可以快速进入收藏的网站。
- 搜索栏.提供网页搜索功能。
- 状态栏:显示当前用户正在浏览的网页下载状态、下载进度和区域属性。

2. **键入地址、浏览网页、保存网页内容**。

(1) 在浏览器地址栏中输入"http://www.sohu.com",查看搜狐主页内容并浏览其中的部分页面。

操作步骤:

① 启动 IE 浏览器。

② 在浏览器地址栏中输入"http://www.sohu.com",回车后就可以进入搜狐主页。

③ 找到感兴趣的链接,单击该链接进入该内容页面浏览信息。

④ 如果要返回到前一页,可以通过单击工具栏中的"后退"按钮来实现。

⑤ 如果要在新建的浏览器窗口中打开一个新的网页,可通过在该超链接文字或图片上单击鼠标右键,从打开的快捷菜单中选择"在新窗口中打开"命令来实现。

(2) 将该网页保存到"D:\授课文件夹\单元五"文件夹中,文件名为 sohu,文件类型为:网页,全部(*.HTML,*.HTM)。

操作步骤:

① 进入搜狐首页,执行"工具"→"文件"→"另存为"命令,出现"保存网页"对话框。

② 设置保存位置为"D:\授课文件夹\单元五","文件名"为"sohu","保存类型"为"网页,全部(*.htm,*.html)",如图 5-2 所示。

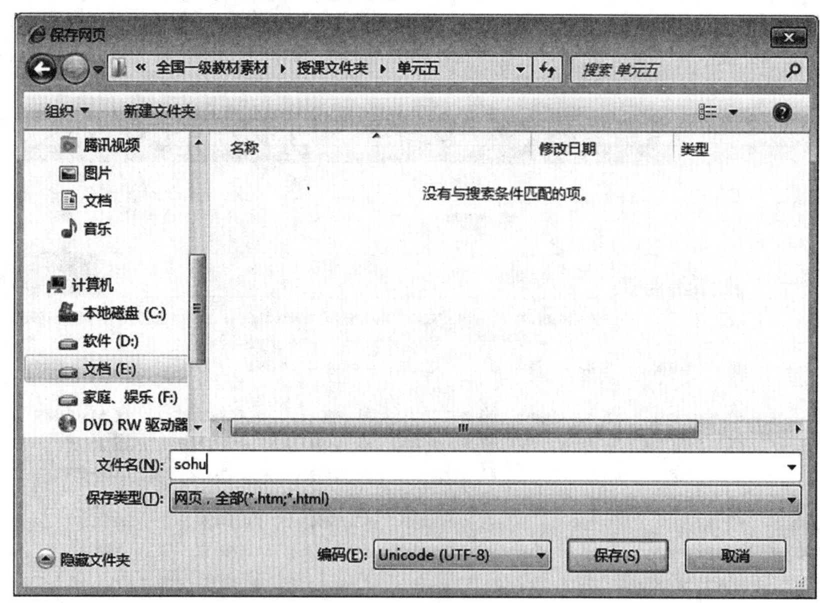

图 5-2 "保存网页"对话框

③ 单击"保存"按钮。

温馨提示:

保存网页时,保存类型有下面四个选项:

- 要保存显示该网页时所需的全部文件,包括图像、框架和样式表,选择"网页,全部",该选项将按原始格式保存所有文件。

● 如果想把显示该网页所需的全部信息保存在一个 MIME 编码的文件中，选择“Web 档案，单一文件”，该选项将保存当前网页的可视信息。存储为“mht”格式时，生成的网页文件会自动将所有网页包含的内容打包成一个 mht 文件，不再生成同名的文件夹。

● 如果只保存当前 HTML 页，选择“网页，仅 HTML”，该选项保存网页信息，但它不保存图像、声音或其他文件。

● 如果只保存当前网页的文本，选择“文本文件”，该选项将以纯文本格式保存网页信息。

（3）浏览 SOHU 首页新闻栏目的第一条新闻，将该页面的 URL 地址保存到“D:\授课文件夹\单元五”文件夹中 url. txt 中。

1）单击 SOHU 首页新闻栏目的第一条新闻。

2）选择 IE 地址栏的 URL 地址，按【Ctrl】+【C】组合键，复制该内容到剪贴板中。

3）在“D:\授课文件夹\单元五”文件夹中单击右键，执行“新建”→“文本文档”命令，改名为 url. txt。

4）双击该文件，进入记事本，按【Ctrl】+【V】组合键。

5）保存该文件，并关闭记事本。

（4）浏览 SOHU 首页的体育栏目，打开 CBA 页面的第一个新闻，将该页面的第一段文本保存到“D:\授课文件夹\单元五”文件夹中的 cba. docx 中。

操作步骤：

1）单击 SOHU 首页的 CBA 新闻页面，单击 CBA 其中的第一条新闻。

2）选择该页面的第一段文本，按【Ctrl】+【C】组合键，复制该内容到剪贴板中。

3）在“D:\授课文件夹\单元五”文件夹中单击右键，执行“新建”→“新建 Microsoft Word 文档”命令，改名为 cba. docx。

4）双击该文件，进入 Word，按【Ctrl】+【V】组合键。

5）保存该文件，并关闭 Word。

（5）将该网页上的“LOGO”图片以文件名“LOGO. bmp”保存到“D:\授课文件夹\单元五”文件夹中。

操作步骤：

① 将鼠标指向该网页上左上角的任意一幅图片，单击鼠标右键，在弹出的快捷菜单中选择“图片另存为”命令，弹出“保存图片”对话框。

② 设置保存位置为“D:\授课文件夹\单元五”，“文件名”为“LOGO”，“保存类型”为“BMP”。

③ 单击“保存”按钮。

3. 设置 Internet 选项。

设置其主页为“http://www. chinaedu. edu. cn”，设置网页保存在历史记录中的天数为 30 天。

操作步骤：

① 打开 IE 浏览器，执行“工具”→“Internet 选项”命令，打开“Internet 选项”对话框。选择“常规”选项卡，将主页地址文本框中原地址删除，输入“http://www. chinaedu. edu. cn”，如图 5-3 所示。

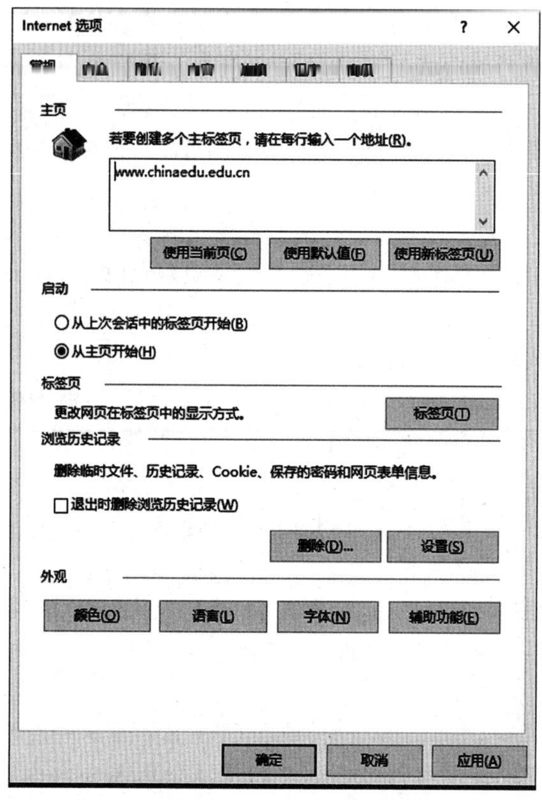

图 5-3 “Internet 选项”对话框

② 单击“浏览历史记录”组的“设置”按钮，在弹出的对话框中选择“历史记录”选项卡，再设置“网页保存在历史记录中的天数”为 30 天，如图 5-4 所示。

③ 单击“确定”按钮。

图 5-4 “历史记录”设置

4. 将中国教育(www.chinaedu.edu.cn)首页添加到收藏夹中新建的“教育”文件夹中。

操作步骤:

① 打开IE浏览器,在地址栏输入“www. chinaedu. edu. cn”,打开中国教育信息网。

② 执行“收藏夹”→“添加到收藏夹”命令,打开“添加收藏”对话框;然后单击“新建文件夹”按钮,打开“创建文件夹”对话框,在“文件夹名”中输入“教育”,单击“创建”按钮,关闭“创建文件夹”对话框;此时,在收藏夹下就添加了一个新建的文件夹,并处于激活状态;单击“添加”按钮。效果如图5-5所示。

图5-5　“添加到收藏夹”对话框

以后需要浏览中国教育信息网时,只需单击“收藏夹”菜单,然后选择“教育”菜单项中的“中国教育信息网”即可。

知识拓展:

随着上网时间的增长,IE收藏夹中会存放了大量的网页地址,不但查找时间长,而且管理也很不方便,所以我们要定时整理IE收藏夹中的记录。在“整理收藏夹”中用户可以对收藏夹的网页进行整理,如移动、删除及重命名等,如图5-6所示。

图5-6　“整理收藏夹”对话框

任务 2　信息检索及文件下载

【任务描述】

1. 使用“百度搜索”查找肺炎防护相关资料。
2. 利用迅雷下载软件下载“360 安全卫士”到 D 盘根目录下。
3. 360 压缩软件基本操作。

【任务实现】

搜索引擎是指根据一定的策略、运用特定的计算机程序从互联网上搜集信息，在对信息进行组织和处理后，为用户提供检索服务，将用户检索相关的信息展示给用户的系统。百度、谷歌、雅虎搜索等是搜索引擎的代表。

1. 使用“百度搜索”查找肺炎防护相关资料。

操作步骤：

① 打开 IE 浏览器，在地址栏输入“http://www.baidu.com”，然后按回车，进入百度搜索引擎网站。

② 在如图 5-7 所示页面的搜索文本框内输入关键词“肺炎防护相关资料”，然后单击“百度一下”按钮，即可出现相关搜索结果。

图 5-7　百度搜索页

③ 单击相关网页标题，如图 5-8 所示，即可进入该页面，选择页面中相关内容，按【Ctrl】+【C】组合键，复制该内容到剪贴板中，粘贴到 Word 文档。

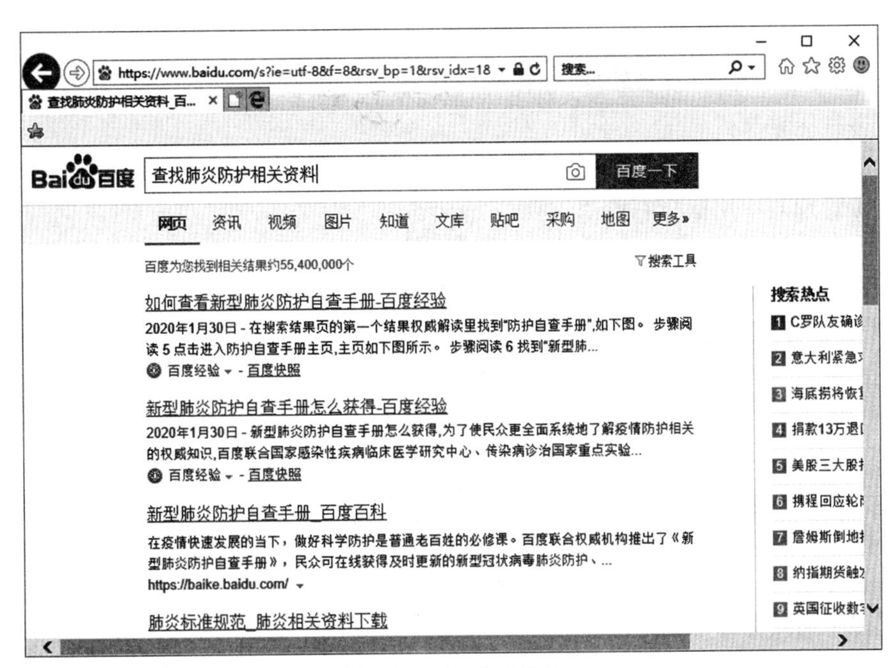

图 5-8　浏览搜索结果

温馨提示：

在考试过程中，经常会让考生打开页面，然后将其中的全部或部分文本内容复制到Word或者记事本中，请考生多加练习。

2. 利用迅雷下载软件下载“360 安全卫士”到 D 盘根目录下。

操作步骤：

① 在 IE 地址栏输入“http://www.360.cn”地址，单击“360 安全卫士”链接，鼠标指向“立即下载”按钮单击右键，然后选择“使用迅雷下载”，即可自动打开迅雷下载软件。

② 在弹出的“建立新的下载任务”对话框中设置“存储路径”和“文件名称”，如图 5-9 所示，单击“立即下载”，即可通过迅雷下载工具将“360 安全卫士”软件下载到本地计算机上。

图 5-9　迅雷下载界面

3. 360 **压缩软件基本操作**。

360 压缩是新一代的压缩软件，相比传统压缩软件更快、更轻巧，支持解压主流的 rar、zip、iso 等多种压缩文件。

（1）压缩文件。

在资源管理器中用鼠标右键单击要压缩的文件或文件夹，在弹出的快捷菜单中选择“添加到压缩文件”选项，在新弹出的“准备压缩”窗口中，设置好压缩选项，单击“立即压缩”即可进行压缩操作，如图 5-10 所示。如果生成的压缩文件想保存在当前文件夹下，也可选择“添加到＊＊文件名.zip”，实现快捷的压缩。

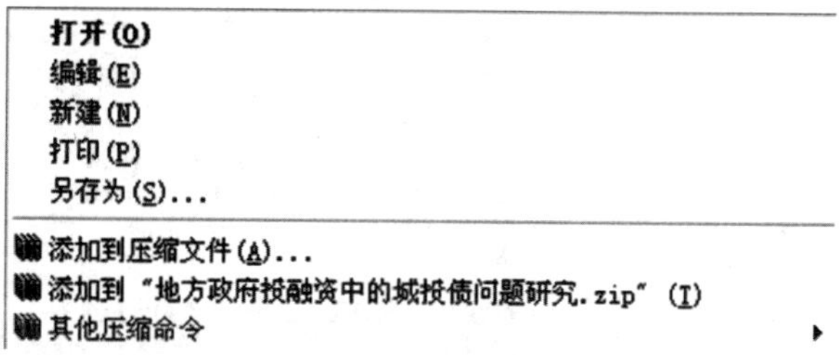

打开(O)
编辑(E)
新建(N)
打印(P)
另存为(S)...
添加到压缩文件(A)...
添加到 “地方政府投融资中的城投债问题研究.zip” (T)
其他压缩命令

图 5-10　选择压缩命令

或者打开 360 压缩程序，选中一个或多个文件后，单击软件主界面左上角的“添加”图标，并在新弹出的“准备压缩”窗口中设置好压缩选项后单击“立即压缩”，即可对文件进行压缩。

（2）解压缩包文件。

在资源管理器中，使用鼠标右键单击压缩包文件，在弹出的菜单中选择“解压文件”选项，在新弹出的“解压设置”窗口中设置好解压选项，单击“确定”按钮即可进行解压操作。如果解压之后的文件保存在当前文件夹，也可通过选择“解压到当前文件夹”实现快捷操作。

或者通过双击压缩文件来调用主界面进行解压缩。对压缩包中的部分文件进行解压缩功能时，采用以下方法可实现：在界面中选择需进行解压缩的文件或文件夹。如果要一次对多个文件或文件夹进行解压缩，可使用【Ctrl】+鼠标左键进行不连续对象选择，或用【Shift】+鼠标左键进行连续的多个对象的选择，然后单击“解压到”命令，如图 5-11 所示。或者用鼠标左键直接拖动文件(夹)到资源管理器中。

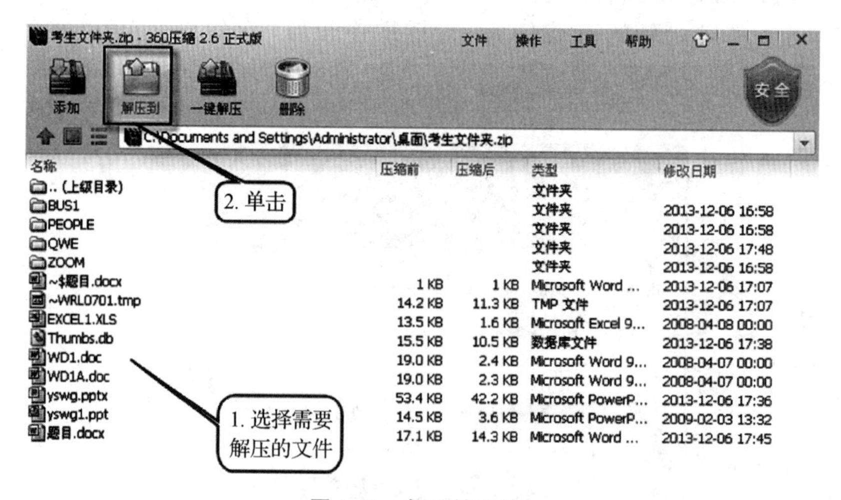

图 5-11　解压缩文件

任务 3　Webmail 电子邮箱基本操作

【任务描述】

1. 申请免费 163 电子邮箱。
2. 邮箱设置选项。
3. 发送电子邮件。
4. 接收并回复电子邮件。
5. 通讯录。
6. 个人网盘。

【任务实现】

1. 申请免费 163 电子邮箱。

用 IE 打开一个提供免费的电子邮箱服务的网站——网易(http://mail.163.com),申请用户名为 lygsfwcj 的电子信箱并登录该信箱。

温馨提示:

不同版本的网易邮箱,界面和功能上略有变化。

操作步骤:

① 进入网易网站,单击“注册免费邮箱”链接,显示注册新用户的相关个人资料填写页面,如图 5-12 所示。

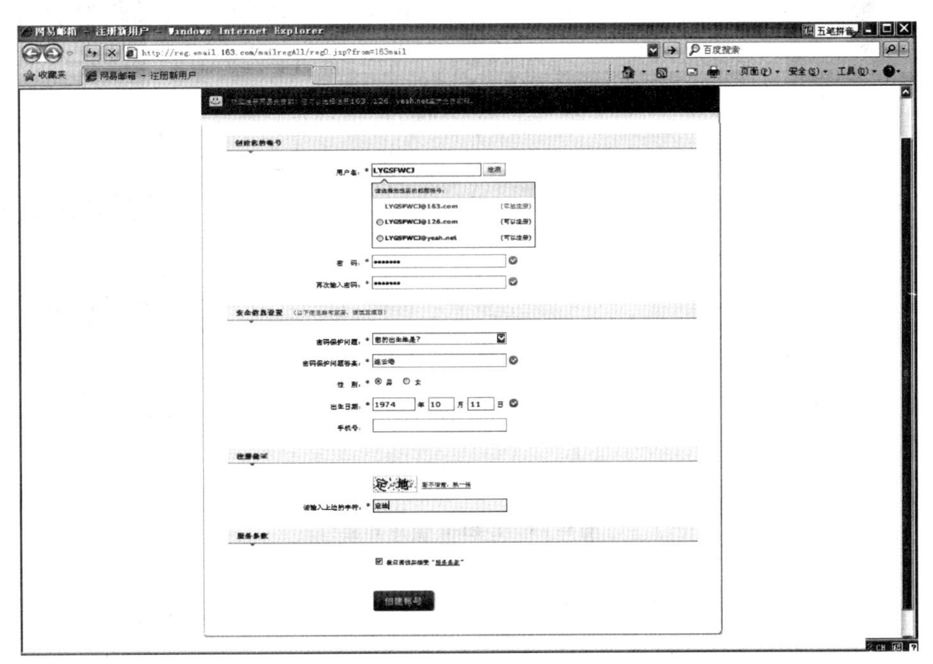

图 5-12　E-mail 注册

② 根据页面提示，填写完成相关注册资料。

③ 单击“创建帐号”，显示“注册确认”页面，填写正确的确认字符串后单击“确定”按钮，即可显示邮箱“注册成功”页面，如图 5-13 所示。

图 5-13　E-mail 注册成功

④ 单击“进入邮箱”，便可登录自己刚刚申请的电子邮箱，进行电子邮件的收发操作了，如图 5-14 所示。

图 5-14　E-mail 使用界面

温馨提示：

1. 实际操作中，“lygsfwcj”用户名已被占用，注册用户名请根据需要自拟。注册过程中输入的密码及找回密码的各种问题和答案，请牢记。

2. 本书中后面例子的邮箱名为 lygsz88，密码为 lygsz0088，可以直接使用 lygsz88@163.

com 进行练习。

2. **邮箱设置选项**。

操作步骤：

① 在 IE 中输入“http://email.163.com”，进入网易邮箱，输入正确的用户名和密码，登录成功后即可进入网易邮箱的 Webmail 界面。

② 单击邮箱首页“设置”下的“邮箱设置”按钮，进入邮箱设置选项的页面，如图 5-15 所示，在这里可以对自己的邮箱进行各种设置。

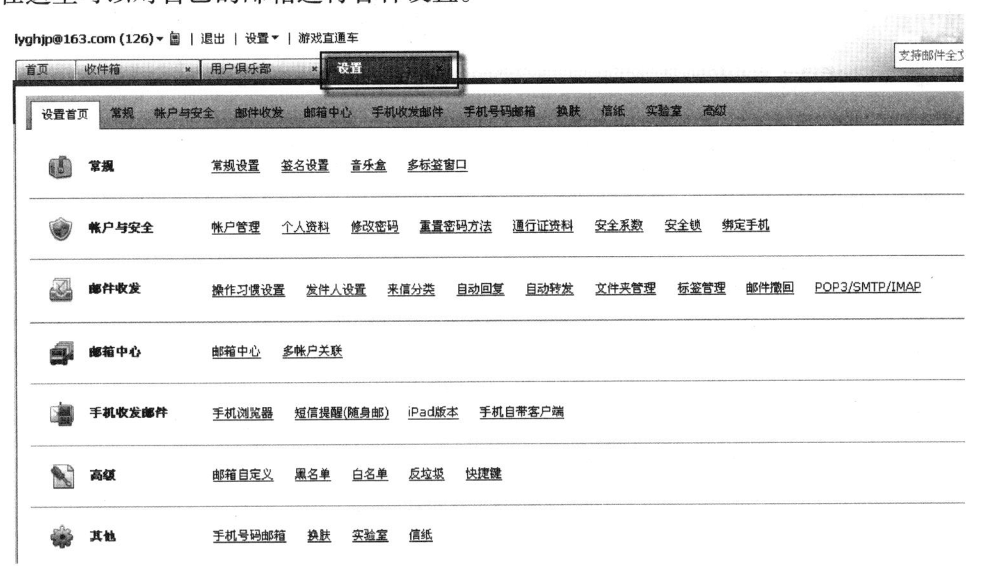

图 5-15 邮箱设置界面

- 常规：在该选项下，可以对邮箱进行“常规设置”，可以对邮箱的登录和显示方式进行设置。如可以根据自己的需要，选择时区(默认 GMT +8)、每页最多显示多少封邮件等。也可以进行“签名设置”、“音乐盒”及“多标签窗口”等项的设置。
- 帐户与安全：在该选项下，主要是对用户的帐号及安全性进行设置。如可以对密码进行修改、个人资料填写、重置密码方法设置及绑定手机等操作。
- 邮件收发：在该选项下，可以对邮件收发进行一些常用设置。如选择“操作习惯设置”，可以对用户的操作习惯进行设置，比如是否自动保存草稿、是否自动保存邮件、请求读信方发送已读回执及是否发送读信回执等常用操作。选择“来信分类”，点击“新建来信分类”来进行设置，设置完成后系统将自动执行，帮助用户将不同邮件按照规则分类到不同文件夹，方便管理。选择“自动回复”，可以设置自动回复方式及回复内容，当收到来信时，系统会自动回复设置的内容给对方。
- 邮箱中心：在该选项下，可以通过邮箱中心 POP3 收取、管理其他邮箱的邮件；还可以设置多个网易邮箱的关联，关联后无须重新登录，即可在已关联的邮箱之间一键切换。
- 手机收发邮件：主要针对手机用户进行设置。
- 高级：在该选项下，如选择“邮箱自定义”，可以自主决定出现在邮箱左侧的服务，定制需要显示的应用，将一些不常用的应用隐藏起来。“黑名单”可以把要拒收某些地址的来信添加到黑名单中；“白名单”可以将某些邮箱避开反垃圾误判；“反垃圾”可以对垃圾邮件进行相应处理；“快捷键”可以选择是否使用快捷键。

- 其他：可以对邮箱其他功能进行设置，如换肤、信纸及实验室等。

3. **发送电子邮件**。

操作步骤：

① 进入邮箱后，单击“写信”按钮，进入写信窗口，如图 5-16 所示。

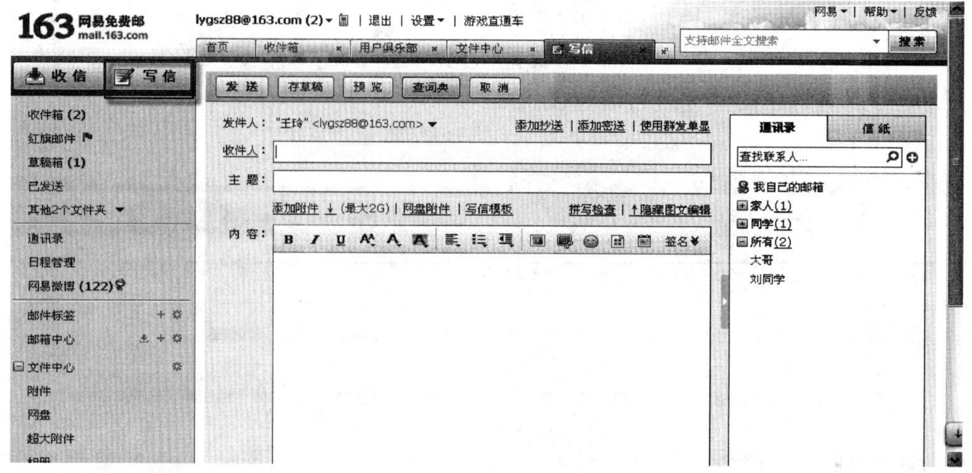

图 5-16 写信窗口

② 在“收件人”栏填入收件人邮箱地址“lygsz88@163. com”，主题为“王玲 FLASH 作业”，单击“添加附件”按钮，在弹出的对话框中选择需要插入的附件，单击“打开”按钮加入附件。

③ 输入邮件内容：

胡老师：

您好，作业在附件中，请您查收，谢谢！

学生：王玲

④ 单击“发送”按钮发送邮件。

温馨提示：

多个收件人之间使用分号隔开。可以使用“群发单显”按钮群发邮件，采用一对一单独发送，每个收件人只看到自己的地址。

4. **接收并回复电子邮件**。

操作步骤：

① 进入邮箱后，单击“收件箱”标签，进入收件箱窗口，如图 5-17 所示。

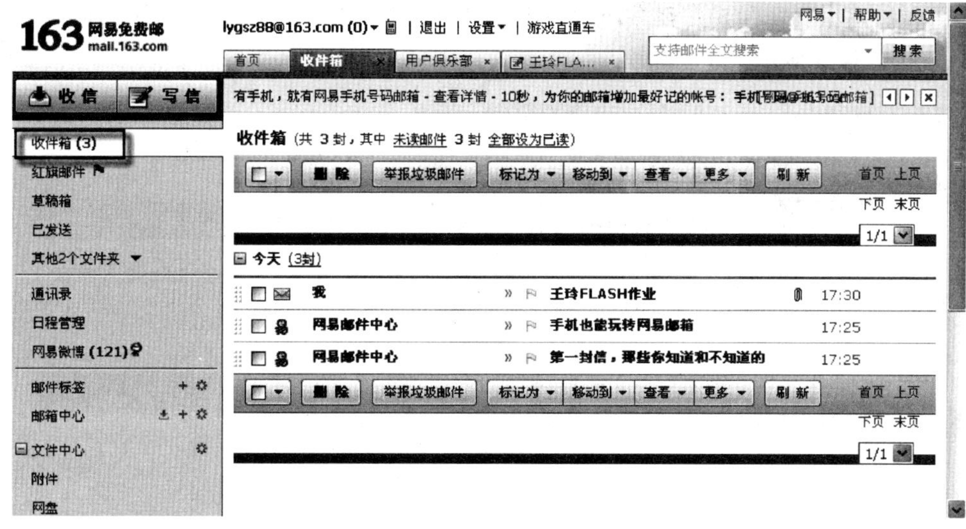

图 5-17　收件箱窗口

② 单击邮件列表中主题为“王玲 FLASH 作业”的邮件，打开该邮件。

③ 阅读邮件，单击“查看附件”，找到需要下载的附件（压缩包附件），单击“下载”，在弹出的“文件下载”对话框中单击“保存”按钮，如图 5-18 所示。在弹出的“另存为”对话框中保存该附件，保存位置在“D 盘根目录”，文件名为“作业”。

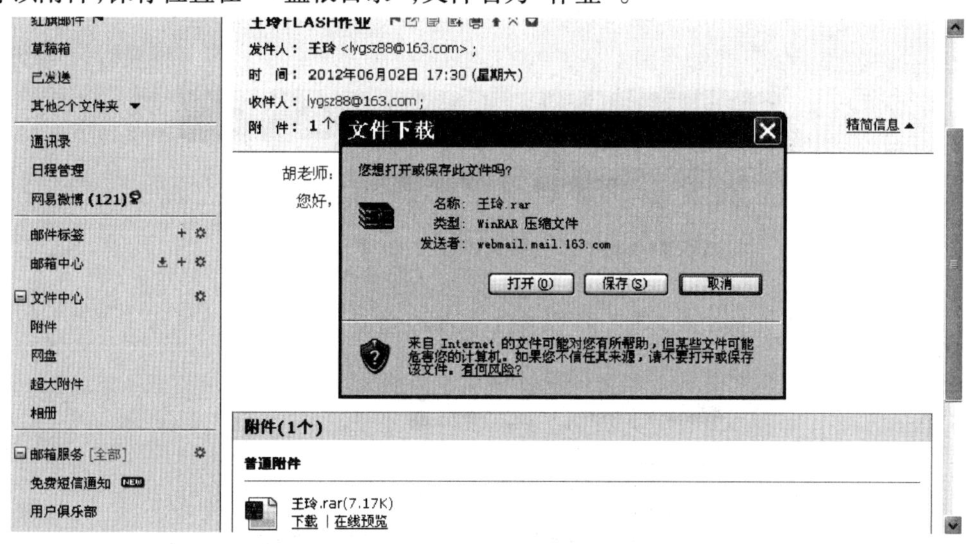

图 5-18　附件下载

④ 打开 D 盘，找到该压缩文件，右击该文件名，在弹出的快捷菜单中选择“解压到作业”，在 D 盘即生成一个名为“作业”的文件夹。

⑤ 单击“回复”可以对邮件进行回复，单击“转发”可以转发给他人。

5. 通讯录。

操作步骤：

（1）建立分组。

① 登录邮箱，版本要选为“简约”。（“设置”菜单中的“高级设置”栏内）

② 单击左侧的“通讯录”标签，单击“新建组”建立不同的分组，如“老师”、“同学”及“家

人”等，同时，可以选择联系人到该组中。单击“新建联系人”，可以为不同的组加入相应的联系人，如图 5-19 所示。

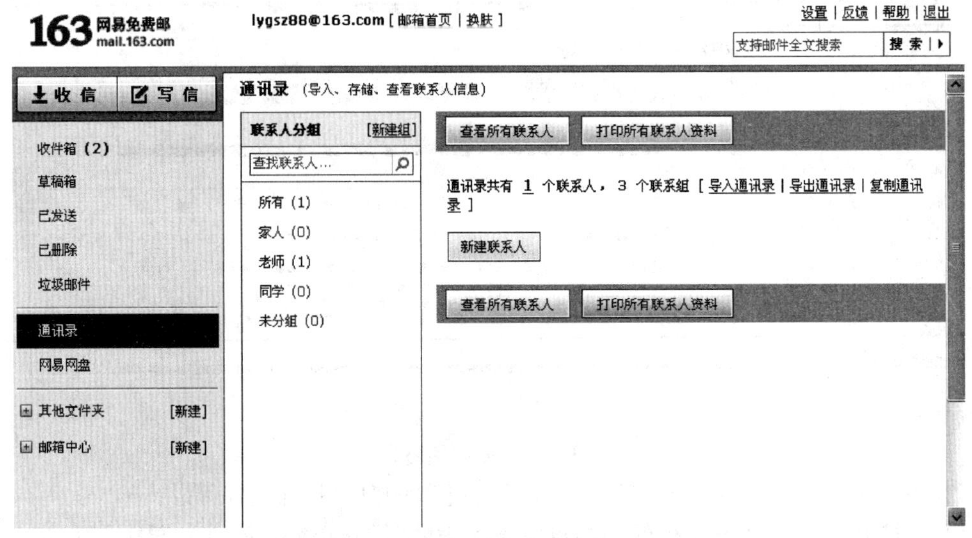

图 5-19　通讯录页面

(2) 导入/导出通讯录。

① 单击“导出通讯录”，如图 5-20 所示。选择导出的格式和编码，然后单击“确定”按钮。

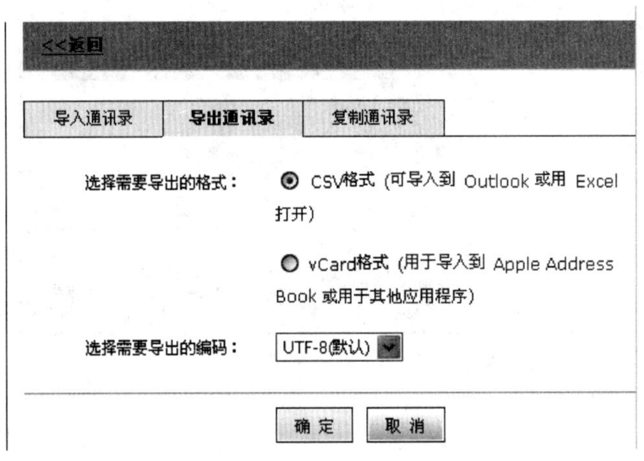

图 5-20　导出通讯录页面

② 在弹出的“另存为”对话框中选择保存的位置和文件名保存该通讯录。

③ 单击“导入通讯录”，单击“浏览”按钮来选择通讯录文件，设置分组，然后单击“确定”按钮就可以完成通讯录的导入了。

温馨提示：

通讯录可以和客户端软件，如 Outlook 或者是 Foxmail 等进行互导，格式上要选择两者都支持的格式，读者可以自行实验。

(3) 复制通讯录。

① 单击“复制通讯录”，进入复制通讯录页面。

② 输入需要复制通讯录的邮箱和密码,选择分组,单击“确定”按钮完成复制。

6. **个人网盘**。

操作步骤:

个人网盘可以根据需要将一些文件保存在网盘里。

(1) 新建文件夹。

① 单击左侧的“网盘”标签,进入网盘页面,如图5-21所示。

图5-21　网盘页面

② 单击“新建文件夹”,打开创建文件夹的提示框,输入文件夹名称,单击“确定”按钮。

(2) 上传文件到网盘。

① 单击“上传”按钮,选择上传的文件夹位置,单击“上传文件”后,即可选择本地磁盘的文件。

② 单击“确定”按钮,系统会显示上传的进度。

③ 当系统提示上传完成时,在该文件夹里面看到添加的文件已经成功上传到网盘了。

(3) 从网盘中下载文件。

① 单击需要下载的文件右侧的“下载”按钮进行下载,或勾选希望下载的文件,单击“下载”按钮。当多个文件一起下载时,系统默认为打包下载。

② 在弹出的“另存为”对话框中选择保存的位置和文件名保存文件。

(4) 网盘文件的移动。

将网盘中保存的某些文件移动到网盘的其他文件夹,勾选这些文件,单击“移动”按钮,选择目标文件夹的位置,就可以完成移动操作了。

(5) 网盘文件及文件夹的删除。

选择需要删除的文件或文件夹,单击“删除”按钮。

(6) 选择网盘文件作为附件。

可以将网盘中的文件作为发送邮件的附件,以节省写信时添加附件的时间。

① 在写信时选择“网盘附件”,如图5-22所示。

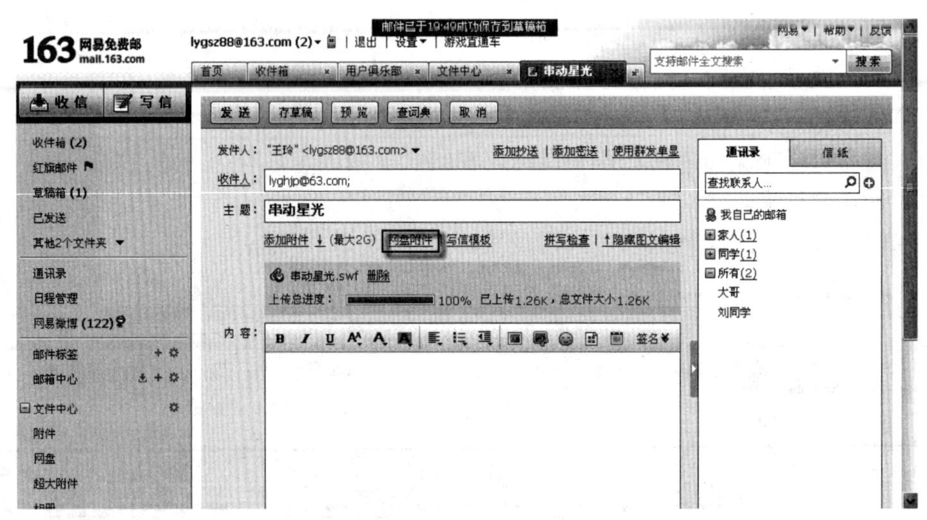

图 5-22 发送邮件页面

② 在网盘中勾选需要的文件，单击“确定”按钮，可以看到之前选择的文件已经作为附件添加到邮件中了。

任务 4 Outlook 2016 基本操作

【任务描述】

1. 启动并认识 Outlook 2016。
2. 帐户的设置。
3. 发送电子邮件。
4. 接收并回复电子邮件。
5. 转发电子邮件。
6. 通讯簿的使用。

【任务实现】

Outlook 2016 是 Microsoft office 2016 套装软件的组件之一，Outlook 的功能很多，可以用它来收发电子邮件、管理联系人信息、记日记、安排日程及分配任务等。Microsoft Outlook 2016 提供了一些新特性和功能，可以帮助客户与他人保持联系，并更好地管理时间和信息。

1. 启动并认识 Outlook 2016。

操作步骤：

（1）启动 Outlook 2016。

选择“开始”→“所有程序”→“Microsoft Office”→“Microsoft Office Outlook2016”命令，启动 Outlook 2016。

（2）认识 Outlook 2016。

Outlook 2016 启动后的界面，如图 5-23 所示。

● 标题栏:位于 Outlook 工作界面的右上角,它用于显示文件的名称和程序名称,最右侧的 3 个按钮分别用于对窗口执行最小化、最大化和关闭等操作。

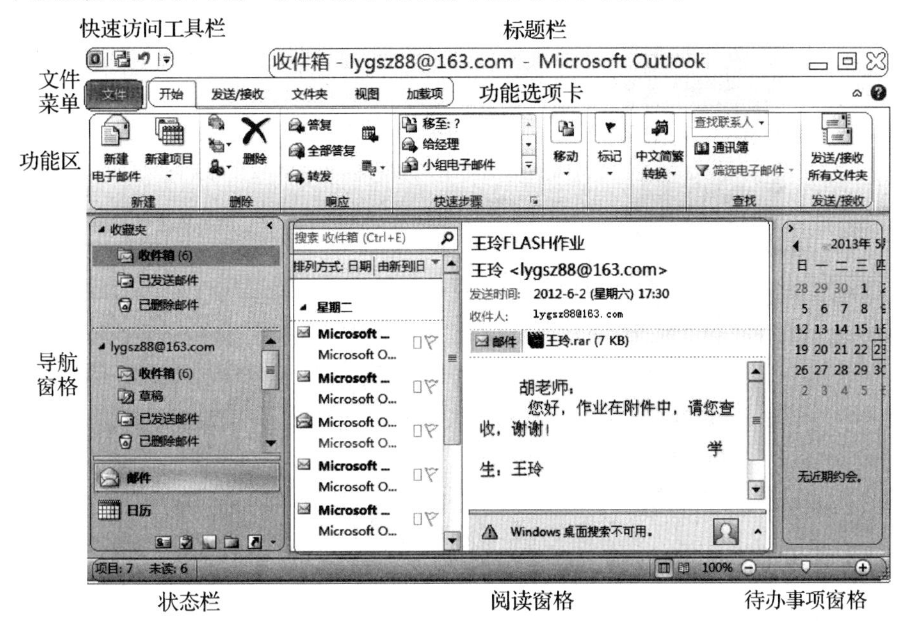

图 5-23　Outlook 2016 窗口界面

● 快速访问工具栏:该工具栏上提供了最常用的“保存”按钮、“撤消”按钮和“恢复”按钮,单击对应的按钮可执行相应的操作。如需在快速访问工具栏中添加其他按钮,可单击其后的按钮,在弹出的菜单中选择所需的命令即可。

● “文件”菜单:用于执行打开、打印、帮助和退出等基本操作。

● 功能选项卡:相当于菜单命令,选择某个功能选项卡可切换到相应的功能区。

● 功能区:在功能区中有许多自动适应窗口大小的工具栏,不同的工具栏中又放置了与此相关的命令按钮或列表框。

● 导航窗格:位于窗口左边,显示“收藏夹”“文件夹列表栏”等内容。

● 阅读窗格:阅读邮件的地方。

● 状态栏:用来显示用户当前的工作状态。如当用户单击文件夹列表时,状态栏将显示出该文件夹列表中总邮件数或未读邮件数。

温馨提示:

1. Outlook 2016 的主界面可以通过“视图”选项中相应的命令来更改。

2. 在文件夹列表栏中,各个文件夹具有不同的功能:

● 收件箱文件夹:用来存放用户接收到的邮件。

● 已发送邮件文件夹:用来存放用户已发送的邮件。

● 已删除邮件文件夹:用来存放用户从其他文件夹暂时删除的邮件,相当于桌面的“回收站”。

● 草稿文件夹:用来存放用户还未撰写完成的邮件。

2. **帐户的设置**。

操作步骤:

① 打开 Outlook 2016 后,执行"文件"→"信息"命令,单击右侧的"添加帐户"按钮,如图 5-24 所示。

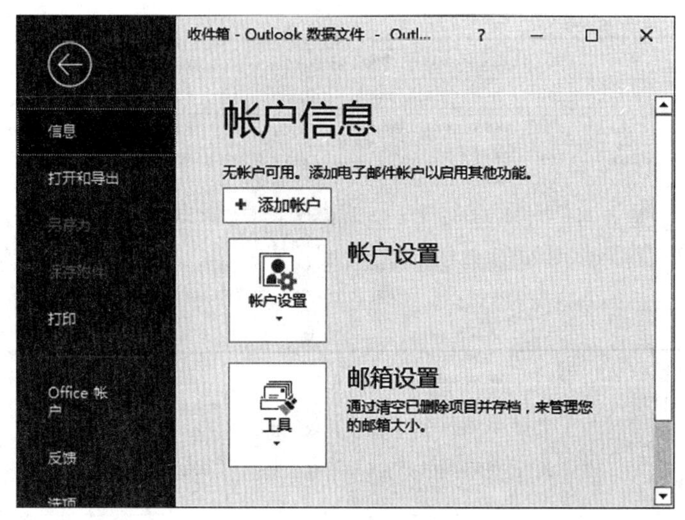

图 5-24 "添加帐户"按钮

② 按图 5-25 设置(请输入自己的邮箱),点开"高级选项"勾选"让我手动设置我的邮箱",单击"连接"按钮。

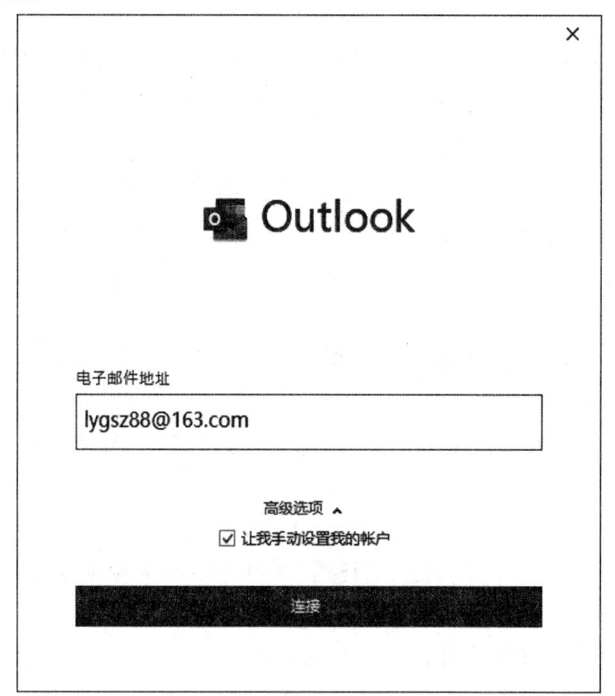

图 5-25 输入电子邮箱

③ 接下来,我们选择 POP 或 IMAP,POP 与 IMAP 是两种不同的本地与服务器之间的邮件同步方式,我们这里选择 POP,如图 5-26 所示。

图 5-26　服务器选择

④ 设置接收邮件与发送邮件的服务器地址，这个服务器地址可以向购买邮箱的服务商提供，接收邮件一般都是 pop. 域名，发送邮件使用 smtp. 域名。如果不使用加密方式连接的话，端口使用默认的即可。服务器地址自行设置如图 5-27 所示。

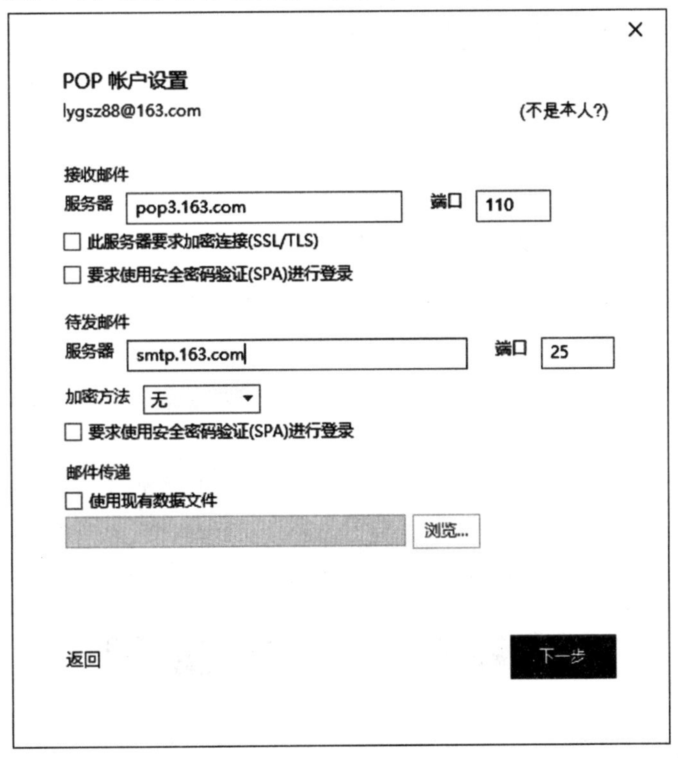

图 5-27　服务器设置

⑤ 输入邮箱密码，单击“连接”命令，如图 5-28 所示。

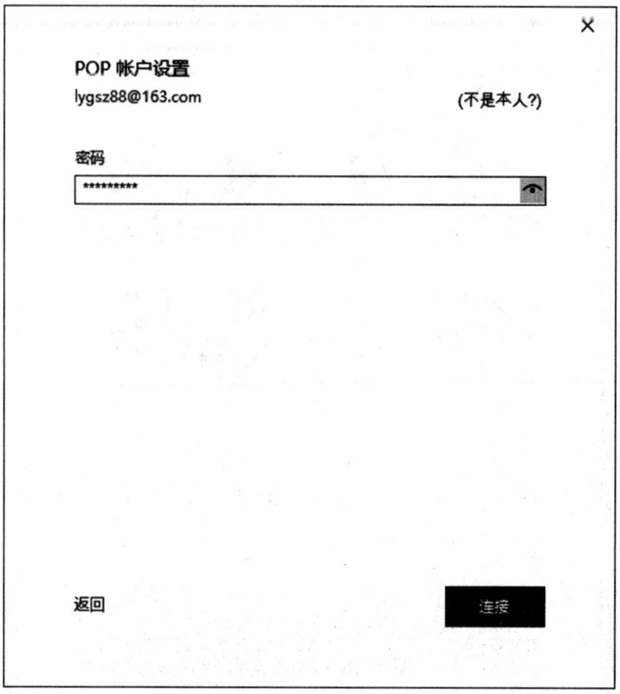

POP 帐户设置
lygsz88@163.com (不是本人?)
密码
****
返回 连接

图 5-28　输入密码

⑥ 成功后，单击“已完成”按钮，如图 5-29 所示。

温馨提示：

考试时，环境已经设置好，设置操作不用考虑。

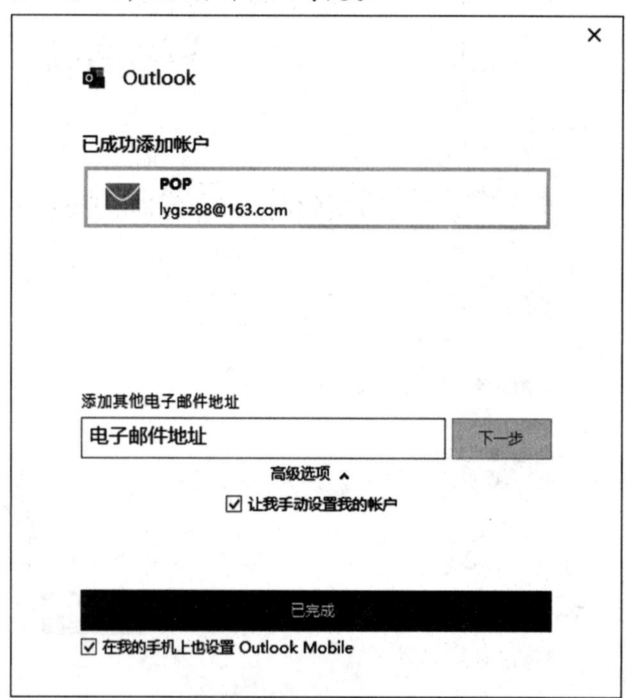

图 5-29　设置完成

3. 发送电子邮件。

利用 Outlook 2016 发送一封带附件的邮件到 lygsfjxjx@163.com,同时抄送到 zhangm@sina.com。附件在“D:\授课文件夹\单元五”文件夹中,附件名为“开会内容.txt”,邮件主题为“开会”,邮件内容为:大家好,开会内容请参看附件。

操作步骤:

① 运行 Outlook 2016 软件。

② 单击 Outlook 2016 窗口中的“新建电子邮件”按钮显示邮件创建窗口,输入收件人、抄送和主题等信息,然后单击“附加文件”按钮,在“插入文件”对话框中选择附件文件,如图 5-30 所示。

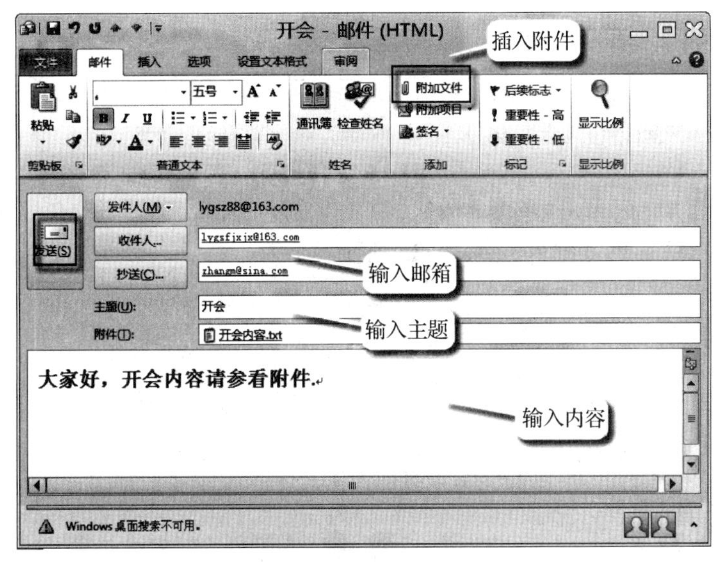

图 5-30　发送邮件

③ 单击“发送”按钮,即可将邮件发送到指定的电子信箱。所发送的邮件可在窗口主界面的“已发送邮件”文件夹内查看。

温馨提示:

邮件的收件人或抄送有多个地址时,需要用逗号或分号(西文标点)将多个地址分隔。

4. 接收并回复电子邮件。

阅读王玲发送的邮件,下载附件,同时回复她,内容为“你好,作业已经收到!”。

操作步骤:

① 单击“发送/接受”下的“发送/接受所有文件夹”项,然后单击 Outlook 窗口左侧本人邮箱帐号下的“收件箱”,右侧会出现一个收件箱的邮件列表和预览邮件窗口,单击来自“王玲”发送的邮件并阅读,如图 5-31 所示。

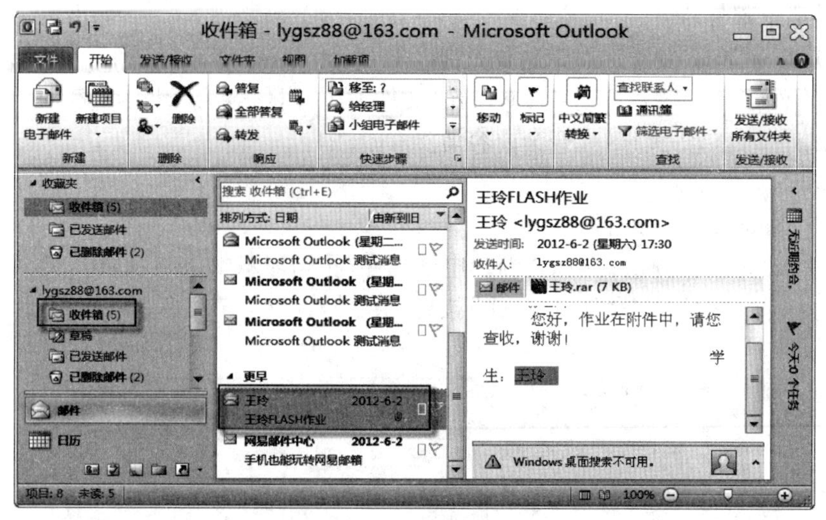

图 5-31　收件箱窗口

② 在“开始”功能区单击“答复”按钮，弹出“答复”窗口，然后输入“你好，作业已经收到!”，单击“发送”按钮回复邮件，如图 5-32 所示。

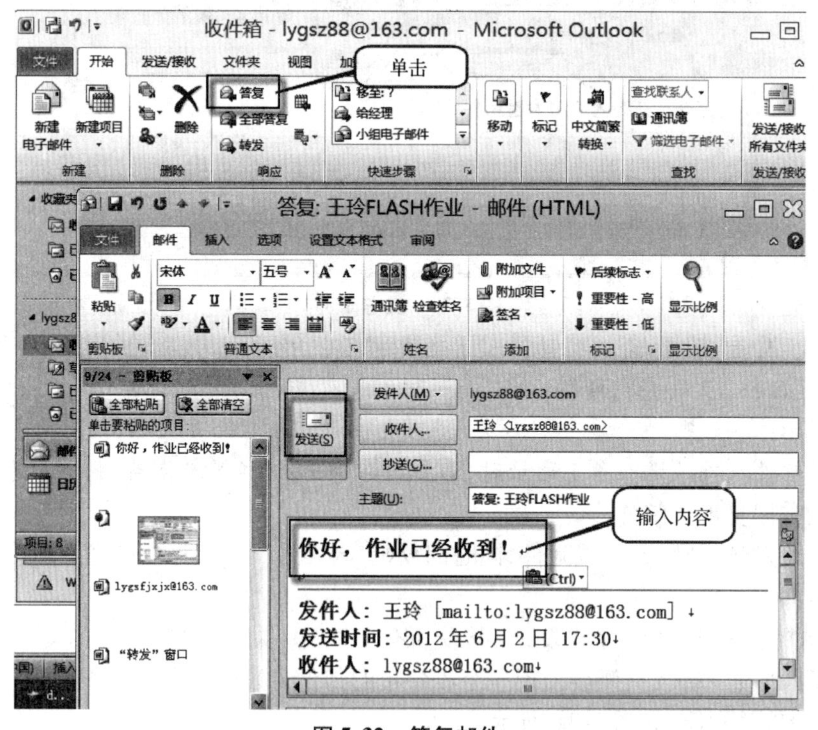

图 5-32　答复邮件

温馨提示：

1. 当我们选择某个文件夹时，Outlook 起始页窗格会分为邮件列表和邮件预览左右两个窗格。在邮件列表窗格中列出邮件的收件人(发件人)、主题、发送(接收)时间以及是否带有附件(回形针图标)等信息；邮件预览窗格在文件夹列表栏中，可以浏览阅读所选邮件的具体内容，在该窗格标题栏右侧点击回形针图标，可查看或下载所带的附件。

2. 浏览阅读邮件除了可在 Outlook 主界面的邮件预览窗格内进行外，还可以通过在邮件列表窗格内双击要查阅邮件的主题，单独在一个新窗口内进行，这样更便于用户完成回复、转发、下载附件等操作。考生考试时尽量按此方法来答题。

3. 在邮件上单击右键选择“删除”项可以删除邮件。

5. **转发电子邮件**。

利用 Outlook 阅读来自“Microsoft Outlook”的邮件，将该邮件转发给 lygsfjxjx@163. com。

操作步骤：

① 单击 Outlook 窗口左侧的“收件箱”，单击来自“Microsoft Outlook”的邮件。

② 在功能区单击“转发”按钮，弹出“转发”窗口。在收件人处输入 lygsfjxjx@163. com，单击“发送”按钮转发邮箱，如图 5-33 所示。

温馨提示：

当进行邮件回复或转发时，所要书写的邮件内容要写在原邮件内容的上面，最好不删除原邮件的内容，以区分是新邮件还是回复或转发的邮件。

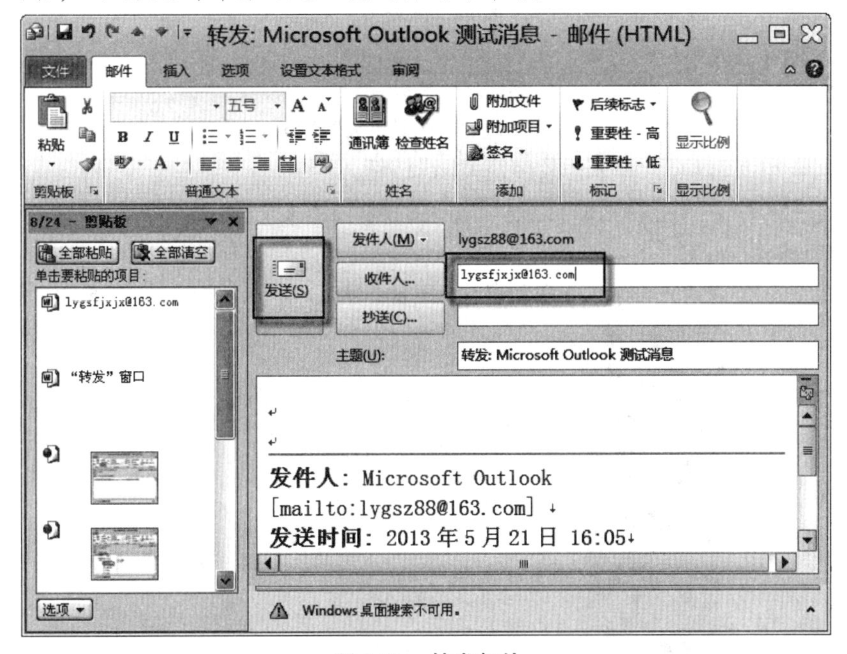

图 5-33　转发邮件

6. **通讯簿的使用**。

通讯簿用于存储联系人的信息，它还有访问 Internet 目录服务的功能，可用来在 Internet 上查找用户和商业伙伴。

下面将联系人添加到通讯录中，操作步骤如下：

(1) 添加联系人。

① 首先在“开始”选项卡单击“新建项目”按钮，选择“新建联系人”命令，弹出“新建联系人”对话框，然后输入联系人信息，如图 5-34 所示。

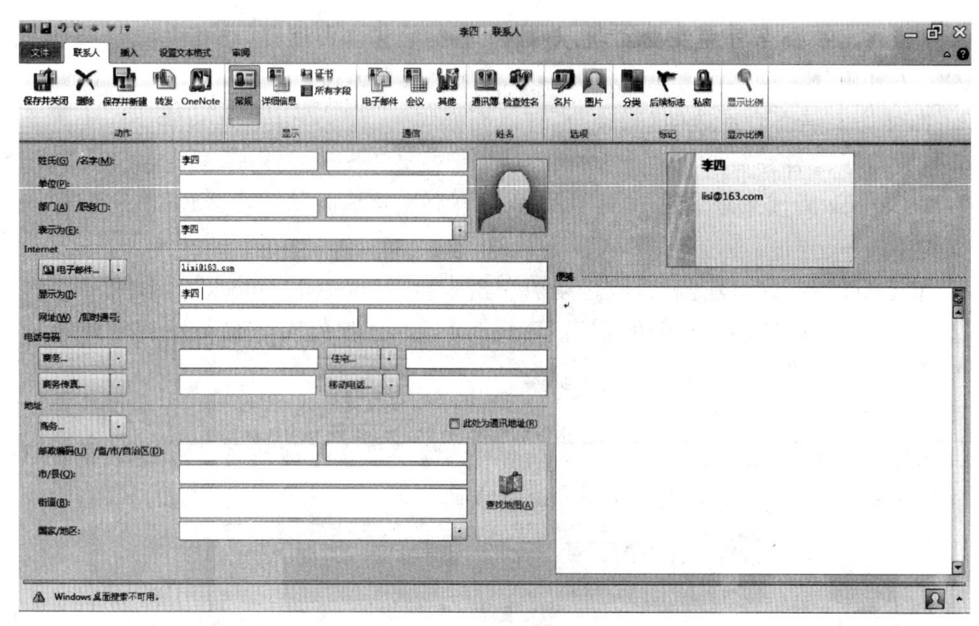

图 5-34 “新建联系人”窗口

② 输入联系人信息后，单击“保存并关闭”按钮。

③ 通过在名片上单击右键，可以进行相应的删除或修改操作。

(2) 导出联系人。

① 选择“文件”菜单，单击“打开和导出”下的“导入/导出”选项，如图 5-35 所示。

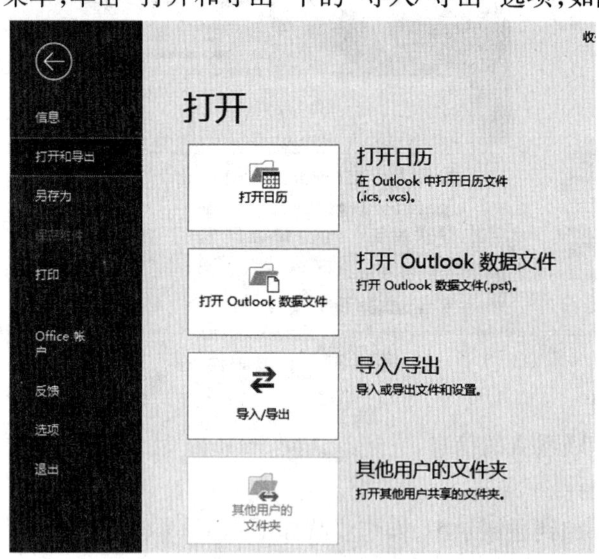

图 5-35 导入/导出命令

② 在打开的“导入和导出向导”对话框中选择“导出到文件”选项，然后单击“下一步”按钮，如图 5-36 所示。

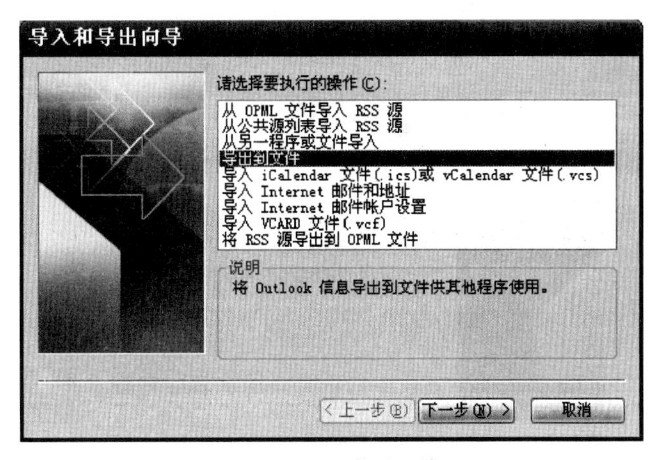

图 5-36　导出到文件

③ 这时打开了“导出到文件”对话框，根据需要选择选项，单击“下一步”按钮，如图 5-37 所示。

图 5-37　选择导出的文件类型

④ 接下来选择我们要导出的帐户的联系人，如选择“收件箱”，单击“下一步”按钮，如图 5-38 所示。

图 5-38　选择导出文件夹的位置

⑤ 选择导出的联系人文件存放的位置，单击“完成”按钮，如图 5-39 所示。

图 5-39　保存文件

⑥ 添加可选密码，完成导出。

(3) 导入联系人。

在我们的生活和工作中，如果同事或其他人也想用这些联系人，或者更换电脑了、重新安装系统、重新安装 Outlook，那么就可以把导出的这个联系人文件再次导进来，不再需要手动一个一个地添加联系人了。

由于导入和导出功能在一起，而且操作步骤都差不多，这里不再详述，读者请自行练习。

(4) 将某发件人添加到联系人并分组。

① 接受来信，单击“收件箱”，选择发件人，在发件人地址处单击右键，选择“添加到 Outlook 联系人”，如图 5-40 所示。

图 5-40　添加联系人

② 输入名称“19 级王明”，添加其他信息，单击“保存”，如图 5-41 所示。

图 5-41　添加联系人信息

③ 根据如图 5-42 所示选择“联系人组”。

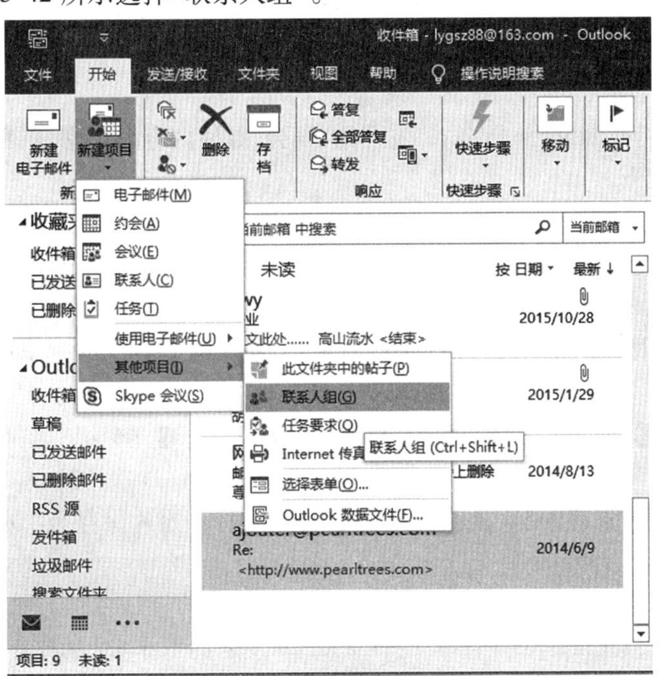

图 5-42　选择“联系人组”

④ 在“联系人组”中输入“组名称”，比如“19 级”，然后单击“添加成员”，选择“来自 Outlook 联系人”，然后选择刚添加的联系人，如图 5-43 所示。

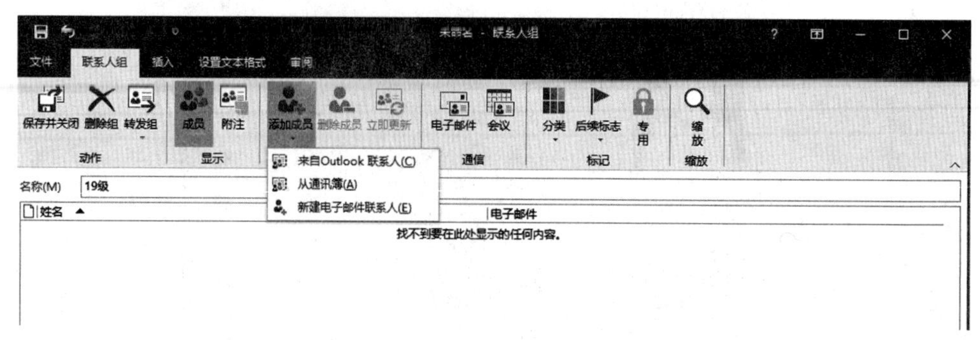

图 5-43　添加联系人组

⑤ 设置好后，单击“保存并关闭”。

温馨提示：

考试仿真软件还是使用的 Outlook Express，界面和 Outlook 2016 稍有变化，操作方法相似，不影响考生答题。

任务 5　实战演练

练习 1。

（1）发送邮件至 zhgm@ sina. com，主题为：开会，邮件内容为：“您好，我想了解本次会议的具体时间，盼复！”。

（2）打开页面 http://www. sohu. com 浏览，将该页面保存到“D:\考生文件夹\单元五”文件夹中，文件名为“搜狐”，文件类型为：网页，全部（ * . HTML， * . HTM）。

练习 2。

（1）接收并阅读由 xuexq@ mail. neea. edu. cn 发来的 E-mail，并立即回复，回复内容为“您好，统一您的安排！”，并将邮件内容以文本文件 ex1. txt 存放在文件夹中。将 xuexq@ mail. neea. edu. cn 添加到联系人，“姓名”栏输入“薛老师”，建立分组“老师”，将“薛老师”放入该组中。

（2）通过百度搜索名为“奔驰 C 级”的汽车照片，将该照片保存至“D:\考生文件夹\单元五”中，重命名为“奔驰. jpg”。

练习 3。

（1）接收并阅读由 xueyua@ mail. neea. edu. cn 发来的 E-mail，并转发给小王和小强，他们的邮箱分别为 lygw@ 163. com 和 lygqiang@ 163. com，内容为：“请务必准时参加会议！”。

（2）浏览有关刘德华的个人简介，并将其以 Word 文档保存到“D:\考生文件夹\单元五”文件夹中，文件名为“刘. doc”。

练习 4。

（1）给孙然同学发邮件，地址为 lygsun@ 163. com，主题为：文章，内容为：“你好，你要的文章在附件中，请查收！”，将“D:\考生文件夹\单元五”下的 sun. txt 粘贴到附件中，发送邮件。

（2）浏览有关江苏教育的简介，并将其页面的第一段文本内容以文本文件的格式保存到“D:\考生文件夹\单元五”文件夹中，文件名为“江苏教育. txt”。

练习5。

(1) 设置 Internet 选项,设置其主页为"http://www.hao123.com/",设置网页保存在历史记录中的天数为"20"天。

(2) 在 google 中搜索"宝马车",在"D:\考生文件夹\单元五"下新建文本文件"search.txt",将浏览器地址的 URL 复制到该文件中保存。

第三部分 应试指导

单元一 全国计算机等级考试一级 MS Office 考试大纲(2018)

基本要求

(1) 具有微型计算机的基础知识(包括计算机病毒的防治常识)。

(2) 了解微型计算机系统的组成和各部分的功能。

(3) 了解操作系统的基本功能和作用,掌握 Windows 的基本操作和应用。

(4) 了解文字处理的基本知识,熟练掌握文字处理 Word 的基本操作和应用,掌握一种汉字(键盘)输入方法。

(5) 了解电子表格软件的基本知识,掌握电子表格软件 Excel 的基本操作和应用。

(6) 了解多媒体演示软件的基本知识,掌握演示文稿制作软件 PowerPoint 的基本操作和应用。

(7) 了解计算机网络的基本概念和因特网(Internet)的初步知识,掌握 IE 浏览器软件和 Outlook Express 软件的基本操作和使用。

考试内容

一、计算机基础知识

(1) 计算机的发展、类型及其应用领域。

(2) 计算机中数据的表示、存储与处理。

(3) 多媒体技术的概念与应用。

(4) 计算机病毒的概念、特征、分类与防治。

(5) 计算机网络的概念、组成和分类,计算机与网络信息安全的概念和防控。

(6) 因特网网络服务的概念、原理和应用。

二、操作系统的功能和使用

(1) 计算机软、硬件系统的组成及主要技术指标。

(2) 操作系统的基本概念、功能、组成及分类。

(3) Windows 操作系统的基本概念和常用术语,如文件、文件夹、库等。

（4）Windows 操作系统的基本操作和应用：

① 桌面外观的设置，基本的网络配置。

② 熟练掌握资源管理器的操作与应用。

③ 掌握文件、磁盘、显示属性的查看、设置等操作。

④ 中文输入法的安装、删除和选用。

⑤ 掌握检索文件、查询程序的方法。

⑥ 了解软、硬件的基本系统工具。

三、文字处理软件的功能和使用

（1）Word 的基本概念，Word 的基本功能和运行环境，Word 的启动和退出。

（2）文档的创建、打开、输入、保存等基本操作。

（3）文本的选定、插入与删除、复制与移动、查找与替换等基本编辑技术，多窗口和多文档的编辑。

（4）字体格式设置、段落格式设置、文档页面设置、文档背景设置和文档分栏等基本排版技术。

（5）表格的创建、修改，表格的修饰，表格中数据的输入与编辑，数据的排序和计算。

（6）图形和图片的插入，图形的建立和编辑，文本框、艺术字的使用和编辑。

（7）文档的保护和打印。

四、电子表格软件的功能和使用

（1）电子表格的基本概念和基本功能，Excel 的基本功能、运行环境、启动和退出。

（2）工作簿和工作表的基本概念和基本操作，工作簿和工作表的建立、保存和退出，数据输入和编辑，工作表和单元格的选定、插入、删除、复制、移动，工作表的重命名和工作表窗口的拆分和冻结。

（3）工作表的格式化，包括设置单元格格式、设置列宽和行高、设置条件格式、使用样式、自动套用模式和使用模板等。

（4）单元格绝对地址和相对地址的概念，工作表中公式的输入和复制，常用函数的使用。

（5）图表的建立、编辑、修改以及修饰。

（6）数据清单的概念，数据清单的建立，数据清单内容的排序、筛选、分类汇总、数据合并，数据透视表的建立。

（7）工作表的页面设置、打印预览和打印，工作表中链接的建立。

（8）保护和隐藏工作簿和工作表。

五、PowerPoint 的功能和使用

（1）中文 PowerPoint 的功能、运行环境、启动和退出。

（2）演示文稿的创建、打开、关闭和保存。

（3）演示文稿视图的使用，幻灯片基本操作（版式、插入、移动、复制和删除）。

（4）幻灯片基本制作（文本、图片、艺术字、形状、表格等插入及其格式化）。

（5）演示文稿主题选用与幻灯片背景设置。

（6）演示文稿放映设计（动画设计、放映方式、切换效果）。

（7）演示文稿的打包和打印。

六、因特网(Internet)的初步知识和应用

(1)了解计算机网络的基本概念和因特网的基础知识,主要包括网络硬件和软件,TCP/IP协议的工作原理,以及网络应用中常见的概念,如域名、IP地址、DNS服务等。

(2)能够熟练掌握浏览器、电子邮件的使用和操作。

考试方式

(1)采用无纸化考试,上机操作。考试时间为90分钟。

(2)软件环境:Window 操作系统,Microsoft Office 办公软件。

(3)在指定时间内,完成下列各项操作:

① 选择题。(20分)

② Windows 操作系统的使用。(10分)

③ Word 操作。(25分)

④ Excel 操作。(20分)

⑤ PowerPoint 操作。(15分)

⑥ 浏览器(IE)的简单使用和电子邮件收发。(10分)

单元二
全国计算机等级考试一级 MS Office 考试样题

（考试时间 90 分钟，满分 100 分）

一、选择题

(1) 计算机之所以按人们的意志自动进行工作，最直接的原因是因为采用了(　　)。

A. 二进制数制　B. 高速电子元件　C. 存储程序控制　D. 程序设计语言

(2) 微型计算机主机的主要组成部分是(　　)。

A. 运算器和控制器　B. CPU 和内存储器

C. CPU 和硬盘存储器　D. CPU、内存储器和硬盘

(3) 一个完整的计算机系统应该包括(　　)。

A. 主机、键盘和显示器　B. 硬件系统和软件系统

C. 主机和其他外部设备　D. 系统软件和应用软件

(4) 计算机软件系统包括(　　)。

A. 系统软件和应用软件　B. 编译系统和应用系统

C. 数据库管理系统和数据库　D. 程序、相应的数据和文档

(5) 微型计算机中，控制器的基本功能是(　　)。

A. 进行算术和逻辑运算　B. 存储各种控制信息

C. 保持各种控制状态　D. 控制计算机各部件协调一致地工作

(6) 计算机操作系统的作用是(　　)。

A. 管理计算机系统的全部软、硬件资源，合理组织计算机的工作流程，以达到充分发挥计算机资源的效率，为用户提供使用计算机的友好界面

B. 对用户存储的文件进行管理，方便用户

C. 执行用户键入的各类命令

D. 为汉字操作系统提供运行基础

(7) 计算机的硬件主要包括：中央处理器(CPU)、存储器、输出设备和(　　)。

A. 键盘　B. 鼠标　C. 输入设备　D. 显示器

(8) 下列各组设备中完全属于外部设备的一组是(　　)。

A. 内存储器、磁盘和打印机　B. CPU、软盘驱动器和 RAM

C. CPU、显示器和键盘　D. 硬盘、软盘驱动器、键盘

(9) 五笔字型码输入法属于(　　)。

A. 音码输入法　B. 形码输入法　C. 音形结合输入法　D. 联想输入法

(10) 一个 GB2312 编码字符集中的汉字的机内码长度是(　　)。

A. 32 位　　B. 24 位　　C. 16 位　　D. 8 位

(11) RAM 的特点是(　　)。

A. 断电后,存储在其内的数据将会丢失

B. 存储在其内的数据将永久保存

C. 用户只能读出数据,但不能随机写入数据

D. 容量大但存取速度慢

(12) 计算机存储器中,组成一个字节的二进制位数是(　　)。

A. 4　　B. 8　　C. 16　　D. 32

(13) 微型计算机硬件系统中最核心的部件是(　　)。

A. 硬盘　　B. I/O 设备　　C. 内存储器　　D. CPU

(14) 无符号二进制整数 10111 转变成十进制整数,其值是(　　)。

A. 17　　B. 19　　C. 21　　D. 23

(15) 一条计算机指令中,通常包含(　　)。

A. 数据和字符　　B. 操作码和操作数　　C. 运算符和数据　　D. 被运算数和结果

(16) KB(千字节)是度量存储器容量大小的常用单位之一,1KB 实际等于(　　)。

A. 1000 个字节　　B. 1024 个字节　　C. 1000 个二进位　　D. 1024 个字

(17) 计算机病毒破坏的主要对象是(　　)。

A. 磁盘片　　B. 磁盘驱动器　　C. CPU　　D. 程序和数据

(18) 下列叙述正确的是(　　)。

A. CPU 能直接读取硬盘上的数据　　B. CUP 能直接存取内存储器中的数据

C. CPU 有存储器和控制器组成　　D. CPU 主要用来存储程序和数据

(19) 在计算机技术指标中,MIPS 用来描述计算机的(　　)。

A. 运算速度　　B. 时钟主频　　C. 存储容量　　D. 字长

(20) 局域网的英文缩写是(　　)。

A. WAM　　B. LAN　　C. MAN　　D. Internet

二、基本操作

(1) 在考生文件夹下创建一个 BOOK 新文件夹。

(2) 将考生文件夹下 VOTUNA 文件夹中的 BOYABLE. DOC 文件复制到同一文件夹下,并命名为 SYAD. DOC。

(3) 将考生文件夹 BENA 文件夹中的文件 PRODUCT. WRI 的“隐藏”和“只读”属性撤消,并设置为“存档”属性。

(4) 将考生文件夹下 JIEGUO 文件夹中的 PIACY. TXT 文件移动到考生文件夹中。

(5) 查找考生文件夹中的 ANEWS. EXE 文件,然后为它建立名为 RNEW 的快捷方式,并存放在考生文件夹下。

三、字处理

(1) 打开考生文件夹下的 Word 文档 WD1. DOCX,按要求对文档进行编辑、排版和保存:

① 将文中的错词“负电”更正为“浮点”;将标题段文字(“浮点数的表示方法”)设置为

"小二号楷体、加粗、居中",并添加黄色底纹;将正文各段文字("浮点数是指……也有符号位。")设置为"五号黑体"。

② 各段落首行缩进 2 个字符,左右各缩进 5 个字符,段前间距位 2 行。

③ 插入页眉,并输入页眉内容"第三章浮点数",将页眉文字设置为"小五号、宋体",对齐方式为"右对齐"。

(2) 打开考生文件夹下的 WD2. DOCX 文件,按要求完成以下操作并原名保存:

① 在表格的最后增加一列,列标题为"平均成绩",计算各考生的平均成绩,插入相应的单元格内,要求保留小数 2 位;再将表格中的各行内容按"平均成绩"的递减次序进行排序。

② 表格列宽设置为 2.5 厘米,行高设置为 0.8 厘米;将表格设置成文字对齐方式为"垂直和水平居中";表格内线设置成"0.75 实线",外框线设置成"1.5 磅实线",第 1 行标题行设置为"灰色、25% 的底纹";表格居中。

四、电子表格

考生文件夹有 Excel 工作表如下:

(1) 打开 EXCEL. XLSX:

① 将 Sheet1 工作表的 A1:G1 单元格合并为一个单元格,内容水平居中。

② 计算"总成绩"列的内容和按"总成绩"降序排名(利用 RANK 函数),如果总成绩大于或等于 260,在备注栏内给出信息"有资格",否则给出信息"无资格"(利用 IF 函数)。

③ 选取"考试成绩表"的 A2:D12 单元格区域,建立"堆积柱形图",在图表上方插入图表标题为"考试成绩图",将图插入到表的 A14:G28 单元格区域内,保存 EXCEL. XLSX 文件。

(2) 打开工作簿文件 EXC. XLSX,对工作表"教材销售情况表"内数据清单的内容按"分店"升序的次序排序,以分类字段为"分店"、汇总方式为"求和"、汇总项为"销售额(元)"进行分类汇总,汇总结果显示在数据下方,工作表名不变,保存为 EXC. XLSX。

五、演示文稿

打开考生文件夹下如下的演示文稿 YSWG,按要求完成操作并保存。

(1) 在演示文稿最后插入一张"仅标题"幻灯片,输入标题为:"计算机等级考试",文字设置为"64 磅、蓝色";位置为"水平:2 厘米,自左上角,垂直:7 厘米,自左上角"。将这张幻灯片移动为演示文稿的第一张幻灯片。第四张幻灯片版式改变为"竖排标题与文本"。

(2) 整个演示文稿设置成"积分"主题模板。全部幻灯片的切换效果都设置成"显示"。

六、上网

(1) 向阳光小区物业管理部门发一个 E-mail,反映自来水漏水问题。具体如下:

【收件人】wygl@ sunshine. com. bj. cn

【主题】自来水漏水

【函件内容】"小区管理负责同志:本人看到小区西草坪中的自来水管漏水已有一天了,无人处理,请你们及时修理,免得造成更大的浪费。"

(2) 打开网址 http://localhost/index. html,查找"杜甫"的页面,保存杜甫的图片到考生文件,名为 dufu. jpg。

单元三
考点总结与注意事项

一、选择题

1. 主要考点

微型计算机的基础知识(包括计算机病毒的防治常识);微型计算机系统的组成和各部分的功能;操作系统的基本功能和作用;计算机网络的基本概念和因特网(Internet)的初步知识。

2. 注意事项

(1)答题没有时间限制,但是只能进去一次,请大家务必一次性做完理论题。

(2)考试时键盘被锁定,附件中的“计算器”不能打开,请大家熟练掌握进制转换。

(3)答题时次序没有限制,可以先做操作题再做理论题,理论题最好不要花费太多时间。

二、基本操作

1. 主要考点

前面介绍了 Windows 10 的一些基本操作,在等级考试时只考核资源管理器的使用。主要考核新建文件(夹)、重命名、复制(移动)文件(夹)、快捷方式的建立、文件(夹)属性的设置、查找文件(夹)、删除文件(夹)等。

2. 注意事项

Windows 10 基本操作部分在一级考试中没什么难度,在这部分需要注意下面的问题:

首先改变文件夹选项,使资源管理器中显示出属性为隐藏的文件,并且显示常用文件类型的扩展名。这样操作可以方便考生做删除文件、文件改名的题目。

三、字处理

1. 主要考点

前面介绍了 Word 2016 的一些基本操作,在等级考试时并不是每个知识点都能考到。在字处理部分,主要的考点包括:字体格式(字体、颜色、字号、字形、着重号、字符缩放等)、段落格式(缩进、行间距、段间距、对齐方式等)、段落合并与拆分、查找与替换、项目符号与编号、边框与底纹、页眉页脚、插入页码、分栏、水印、页面设置、表格的制作与修饰等。

2. 注意事项

字处理部分在一级考试中没什么难度,在这部分需要注意的几个要点:

(1) 注意保存时如果题目没要求改名字,请直接单击“保存”按钮,千万不要单击“另存为”,避免考生将文件存放到别的目录下面。

(2) 需要设置格式的查找与替换题目,请大家注意“格式”一定要设置在替换文本上,而且要注意替换范围的选择。

（3）文本的底纹和段落的底纹要注意应用范围，标题文本应用范围选“文字”，而段落底纹则选“段落”。

（4）表格部分主要是注意文本转换成表格时，注意“文字分隔位置”的合理选择，特别注意边框的设定。

四、电子表格

1. 主要考点

前面介绍了 Excel 2016 的一些基本操作，在等级考试时并不是每个知识点都能考到。在电子表格部分，主要的考点包括：单元格设置（字体、边框、底纹、合并及对齐、数字等）、表基本操作、条件格式、公式与函数、图表、排序、分类汇总、筛选、数据透视表等。

2. 注意事项

电子表格部分在一级考试中是难度相对比较大的地方，希望大家多做练习题，在这部分需要注意的几个要点：

（1）注意保存时如果题目没要求改名字，请直接单击“保存”按钮，千万不要单击“另存为”，避免考生将文件存放到别的目录下面。

（2）公式与函数是本部分的难点和重点，特别是 IF( ) 函数和 RANK( ) 函数，是考生经常出错的地方。IF( ) 函数主要是嵌套使用，考生必须多加练习，RANK( ) 函数则要注意绝对单元格地址的引用问题。另外，在公式部分，也经常会考核关于比例的计算问题，这时候也需要使用绝对单元格地址的引用。

（3）分类汇总必须先排序，然后再根据排序字段进行分类汇总。

（4）数据筛选要注意分析什么情况下使用自动筛选，什么情况下使用高级筛选。

（5）图表是常考的题型，要多加练习。

五、演示文稿

1. 主要考点

前面介绍了 PowerPoint 2016 的一些基本操作，在等级考试时并不是每个知识点都能考到。在演示文稿部分，主要的考点包括：幻灯片的插入、版式的更改、文本格式设置、幻灯片内容的修改、幻灯片次序修改、艺术字的插入及效果设置、背景设置、主题设置、母版设置、动画制作、幻灯片切换、超级链接、幻灯片放映等。

2. 注意事项

演示文稿部分在一级考试中比较简单，在这部分需要注意的几个要点：

（1）注意保存时如果题目没要求改名字，请直接单击“保存”按钮，千万不要单击“另存为”，避免考生将文件存放到别的目录下面。

（2）设置字体、底纹等时注意自定义颜色的设置（RGB 设置）。

（3）艺术字位置和效果设置，特别是“转换—弯曲—停止”等知识点考生不太熟悉。

（4）背景设置时，要区分题目要求，是采用什么样的形式设置背景。

六、上网

1. 主要考点

此部分主要考 IE 和 Outlook 的基本使用。

2. 注意事项

上网部分在一级考试中需要注意的几个要点：

（1）考试是仿真环境，不是真实上网。

（2）在 IE 操作时，需要通过单击考试界面的“Internet Explorer 仿真”按钮进行答题。请在 IE 中认真输入 URL 地址，回车即可浏览页面。

（3）发送邮件，如果需要插入附件或下载附件，一定要注意考生文件的位置。

（4）关于添加联系人和联系人分组的内容，学生总体上掌握不太理想，考试时丢分较多，需多加练习。

参 考 文 献

1. 张福炎,孙志挥.大学计算机信息技术教程.南京:南京大学出版社,2018.
2. 王从局,等.大学计算机信息技术实用教程.北京:中国铁道出版社,2010.
3. 汤小丹,等.计算机操作系统(第四版).西安:西安电子科技大学出版社,2014.
4. 恒盛杰资讯.Office 2016 办公专家从入门到精通.北京:机械工业出版社,2016.
5. 严圣华.新编全国计算机等级考试一级 B 实用教程.苏州:苏州大学出版社,2009.
6. 张基温.计算机网络技术与应用教程.北京:人民邮电出版社,2013.
7. 王从局,陶菁.电脑入门捷径.北京:中国铁道出版社,2012.
8. 凤凰高新教育.Office 2016 完全自学教程.北京:北京大学出版社,2017.
9. 武新华,李书梅.Windows 10 从入门到精通.北京:机械工业出版社,2016.
10. 安永丽,等.Office 办公专家从入门到精通.北京:中国青年出版社,2010.